AFRIKA

Handbuch der praktischen Kolonialwissenschaften

AFRIKA

Handbuch der praktischen Kolonialwissenschaften

Auf Veranlassung von

GENERAL RITTER VON EPP

LEITER DES KOLONIALPOLITISCHEN AMTES DER NSDAP.

herausgegeben von

DR. ERICH OBST

O. PROFESSOR AN DER UNIVERSITÄT BRESLAU

unter Mitwirkung von

H. TH. BECKER, W. BEETZ, F. BEHREND, U. BERGER-LANDEFELDT, W. BÖCKLER, E. FREIHERR v. EICKSTEDT, K. DAU, L. DIELS, E. R. DIETZE, GRAF CH. DÖNHOFF, E. DOVIFAT, L. FEINERMANN, URSULA FEYER, R. FINSTERWALDER, E. FISCHER, J. F. GELLERT, A. GOLF †, H. GOLF, J. GROBER, J. H. HELLMERS, H. HERTLING, F. HESKE, E. HÖLLER, E. HUEBER, E. HUNDERTMARK, G. JANTZEN, K. JOHANNSSEN, W. IWAN, O. KARSTEDT, K. KAYSER, E. KELLER, H. KLAUS, F.-E. KLINGNER, G. KNETSCH, W. KOOPS, TH. KRUMBACH, K. KRÜGER, G. KULENKAMPFF, K. G. LUEKEN, A. LUDIN, A. MARCUS, O. MARTENS, J. MILDBRAED, H. MORSTATT, P. MÜHLENS, A. MÜHLIG-HOFMANN, J. NAGEL, E. G. NAUCK, W. NIEMEYER, E. OBST, R. v. OSTERTAG †, P. PEGLOW †, H. RACKOW, K. REMY, F. ROCH, GEO A. SCHMIDT, O. C. SCHMIDT, G. K. SCHULZE-MENZ, W. SEMMELHACK, H. SÖLKEN, C. SONNENSCHEIN, A. STAFFE, E. THOMA, W. UNTEUTSCH, K. WAGENFÜHR, H. WATTENBERG, K. WEIGELT, W. WEISE, P. v. WERDER, H. WERNER, D. WESTERMANN

Mit Unterstützung
des Reichsforschungsrates, der Deutschen Forschungsgemeinschaft,
des Reichsamtes für Landesaufnahme
und
der Gruppe Deutscher Kolonialwirtschaftlicher Unternehmungen

BERLIN 1942

WALTER DE GRUYTER & CO.

VORMALS G. J. GÖSCHEN'SCHE VERLAGSHANDLUNG — J. GUTTENTAG, VERLAGSBUCHHANDLUNG — GEORG REIMER — KARL J. TRÜBNER — VEIT & COMP.

BAND III

DER GEOLOGISCHE BAU DIE NUTZBAREN LAGERSTÄTTEN UND DIE BERGWIRTSCHAFT AFRIKAS

VON

DR. WERNER BEETZ, BERLIN

PROF. DR. FRITZ BEHREND, BERLIN

DR. PHIL. HABIL. FRITZ-ERDMANN KLINGNER, BERLIN

DOZENT DR. PHIL. HABIL. GEORG KNETSCH, BONN

UNTER DER SCHRIFTLEITUNG
VON
PROF. DR. FRITZ BEHREND

TEIL 1

NORDAFRIKA

BERLIN 1942

WALTER DE GRUYTER & CO.

VORMALS G. J. GÖSCHEN'SCHE VERLAGSHANDLUNG – J. GUTTENTAG, VERLAGSBUCH-HANDLUNG – GEORG REIMER – KARL J. TRÜBNER – VEIT & COMP.

vormals G. J. Göschen'sche Verlagshandlung — J. Guttentag, Verlagsbuchhandlung
Georg Reimer — Karl J. Trübner — Veit & Comp., Berlin W 35
Archiv-Nr. 541242 Printed in Germany
Druck von Walter de Gruyter & Co., Berlin

INHALTSVERZEICHNIS

Als Beilage in besonderer Kartentasche:

Geologische Karte von Afrika 1:5 Mill. (6 Blätter) von F. Behrend (zunächst die drei nördlichen Blätter; die restlichen drei Blätter werden im Laufe der nächsten Monate bei Erscheinen der Teile 3 und 4 geliefert).

Karte der nutzbaren Lagerstätten in Afrika 1:15 Mill. von F.-E. Klingner, F. Behrend und W. Beetz

Erläuterungen und Namensverzeichnis zur Karte der Lagerstätten von F. Behrend

VORWORT

Der Unterzeichnete hat wesentliche Teile von Afrika auf mehreren Studienreisen kennengelernt und war bereits seit einigen Jahren mit der Zusammentragung von Material für eine geologische Karte von Afrika im Maßstabe 1:2 Mill. beschäftigt, als er Ende 1937 von Herrn Professor Dr. Obst zur Mitarbeit an dem von Herrn General von Epp veranlaßten neunzehnbändigen Afrika-Handbuch aufgefordert wurde. Ursprünglich war daran gedacht, die Sachgebiete Geologie, nutzbare Lagerstätten, Bergwirtschaft und Bodenkunde in einem unter der Schriftleitung des Unterzeichneten stehenden Bande zu vereinigen. Zur Mitwirkung erklärten sich die Herren Dr. G. Knetsch (Geologie von Südafrika), Dr. F.-E. Klingner (Nutzbare Lagerstätten), Dr. Schranz und Dr. Wokittel (Bergwirtschaft) und Dr. J. H. Hellmers (Bodenkunde) bereit. Im Laufe der Arbeit erwies es sich als zweckmäßig, die Bodenkunde nicht in diesem Bande, sondern zusammen mit der von Herrn Professor Obst bearbeiteten Bodenverwüstung (soil erosion) in einem gesonderten Bande zu bringen.

Während alle übrigen Mitarbeiter trotz mancherlei Schwierigkeiten in der Materialbeschaffung u. a. m. ihre Aufgaben vollkommen zu erfüllen in der Lage waren, konnten die Herren Schranz und Wokittel das reiche von ihnen zusammengetragene Material nicht verarbeiten, da sie mehr und mehr durch andere kriegswichtige Aufgaben in Anspruch genommen wurden. In die so entstandene Lücke sprang bereitwillig Herr Dr. W. Beetz ein, der als beratender Geologe lange Jahre hindurch in verschiedenen Teilen Afrikas tätig gewesen und jetzt in die deutsche Heimat zurückgekehrt war. Er übernahm einen wesentlichen Teil der bergwirtschaftlichen Bearbeitung und verfügte selbst über so umfassende Unterlagen, daß er das von den Herren Schranz und Wokittel gesammelte Material nicht heranzuziehen brauchte.

Um die praktische Benutzbarkeit des Werkes zu steigern, war eine Behandlung jedes einzelnen Kolonialraumes gewünscht worden. Daß dadurch besonders bei der Darstellung der geologischen Verhältnisse Schwierigkeiten entstanden und auf die Verfolgung der großräumigen Zusammenhänge verzichtet werden mußte, versteht sich von selbst. Auf der anderen Seite bietet die Anordnung des Stoffes die Möglichkeit, sich über die Geologie, die Lagerstätten und deren bergwirtschaftliche Nutzung in jeder einzelnen afrikanischen Kolonie rasch und zuverlässig zu unterrichten. — Der Anteil der verschiedenen Autoren an jedem einzelnen Kapitel ist im Inhaltsverzeichnis und im Text vermerkt.

Unser Beitrag erscheint in Form mehrerer Teilbände. Teil 1 umfaßt Nordafrika, Teil 2 Westafrika, Teil 3 Ostafrika, Teil 4 Mittel- und Südafrika. Den jetzt vorliegenden Teilen 1 und 2 werden Teil 3 im Sommer 1942 und Teil 4 im Herbst 1942 folgen.

Dank der Freigebigkeit des Reichsamtes für Landesaufnahme, das Reinzeichnung und Druck aller Kartentafeln des Afrika-Werkes übernommen hat, war es möglich, auch bei unseren Teilbänden eine reiche Beigabe von Karten durchzuführen.

Wir verweisen insbesondere auf die mehrfarbige geologische Karte von Afrika 1:5 Mill. (6 Blätter), die Übersichtskarte der nutzbaren Lagerstätten 1:15 Mill. und zwei weitere umfangreiche Kartenwerke:

Geologische Karte von Afrika 1:2 Mill. (37 Blätter),

Karte der nutzbaren Lagerstätten von Afrika 1:5 Mill. (4 Blätter).

Die beiden erstgenannten Karten werden in besonderer Kartentasche bei Erscheinen von Teil 1, die letztgenannten Kartenwerke in besonderer Kartentasche nach Erscheinen von Teil 4 geliefert werden.

Berlin, im Winter 1941/42.

Fritz Behrend

I. ÄGYPTEN

I.a. Der geologische Bau von Ägypten

Von Fritz Behrend

Das Königreich Ägypten umfaßt ein Gebiet von 994 300 qkm. Jedoch sind nur das Niltal und einige Oasen mit einer Gesamtfläche von 35 168 qkm für den Ackerbau geeignet; das ist ungefähr der 28. Teil des gesamten Flächeninhaltes. Der weitaus größte Teil des Landes ist nicht bewässerungsfähiges Wüstengebiet und daher bei den sehr geringen Niederschlägen nicht kultivierbar. Deswegen ist auch der allergrößte Teil der Bevölkerung, die für 1937 auf 15 904 525 Köpfe angegeben wurde (darunter etwa 210 000 Europäer), auf dem geringen kulturfähigen Teil des Landes konzentriert. Es leben hier also durchschnittlich mehr als 450 Menschen auf einem Quadratkilometer. In den Wüstengebieten wohnen nur einige Nomadenstämme.

Zu Ägypten gehört politisch auch die Sinaihalbinsel, die deshalb hier mit behandelt wird.

Das dicht bevölkerte Nildelta ist von einem dichten Eisenbahnnetz überzogen. Abgesehen davon führt eine Eisenbahnhauptlinie von Kairo längs dem Nil bis nach Assuan mit zwei Nebenstrecken nach den Charge (Kharga)-Oasen im Westen und nach Kosseir am Roten Meer. Weitere, ebenfalls mit Kairo verbundene Bahnlinien führen am Suezkanal von Port Said nach Suez und von Ismailia längs der Küste nach Palästina.

Die Gesamtlänge des bislang in Ägypten fertiggestellten Eisenbahnnetzes beträgt 5865 km.

Von der Station Idfu am Nil, nördlich Assuan, führen zwei Autostraßen nach Wadi Halfa, der Grenzstation im Sudan, dem Ausgangspunkt der Sudan-Eisenbahnen.

Die wichtigste Verkehrsader ist aber der von der Mündung bis nach Assuan (am ersten Nilkatarakt und dem großen Staudamm; 955 km von Kairo) schiffbare Nil. Oberhalb des ersten Kataraktes ist dann der Nil von Shellal, 10 km südlich Assuan, auf eine Länge von 336 km bis nach Wadi Halfa jenseits der

Sudangrenze in der Nähe des zweiten Nilkataraktes wieder schiffbar. Die Flußfahrt zwischen Shellal und Wadi Halfa dauert flußab $1\frac{1}{2}$, stromaufwärts 2 Tage.

Die besten Zusammenfassungen über den geologischen Bau Ägyptens geben:

1. *K. v. Zittel. Über den geologischen Bau der libyschen Wüste,* in *Abhandlungen der Akademie der Wissenschaften, München 1880,* und *Beiträge zur Geologie und Paläontologie der libyschen Wüste; Palaeontographica Bd. 30. 1883.*

2. Ferner besonders *Max Blanckenhorn* in den Bänden 52 und 53 der *Zeitschrift der Deutschen Geologischen Gesellschaft* 1900 und 1901; die vier dort erschienenen Abhandlungen wurden später zu einem Bande als *„Einführung in die Geologie Ägyptens"* vereinigt.

3. Schließlich hat *Blanckenhorn* seine Forschungsergebnisse in dem Band *„Ägypten" (Handbuch der Regionalen Geologie, Bd. VII. Abt. 9. Heidelberg 1921)* zusammengefaßt. Dieses Werk kann auch heute noch als Grundlage für die geologische Erforschung des Landes gelten.

4. Sehr groß angelegt ist die von *Hume* verfaßte *„Geology of Egypt"*, von der aber erst vier Bände vorliegen, die nur Archaikum und Algonkium nebst den in ihnen auftretenden alten Intrusiv-Gesteinen und nutzbaren Lagerstätten behandeln.

Ägypten bildet ein nach NNW geöffnetes V-förmiges Senkungsbecken. Im Osten und Süden bildet altes Gebirge (Archaikum und Algonkium) den Beckenrand; im Westen tritt dieser archaische Beckenrand unter den jungen Sedimenten nur an wenigen Stellen, im Südwesten des Landes an den Gebirgszügen Auenat und Arkenu zutage.

Nach dem Einbruch des Kreidemeeres hob sich das Land seit dem Eozän wieder, und das Meer wich langsam nach Norden zurück. Jede jüngere Stufe des Tertiärs liegt im allgemeinen mit der Südgrenze ihrer Verbreitung weiter nördlich als die ältere.

A. Stratigraphie

Die von *Hume* und *Little* verfaßte Erläuterung zur *Geologischen Karte von Ägypten* 1 : 1 Mill. von 1928 gibt folgende Tabelle der Schichtenfolge:

Postglazial	Alluvium, Seeabsätze, Schotterterrassen, Sanddünen, Korallenriffe und Meeresterrassen. Funde der jüngeren Steinzeit.
Quartär, Pleistozän	Kalktuff, Mex-Kalk, Eruptiv-Schotter, Terrassen, Seeabsätze, ältere Korallenriffe und Strandterrassen. Ältere Steinzeitfunde.
Pliozän	Fossilführende Kalksteine, kalkige feinkörnige und grobe Sandsteine, Sande und Schotter. Wirbeltier-Schichten von Wadi Natrûn, ältere See- und Flußabsätze im Niltal.

Miozän	Fossilführende Kalksteine und Sandsteine, Gipslagen, Mergel- und Gipsschichten mit Wirbeltierresten. Vulkanische Gesteine.
Oligozän	Kontinental gebildete feine und grobe Sandsteine, Kieselschotter mit Kieselhölzern und Quellschloten. Fluviomarine Schichten des Fajum mit Wirbeltierresten (Arsinoitherium). Vulkanische Gesteine.
Eozän	Ockerige Mergel und Sandsteine, Muschelschichten und Austernbänke im hangenden Teil. Dicke plateaubildende Nummulitenkalke; weißer Mergel und mergeliger Kalk mit gipsführenden Tonlagen; fossilfreier Kalk mit Kieselbändern. Älteste Säugetiere Ägyptens.
Kreide	Obere Schiefer; weißer dichter Kalk; Phosphatschichten, bunte Sandsteine und Mergel. Reptilien als höchstentwickelte Wirbeltiere. Vulkanische Gesteine.
Jura	Sandsteine, Mergel, Kalksteine, Schiefer mit Ammoniten und Brachiopoden.
Trias	Durch Fossilien nicht belegt. Der „Nubische Sandstein" ist vorwiegend mesozoisch, geht aber vom Unterkarbon bis zur oberen Kreide.
Perm	Durch Fossilien nicht nachweisbar.
Karbon	Kalksteine mit karbonischen Brachiopoden und Crinoiden. Sandsteine mit Lepidodendron usw.
Devon Silur Ordovicium Kambrium	In Ägypten nicht bekannt, obgleich Kambrium in Palästina und Devon in der westlichen Sahara nachgewiesen sind.

Algonkium, Archaikum und zugehörige Intrusive:

	1a. Roter Intrusivgranit mit Gängen.
2. Obere Sedimentschiefer mit der Grünen Brekzie von Hammamat und Konglomeratschichten. Andesitische Ergußgesteine, Quarzschiefer, Marmor, Konglomerat.	2a. Granit, Diorit und basische Gesteine intrusiv in den Schiefern. Der jüngere Gneis des Sinai gehört hierher.
3. Ältere sedimentäre Dokhanschiefer mit eingeschalteten Diabasdecken — metamorphe Sandsteine (Quarzschiefer), Tonschiefer, Marmor, Konglomerat.	3a. Älterer Granit unsicheren Alters.
4. Tiefer Grünschiefer-Horizont.	
5. Glimmer-, Hornblende-, Chlorit-, Talkschiefer, wohl eruptiven Ursprunges; Kalkschiefer.	5a. Serpentin, intrusiv in 5.
6. Älterer oder Fundamentalgneis. Nicht intrusiv in den jüngeren Gesteinen.	

1. *Archaikum*

Die Serie des Fundamentalgneises ist im wesentlichen aus mehr oder weniger in Orthogneis umgewandeltem Granit, Quarzdiorit, Diorit und Amphibolschiefer aufgebaut.

Der Süden der Sinaihalbinsel besteht aus grauem Biotitgranit, der in Granitgneis und in Biotitgneis übergeht. Durch Aufnahme von dunkelgrüner Hornblende und von Titanit geht das Gestein in Hornblendegranit über. Im wesentlichen liegt offenbar Orthogneis vor.

In der östlichen Wüstenzone Ägyptens treten Gneise an mehreren Stellen zutage. Das nördlichste Vorkommen liegt am Djebel Mitig unmittelbar nördlich vom 26.° n. Br., westlich vom 34. Längengrad, westlich Kosseir am Roten Meer. Ein weiteres Gneisgebiet liegt weiter südöstlich am Djebel Sebahi, ein ausgedehnteres Areal im Stromgebiet des Wadi Gemal und am Djebel Mudergeg. Südwestlich vom Ras Benas am Wadi Betan (in den Wadi Hodein am 35. Längengrad) und am Wadi Um Galga auf dem 23.° n. Br. und dem 33.° ö. L. liegen weitere ausgedehnte Gneisgebiete nebst einigen kleineren.

In allen Fällen liegen vorwiegend Biotitgranitgneise, auch Dioritgneise, seltener Hornblendegneise von grauer, untergeordnet rötlicher Farbe vor. Pegmatitgänge sind häufig in ihnen.

Das Gebiet von Auenat (Uweinat) und Arkenu auf der Grenze zwischen Ägypten, Libyen und Sudan wurde besonders von *J. Ball,* dann von *Menchikoff,* zuletzt von *Sandford* untersucht (vgl. S. 92).

Menchikoff unterschied als Hauptgesteine Leptynit (Granulit, heller, glimmerführender Granat-Paragneis) und grauen Paragneis in Wechsellagerung mit andesinführendem Hornblendeschiefer, der durchsetzt ist von Stökken von Granit, Syenit und Quarz; am Djebel Kissu, südlich vom Auenat, bereits im Sudan, treten junge Durchbrüche von Rhyolith und Alkali-Trachyt auf; am Djebel Auenat selbst sind Durchbrüche von Phonolith und Basalt beobachtet. Der Gneis ist in ONO-Richtung gefaltet.

Am Katarakt von Assuan treten ebenfalls Gneisgebiete auf, die von *Hume (Geology of Egypt, II. 1. S. 47—52)* beschrieben sind.

Hume stellt weiter ins Archaikum:

Grüne Epidot- und Kalkschiefer von Haimur;

Beryll-, Talk- und Chloritschiefer („Sikait-Magnesian-Series"), ferner Serpentinstöcke von Sikait und Dolomite von Baramia, Lukari usw., Hornblende-Gneise.

Schließlich kristalline Ortho- und Paragesteine am Wadi Ereier. *Hume* betrachtet diese Schiefer als die ältesten Gesteine Ägyptens.

2. *Algonkium*

Die algonkischen Gesteine, die in der oben (S. 3) mitgeteilten stratigraphischen Tabelle zur offiziellen geologischen Karte von Ägypten 1:1 Mill. in der Erläuterung in vier Stufen aufgeteilt sind, werden auf der Karte selbst ohne jede Gliederung unter der Bezeichnung „shists" zusammengefaßt. Die Gliederung ist also im einzelnen bisher nicht durchgeführt und vielleicht auch nicht durchzuführen; vielleicht handelt es sich teilweise um örtliche Umbildungen, die auch verschiedenen Graden der Metamorphose ausgesetzt waren. Auch durch tektonische Vorgänge dürften die Lagerungsverhältnisse in der Beurteilung erschwert werden.

Hume gab in seiner *„Geology of Egypt", Bd. 2, Teil 1, 1934, S. 16 u. 17* die folgende Gliederung, die in einigen Punkten von der des ägyptischen Geological Survey abweicht:

Ober-Algonkium	Obere Paraschiefer-Gruppe:
	Konglomerate, schwarze und grüne kieselige Schiefer des Hammamat-Tales nebst der „breccia verde".
	Porphyrit, Porphyr und zugehörige Tuffe des Djebel Dokhan; kleinere Intrusive und Ergußgesteine.
Unter-Algonkium	Mittlere Paraschiefer-Gruppe (Shadli-Gruppe):
	Rote Schiefer usw., über weite Flächen wechsellagernd mit Diabaslagern.
	Intrusionen des Shait-Hornblende-Granits und von Diorit, z. T. wahrscheinlich in Gneis umgewandelt.

Hume nimmt an, daß der größere Teil der sauren Gneise in Ägypten hierher gehört.

Das Liegende bildet nach *Hume* sein als „Protarchaean" bezeichneter Komplex von sedimentären und eruptiven schiefrigen Gesteinen.

Das Algonkium tritt im südlichen Teil der Sinaihalbinsel nur in vier kleinen Komplexen zutage, von denen der größte am weitesten im Südosten am Südende des Golfs von Akaba liegt.

Hornblendeschiefer, Andalusitschiefer, granatführende Glimmerschiefer, Knotenschiefer, an manchen Stellen auch kristalliner Kalk und mehr oder weniger metamorphe Sandsteine bauen die Formation hier auf.

Im Wüstengebiet zwischen dem Nil und dem Roten Meer dagegen bildet das Algonkium eine der Küste des Roten Meeres parallel ziehende Zone von durchschnittlich 80 km Breite, die sich südlich vom 24.° n. Br. bis auf mehr als 200 km verbreitert und die bis in den Sudan hineinzieht.

Die algonkischen Formationen bestehen aus sedimentären und vulkanischen Gesteinen in örtlich wechselndem Anteil.

Die ursprünglich tonigen Sedimente sind in Glimmerschiefer verschiedener Art und Hornblendeschiefer, kalkige Sedimente in Kalkschiefer umgewandelt. Sandsteine, Konglomerate und Grauwacken sind ebenfalls vorhanden und mehr oder weniger stark verändert.

Zwischengeschaltete Talkschiefer sind wahrscheinlich aus basischen oder ultrabasischen Intrusiven oder Ergüssen entstanden. Schieferige Diabase und deren metamorphe Tuffe sind ebenfalls stellenweise vorhanden. Am Ende dieser Periode der Sedimentbildung begann an mehreren Stellen eine ausgedehnte vulkanische Tätigkeit, die mächtige Decken und Stöcke von Diabas-Laven nebst den dazugehörigen Aschen und Agglomeraten lieferte sowie durch Abtragung entstandene Konglomerate. *Blanckenhorn* vermutet, daß die Intrusionen von Gabbro, Amphibolit, Peridotit und Serpentin in den Schiefern ebenfalls in dieser Zeit erfolgt sind. Die Diabasdecken liegen z. T. diskordant über den Schiefern, die also bereits stellenweise bei Beginn der Eruptionen gefaltet wurden.

Intrusivgesteine im Archaikum und Algonkium

Das Archaikum und das Algonkium mit ihren Intrusiv- und Eruptivgesteinen sind durchsetzt von jüngeren Intrusiven in mindestens zwei Perioden. Die ältere Periode lieferte vorwiegend einen grauen oder blaßrötlichen Hornblendegranit, der z. T. noch deutlich gepreßt ist; daneben treten untergeordnet Diorit und Peridotit auf. Jünger ist der rote Granit, der von Pegmatitgängen begleitet ist und der nicht nur die Sedimente, sondern auch den Hornblendegranit durchbricht. Er bildet die markantesten Gebirgszüge im Süden der Sinaihalbinsel und im Osten Ägyptens. Er besteht aus dunkelrotem Orthoklas, der oft überwiegt, und aus Quarz, daneben wechselnden Mengen von Muskowit.

3. Karbon

Kambrium, Silur und Devon sind bisher in Ägypten nicht nachgewiesen. Es ist jedoch nicht ausgeschlossen, daß in einzelnen Teilen der als „Nubischer Sandstein" zusammengefaßten riesigen Sandsteingebiete, ähnlich wie in Libyen, einige dieser Formationen später noch nachgewiesen werden können.

Das Karbon ist bisher die älteste auf ägyptischem Boden durch Fossilien belegte Formation, die nur an zwei Stellen bekannt ist.

1. Im westlichen Teil der Sinaihalbinsel legt sich auf das Archaikum und Algonkium ein in OSO-Richtung langgestreckter verhältnismäßig schmaler Streifen karbonischer Sedimente, der im Westen an einer parallel zur Ostküste des Golfs von Suez streichenden Störungslinie zerstückelt und abgeschnitten wird.

Die kaum gefalteten Schichten liegen diskordant über Gneis, Granit und Schiefer und fallen nach NO unter den im Hangenden folgenden Nubischen Sandstein und die Kreide ein.

Die Schichtfolge ist vorwiegend aus zwei Sandsteinzonen zusammengesetzt, denen eine fossilführende Kalkzone zwischengeschaltet ist.

a) Die untere Sandsteinzone besteht aus braunem und rotem Sandstein in Wechsellagerung mit ebenso gefärbtem Schiefer. Der hangende Teil ist stellenweise mit Eisen- und Manganoxyden imprägniert. Im Westen des Gebietes ist die Mächtigkeit des unteren Sandsteins am größten (etwa 140 m) und nimmt nach Osten und Norden ständig ab bis zum völligen Auskeilen.

b) Die Kalkzone besitzt im westlichen Teil des Karbon-Zuges, am Wadi Baba, 20 bis 36 m Mächtigkeit; ihr hangender und liegender Teil bestehen aus kristallinem Kalk; den mittleren Teil bildet ein mergeliger, eisenschüssiger, z. T. dolomitischer Kalk, der stellenweise ausgedehnte Einlagerungen von mürbem Eisen-Manganerz enthält, die bei Um Bogma abgebaut werden (S. 48). Die Kluftflächen des Kalkes tragen öfters Überzüge von Malachit.

v. Klebelsberg (Zeitschr. d. D. Geol. Ges. Bd. 63, 1911, S. 594—603) hebt folgende Fossilien der Kalkzone besonders hervor:

Zaphrentis cf. beyrichi, Z. aff. guerangeri, Syringopora ramulosa, Crinoiden-Stielglieder, *Stenopora ovata, Orthis michelini, O. resupinata, Streptorhynchus crenistria, Productus costatus, P. scabriculus, Spirifer cf. convolutus, Sp. striatus,* Gastropoden.

Die Fauna ist also marin; sie gehört dem U n t e r - K a r b o n , und zwar wohl der V i s é - S t u f e an. Die Kalkzone keilt ebenso wie der liegende Sandstein nach Osten hin allmählich aus.

c) Die hangende Sandsteinzone transgrediert nach Osten über die beiden tieferen Horizonte hinweg auf die alten Gesteine. Diese Transgressionsfläche ist dann durch die Bildung eines Basiskonglomerates gekennzeichnet. Darüber folgen zunächst grobe, nach oben feiner körnig werdende Sandsteine mit Wellenfurchen und Kreuzschichtung, die rot in verschiedenen Tönen und weiß gefärbt sind. Die Mächtigkeit wird zu etwa 150 m angegeben. Den hangenden Abschluß bildet eine wenig mächtige Bank von hellrotem kieseligem Sandstein.

Diese hangende Sandsteinzone führt wenige Pflanzenreste: Am Djebel Abu Alaka wurden *Lepidodendron mosaicum* und *Sigillaria sp.* gefunden.

2. A u f d e r W e s t s e i t e d e s G o l f s v o n S u e z , ungefähr gegenüber dem Karbon der Sinaihalbinsel, treten im Wadi Araba am Süd- und Ostrande des Nord-Galala-Plateaus ebenfalls karbonische Schichten zutage. Das Liegende ist hier noch nicht bekannt.

Die tiefsten zutage tretenden Schichten sind weiße, gelbe und rötliche Mergel und Sandsteine, die am Ausgehenden bräunlich werden. Die Mergel führen häufig Gipslagen. Die Mächtigkeit beträgt 50 bis 100 m, so weit zu sehen.

Darüber folgt, wie am Sinai, eine fossilführende Kalkzone, die aus gelbbraunem oder blaugrauem Kalkstein besteht, dem stellenweise Lagen von grauen, rotbraunen oder grünen Letten und von Sandsteinplatten eingeschaltet sind. Eine etwa 1 m mächtige Kalkbank enthält zahlreiche Crinoiden-Stielglieder und Brachiopodenschalen. Mergel und Sandsteine sind ebenfalls reich an Fossilien. Die Fauna wurde zuerst von *J. Walther* (Zeitschr. der D. Geol. Ges. Bd. 42, 1890, S. 419—449) beschrieben. Erwähnt seien: *Athyris ambigua, Productus semireticulatus, Spirifer cf. trigonalis, Sp. convolutus, Sp. aff. mosquensis, Myalina depressa, Aviculopecten aegyptiacus* u. a. *E. Schellwien* (Zeitschr. d. D. Geol. Ges. Bd. 46, 1894, S. 68—78) sprach die Schichten als unteres Oberkarbon an.

Die hangende Sandsteinzone über dem Kalk besteht aus einer Wechsellagerung von Sandsteinen und Letten, die eine Mächtigkeit von etwa 200 m erreicht. Etwa 50 m über der Kalkzone liegt in dieser Schichtfolge eine 2 bis 10 m mächtige schwärzliche oder rote Sandsteinschicht, die verkieselte *Araucarioxylon*-Stämme enthält, die für eine Horizontierung nicht geeignet sind. Über diesem Horizont folgen nach *Blanckenhorn* (1921, S. 42) „noch 136 m Sandstein, bis die ersten deutlichen, durch Austern charakterisierten Mergelschichten der Kreideformation erreicht sind. Eine Diskordanz der Lagerung ist bis jetzt nicht erkannt worden. Da so eine scharfe Grenze zwischen dem Karbon und der Kreide fehlt, empfiehlt es sich vorläufig nach *Schweinfurths* Vorschlag, die Schicht der fossilen Hölzer als obere Grenze des ersteren anzunehmen". Daß eine solche Diskordanz vorhanden sein kann, zeigen die Beobachtungen von *Sandford* im Sudan.

Präkretazische Eruptivgesteine

Jünger als der rote Granit sind Gänge, Stöcke und Decken, besonders von basischen Gesteinen; saure Gesteine sind seltener.

Vertreten sind namentlich Diabas, Diorit, Melaphyr, Porphyrit, Quarzporphyr, Pegmatitgänge verschiedener Art.

Am Südwestfuß des Tih-Plateaus liegt über den Karbonschichten eine ehemals ausgedehnte Lavadecke nicht näher bekannter Zusammensetzung; sie ist durch Erosion zerstückelt und bildet mehrere Tafelberge; deren höchster ist der Djebel Hameir. Die Lavadecke ist 30 bis 40 m mächtig.

Weiter südlich, zwischen 28° 25′ und 28° 38′ n. Br., durchsetzen mehrere mächtige Stöcke von Diorit („Dolerit") den Gneis und Granit, die mehrere halbmondförmig angeordnete Berge bilden.

Beide Extrusive galten als spätkarbonisch, ohne daß ein Nachweis erbracht wäre.

4. Jura

Das einzige bisher bekannte größere Vorkommen von fossilführendem Jura in Ägypten liegt im Wüstengebiet östlich vom Suezkanal im Norden der Sinaihalbinsel, etwa 80 km östlich Ismailia am Djebel Hameir, Djebel Moghara und Keremich.

Ein kleines Vorkommen liegt auf der Westseite des Golfs von Suez am äußersten NO-Ende des nördlichen Kalala-Plateaus, durch Störungen begrenzt.

Die Juraschichten bestehen aus einer Folge von Sandsteinen, Mergeln, Kalksteinen und Schiefern, die nur einige fossilreiche Schichten enthalten; der größte Teil der Schichtenfolge ist aber fossilarm.

Die Schichtenfolge beginnt mit mergeligen Kalksteinen und Sandsteinen mit Pflanzenresten bisher unbestimmten Alters; die tiefsten zutage tretenden Sandsteine sind grobkörnig und durch Eisen gefärbt; sie fallen mit 70° nach NO.

Couyat-Barthoux und *H. Douvillé* (C. R. Acad. Sci. Paris, Bd. 157 [1913], S. 256) bezeichneten diese liegende Stufe als Nubischen Sandstein und stellten sie in die obere Trias, während sie *Blanckenhorn* (Handbuch d. Reg. Geol. VII. 9 [1921], S. 43) als oberen Lias ansprach, weil sie fossilführenden Mitteljura unterlagert (vgl. dazu den Abschnitt über den Nubischen Sandstein).

Über diesem Horizont folgen, durch Fossilien belegt, Bajocien, Bathonien, Callovien, Oxford, Korallenoolith und Kimmeridge.

Es handelt sich hier um eine Transgression des Mittelmeeres in der Jurazeit, die ungefähr gleichzeitig mit den jurassischen Transgressionssedimenten in Marokko, Algerien und Tunesien entstanden; die Faunen weisen Anklänge auf.

5. *Nubischer Sandstein*

Die von *J. Russegger* (Reisen in Europa, Asien und Afrika, 6 Bände mit Atlas, Stuttgart, 1841—1848) eingeführte Bezeichnung „Nubischer Sandstein" hat ihre stratigraphische Bedeutung öfter gewechselt.

Während ältere Autoren mehrfach die gesamte Folge der Sandsteintafeln vom Karbon bis in die obere Kreide unter dieser Bezeichnung zusammenfaßten, wies bereits *v. Zittel* (Palaeontographica Bd. 30, 1883, T. 1) darauf hin, daß in der Libyschen Wüste die ältesten fossilführenden Schichten über dem Nubischen Sandstein der oberen Kreide angehören. Er zeigte, daß der Sandstein in verschiedenen Teilen Ägyptens, der Sinaihalbinsel und Palästinas in verschiedene geologische Stufen vom Karbon bis zur mittleren Kreide gestellt werden muß und schlug vor, entweder nur den Sandstein der oberen Kreide als Nubischen Sandstein zu bezeichnen oder die Bezeichnung ganz fallen zu lassen.

T. Barron (Topography and Geology of the Peninsula of Sinai, Western Portion, Cairo 1907) stellte in die Gruppe des Nubischen Sandsteins alle Sedimente zwischen den fossilführenden Kalkmergelbänken der Kreide und dem durch Fossilien belegten Karbon, und diese Definition ist die noch heute allgemein anerkannte; am Wadi Araba (S. 7) ist diese Zone 136 m mächtig.

In der kurzen Erläuterung zur geologischen Karte 1 : 1 Mill. des Atlas von Ägypten definierten *Hume* und *Little* den Begriff des Nubischen Sandsteins folgendermaßen:

„Diese Bezeichnung wurde gewählt für die Folge von Sandsteinen und Tonen im Liegenden der tiefsten fossilführenden Kreideschichten. In der Baharija-Oase werden die hangendsten Schichten des Nubischen Sandsteins unmittelbar durch Cenomanschichten überlagert und enthalten Lagen mit Cenomanfossilien, während sie in den Oasen Dakhla und Kharga unter den Phosphatschichten des Campan folgen. Der Nubische Sandstein ist von den Oasen Dakhla und Kharga bis nach der Auenat-Oase und bis in den Sudan zu verfolgen. Die Mächtigkeit scheint hier 500 m zu übersteigen, so daß der Sandstein — ohne daß allerdings die Kontinuität der Ablagerung sicher nachgewiesen ist — vielleicht die Zeit zwischen dem Unterkarbon und der oberen Kreide umfaßt. Östlich am Nil ist der Nubische Sandstein im Wadi Araba zwischen dem fossilführenden Karbon und der Kreide 200 m mächtig und begleitet in gleichbleibender Ausbildung die Gebirgshänge am Roten Meer unter Bedeckung von Cenoman. Südlich 25° 30′ n. Br. bildet der Nubische Sandstein den westlichen Teil der Östlichen Wüste. Marine Senon-Fossilien fanden sich in typischem Nubischem Sandstein bei Assuan, und Süßwassermuscheln des

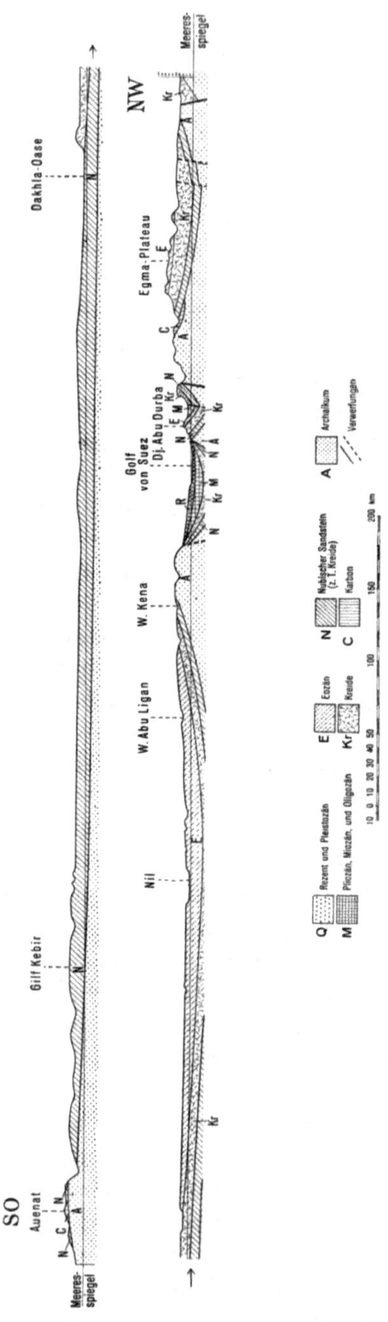

Abb. 1. Gesamtprofil durch Ägypten in NW — SO-Richtung.

Nach *Hume* und *Little*, 1928.

gleichen Alters sind in ihm bei Jowikol nördlich von Kalabscha bekannt (vgl. S. 16). Im Sinaigebiet, südwestlich vom El Tih-Plateau, liegen 500 m fossilfreien Sandsteins zwischen dem Sandstein des Oberkarbons und der Basis des Cenoman-Tones, und in Sudsinai bildet eine 300 m mächtige fossilfreie Sandsteinzone die Basis der Sedimentfolge."

Zur Definition des Alters bemerken *Hume* und *Little* in der Erläuterung zur oben genannten geologischen Karte, daß der Nubische Sandstein zwar hauptsächlich mesozoischen Alters ist, aber wahrscheinlich vom Unterkarbon bis in die obere Kreide reicht.

Wir haben also an der Basis der fossilführenden Kreide eine Folge von meistens fossilfreien Sandsteinen mit Lettenbändern, die ungefähr dem „Continental intercalaire" der französischen Geologen im westlichen Sudan zu vergleichen ist und die dort den Zeitraum etwa vom Perm bis zum Apt oder Alb umfaßt (vgl. Teil 2).

Nur da, wo fossilführendes Karbon im Liegenden erscheint, ist die untere Altersgrenze feststellbar. Die Bildungen sind überall kontinentaler Entstehung; Schichtlücken sind auf ägyptischem Boden in ihnen nicht nachzuweisen, wohl aber im Sudan (S. 96).

In den meisten Fällen, namentlich im Wüstengebiet östlich des Nil, ruhen die Sandsteine unmittelbar auf einer stark abgetragenen Fastebene archaischer und algonkischer Gesteine; an der Basis liegen stellenweise konglomeratische Bildungen.

Zweifellos ist das Alter des Nubischen Sandsteins starkem örtlichem Wechsel unterworfen. Das ist auch leicht erklärlich, weil die klimatischen und Sedimentationsbedingungen für die Bildung dieser kontinentalen und z. T. subkontinentalen Ablagerungen nicht überall die gleichen gewesen sind. Im allgemeinen scheint es aber bei der Verfolgung dieser Sandsteine vom Westen Afrikas nach Osten, daß das aride Kontinentalklima, das zu ihrer Bildung Anlaß gab, im Laufe der geologischen Perioden von Westen nach Osten gewandert ist, bzw. im Osten, also in Ägypten, länger angedauert hat. Vielleicht kann man sogar die unten (S. 16) erwähnten Sandsteine mit zwischengelagerten Süßwassersedimenten und Eisenerzlagern der Gegend von Assuan, die auf Grund der Fossilien ins Senon gestellt werden müssen, dem Nubischen Sandstein zurechnen; die Karte 1 : 1 Million des ägyptischen Survey von 1928 vertritt diese Auffassung.

Wenn also der Nubische Sandstein an manchen Stellen die Zeit vom Unterkarbon bis in die obere Kreide vertritt, so ist doch in Ägypten ein wesentlicher Teil desselben, namentlich sein hangender Teil, unter den tiefsten, marine Fossilien führenden Schichten, wahrscheinlich der unteren Kreide zuzurechnen. Der Beginn der Bildung ist aber nur in wenigen Fällen sicher nachzuweisen. Auf der Karte ist also der Nubische Sandstein als Kreide und Mesozoikum ohne nähere Begrenzung eingetragen.

Der Nubische Sandstein ist daher keine besondere Formation, sondern ein Faziesbegriff, der aber zur Bezeichnung der besonderen Ausbildung dieser vorwiegend sandigen, meist flachliegenden Sedimente sehr nützlich ist.

Französische Autoren haben deshalb gelegentlich eine paläozoische Gruppe des Nubischen Sandsteins von einer mesozoischen Gruppe getrennt.

Bei 34° ö. L. zwischen 24° 22′ und 24° 47′ n. Br. liegt in Nubischem Sandstein kretazischen Alters ein ausgedehntes Diabaslager.

Der Nubische Sandstein enthält mehrere Grundwasserhorizonte, wie z. B. die folgende von *Sandford* (Quart. Journ. Geol. Soc. Bd. 91. 1935, S. 353) mitgeteilte Bohrung in der Charge (Kharga)-Oase zeigt. Die Wasserführung der einzelnen Horizonte ist unregelmäßig.

4. Dunkelroter Schiefer	49,2 m
3. Sandstein, Oberflächenwasser führend	44,4 m
2. Undurchlässiger grauer Schiefer	73,8 m
1. Sandstein mit artesischem Wasser	mehr als 118 m

6. Kreide

Auf der geologischen Karte 1 : 1 Mill. von Ägypten ist die Kreideformation in drei Abteilungen gegliedert: Der hangende Teil umfaßt das Senon, der mittlere Turon und Cenoman, der liegende Teil besteht aus Alb, Apt und Neokom, wie bei uns üblich. Wir legen hier aber die in Deutschland übliche Einteilung zugrunde: Die untere Kreide umfaßt Neokom, Apt und Alb; die obere Kreide enthält Cenoman, Turon, Senon.

a. Untere Kreide

Fossilführende Schichten der unteren Kreide sind bisher nur im Sinaigebiet und in Nordägypten bekannt.

Am Djebel Moghara, dem oben erwähnten Juravorkommen in Nordsinai, und auf den Bergen der Umgegend stehen fossilführende Kalksteine und Mergel des Apt an; an einer Stelle tritt im Hangenden noch fossilführendes Alb auf.

Im Osten der Sinaihalbinsel, am Nordende des Golfs von Akaba und weiter nördlich, treten unter den tiefsten, durch ihre Fossilführung als unteres Cenoman gekennzeichneten Mergeln fossilfreie Sandsteine zutage, die als untere Kreide aufgefaßt werden. Sie unterscheiden sich jedoch petrographisch in keiner Weise von den weiter im Süden als Nubischer Sandstein aufgefaßten Flächen.

Auf der geologischen Karte 1 : 1 Mill. der ägyptischen Geologischen Landesanstalt ist ferner ein kleines Sandsteingebiet an der Nordostecke des Nord-Galala-Plateaus als untere Kreide dargestellt, das zwischen Cenoman-Mergel im Hangenden und einer kleinen Jurascholle im Liegenden auftritt.

Ein wesentlicher Teil des Nubischen Sandsteins in Ägypten ist zweifellos während der unteren Kreidezeit entstanden, aber durch Fossilien ist der Altersnachweis nicht zu erbringen.

Der Nubische Sandstein ist daher, soweit sein Alter nicht sicher feststeht, mit besonderer Farbe und Signatur auf der Karte ausgeschieden worden.

b. Obere Kreide

α. Cenoman ist durch Fossilien in mehreren Gebieten Ägyptens nachgewiesen.

Am Djebel Moghara, 80 km östlich Ismailia, liegt über den Juraschichten (S. 8) und der unteren Kreide eisenschüssiger, sandiger Kalk mit kleinen Eisenoolithen und mit *Pliotoxaster collegnoi var. orientalis, Vola quinquecostata, Protocardia hillana, Trigonia pseudocrenulata, Knemiceras syriacum.*

Darüber folgt gelblicher Kalk mit *Neolobites vibrayei, Trigonia pseudocrenulata, Exogyra flabellata, Aspidiscus cristatus, Orbitolina concava.*

Im östlichen Sinaigebiet liegt nach *Hume* (The topography and geology of the peninsula of Sinai, south-eastern portion, Cairo 1906) das Cenoman in der geringen Mächtigkeit von 17 bis 25 m meist auf weißem Nubischem Sandstein. Es beginnt in der Regel mit braunem mürbem Sandstein mit Lagen von grünem Mergel mit Austern *(Exogyra olisiponensin, Ostrea rouvillei),* deren Schalen sich stellenweise anhäufen. Darüber liegen Kalk, Kalksandstein, Sandstein und Mergel in Wechsellagerung, die *Linthia duncani, Hemiaster newtoni, Pseudodiodema bigranulatum, Micropedia bipatellis, Diplopodia variolaris, Exogyra olisiponensis, Gryphaea vesiculosa, Tylostoma globosum, Strombus aff. arnaudi* u. a. führen. Die Fossilien sind in einzelnen Lagen besonders angereichert.

Im westlichen Sinaigebiet ist Cenoman auf größeren Flächen bekannt. Im Liegenden folgt nach S Nubischer Sandstein, der auf fossilführendem Karbon liegt. Die Stufe besteht hier aus Ton-, Mergel- und Sandsteinlagen, auch Austernbrekzien, die sich gegenseitig im Streichen vertreten können. Am Südrande des Tih-Plateaus treten in den tiefsten Cenomanmergeln über dem Nubischen Sandstein Gipslagen auf. Darüber folgt harter Kalk in erheblicher Mächtigkeit. Die Schichten enthalten die übliche Cenomanfauna mit besonders zahlreichen Seeigeln; im hangenden Teil tritt *Ostrea columba, O. africana, O. flabellata* auf.

Im eigentlichen Ägypten westlich des Golfs von Suez tritt das Cenoman an den Rändern des nördlichen und des südlichen Galala-Plateaus (Galala el baharije und Galala el kiblije) rings um die breite Talmulde des Wadi Araba zutage, die geologisch einen flachen, durch Brüche gestörten Sattel darstellt.

Die Schichtfolge besteht aus mergeligen Sandsteinen, die über Nubischem Sandstein liegen und die *Neobolites fourtaui* führen; darüber folgt gelblicher Mergel und mergeliger Kalk mit *Ostrea africana, O. columba, O. flabellata, Hemiaster pseudofourneli, H. heberti, Heterodiadema lybicum* und vielen anderen.

Die Ausbildung und die Fauna entspricht der von Bu Saada in Algerien.

Am südlichen Galala-Plateau treten in der Cenomanfauna neben den sonst herrschenden Seeigeln und Austern auch Rudisten auf sowie einige Cephalopoden.

Fourtau (zitiert nach *Blanckenhorn* [1921], S. 50) gibt vom südlichen Galala-Plateau folgendes Durchschnittsprofil des Cenoman vom Hangenden zum Liegenden:

5. Kieseliger Kalk: 16 bis 18 m. — *Heterodiadema libycum, Ostrea columba, Pseudotissotia sequis, Schloenbachia sp.* u. a.
4. Mergel und Kalk, reich an Austern: 30 m. — *Ostrea africana, O. flabellata, O. columba, O. olisiponensis, Hemiaster pseudo-fourneli* u. a.
3. Grauer Kalk: 3 m. — *Holectypus excisus, Archiacia pes cameli, Ostrea africana.*
2. Gelblicher Kalk: 5 m. — *Neolobites schweinfurthi, N. brancai, N. peroni.*
1. Grüner oder blauer Mergel: 20 bis 30 m — *Hemiaster cubicus, Ostrea olisiponensis, Nautilus mermeti.*

Ähnliche kalkige Sedimente ziehen westlich des archaisch-algonkischen Komplexes der östlichen Wüste bis fast zum 23.° n. Br. auf dem Ostflügel der großen Tertiärmulde entlang nach Süden. Ihr Liegendes bildet fast durchweg der Nubische Sandstein. Auf deren Westseite zieht die Kreide in die Ägyptische Wüste hinein, wo sie z. T. unter jungen Wüstensedimenten verschwindet.

In den Oasen kommen die Kreideschichten jedoch zutage, so z. B. dicht nördlich des 28.° n. Br. in der Baharije-Oase. Dort ist das Cenoman die älteste zutage tretende Stufe. Die tiefsten Schichten sind bunte Sandsteine, Tone und Mergel in 150—170 m Mächtigkeit. Kalkbänke fehlen; die Fossilien sind besonders in eisenschüssigen Horizonten angereichert. Neben der üblichen marinen Fauna treten hier auch Pflanzenabdrücke auf. Besonders interessant ist aber die von *Stromer* entdeckte Wirbeltierfauna, die marine, Süßwasser- und Landformen umfaßt: *Hybodus, Myliobates, Ptychodus, Corax, Gigantichthys; Ceratodus africanus, C. minimus; Ganoiden, Lepidosteer, Pycnodontier; Plethodus, Cimolichthys, Ancistrodon;* Schildkröten und Krokodile; Schlangen, *Plesiosaurier* und *Dinosaurier. Blanckenhorn* (1921, S. 57) bemerkt dazu: „Die marinen (die Mehrzahl der Fische und die Plesiosaurier) sind ohne paläogeographische Bedeutung, es sind echte mediterrane Formen. Von den Süßwasserformen haben die Sägehaie, die Ganoidfische und die neue kurzschnäuzige Krokodilgattung ebenfalls mediterranen Charakter oder sind, wie die Lungenfische, über die ganze Erde verbreitet; nur die amphibisch lebende Chelydede ist als äthiopisches, d. h. afrikanisches Element anzusprechen. Das gleiche gilt von der Landschildkröte, die den ältesten Rest der bis heute bekannten Testudinenfamilie darstellt.“ Äthiopisch oder südatlantisch sind auch die drei z. T. großen Dinosaurier, deren nächstverwandte Vorläufer (von Nordamerika) bei der damaligen völligen Abtrennung Afrikas von Europa und Asien durch das Mittelmeer nur auf der atlantischen Landbrücke über Südamerika hinübergekommen sein können. Zu diesen südatlantischen Landformen gehört weiter die Riesenschlange *Symoliophis,* die älteste überhaupt bekannte Schlange.

Über diesen Sandsteinen, Tonen und Mergeln folgt dichter, dickbankiger Kalk mit wenig Fossilien; der hangende Teil besteht aus bunten Sandsteinen, Tonen und Kalksteinen mit Austern; die Mächtigkeit beträgt etwa 50 m insgesamt. Wirbeltierreste fehlen in dieser Schichtfolge; die rein marine Fauna enthält zahlreiche Seeigel.

β. T u r o n. Die genaue Verbreitung des Turon ist in Ägypten nicht immer so eindeutig nachzuweisen wie in anderen Gebieten. Im hangenden Teil treten neben den Turonfossilien häufig bereits solche des Senon auf; im liegenden Teil sind oft Leitformen des Turon und des Cenoman gemischt, so daß eine befriedigende Abgrenzung des Turon meist nicht leicht durchzuführen ist. An wenigen Stellen ist nach unserer bisherigen Kenntnis das Turon typisch ausgebildet.

Die Leitfossilien sind in Ägypten die gleichen wie in Algerien, in Syrien und Palästina (Seeigel: *Echinobrissus, Cyphosoma, Hemiaster, Epiaster, Linthia, Holectypus;* Rudisten: *Durania, Bournonia, Hippurites, Biradiolites;* Austern sind seltener als im Cenoman; Gastropoden: *Nerinea, Actaeonella;* Cephalopoden: *Pseudotissotia (Leoniceras), Vascoceras, Fagesia.*

Im Abu Roasch-Massiv westlich Kairo besteht das Liegende aus Sandstein und gipsführendem Ton, die vielleicht dem Cenoman angehören. Darüber folgt das Turon mit vorwiegenden Kalksteinen und untergeordneten Mergeln in 150 bis 200 m Mächtigkeit. Im Kalk sind häufig Feuersteine ausgeschieden.

Die Fossilien verteilen sich auf mehrere Horizonte und bestehen aus Seeigeln, Rudisten *(Praeradiolites ponsianus var. aegyptiacus, Durania gaensis, Bournonia fourtaui),* Austern und anderen Muscheln, Schnecken *(Nerinea requieniana, Aporrhais aff. granulata),* im hangenden Teil auch Korallen.

An den Rändern des Wüstengebietes östlich des Nil ist Turon in kalkiger Ausbildung, aber auch als Sandstein mit eingelagerten Kalkbänken mit Seeigeln verbreitet. Am Wadi Kene ist der größte Teil des Turon durch Sandsteine vertreten, die dem Nubischen Sandstein völlig gleichen, die aber durch zwischengeschaltete Kalkbänke mit Fossilien als Turon gekennzeichnet sind.

Auf der Sinaihalbinsel ist das Turon dagegen in Form von Kalksteinen mit Schieferbändern ziemlich weitverbreitet.

γ. S e n o n. Im Senon Ägyptens können, wie im übrigen Nordafrika, Santon, Campan, Maastricht und Dänische Stufe unterschieden werden. Die allmähliche Transgression des Kreidemeeres nach S bzw. SW bedingt, daß jede jüngere Stufe nach SW über die nächstälteren transgrediert.

S a n t o n. Der als Santon bezeichnete Schichtenkomplex, der hier auch den Emscher umfaßt, hat ungefähr die gleiche Verbreitung wie das Turon und ist ebenso wie dieses im Abu Roasch-Massiv besonders gut entwickelt. Es besteht hier aus Kalksandsteinen im liegenden Teil, auf denen Kalksteine auflagern. Andere durch Fossilien belegte Vorkommen liegen in der Baharije-Oase, im westlichen Sinaigebiet, an den Rändern des Galala-Plateaus.

Leitfossilien des Santon sind für Ägypten:

Leiocidaris crameri, Echinobrissus waltheri, Hemiaster fourneli; Plicatula ferryi, Ostrea dichotoma, O. heinzi, O. boucheroni, O. costei; Tissotia tissoti, T. fourneli, Hemitissotia sp.

An der Ostseite des archaischen und algonkischen Komplexes im Wüstengebiet westlich des Roten Meeres südlich vom 28.° n. Br. zieht ein schmaler Streifen von Kreidesedimenten parallel zur Küste, in denen das Untersenon durch die Fazies des Nubischen Sandsteines mit zwischengelagerten fossilführenden Mergeln vertreten ist.

Ungefähr vom 26.° n. Br. ab nach S in der Gegend von Edfu und im südlichen Natrontal umfaßt der Nubische Sandstein in fluviomariner Ausbildung das tiefe Untersenon (Santon), während das darüber folgende Campan bereits rein marin entwickelt ist.

Die Sandsteine der Santonstufe zeigen Kreuzschichtung und Wellenfurchen und führen Einlagerungen von Ton, Eisenerzen und verkieselten Brekzien; sie enthalten Pflanzenreste (verkieselte Hölzer, Farne, z. B. *Clathropteris aegyptiaca, Nymphaceen* der Gattung *Nelumbium)* und Tiere (Fische: *Lamniden, Ceratodus, Ancistrodon, Isticus, Stephanodus;* Krokodilier und Schildkröten). Auch marine Horizonte sind gelegentlich vorhanden. Die Schichten sind im Mündungsgebiet eines großen Flusses abgesetzt.

Für die Gegend von Assuan gibt *Vadasz* (Zentralbl. f. Min. 1933, A. S. 161 bis 175) folgendes Profil des Nubischen Sandsteins, das neben marinen auch Süßwasserhorizonte enthält und das wegen der eingelagerten Eisenerze (vgl. S. 48) besonders interessant ist:

a) Hangendgruppe; mehr als 100 m mächtig:

8. Gelbbrauner feinkörniger Sandstein; einige stark verquarzte Bänke im hangenden Teil sind wahrscheinlich an Bruchlinien verquarzt und bilden Terrainkanten.

7. Oolithisches Roteisenerz, 5 cm; scheint nur stellenweise vorhanden zu sein.

6. Weiß, rot und gelb gefärbter feuerfester Ton; 8 bis 10 m mächtig.

b) Mittlere Gruppe; 20 bis 30 m mächtig:

5. Dünnplattiger Sandstein mit Eisenkonkretionen, 10 bis 15 m. Gelegentlich mit Inoceramen und Exogyren.

4. Eisenerzzone: Bestehend aus eisenschüssigen harten rotbraunen oder dunkelgrünen Sandsteinen mit 21 bis 37 v. H. Eisen, denen meist zwei Flöze von oolithischem Roteisen eingeschaltet sind.

Das obere Erzlager hat wechselnde Mächtigkeit und besteht aus einer oder mehreren Eisenerzbänken, die durch Bänke von eisenreichem Sandstein getrennt sind. Die einzelnen Erzbänke schwanken zwischen 0,1 und 1,9 m Mächtigkeit.

Darunter folgen 5 bis 10 m mächtiger tonig-schiefriger Sandstein, dann das untere Erzlager, das 0,1 bis 1 m mächtig ist, meist aber in der Mächtigkeit unter der Bauwürdigkeitsgrenze bleibt. Über dem unteren Lager liegt meist ein Sandstein mit Wellenfurchen.

Im eisenhaltigen Sandstein der Erzzone liegen Blattabdrücke und Hölzer, die z. T. in Apatit umgewandelt sind; ferner die Süßwassermuscheln *Unio crosthweithei* und *U. jowikolensis* in großen Exemplaren. Die Schichten werden danach ins Unter-Senon gestellt.

Newton (Geol. Magaz. 1909, S. 352) fand außerdem noch *Unio humei, Mutela myco-*

toides, Geolaria filiformis, das ist ein mariner Wurm, der auf fluviomarine Entstehungsbedingungen hinweist.

c) Liegendgruppe; 40 bis 50 m mächtig:

3. Plattiger eisenschüssiger Sandstein mit Eisenkonkretionen und roter schiefriger Sandstein, 10 m.
2. Grauer und bunter Schieferton, 10 bis 12 m.
1. Grober gelbgrauer Quarzsandstein, geht nach dem Liegenden in groben weißen Kaolinsandstein mit Konglomeratbänken (z. T. Verwitterungsbrekzien) und mit Granitbruchstücken über.

Liegendes: Eingeebneter Granit und kristalline Schiefer mit Dioritgängen.

Im Süden der Libyschen Wüste bildet nach *Beadnell* (Geol. Magaz. 1908, S. 49—57) der Nubische Sandstein den Untergrund der großen Oasen Dachel (Dakhla) und Charge (Kharga). Das Profil ist hier folgendes:

Hangender Sandstein, nur örtlich bei Dachl vorhanden, 10 bis 12 m.

Oberer Tonhorizont, rot, etwas schiefrig mit Einlagerungen von Gips, Salz, auch Alaun, 48 bis 60 m.

Mittlerer Sandstein, vorwiegend hellbraun, mit Kreuzschichtung. Mächtigkeit in Charge 45 m, in Dachl bis zu 122 m.

Unterer Tonhorizont, grau, schieferig, mit Gips- und Salzausscheidungen. 75 m mächtig.

Liegender Sandstein, vorwiegend hellbraun, Mächtigkeit unbekannt.

Der Sandstein führt verkieselte Hölzer: *Nicolia aegyptiaca, Araucarioxylon aegyptiacum.* Die Schichten werden danach ins Santon gestellt.

Für die Oasen ist der Sandstein von größter wirtschaftlicher Wichtigkeit: Der liegende Horizont liefert für Charge artesisches Wasser, der mittlere bringt das Oberflächenwasser.

Campan (Mittel-Senon). Die Campan-Stufe des Senon ist wirtschaftlich von besonderer Wichtigkeit, weil sie Phosphatlagerstätten und bituminöse Kalksteine enthält.

Die Verbreitung ist groß; die Stufe scheint überall da vorhanden zu sein, wo obere Kreide auftritt, und scheint nur im äußersten Norden, am Djebel Moghara bei Ismailia und am Djebel Schebrauel, zu fehlen.

Die vorherrschenden Gesteine sind Kalksteine und weiße Kreide mit Feuerstein-Ausscheidungen. Bunte Mergel mit Gipsbänken, roter Schieferton, Sandsteinbänke, Kieselkalk und kristalliner Kalk sowie dolomitische Kalkbänke sind den Hauptgesteinen mehrfach zwischengeschaltet.

Die Leitfossilien des ägyptischen Campan sind nach *Blanckenhorn* (1921, S. 60) u. a.: *Pecten obrutus, Plicatula aschersoni, P. ferryi, P. instabilis, Spondylus dutempleanus, Gryphaea vesicularis, Ostrea larva, O. canaliculata, O. nicaisei, Exogyra overwegi, Cucullaea schweinfurthi, Trigonoarca multidentata, Hippurites vesiculosus, Roudairia drui, Corbula striatuloides, Turbo schweinfurthi, Turritella wanneri, T. sexlineata, T. quadricincta, Libycoceras ismaili, Baculites anceps, B. syriacus, Scaphites kambysis, Hamites sp., Bostrychoceras polyplocum, Lamna raphiodon, L. libyca, L. rapax, Oxyrhina mantelli.*

Blanckenhorn unterscheidet drei Verbreitungsgebiete mit verschiedener Fazies:

„A. Eine nördliche Zone mit weißen Kreidekalken, abgesetzt in größerer Entfernung von der Küste, arm an Versteinerungen, unter denen eigentlich nur *Gryphaea vesicularis* und *Ostrea larva* häufig sind, umfaßt den Djebel Ataqa westlich Suez, das Massiv von Abu Roasch im äußersten Norden, dann südlicher den mittleren Sinai, die beiden Galalen und den Südrand der Oase Baharije.

B. Eine große mittlere Zone von Seichtwasserabsätzen mit sehr reicher Fauna namentlich an Austern, anderen Bivalven, Cephalopoden und Fischen, welche die ganze Arabische Wüste vom Wadi Tarfa an, das Nilgebiet und die großen Oasen der Libyschen Wüste begreift. Je nach der Fauna haben wir da Austernkalke, speziell Villeibänke, Gryphaeenschichten oder Overwegikalke, dann *Trigonoarca*- und Rudairienkalke, Ammonitenlager (mit *Libycoceras ismaili),* Baculitenschichten, *Hamites (Anisoceras, Ptychoceras)* -Kalke oder endlich phosphatreiche Fischzahn-, Koprolithenschichten und Bonebeds.

C. Der Dungultypus auf beschränktem Raum ganz im Süden der Libyschen Wüste mit kleinen Seeigeln und größeren Gastropoden, aber ohne Phosphatlager."

Am Djebel Ataka westlich Suez ist folgendes Profil der oberen Kreide und des Tertiärs zu beobachten:

Eozän:	5. Weißer Kreidekalk mit Nummuliten	50 m
	4. Roter Mergel mit Gipsbänken	7—30 m
Campan:	3. Wechsellagerung von dolomitischem Kalk u. erdiger Kreide ohne Fossilien	221 m
	2. Lichter dolomitischer Kalk mit *Ostrea larva, Exogyra aff. laciniata, Vola secangularis*	3 m
	1. Dolomitischer Kalk mit *Hippurites vesiculosus*	46 m

Über die mittlere Campanzone mit den Phosphatlagerstätten sind weiter unten (S. 57 ff.) beim Abschnitt „Minerallagerstätten" genauere Profile gegeben.

Blanckenhorn (1921, S. 62) unterschied vier verschiedene Typen der Ausbildung in dieser Zone:

a) Im Nordosten am Wadi Kene und in der Mellaha-Kette westlich des Djebel Set ist der untere Teil des Campan ebenso wie das unterliegende Santon in der Fazies des Nubischen Sandsteins entwickelt. Ihren Abschluß im Hangenden bilden grüne Tonschiefer und dunkler salzführender Ton mit einigen Phosphathorizonten. Darüber folgen Phosphatschichten mit Haifischzähnen. Den im Hangenden folgenden weißen Kalk mit *Ostrea vesicularis* stellt *Hume* (Quart. Journ. Geol. Soc., London, Bd. 67 [1911], S. 118—148) bereits in die Dänische Stufe.

In der Mellaha-Kette und am Wadi Dara besteht das Campan aus Kalksteinen mit *Gryphaea,* Mergeln mit *Plicatula,* Kalk und Mergel mit Feuersteinbändern und Knochenschichten.

b) Im Küstengebiet des Roten Meeres zwischen Safaga und Kosseir liegen bedeutende Phosphatvorkommen, die durch *Klingner* unten beschrieben sind (S. 58).

c) Westlich des archaischen und algonkischen Küstengebietes, zwischen dem Wadi Kene im Norden und dem Djebel Serras im Süden, ist das Campan aufgebaut aus fossilreichen Kalksteinen, z. T. mit Austernbänken, die z. T. kieselige Ausscheidungen enthalten, und aus gips- und salzführenden Mergeln. Sandsteinbänke sind selten.

d) In der Libyschen Wüste, namentlich in den Oasen Charge, Dachel und anderen, ist das Campan in Form der Overwegi-Schichten entwickelt. Sie bestehen in der Charge-Oase aus buntem Ton und Mergel mit Gipsbänken, aus phosphatischen Konglomeratbänken bzw. Kalkbrekzien mit Fischresten und aus Kalkbänken mit *Exogyra overwegi;* von Cephalopoden werden genannt: *Nautilus desertorum, Libycoceras chargense, Baculites anceps, Scaphites kambysis,* von Haifischen *Lamna libyca, Oxyrrhina mantelli.*

Die Vorkommen der Dachel-Oase sind auf S. 62 näher beschrieben. In ihnen finden sich Fischzähne folgender Arten: *Lamna libyca, L. rastax, Odotus biauriculatus, Coras pristodontus, Stephanodus splendens, Ancistrodon libycus, Strophodus pygmalus.*

Die Zone der Schichten vom Dungul-Typus liegt im Süden der Libyschen Wüste am Südrande des ostlibyschen Eozänplateaus, in der Oase Dungul (etwa 31° 40′ östl. Länge; 23° 30′ nördl. Breite). Hier fand *Hume* (Quart. Journ. Geol. Soc. London, Bd. 67, 1911, S. 129—130) nahe der großen Arbain-Straße südlich Charge (Kharga), daß die Campanstufe keine Phosphate und keine Fischreste, sondern große *Turritella*-Arten, kleine Seeigel und zahlreiche Gastropoden führt, die an die heutige Fauna des Roten Meeres erinnern sollen. *Hume* erwähnt von Seeigeln:

Dorocidaris chercherensis, Bothriopygus schweinfurthi, Gitolampas fallax; letzterer besonders häufig bei Um Scherscher an der Arbain-Straße.

Der Nubische Sandstein beginnt unmittelbar unter der Austernzone.

Blanckenhorn (1921, S. 66) bemerkt dazu: „Wir hätten also die merkwürdige Erscheinung, daß in Ägypten in einer nördlichen Zone A und einer südlichen C in jener Senonzeit tiefes, dazwischen in der mittleren Zone B der Oasen seichtes Meer sich befunden hätte."

Dänische Stufe (Danien). Maastricht und Dänische Stufe lassen sich in den meisten Teilen Ägyptens kaum auseinanderhalten und werden daher hier als Dänische Stufe zusammengefaßt.

Aber auch die Abtrennung vom oberen Campan ist nicht überall mit befriedigender Genauigkeit durchzuführen, weder petrographisch noch faunistisch. Die Fauna ist im wesentlichen kretazisch, zeigt aber bereits deutliche Übergänge zum Eozän.

An Leitfossilien seien erwähnt:

Haplophragmium irregulare, Cristellaria rotulata; Ventriculites poculum, Schizorhabdus libycus; Coelosmilia milnei, Palaeopsammia zitteli, Graphularia desertorum; Echinocorys fakhryi, Linthia chargense, Terebratulina gracilis, T. chrysalis; Pecten obrutus, Ostrea ramsis, Gryphaea vesicularis, Nucula tremolatestriata; Natica farafrensis, N. pagoda, Voluta aegyptiaca, Alaria schweinfurthi; Nautilus dekayi, N. danicus; Corax pristodontus, Oxyrhina mantelli.

Die Verbreitung der Dänischen Stufe schließt sich eng an die des Campan an, auch die drei palaeogeographischen Zonen sind die gleichen.

Sicher nachweisbar ist die Dänische Stufe im Norden erst an den Rändern der beiden Galala-Plateaus und im Südwesten der Oase Baharije; in dieser Zone, die etwa bis 27° 30′ nach S reicht, ist das Danien ebenso wie das Campan als weißer Kreidekalk entwickelt. An Fossilien werden *Gryphaea vesicularis* und *Pecten obrutus* erwähnt.

In der mittleren Zone, die den phosphatführenden Flachwasserbildungen des Campan entspricht, sind graue, grüne und rote Letten und Schiefertone, z. T. Papierschiefer, mit geringem Fossilgehalt entwickelt, die als Esneschiefer bezeichnet wurden; ferner sind an der Basis weiße fossilarme Kalksteine und Mergel mit *Pecten obrutus* vorhanden.

Oppenheim (1902) bestimmte die von *Blanckenhorn* und *Schweinfurth* in der Gegend von Theben (Karnak) aus dem Horizont der Esneschiefer gefundenen Fossilien, die 13 Spezies umfaßten. Die Untersuchung ergab die Zugehörigkeit der Esneschiefer zum Danien. Die Fossilien treten in einem einzigen schmalen Horizont auf.

Im äußersten Süden bei den Oasen Dungul und Kurkur stehen weiße Kalksteine mit Einzelkorallen und mit Einlagerungen von Letten und Tonlagen an. Die Esneschiefer verschwinden allmählich, namentlich der hangende Teil.

In der Nähe des Roten Meeres, am Ostrande des Streifens von archaischen und algonkischen Gesteinen, bildet das Danien mehrere einzelne, voneinander getrennte und durch Verwerfungen schief gestellte Schollen, die an der Basis aus weißem, mergeligem Kalk mit *Pecten obrutus,* darüber bunten fossilreichen Letten und Schieferton (Esneschiefer) bestehen. Diesen Schiefern ist im mittleren Teil stellenweise eine Bank von mergeligem, rötlich verwitterndem Kalk eingeschaltet. Die Schiefer in ihrem Liegenden sind graugrün und tonig, im Hangenden dagegen weißlich-mergelig und braun, deutlich geschiefert.

7. *Tertiär*

a. Eozän

Schon im Danien, der jüngsten Stufe der Kreide, machte sich eine Hebung des Untergrundes im nördlichen Teil Ägyptens bemerkbar. Die Dänische Stufe scheint im nördlichsten Teil Ägyptens zu fehlen; erst an den Rändern des Galala-Plateaus und bei der Baharije-Oase sind ihre Absätze nachweisbar.

Die gleichen Verhältnisse liegen im unteren Eozän vor. Der nördlichste Teil Ägyptens scheint während dieser Zeit trocken gelegen zu haben. Erst im Mitteleozän trat durch erneute Senkung Nordägyptens wiederum eine Meerestransgression ein; die Sedimente des Mitteleozän (Untere Mokattam-Stufe) liegen dort diskordant über der Kreide, so namentlich im Abu Roasch-Massiv und am Nordrand der Baharije-Oase. Am nördlichen Galala-Plateau und am Sinai fehlt nur der tiefste Teil des Untereozän. Die Transgression geschah also sehr langsam.

Im Gegensatz zur Kreide sind die Sedimente des Eozän durch das plötzliche Auftreten einer reichen Foraminiferen-Fauna gekennzeichnet.

Das Eozän hat in Ägypten eine außerordentlich große Verbreitung. Es erfüllt die mächtige, vom Mittelmeer bis zu den Oasen Dungul und Kurkur, also bis südlich von 23° 30′ sich erstreckende Bucht, deren Ränder im Osten am südlichen Galala-Plateau fast das Rote Meer erreichen und die im Westen am 27. Breitengrad weit in die Libysche Wüste hineinziehen.

Im Norden verschwinden die Sedimente des Eozän unter jüngeren Ablagerungen. Nächst dem Nubischen Sandstein nimmt also das Eozän an der Oberfläche das größte Gebiet ein, ein größeres als die gesamte marine fossilführende Kreide.

Paleozän scheint in Ägypten zu fehlen.

Die erste brauchbare Einteilung des ägyptischen Eozän gaben *Schweinfurth* (Zeitschr. D. Geol. Ges. Bd. 35 [1883], S. 709—734) für das Obereozän und *v. Zittel* (Palaeontographica, Bd. 30 [1883], Geol. Teil, S. XCII und XCIII) für das Untereozän:

<table>
<tr><td colspan="2">Oberes Eozän</td></tr>
<tr><td>Obere Mokattam-Stufe</td><td rowspan="2">} Mittel-Eozän</td></tr>
<tr><td>Untere Mokattam-Stufe</td></tr>
<tr><td colspan="2">Obere Libysche Stufe = London-Stufe</td></tr>
<tr><td colspan="2">Untere Libysche Stufe = Suessonien und Ypern-Stufe</td></tr>
</table>

Blanckenhorn (Handbuch Reg. Geol. VII. 9. 1921, S. 75ff.) übernahm diese Bezeichnungen und reihte die Stufen folgendermaßen ein:

<table>
<tr><td>Obere Mokattam-Stufe</td><td>Ober-Eozän (Barton und Priabon)</td></tr>
<tr><td>Untere Mokattam-Stufe</td><td>Mittel-Eozän (Lutétien)</td></tr>
<tr><td>Obere Libysche Stufe</td><td rowspan="2">} Unter-Eozän (London-Stufe)</td></tr>
<tr><td>Untere Libysche Stufe</td></tr>
</table>

Cuvillier (Mém. Inst. Egypte. Bd. 16, 1930) schlug auf Grund seiner paläontographischen Forschungen die folgende Gliederung vor:

<table>
<tr><td>Ober-Mokattam und hangendste Schichten des Unter-Mokattam</td><td>} = Bartonien (Ober-Eozän)</td><td></td></tr>
<tr><td>Unter-Mokattam ohne die höchsten Schichten</td><td>} = Ober-Lutétien</td><td rowspan="2">} (Mittel-Eozän)</td></tr>
<tr><td>Obere Libysche Stufe</td><td>= Unter-Lutétien</td></tr>
<tr><td>Untere Libysche Stufe</td><td>= Unter-Eozän</td><td></td></tr>
</table>

Er kommt also zu einem ganz ähnlichen Ergebnis wie *Hume*. Dieser wies darauf hin, daß die tiefsten Schichten des oberen Mokattam noch kleine Nummuliten führen, und wollte sie als mittlere Mokattam-Stufe ausscheiden. *Cuvillier* zieht aber *Humes* untere und mittlere Mokattam-Stufe zusammen.

Paläontologisch ist diese Trennung durchaus begründet; bei der Kartierung im Gelände ergeben sich gewisse Schwierigkeiten, weil die Gesteinsbeschaffenheit die Grenzziehung nach der alten Einteilung von *v. Zittel* und *Blanckenhorn* erleichtert, während die Grenze nach dem Vorschlag von *Cuvillier* innerhalb eines Komplexes von petrographisch ziemlich gleichartigen Gesteinen verläuft.

α. Die Libysche Stufe (Untereozän und unteres Mitteleozän) nimmt den Hauptteil der Libyschen Wüste bis etwa zum Nil hin ein, östlich des Stromes kommt sie nur im Südosten des Eozängebietes zutage. Die Mächtigkeit beträgt bis 500 m; mit dieser Mächtigkeit und Ausdehnung hat sie den überwiegenden Anteil am ganzen Eozängebiet Ägyptens.

An Leitfossilien der gesamten Libyschen Stufe, die nicht mehr in die im Hangenden folgende Mokattam-Stufe hinaufgehen, nennt *Blanckenhorn* u. a.: Zahlreiche Alveolinenarten, *Fabularia zitteli, Heterostegina ruida, Nummulites variolaria, N. biarritzensis, N. obesa, Graphularia desertorum; Echinopsis libyca, Canoclypeus delanouei, Gisopygus thebensis, Heterospatangus lefebvrei, Linthia navillei; Ostrea multicosta, O. aviola, Cardita aegyptiaca, Cardium halaense, Cytherea aegyptiaca, Corbula vetula; Turritella aegyptiaca.*

Die Libysche Stufe wurde, wie oben bemerkt, von *v. Zittel* (Palaeontographica Bd. 30, 1883) in zwei Abschnitte gegliedert:

Die untere Libysche Stufe, gekennzeichnet durch weiße körnige oder schieferige, seltener oolithische Kalksteine, denen Mergel- und Tonlagen zwischengeschaltet sind, auch stellenweise Algenkalke, besitzt im äußersten Süden bei den Oasen Kurkur und Dungul 90 m, im Norden bei den großen Oasen 200 bis 300 m Mächtigkeit.

Die Schichten der unteren Libyschen Stufe sind beobachtet am westlichen Sinai, an den Galala-Plateaus, längs der Westküste des Roten Meeres, am Wadi Kene und an den Talrändern des Niltales von Kene nach N bis in die Gegend von Assiut, nach S bis in die Gegend von Karnak. Hier bilden sie einen bis 100 m hohen Steilabsturz, aus weißem kreideartigem Kalk und schieferigem und weißem hartem Kalk mit Kieselsäureausscheidungen bestehend, in den auch die Königsgräber hineingetrieben sind.

Im Westen ist die untere Libysche Stufe vom Niltal bis zu den Oasen Charge (Kharga) und Farafra und noch weiter westlich verfolgt. An der Oase Baharije dagegen scheint die untere Libysche Stufe zu fehlen. Dort ist bisher nur die obere Libysche Stufe bekannt.

An Leitfossilien der Unteren Libyschen Stufe seien erwähnt:
Operculina libyca, Nummulites fraasi, N. solitaria, N. deserti; Assilina minima; Graphularia desertorum; Leiocidaris lorioli, Rhabdocidaris libyca, Thagastea humei, Linthia cavernosa, Euspatangus libycus; Ostrea aviola, Gryphaea gümbeli var. aviculina, G. minor, Cardita aegyptiaca, Lucina thebaica.

Cuvillier (Mem. Inst. Egyptic. Bd. 16, 1930) kam auf Grund seiner Untersuchung der Foraminiferen-Fauna und der neuen Forschungsergebnisse über das Eozän im Mittelmeergebiet zu dem Ergebnis, daß das ganze Unter-Eozän

Ägyptens mit Ausnahme dessen in der Farafra-Oase mit dem Yprésien bzw. dem oberen Teil der Londonstufe gleichzusetzen sei. Er spricht als Unter-Eozän die ganze Schichtenfolge über dem hangendsten Kreidekalk an bis hinauf an die Basis der Schichten, in denen Alveolinen und *Orbitolites complanatus* zum erstenmal auftreten. *Cuvillier* stellte ferner die obere Libysche Stufe ins Mittel-Eozän (Unteres Lutétien), einschließlich der Schichten mit *Orbitolites complanatus, Alveolina cf. subpyrenaica, A. frumentiformis, Assilina praespira.*

Die obere Libysche Stufe (unteres Mitteleozän) beginnt mit dem ersten Auftreten der spindelförmigen Alveolinen und des *Nummulites gizehensis.*

Die Gesteine dieser Stufe sind weiche und harte, teils auch schieferige Kalksteine, z. T. mit Feuersteinknollen, meist von weißer oder lichter Farbe; stellenweise sind einzelne Kalksteinbänke kieselig.

Die Stufe ist an den Galala-Plateaus, an den Rändern des Niltales und in der Libyschen Wüste an den großen Oasen bekannt.

Typische Fossilien der oberen Libyschen Stufe sind z. B. *Orbitolites complanatus, Alveolina oblonga, A. frumentiformis, Nummulites gizehensis, N. obesa, N. lucasana; Sismondia logotheti, Echinolampas humei, Gisopygus zitteli; Turritella oxycrepis; Callianassa nilotica.*

β. Die Mokattam-Stufe (oberes Mitteleozän und Obereozän) wurde von *v. Zittel* nach dem Berge Mokattam im Osten von Kairo benannt, an dem die Schichten besonders typisch entwickelt sind.

Wie bereits oben erörtert, wird die Mokattam-Stufe in zwei Abschnitte gegliedert, deren unterer dem Mitteleozän, und zwar nach *Cuvillier* dem oberen Teil desselben, angehört, während die obere Mokattam-Stufe das Obereozän umfaßt.

In der unteren wie auch der oberen Mokattam-Stufe ist starker Fazieswechsel innerhalb der einzelnen Horizonte bemerkbar.

Die untere Mokattam-Stufe hat als Leitfossil den Riesen-Nummuliten *Nummulites gizehensis,* der nebst *N. curvispira* stellenweise ganze Gesteinsbänke zusammensetzt. Daneben treten auf: *Orbitoides papyracea, O. subrodiata; Rhabdocidaris itala, Echinolampas africanus, E. fraasi* und zahlreiche andere Seeigel; Muscheln, Schnecken, von denen namentlich *Turritella helwanensis, T. boghosi* und *Lucina pharaonis* besonders häufig sind. Ferner *Nautilus mokattamensis, Lobocarcinus paulinowürttembergicus.* An Wirbeltieren seien genannt: die Haigattung *Ginglymostoma,* der Krokodilier *Tomistoma,* die primitiven Seekühe *Eotherium* und *Protosiren,* die Urwale *Eocetus, Protocetus, Prozeuglodon,* die hier zum erstenmal auftreten.

Die Mannigfaltigkeit der Ausbildung der unteren Mokattamschichten wird im folgenden kurz gekennzeichnet:

Im Sinaigebiet besteht die Stufe aus weißem Foraminiferenkalk, der die Klippen und die Randkante des Tih-Plateaus zum großen Teil bildet.

Der Djebel Geneffe an der Südwestseite des Bittersees besteht im oberen, etwa 100 m mächtigen Teil aus gelblichem hartem oder porösem mürbem Kalk, der z. T. oolithisch ist. Diese Zone führt zahlreiche Fossilien der unteren Mokattam-Stufe. Darunter folgt gelber und hellroter eisenschüssiger Kalk und violetter und graugrüner Mergel mit Gips und Tonschichten, durchsetzt mit Adern von Fasergips und Alabaster. Dieser Teil ist arm an Fossilien.

In der Gegend von Maghagha am Nil, also in der Nähe von 28° 30′ n. Br. am Djebel Garara und am Wadi esch Scheich, bildet das untere Mokattam vier deutliche Geländestufen.

Blanckenhorn (1921, S. 85) gibt hier folgendes Profil:

5. Gelbgrauer, rauher Kalkstein, z. T. grobkörnig; bildet einen Steilhang; mit Seeigeln und Bryozoen. 25 bis 30 m.
4. Gelber und grauer gipsführender Mergel mit mächtigen Einlagerungen von weißem grobknolligem Kalk; darin schwarze Feuersteinknollen; und mit Seeigeln, *Nautilus, Carcharodon, Odotus.* 40 m.
3. Feuersteinterrasse. Blendend weißer Kreidekalk und buntkörniger Plattenkalk, reich an Konkretionen und Lagen von Feuerstein mit vielen Milioliden, kleinen Nummuliten, Seeigeln, *Ostrea reili, O. fraasi, Gryphaea pharaonum, Nautilus mokattamensis,* und den Krebsen *Xanthopsis, Lobocarcinus;* Fischzähnen. 6 bis 18 m.
2. Bunter gipsführender Ton, grauer und gelber gipsführender Mergel mit Einzelkorallen, *Graphularia, Arca, Cardita, Scalaria, Nautilus, Conchorhynchus, Lamna, Odotus, Carcharias,* darin als Einlagerung Mergelkalk, der ganz aus *Nummulites gizehensis, N. curvispira, N. subdiscorbina* besteht und der außerdem Seeigel und Muscheln enthält („Gizehensis-Lager“). 20 bis 50 m.
1. Die liegendsten zutage kommenden Schichten sind bunter gipsführender Ton und Mergel, wechsellagernd mit Kalkbänken, die *Nummulites gizehensis, N. curvispira, Serpula spirulaea* führen, 2 bis 22 m mächtig. Diese Stufe würde nach *Cuvillier* zur oberen Libyschen Stufe gehören.

Weiter nördlich, bei Wasta am Nil, östlich vom Fajum, am Wadi Ramlich und bei Burumbul, fand *Blanckenhorn* folgendes Profil:

5. Gelblicher knolliger Kalk und gelber Mergel, oben z. T. mit kleinen Nummuliten, Operculinen, Korallen, *Lucina* (Plateaustufe).
4. Grauer Mergel (6 m); mauerartiger Steilhang aus Knollenkalk (4 m); lockerer Mergel mit Gips (7 m). I. g. 17 m.
3. Bröckelig-schiefriger Mergel mit Fasergips, wechsellagernd mit braunroten oder graugelben harten Kalkbänken, die Terrassenstufen bilden. — *Turritella boghosi, T. hofana,* Haifischzähne, Knochen von Teleostiern und Seesäugetieren.
2. Weißgrauer Kalkschiefer mit Steinsalzadern; gelber, harter, grobwulstiger Kalk; bildet eine Stufe. — *Lucina.* — 25 bis 30 m.
1. Gelblichgrauer bis schwärzlicher Blättermergel mit Gips und Salz, wechsellagernd mit einigen blendend weißen Schreibkreidebänken mit *Schizaster mokattamensis, Lucina pharaonis, Cardita viquesneli* usw. — 25 bis 30 m.

Am Berg Mokattam bei Kairo, an dem bereits *Schweinfurth* seine klassische Gliederung aufstellte, ist die Gesamtmächtigkeit der unteren Mokattam-Stufe (im Sinne von *Blanckenhorn*) 120 bis 150 m:

5. Bankiger Kalkstein mit kleinen Nummuliten und Bryozoen, namentlich *Nummulites beaumonti, N. discorbina, Amblypygus dilatatus, Conoclypeus conoideus, Echino-*

lampas africanus, Schizaster mokattamensis, Serpula, Ostrea reili, Spondylus, Lucina pharaonum, L. metableta, Cytherea parisiensis, Cardium obliquum, Cassis nilotica, Zeuglodoen. 7 bis 25 m.

4. und 3. Die beiden sonst scharf voneinander zu trennenden Horizonte sind am Mokattam schwer auseinanderzuhalten. Beide werden im Steinbruchsbetrieb als Baustein gleichmäßig abgebaut. Sie sind aufgebaut aus rein weißem, gelblich verwittertem, kreideartigem Kalk; der Kalk enthält etwas Strontium; Coelestin tritt daher in Drusen und als Versteinerungsmaterial auf. Eine dünne Bank mit massenhaften Exemplaren von *Turritella pseudoimbricata* und *T. carinifera* wird als obere Grenze der Zone 3 gegen Zone 4 angesehen.

Zone 4 ist etwa 10 bis 15 m mächtig und enthält u. a. *Nummulites beaumonti, Euspatangus formosus, Schizaster africanus, S. mokattamensis, Echinolampas africanus, Ostrea fraasi, Spondylus aegyptiacus, Cytherea parisiensis, C. transversa, Turritella multitaeniata, Fusus, Bulla, Lobocarcinus.*

Zone 3 hat eine Mächtigkeit von 10 bis 35 m und enthält *Nummulites gizehensis,* mehrere Seeigel, *Gryphaea pharaonum, Natica longa, Cerithium lachesis, Nautilus mokattamensis, Lobocarcinus,* Haifischzähne.

2. Eine durchschnittlich 2 bis 3 m mächtige Grobkalkbank (Mächtigkeit 1 bis 13 m), die fast ganz aus Schalen von *Nummulites gizehensis, N. curvispira, N. beaumonti* und anderen besteht, aus Seeigeln, *Gryphaea pharaonum, Pecten tripartitus, P. moelehensis, Garolia placunoides, Spondylus buchi.*

1. Die tiefste Zone setzt sich aus gelblichem mürbem oder grünlichweißem kieseligem Kalkstein mit Glaukonitkörnern zusammen. Die Mächtigkeit beträgt etwa 10 bis 20 m.

Die Fauna umfaßt u. a. *Nummulites gizehensis, N. curvispira, Orbitoides papyracea, Operculina pyramidum,* Seeigel, Muscheln, Schnecken, *Labocarcinus paulowürttembergensis, Palaeocarpilius simplex, Cancer fraasi.*

Sie ist nach der Auffassung von *Cuvillier* der oberen Libyschen Stufe zuzurechnen.

Die obere Mokattam-Stufe transgrediert westlich und nördlich des Kreidemassivs Abu Roasch westlich Kairo unmittelbar auf Kreideschichten, die also zur Zeit des unteren Mokattam wohl als Insel aus dem Meer aufgetaucht waren. Im übrigen liegt die Stufe im allgemeinen normal über unterem Mokattam. Eine weitere Ausnahme bildet noch der Nordrand der Arabischen Wüste in der Gegend von Suez, wo die obere Mokattam-Stufe diskordant über der unteren Stufe liegt; der liegende Teil der oberen Stufe fehlt. Während dieser Zeitspanne ist also eine vorübergehende Hebung des Meeresbodens erfolgt.

Im übrigen ist in der Zeit des oberen Mokattam bereits ein Rückzug des Meeres nach N zu bemerken; die Verbreitung dieser Stufe geht nicht so weit nach S wie die des unteren Mokattam.

Die Gesteine der oberen Mokattam-Stufe weisen gegenüber der unteren einen zunehmenden Sandgehalt auf; es entstehen sandige Kalksteine und Sandsteine mit Kalkbindemittel; Tonschichten sind in größerer Anzahl eingeschaltet.

Der tiefste Teil des oberen Mokattam im Sinne von *Blanckenhorn,* bis zum Horizont 3. des Profils am Mokattamberg hinauf, enthält kleine Nummuliten:

N. beaumonti, M. subbeaumonti, N. discorbina, N. subdiscorbina. Im hangenden Teil sind diese vollständig verschwunden.

Die obere Mokattam-Stufe zeigt wechselnde Faziesausbildung: Am Niltal und in der Arabischen Wüste sind die Sedimente rein marin; an der Nordseite des Birkel el Karun zeigen die Schichten die Nähe der Küste an, Süßwasser- und Landtiere sind ihnen eingeschwemmt durch den Ur-Nil; im Osten der Oase Siwa bei Arag liegen nummulitenreiche Schichten vor.

An keinem Ort scheint das vollständige Profil der oberen Mokattamschichten sedimentiert zu sein. Am Mokattamberg z. B., der sonst ein vollständiges Schichtprofil der gesamten Stufe bietet, fehlen die hangendsten Schichten. Am Nordostrande der Arabischen Wüste sind diese vorhanden, dafür fehlt dort der tiefere Teil.

Am Mokattamberg zeigt die obere Mokattam-Stufe nach *Blanckenhorn* (1921, S. 92) folgendes Profil:

8. Harter, löcheriger, sandiger Kalk bis kalkiger Sandstein mit Operculinen, *Echinolampas crameri, Anisaster gibberulus, Ostrea, Vulsella, Spondylus, Plicatula, Cardita mokattamensis, Cardium obliquum, Lucina pharaonis, Turritella pharaonica* u. a. 2 bis 10 m.
7. Blauer Schieferton und bunter Mergel mit Sand; gelber Kalkstein mit Muscheln und Schnecken; blaugrauer und gelber Ton mit Salz und Gips. I. g. 3 bis 6 m.
6. Stark sandiger Kalk, meist drei Bänke bildend, mit *Carolia placunoides, Spondylus, Vulsella, Cardita, Lucina, Turritella, Cassis.* Eine Stufe hervorrufend. 2 bis 6 m.
5. Bunte Sande, zerfressene Sandsteine, Mergel und Blätterton; eingeschaltet ist eine 0,30 bis 2,40 m mächtige Austernbank mit *Ostrea reili, O. elegans, O. fraasi* und zahlreichen anderen Muscheln und Schnecken. 1,30 bis 3,80 m.
4. Mürbe Sandsteine und Mergel, wechsellagernd mit hartem, sandigem Kalk mit massenhaften Fossilien. Besonders häufig ist *Plicatula pyramidarum* sowie mehrere Arten *Ostrea.* 1,40 bis 4,80 m.
3. Sandiger Kalkstein mit Ostreen, *Carolia placunoides, Spondylus, Cardium, Corbula. Teredo.* 1 bis 2,50 m. Bildet eine Stufe.
2. Bunter Ton mit strahligem Coelestin und Gipsmergel mit Bänken von mürbem Sandstein und fossilführende Kalkbänke. Einige Bänke bestehen aus kleinen Nummuliten *(N. beaumonti, N. subbeaumonti).* 2 bis 6,40 m.
1. Mergeliger Ton, wechsellagernd mit hellem Gipsmergel und härteren, bräunlichen Mergelbänken, mit faserigem und kristallisiertem Coelestin, weniger Fossilien. 3 bis 9 m.

Östlich vom Mokattamberg, in der Richtung auf Suez zu, am Nordrand der Arabischen Wüste, folgt über dem harten löcherigen, sandigen Kalkstein, der über 10 m mächtig wird (Nr. 8 des Profils am Mokattam), gelblicher und grauweißer Kalkstein in 36 bis 40 m Mächtigkeit. Die Fauna bleibt gleich; auf ihm liegt eine Wechsellagerung von Bänken von mürbem, mergeligem und von hartem gelbem Kalk, die 30 bis 60 m Mächtigkeit erreicht und die als Horizont 9 des Profils der oberen Stufe anzusehen sind. In der Fauna fehlen nur die Seeigel, die in Schicht 8 des Mokattamprofils auftreten; im übrigen gibt *Blankkenhorn* als Fauna an: *Ostrea reili, O. clot-beyi, O. fraasi, Carolia cymbalea,*

Plicatula pyramidarum, Mesalia fasciata, Turritella carinifera, T. pharaonica, Pleurotoma.

Diese Schichten 8 und 9 liegen transgredierend auf Schichten der unteren Mokattam-Stufe in einer schmalen Mulde zwischen Kairo und Suez. Zur Zeit ihrer Bildung war der größte Teil des Landes bereits Festland.

Am Nordufer des Birket el Karun, dem alten Moeris-See in der Fajum-Ebene, finden sich in der tiefsten Stufe des oberen Mokattam neben riesigen Austern, Korallen usw. auch Skelette der Walarten *Zeuglodon osiris* und *Z. isis*. Die Molluskenschalen sind häufig in strahligen Coelestin umgewandelt.

In einer Schicht, die etwa dem unteren Teil des Horizontes 5 am Mokattamberg entspricht und die aus weißem Sandstein, Mergel und Schieferton besteht, liegen Panzer, Schädel und andere Knochen von Schildkröten, Schlangen, Krokodiliern, Zeuglodon-Walen und Seekühen sowie Süßwasserfischen (Welse); darüber und darunter folgen dann aber marine Schichten mit Austern und Turritellen.

An anderer Stelle wurden in einem, dem oberen Teil des Horizontes 5 entsprechenden Schichtenpaket, das aus einer Wechsellagerung von schwarzem Schieferton und von Sand mit Kreuzschichtung mit Braunkohlenschmitzen und von Laubblattabdrücken besteht, gefunden: Korallen, Welse, Schildkröten, Wale *(Zeuglodon)*, Seekühe *(Eosiren lybica)*, die Landsäugetiere *Moeritherium lyonsi, Barytherium.*

Stellenweise finden sich in diesem Horizont Süßwasserschnecken und -muscheln neben echt marinen Formen.

Die Mischung mariner Formen mit solchen des Süßwassers und des Festlandes weisen darauf hin, daß im Fajum die Schichten des Horizontes 5 offenbar im Mündungsdelta eines großen Flusses, des Ur-Nil, abgelagert wurden.

Die in manchen Lagen dieses Horizontes auftretenden Pflanzenreste gehören nach *Engelhardt* (Beitr. z. Paläont. u. Geol. Österreich-Ungarns u. des Orients Bd. 20. 1907) den Gattungen *Ficus, Cinnamomum, Pterocarpus, Artocarpidium, Litsaea, Tetranthera, Maesa, Securidaca, Juglans, Melastomites, Eucalyptus, Cassia* an.

In der Gegend zwischen den Oasen Baharije und Siwa (an der Grenze gegen Libyen) treten Schichten mit Nummuliten des Obereozän im hangenden Teil der Schichtfolge auf. Das Profil des 60 m hohen Plateaus ist nach *v. Zittel* folgendes:

Brauner Kalkstein, aus Nummuliten und Schalentrümmern zusammengesetzt.
Nummulites fichteli, N. intermedia. N. chavannesi.
Mergeliger Kalk mit massenhaften *Ostrea clot beyi.*
Grünlicher, salzhaltiger Blättermergel mit Gipskristallen.
Blättermergel und grauer sandiger Kalkstein mit *Nummulites gizehensis* und *N. curvispira* bilden den liegenden Horizont.

Die Nummuliten des hangenden Horizontes sind typisch für Obereozän und Oligozän. Diese hangendsten Schichten der oberen Mokattam-Stufe schließen das Eozän nach oben ab.

b. Oligozän

Mit dem Obereozän beginnt in Ägypten eine verhältnismäßig schnelle Hebung des Landes. Die riesige Eozänbucht, die fast bis zum 23.° n. Br. nach S vorstieß, wird ungefähr bis zum 29.° n. Br. hinauf Festland. Stößt schon das Mitteleozän nicht so weit nach S vor wie das Untereozän, so ist die Verbreitung des Obereozän auf den nördlichen Teil des Eozängebietes beschränkt. Schon die jüngsten Sedimente der oberen Mokattam-Stufe, die nur noch in einer schmalen Mulde zwischen Suez und Kairo transgredierend und diskordant über Schichten des unteren Mokattam liegen, zeigen, daß die Krustenhebung, von S beginnend, bereits gegen Ende des Obereozän im Gange war.

Dementsprechend sind Sedimente des Oligozän nur im nördlichen Teil Ägyptens vorhanden, die Südgrenze liegt etwa beim 29.° n. Br.; nur westlich des Fajum springt eine kleine Bucht nach S in das damalige Festland vor, die vielleicht eine ehemalige Nilmündung darstellt.

Das Oligozän läßt zwei faziell verschiedene Zonen erkennen; im südlichen Teil seiner Verbreitung herrschen kontinentale und im Süßwasser entstandene Sedimente; daran schließt nach N ein breiterer Streifen, dessen Ablagerungen fluviomarinen Ursprungs sind.

Im Innern der Baharije-Oase sowie an ihrem Süd- und Westrande liegen diskordant über Kreide verkieselte Sandsteine mit Bänken von oolithischem Brauneisen, die fossilfrei sind, aber dem Oligozän zugerechnet werden; ähnliche Bildungen liegen 40 km weiter nordöstlich auf Eozän.

Die geologische Karte von Ägypten rechnet die Kies- und Schotterflächen des kleinen Golfes zwischen der Oase Baharije und dem Fajum z. T. zum Oligozän. Die Schichten, deren Gerölle vorwiegend aus braunem Hornstein bestehen, lassen sich über eozänem Untergrund nach SO bis an den Nil verfolgen, dessen Unterlauf in oligozäner Zeit sie andeuten. Nach NNW gehen die Schotter in die große Kieswüste (Serir) über. Vermutlich handelt es sich um Schotter, die im Oligozän und im Jungtertiär im Unterlauf und im Mündungsdelta des Nil abgelagert wurden. — Ihr Alter ist bei dem Mangel an Fossilien nicht sicher festzulegen.

An diese kontinentalen Bildungen schließt sich nach N die ausgedehnte Zone von fluviomarinen Ablagerungen an, deren Zusammensetzung einigen Schwankungen unterworfen ist.

Im Norden und Nordwesten der Fajumsenke liegen diese Schichten in 125 bis 210 m Mächtigkeit über dem hangenden Teil der oberen Mokattam-Stufe. Das Profil ist vom Hangenden her folgendes:

5. Oben auf dem Djebel el Katrani, der den Nordrand des Fajum in einiger Entfernung begleitet, etwa 5 km nördlich der Randkante, liegen Schichten von grobem Sand, Sandstein und Kies mit verkieselten Baumstämmen, Schildkrötenresten und Zähnen von *Hyaenodon*. Weiter nordöstlich schließen sich Sandsteine mit *Lucina cf. pharaonis* an.

4. Am Steilabfall des Djebel el Katrani liegt unter diesen sandigen Schichten zunächst ein 5 bis 20 m mächtiges Basaltlager von ziemlich großer Ausdehnung, und unter diesem folgt die eigentliche 20 bis 40 m hohe Steilwand, die aus Sand, bunten Letten, Sandstein und mergeligem Kalk besteht. Sie enthält im liegenden sandigen Teil marine Fossilien.
3. Im Liegenden folgen in Wechsellagerung Bänke von Sand, Sandstein und Ton in einer Mächtigkeit von 30 bis 50 m, die durch ihren Fossilinhalt als reine Süßwasserablagerungen gekennzeichnet sind. (Flußmuscheln *Unio, Pseudodon, Mutela, Spatha;* daneben die Flußschnecke *Lanistes.*)
2. Die nächst tiefere Zone besteht aus ähnlichem buntem Ton, weißem und rotem Sand und Kies, härteren Bänkchen von Sandstein und verkieseltem Kalk und von mergeligem Kalk. Die 50 bis 80 m mächtige Zone führt Brackwasserschnecken: *Melania, Cerithium, Potamides.*
1. Die tiefste, 9 bis 25 m mächtige Zone ist aufgebaut aus fluviatilem, grobem, grauem und rotem Sand, der z. T. zu Sandstein verhärtet ist, grünem Ton und Lagen von Brauneisenstein.

Der Sand und Sandstein enthält Baumstämme der Arten *Nicolia aegyptiaca, Caesalpinium oweni, Araucarioxylon aegyptiacum;* den Stämmen fehlt die Rinde, sie sind von weither als Treibholz zusammengeschwemmt.

In der Nähe der Baumstämme liegen nach *Blanckenhorn* häufig Reste von Wirbeltieren, die folgenden Gruppen angehören:

Fische: *Protopterus, Lepidosiren;* Schildkröten: *Pelomedusa, Podocnemis, Testudo;* Krokodile: *Tomistoma, Crocodilus;* Vögel: *Eremopezus;* Proboscidier: *Moeritherium, Palaeomastodon;* Embrithopode: *Arsinoitherium zitteli;* Hyracoiden: *15 Spezies;* Creodontier: *Pterodon, Hyaenodon, Apterodon, Sinopa, Ptolemaia;* Anthrakotherien: *Rhagatherium, Brackyodus;* Chiropteren: *Procampyrus;* Insectivoren: *Metoldobotes;* Nagetiere: *Phiomys, Metaphiomys;* Affen: *Parapithecus, Moeripithecus, Propliopithecus.*

Es handelt sich hier um zusammengeschwemmte Tier- und Pflanzenreste im Mündungsdelta des Ur-Nil.

Ähnliche Ablagerungen von Sand und Kies, die dem Mündungsgebiet des Ur-Nil entstammen, sind am Nordrande der Arabischen Wüste zwischen Kairo, Suez und dem Bittersee sowie am Nordrande der Libyschen Wüste weitverbreitet. Sie führen zahlreiche verkieselte Baumstämme der Gattungen *Araucarioxylon, Palmoxylon, Nicolia, Caesalpinium, Laurinoxylon, Acacioxylon, Capparidoxylon, Dombeyoxylon, Ficoxylon.* Die Baumstämme sind aus dem Festlande im Süden zusammengeschwemmt und bilden z. B. östlich Kairo den „großen und den kleinen versteinerten Wald“. Auch tierische Reste (Mammut) sind bekannt. Die Schichten erreichen stellenweise mehr als 50 m Mächtigkeit.

Das oligozäne Alter dieser Schichten ist nicht überall gesichert; stellenweise sollen sie auf sicher bestimmtem Miozän liegen.

Gegen Ende des Oligozän setzt in Nordägypten an mehreren Stellen eine Periode vulkanischer Tätigkeit ein, die vorwiegend Deckenergüsse, Gänge, Stöcke und Intrusivlager von Basalt geliefert hat.

Im Gefolge dieser vulkanischen Tätigkeit traten auf Störungslinien und an den Eruptionskanälen Thermen mit kieselsäurereichen Wässern zutage, die die vorhandenen lockeren Sedimente durch amorphe, sich in Chalcedon umwandelnde Kieselsäure verkitteten. In klaffenden Bruchspalten, die von oben her mit Sand ausgefüllt waren, wurde diese Sandfüllung zu Quarzit verkittet, so daß man von „Quarzitgängen" und von Sandsteingängen spricht.

Vielleicht stammt auch ein Teil der Kieselsäure, die als Chalcedon flächenhaft lockere Sandmassen zu quarzitischem Sandstein verkittet hat, nicht aus Quellwässern; es ist zu prüfen, ob nicht diese Kieselsäure das Produkt einer Wüstenverwitterung sein kann, wie sie in den Kalaharischichten Mittel- und Südafrikas so weit verbreitet ist. Der Quarzit des Djebel Ahmer, nordöstlich Kairo, ist wohl auf diese Weise entstanden.

Die Umwandlung der Baumstämme in Kieselsäure ist vielleicht auf ähnliche Weise bedingt.

Eruptive der Oligozänzeit

In der Oase Baharije, am Djebel Katrani am Nordrande des Fajum, bei Abu Zabel nördlich des Kreidemassivs Abu Roasch westlich Kairo, an mehreren Stellen zwischen Kairo und Suez sowie im westlichen Teil der Sinaihalbinsel treten Basaltdurchbrüche zutage, die jungoligozänes Alter besitzen; sie bilden Ergußdecken, Gänge, Stöcke sowie Lagergänge im Eozänkalk.

Die Feldspatbasalt-Laven am Djebel Katrani haben die größte Verbreitung. Es handelt sich hier um zwei Ergüsse, die durch eine Tuffschicht getrennt sind. Die untere dichte Decke ist durchschnittlich 3 m mächtig, die obere blasige Decke dagegen 6 m.

c. *Miozän*

Miozäne Sedimente sind auf Nordägypten beschränkt. Die Südgrenze zieht ungefähr von der Oase Siwa über die langgestreckte Kattara-Senke und die Moghara-Senke nach Kairo und von da nach Suez. Auch in Westsinai sind noch Miozänablagerungen vorhanden. Im Norden wird das Miozän von jüngeren Bildungen überdeckt.

Die Hebung Nordägyptens, die bereits seit dem Obereozän das Meer zum Rückzug nach N veranlaßte, machte im Miozän weitere Fortschritte und hat das Meer weiter nach der heutigen Küste zurückgedrängt.

Die Fauna des Miozän von Ägypten ist der des Wiener Miozän nahe verwandt. Das Mittelmeer der Miozänzeit dürfte also nach N bis in die Gegend von Wien gereicht haben.

Auch an den Rändern des Roten Meeres einschließlich des Golfs von Suez treten Miozänablagerungen auf. Eine Verbindung zwischen Mittelmeer und dem Golf von Suez hat zeitweilig bestanden.

Diese Verbindung war bedingt durch tektonische Senkungen in der Suezzone. Die Ausbildung der Schichten im Mediterrangebiet unterscheidet sich aber von der im Gebiet des Roten Meeres. Die kleine Geosynklinale wurde bald wieder abgesperrt und durch vorwiegend chemische Sedimente ausgefüllt.

Untermiozän. Typisch für die Entwicklung des Untermiozän im Westen Ägyptens ist das von Moghara im Norden der Libyschen Wüste, das *Blanckenhorn* mitteilte:

6. Milchweißer, z. T. grober Kiesel- und Kalksandstein. 5,50 m.
5. Grauer, gelber, violettbrauner, schieferiger und knotiger Sandstein. 12,50 m.
4. Ockergelber Sandstein mit Mergelbindemittel mit massenhaften Schnecken und Muscheln (*Mytilus aquitanicus, Scutella zitteli*). 2 m.
3. Wechsel von Tonen und Mergeln mit Gips, dünnschiefrigem, grobem, geröllführendem Sandstein, Knotensandstein, Eisensteinbändern, Sand mit Sickerröhrchen. – Fossiles Holz und verkieselte Knochen. 20 m.
2. Ockergelbe harte Kalksandsteinbank mit Schalen von *Cytherea* und *Cardium*. 0,30 m.
1. Kiesige Schichten mit viel fossilem Holz der gleichen Arten wie im Oligozän.

Im Sand des Horizontes 3 finden sich an einer Stelle Wirbeltierreste von Anthrocotheriden, Rhinocerotiden, dazu von Krokodilen und Schildkröten.

Es liegt in diesem Profil ein Übergang von subkontinentalen Sedimenten zu fluviomarinen Bildungen im Deltagebiet der Nilmündungen vor.

Am Nordrande der Arabischen Wüste zwischen Kairo und Suez ist das Untermiozän durch sandige Kalksteine und Sandsteine mit Kalkbindemittel in 20 bis 45 m Mächtigkeit vertreten, die fluviomariner Entstehung sind, während am Isthmus von Suez die Stufe als bunter, sandiger Ton mit Gipsausscheidungen und einer sandigen Kalkbank entwickelt ist. Wirbeltierreste scheinen östlich des Nil zu fehlen.

Im Westen der Sinaihalbinsel treten zahlreiche nicht zusammenhängende Vorkommen von Untermiozän auf. Sie bestehen häufig aus wechsellagernden Konglomeraten und Sandsteinen, zu denen im hangenden Teil Mergel mit Gipsbänken hinzutritt.

Am Westufer des Roten Meeres und des Suezgolfes ist die Mächtigkeit der Sedimente oft sehr groß. Das Miozän liegt diskordant auf abgetragener Kreide, besonders auf Nubischem Sandstein. Die Basis besteht aus einem Konglomerat mit Feuersteingeröllen oder aus *Pecten*-Kalk mit *Lithothamnium, Heterostegina, Leiocidaris, Pecten sub-malvinae* und zahlreichen anderen Arten. Darüber liegen Globigerinen-Mergel und braune Ölschiefer mit Fischschuppen, und darauf folgen Gips- und Anhydritschichten. Einige Profile aus den Erdölgebieten sind auf S. 65 ff. mitgeteilt. Die Mächtigkeit der Gipsgruppe kann bis zu 600 m steigen.

Mit dem Gips zusammen treten Tone, Mergel, dolomitische Kalksteine auf. Der Kalk ist von massenhaften Hohlräumen durchsetzt und enthält daher häufig das aus seinem Ursprungsgestein ausgewanderte Erdöl.

Mittel- und Obermiozän. Die Ausdehnung des Meeres bleibt während der ganzen Miozänzeit ungefähr gleich.

Im Westen ist allerdings im Mittelmiozän (Helvet) eine Transgression landeinwärts über das Untermiozän bis zur Oase Siwa erfolgt; bei den Oasen Gara und Arag liegt das Helvet unmittelbar auf Obereozän.

v. Zittel gab vom Nordrande der Oase Siwa (Palaeontographica, Bd. 30, 1883) folgendes Profil des Helvet:

Grobkalk mit *Spondylus, Avicula, Lucina, Natica, Conus, Strombus, Cypraea.* 30 m.
Weißer, dichter, kreideartiger Kalk. 16 m.
Austernbank. 25 m.
Grüner Kalkmergel mit zahlreichen Fossilien. 10 m.
Grobkalk. 5,50 m.
Grüner und grauer salzhaltiger Mergel mit Fasergips, reich an Seeigelstacheln, Seeigeln und *Pecten.* 41 m.

Im Stromgebiet des heutigen Nil ist marines Miozän nicht bekannt.

Am Nordrand der Arabischen Wüste besteht das Mittelmiozän aus weißen und gelben Kalkbänken und sandigen Kalksteinen mit großem Fossilreichtum.

Am Westufer des Golfs von Suez führen die Schichten eine reiche Fauna an Korallen, Seeigeln und Austern. Korallenriffe 100 bis 200 m über dem heutigen Seespiegel treten zusammen mit Schichten auf, die Pectenarten des Miozän führen.

Am Sinai bestehen die hierher gehörenden Schichten aus Konglomeraten, Kalk, Mergel, sandigem Kalk und Sandstein mit *Pecten cristatocostatus* und anderen Pectenarten, Austern, Seeigeln und Korallen.

d. Pliozän

Ablagerungen pliozänen Alters sind im Niltal an zahlreichen Stellen vorhanden.

Das heutige untere Niltal war in jener Zeit eine Meeresbucht, die etwa 150 km flußaufwärts von Kairo bis nach El Feschn reichte. In dieser Zone liegen Uferterrassen mit marinen Pliozänfossilien.

In Oberägypten dagegen sind die Pliozänsedimente durchweg Absätze von Süßwasserseen; sie sind also unter anderen Bedingungen gebildet, als sie das heutige Niltal bietet. Zwischen beiden lassen sich Sedimente mit brackischer Fauna beobachten.

Im Küstengebiet sind Pliozänsedimente auf eine schmale Zone am Nordrande der Pliozänablagerungen beschränkt.

Das Pliozän im Wadi Natrûn mit seiner reichen Wirbeltierfauna entstand im Mündungsgebiet eines großen Stromes, vielleicht einer Mündung des Nil.

Nördlich der Moghara-Senke, am 29.° ö. L., liegt auf unterem Miozän grauer, schwach kalkiger, verkieselter Sandstein mit einer kleinen marinen Fauna pliozänen Alters sowie Kalkstein und Kieselkalk. Die Einstufung dieser Schichten ist noch nicht ganz geklärt; im Hangenden folgen z. T. oolithische Kalksteine mit *Cardium edule* und Kalksandstein mit *Ostrea plicatula, O. cucullaea* und *Cardita.*

Der Hauptteil der Pliozänablagerungen gehört wohl ins Astien; die Sedimente zeigen teils kontinentale, teils fluviomarine, teils marine Fazies.

Rein kontinentalen Charakter haben z. B. die aus Kalk, Sandstein und Süßwasserquarzit bestehenden Süßwasserbildungen an der Oase Siwa, nahe der libyschen Grenze, die Schalen von *Physa, Limnaeus* und *Planorbis* führen.

Ähnliche Ablagerungen liegen östlich vom Niltal bei Beni Suef und im Gebiet des Wadi Ramlieh (Ramliya), südwestlich Suez. Sie werden heute als unteres Pliozän angesehen.

Ihr Liegendes bildet meist marines Miozän.

Fluviomarin sind die Sedimente im Wadi Natrûn, die wohl im Mündungsgebiet des Nil in der Pliozänzeit entstanden. Wegen ihrer Wirbeltierfauna sind sie besonders interessant.

Sie bestehen vorwiegend aus Sand, z. T. zu Sandstein verhärtet, und aus Ton, der im liegenden Teil geschiefert ist. Einige Kalkbänke sind der Schichtfolge zwischengeschaltet. *Blanckenhorn* (1921, S. 181) gibt ein genaues Profil der interessanten Ablagerungen.

Im liegenden Teil tritt eine dünne Bank mit *Ostrea cucullata* auf.

Unter den zahlreichen Wirbeltierresten, die in mehreren Horizonten liegen, sind zu nennen:

Fische: Welse *(Synodontis)*, Lamniden, *Protopterus;* Süßwasser-Schildkröten: *Sternothaerus, Trionyx, Ocadia, Trachyaspis;* Krokodilier: 2 Formen; Schlangen und Vögel; Säugetiere: *Hippopotamus hipponensis.* Antilopen (3 Arten), Cameliden, Giraffen, *Hipparion, Rhinoceros, Elephas, Mastodon,* Schweine, 1 Seekuh, 1 Seehund; Fischottern, *Machaerodus, Hyaena,* Hundsaffen.

Schichten mit im Brackwasser lebenden Schnecken und Muscheln sind den Wirbeltierschichten zwischengeschaltet.

Die marinen Sedimente der pliozänen Meeresbucht, in der das heutige untere Niltal zwischen El Feschn und Kairo liegt, sind sandige, auch tonige Schichten; sie enthalten eine sehr große Fauna; der größere Teil dieser mehr als 200 Arten umfassenden Fauna lebt noch heute, teils im Mittelmeer, teils im Atlantischen Ozean, wenige im Indischen Ozean. Etwa ein Drittel der Arten ist ausgestorben. Besonders bezeichnend sind *Ostrea cucullata, Pecten benedictus* und *Clypeaster aegyptiacus. Ostrea cucullata* bildet gelegentlich Austernriffe.

Die Pliozänsedimente liegen in Höhenlagen von 60 bis 80 m über dem Meeresspiegel; sie zeigen den Betrag der Landhebung seit jener Zeit an.

Über ihnen folgen noch stellenweise Sande, Kiese und mehr oder weniger verfestigte Schotter bis zu 180 m über dem Meeresspiegel; sie sind vermutlich diluvialen Alters.

Am Nordrande der Arabischen Wüste und auf der Sinaihalbinsel sind nur geringe Reste von marinem Pliozän vorhanden.

Am Südrande des Golfs von Suez treten sowohl auf dem Festland als auch auf den Inseln Jubal, Gefatin und Schaduan und auch am Westufer der Sinaihalbinsel marine Pliozänschichten auf. Sie sind nach S bis zum Ras Benas zu verfolgen. Sie enthalten *Tellina lacunosa, Ostrea giengensis, O. virleti* u. a. Die Fauna gehört dem Roten Meere an.

8. *Quartär*

Die pleistozänen Sedimente bestehen im Niltal im Liegenden des Kulturbodens aus Sanden und Schottern, oft mit sehr großen Geröllen, die zeigen, daß der Strom in jener Zeit mit großer Strömungsgeschwindigkeit geflossen sein muß. Schotterterrassen sind zu beiden Seiten des Niltales und in den großen Nebenflüssen zahlreich vorhanden. Die toten Dünen, auf denen Alexandria liegt, sind wohl ebenfalls im Pleistozän entstanden.

An den Küsten des Roten Meeres liegen gehobene Korallenriffe in verschiedenen Seehöhen. Die ältesten, z. T. mehr als 100 bis 200 m über dem Meere, gehören ins Miozän. Die Riffe in tieferen Lagen aber zeigen durch die mit ihnen auftretende Fauna pleistozänes Alter an.

Aber es kommen auch Strandterrassen ohne Korallen aus Kalksteingrus, Sand, Gips und Salz führendem Mergel in zwei bis drei Höhenstufen über dem Roten Meer vor.

An der Mittelmeerküste sind marine Quartärbildungen im nördlichen Teil der Tih-Wüste bekannt.

Die Quartärbildungen des Inlandes sind sehr mannigfaltiger Art. *Blankkenhorn* (1921, S. 142—180) hat sie eingehend beschrieben.

Werkzeuge der Steinzeit sind in Ägypten weitverbreitet. Deutlich sind die der älteren von denen der jüngeren Steinzeit zu unterscheiden. Solche der Chell-, Acheul-Zeit und des Moustérien liegen auf den Schotterterrassen bei Kairo.

Sie finden sich auch auf den Schotterterrassen Oberägyptens und in der östlichen Wüste zwischen dem Niltal und dem Roten Meer, ebenso westlich des Nil.

Werkzeuge der Aurignac- und der Magdalena-Stufe sind in der Libyschen Wüste und im Niltal weitverbreitet, finden sich aber nicht in der östlichen Wüste.

9. *Rezente Bildungen*

Die rezenten Bildungen umfassen die Bildungen des Nildeltas, die hauptsächlich aus Sand, Ton und Schlamm mit wechselnden Mengen organischer Substanz bestehen.

Im Norden Ägyptens, in der Libyschen Wüste und im nördlichen Teil der Sinaihalbinsel, sind rezente Dünenbildungen besonders weitverbreitet.

Zu den jungen Bildungen gehören auch die lebenden Korallenriffe im Roten Meer und die jüngsten Strandterrassen an dessen Ufern.

Werkzeuge der jüngeren Steinzeit finden sich im Niltal in den heutigen Kulturgebieten, im Fajum und in den Oasen, aber auch in der Libyschen Wüste in großen Mengen.

B. Tektonik

Nach Beendigung der archaischen und algonkischen Faltungen setzt in Ägypten nach unseren bisherigen Kenntnissen eine sehr lange Ruheperiode ein. Die älteste fossilführende Formation, das Karbon, liegt flach und fast ungestört auf den stark gefalteten alten Gesteinen. Auch die wenigen Reste von Juraschichten zeigen zwar, daß die Uferzone weiter südlich lag; die Schichten selbst sind aber kaum gestört.

Im Beginn der Kreidezeit bildete sich allmählich eine flache Geosynklinale, deren Untergrund nach SSO flach ansteigt. In sie drang von N her das Kreidemeer schrittweise ein; die jüngeren Stufen der Kreide transgredieren nach S über die älteren hinweg. Die jüngsten Kreideschichten dehnen sich nach S bis zu den Oasen Dungul und Kurkur aus, also etwa bis 23° 30′ n. Br. Die Kreidebucht war im N und S tiefer als im mittleren Teil (S. 18), wo sich im flachen Wasser Phosphatlager bildeten.

Am Ende der Kreidezeit, etwa an der Grenze gegen das Tertiär, wurden in einzelnen Zonen die Kreidesedimente zu Sätteln und Mulden aufgefaltet. Ein langer Faltenbogen läßt sich verfolgen durch die Oasen Farafra und Baharije über die Westseite des Abu Roasch-Massivs bei Kairo zum Djebel Schebrauet westlich vom Bittersee und zum Djebel Moghara auf der Sinaihalbinsel. Die Falten sind oft durch Staffelbrüche zerrissen und in Schollen aufgeteilt. Das Eozän liegt überall fast flach diskordant über der Kreide, am Sinai auch über dem Jura.

Einem südlichen parallelen Faltenzug gehört wohl das breite Faltengewölbe am Wadi Araba an, in dessen Achse Karbonschichten zutage treten. ONO-Brüche durchsetzen die Antiklinale; auf ihnen sitzen z. T. Eruptivgänge.

Die Kreidefalten der Oase Dachel liegen etwa in südwestlicher Fortsetzung des Wadi Araba und könnten dem gleichen Faltenzug angehören.

Bei Luxor, Kene und Edfu scheinen sogar noch Diskordanzen zwischen Mittel- und Obersenon aufzutreten; die Faltung hat in diesem Fall also bereits während des Senon eingesetzt.

Während des ganzen Eozän herrschte eine Periode verhältnismäßiger Ruhe; langsam hebt sich der Boden Nordägyptens; die große Kreidebucht, die tief von Norden her ins Festland vorstieß und die auch im ersten Teil der Eozänzeit fast unverändert bestand, wird in ihrem südlichen Teil allmählich trockengelegt, das Meer weicht langsam nach N zurück; Brüche, die in dieser Zeit entstanden, sind bisher nicht nachgewiesen. Gleichzeitig hat wohl die Hebung der Sinaihalbinsel begonnen.

Auch der ältere Teil der Oligozänzeit verläuft ziemlich ruhig; der Rückzug des Meeres hält an. Der jüngere, vorwiegend kontinentale Teil des Oligozän aber ist eine Zeit verhältnismäßig kräftiger vulkanischer Tätigkeit; an vielen Punkten der nördlichen Wüste treten Basaltdurchbrüche zutage, deren ausgedehntester der am Djebel el Katrani am Nordrande der Fajumsenke ist. Im Gefolge der vulkanischen Tätigkeit traten Thermen mit SiO_2-reichen Wässern an vielen Stellen zutage, auch auf Störungslinien, die im Gefolge der Eruptionen, offenbar noch im Oberoligozän, entstanden. Hierher gehören die Staffelbrüche im südlichen Teil des Mokattamgebirges, die O—W gerichtet sind.

Im Miozän setzt sich der Rückzug des Meeres an vielen Stellen fort. Gleichzeitig aber entsteht eine Landsenkung in der Gegend der Landenge von Suez, durch die das Meer von Norden her bis in den Golf von Suez vordringt. Der Vorgang dieser Landsenkung ist noch wenig geklärt.

Im Anfang der Pliozänzeit beginnt im ganzen östlichen Afrika die Epoche der jungen Gebirgsbewegungen und der Entstehung von Bruchzonen, die u. a. den Grabenbruch bildeten, in dem das untere Niltal liegt. Auf den neu aufreißenden Spalten treten ähnliche heiße Quellen zutage wie auf den im Oberoligozän gebildeten, jedoch diesmal anscheinend ohne magmatische Eruptionen. Auch diesmal werden die lockeren Sande an den Quellaustritten durch Kieselsäure und Brauneisen zu Sandstein verhärtet, der in Form von „Sinterröhren" am Nordrande der Libyschen Wüste bis zu zwei und mehr Metern über die Oberfläche aufragt; diese Sinterröhren liegen über den Hauptthermalspalten, die auf diese Weise verfolgt werden können.

Die Brüche bevorzugen häufig die O—W-Richtung; im östlichen Ägypten ist auch eine große Anzahl von N—W-Brüchen bekannt.

Nicht immer ist es zu Bruchbildungen gekommen. Kleinere Schollenbewegungen sind häufig durch Flexuren, also durch Schichtenverbiegungen ohne Zerreißung des Schichtenverbandes, gekennzeichnet.

Ein bedeutsames Ereignis in der tektonischen Geschichte Ägyptens ist die Entstehung des Grabeneinbruches des Roten Meeres; seine Anlage zeichnet sich in den Hauptlinien erst ab um die Wende Tertiär—Altdiluvium. Bereits im Miozän stieß das Mittelmeer in einer Synklinale zum Golf von Suez vor und drang in diesen ein. Der Suezgolf ist heute ein flaches Becken und besitzt nur Tiefen bis zu 70 m. Wie das Becken des Roten Meeres vor dem endgültigen Grabeneinbruch ausgesehen hat, ist noch unklar. Heute besitzt es in seiner Mittelachse eine breite Rinne mit Tiefen bis zu mehr als 2000 m, namentlich zwischen Ras Rauai und Suakin. Diese Rinne ist durch Ringel, die scheinbar quer zur Längsachse streichen, in mehrere Teile zerlegt. Von N her tritt an der Ostseite der Sinaihalbinsel der N—S streichende Golf von Akaba in das

Nordende des Roten Meeres ein, der in seiner Mittelrinne Tiefen von mehr als 1200 m aufweist, der also im Gegensatz zur flachen Rinne des Golfs von Suez erhebliche Absenkungen in seiner Grabenrinne erlitten hat.

Der Akaba-Golf bildet die südliche Fortsetzung des Jordangrabens in Palästina.

Im Süden wird der gewaltige Graben des Roten Meeres abgeschnitten durch das Bruchgebiet des Golfs von Aden, in dem die Hauptlinien O—W gerichtet sind.

Die Bruchlinien, an denen die Schollen in den sich bildenden Graben hineinsanken, lassen drei Richtungen erkennen. Die Hauptrichtung NW entspricht der Längsachse des Roten Meeres. Ein zweites Spaltensystem streicht etwa N—S, in der Achse des Golfs von Akaba und der Ostafrikanischen Bruchstufe. Das dritte, hier weniger in Erscheinung tretende Bruchsystem streicht dem Bruchgebiet des Golfs von Aden parallel O—W.

Im südlichen Sinaigebirge fallen nach *Blanckenhorn* (1921, S. 144) drei Talrichtungen durch ihre Häufigkeit, Geradlinigkeit und lange Erstreckung auf. Im östlichen Sinai ziehen sie N—S, parallel dem Golf von Akaba, im westlichen Sinai dagegen parallel dem Golf von Suez. Außerdem bestehen Quertäler, senkrecht zu den beiden Küsten. Die tektonische Natur dieser Talsysteme wurde durch die geologische Aufnahme festgestellt.

Seit dem Beginn des Grabeneinbruches haben sich die Grabenränder des Roten Meeres, ebenso wie auch an den ost- und zentralafrikanischen Gräben, langsam gehoben. Die Korallenriffe des oberen Miozän liegen bis zu 250 m über dem heutigen Meeresspiegel. Die Gebirgsschollen sind meist schief gestellt, sie fallen vom Meere weg nach dem Lande hin ein: die Störungen fallen meist nach dem Roten Meer hin. Die Höhendifferenzen zwischen den höchsten Erhebungen der Randgebirge gegen die größten Tiefen im Graben betragen an der Südgrenze Ägyptens bis zu 4000 m.

In der Gegend zwischen Massaua und Djibuti tritt von S her die Ostafrikanische Bruchstufe ins Rote Meer.

Bereits zu Beginn der Miozänzeit müssen Schollenbewegungen im Grabengebiet des Roten Meeres stattgefunden haben, andernfalls wären Schichtmächtigkeiten der Miozänsedimente bis zu 1000 m und mehr in der Erdölzone gar nicht möglich. Zur Zeit ihrer Bildung muß der Untergrund am Golf von Suez im langsamen Absinken begriffen gewesen sein; denn die in den Schichten auftretenden Fossilien haben in relativ flachem Wasser gelebt.

Dolomitische Korallenkalke und Gipsbänke des Miozän sind an den Küsten des Roten Meeres weit nach S bekannt; marines Pliozän ist bis in die Gegend von Massaua zu verfolgen.

Im jüngeren Tertiär ist also im Bereich des heutigen Roten Meeres ein Meer vorhanden gewesen. Für die Annahme, daß es ein Binnenmeer gewesen sei, liegen keine Anhaltspunkte vor.

An der Wende Tertiär-Altdiluvium aber begannen die Schollenbewegungen auf den großen Bruchlinien, die zur Einsenkung des großen Grabenbruches führten.

Gleichzeitig mit der Aufwulstung der Grabenränder sanken die einzelnen Schollen im Graben unregelmäßig gegeneinander ab. Die vielen auf abgesunkenen Höhenrücken aufgebauten pelagischen Korallenriffe zeigen, daß auch im Roten Meer noch zahlreiche größere und kleinere Horste stehengeblieben sind. Ertrunkene rezente Korallenriffe weisen darauf hin, daß auch in jüngster geologischer Zeit Schollensenkungen im Graben erfolgt sind.

Die Bildung des Grabens umfaßt also einen erheblich langen Zeitraum.

Ein Strom, der Ägypten in der Art des heutigen Nil entwässert, läßt sich bereits seit dem Cenoman in allen Formationen nachweisen. Die Sedimente bleiben stets ähnlich. Sie bestehen aus Sanden verschiedener Korngrößen, die häufig zu Sandstein verfestigt sind, aus Tonen, die in den älteren Absätzen heute geschiefert sind, aus Mergeln, auch aus Kalkstein. In ihnen liegen allerlei Reste von Landpflanzen, von Fischen, Schildkröten, Krokodilen und allerlei Landtieren neben Küsten-, Brackwasser- und Landkonchylien.

Diese ältesten Delta-Sedimente der Cenomanzeit liegen in der Oase Baharije (S. 14). Ähnliche Schichten finden wir im Untersenon in der Gegend von Edfu (S. 16).

Beide Mündungsgebiete haben vielleicht verschiedenen Strömen angehört.

Im Tertiär setzte die langsame Hebung des Landes und damit das Zurückweichen des Meeres nach N hin ein. Gleichzeitig damit wanderte auch die Mündung des Ägypten entwässernden Stromes, des „Ur-Nil", nach N.

Im Unter- und Mitteleozän sind Ästuar-Sedimente nicht bekannt. Erst im Obereozän, der oberen Mokattamstufe, treten wieder solche nahe am Mündungsgebiet eines großen Flusses am Nordrande des Fajum entstandenen Sedimente mit Pflanzen- und Wirbeltierresten in größerer Ausdehnung auf (S. 27). Sie enthalten neben den terrigenen Sedimenten echt marine Kalkbänke.

Ähnliche, aber deutlicher als reine Flußsedimente gekennzeichnete Ablagerungen finden wir in großer Ausdehnung zwischen der Oase Baharije und dem Fajum. Sie führen viel verkieseltes Treibholz („versteinerte Wälder") neben einer reichen Wirbeltierfauna (S. 29), die dem Oligozän angehört.

Im Untermiozän liegt die Strommündung zwischen Moghara und Kairo (S. 31).

Im Pliozän ist das Mündungsgebiet im Wadi Natrûn zu erkennen (S. 33).

Der Lauf des Flusses oder der Flüsse, die diese Mündungsgebiete schufen, ist bisher nicht festgelegt.

Im Jungtertiär und wohl noch im älteren Diluvium haben im Gebiet des heutigen Nillaufes in Ägypten mehrere, wahrscheinlich untereinander in Verbindung stehende Süßwasserseen gelegen. Die Sedimente im Niltal führen Süßwassermollusken, wie *Melania, Melanopsis, Neritina, Vivipara,* die auf mediterranes Klima hinweisen. Die subtropischen und tropischen Formen,

wie *Ampullaria, Lanistes* u. a., die aus den Quellflüssen in den Nil heute eingewandert sind, fehlen in den Ablagerungen. Das gesamte Flußsystem des Nil, wie es heute vorliegt, hat sich also erst im Laufe des Diluvium entwickelt.

Schrifttum

Der geologische Bau von Ägypten

Auswahl

Anonym, Les richesses minières de l'Egypt. Chronique des mines coloniales. Paris Nr. 28 (1934), S. 242—244.

Andrée, K., Über die Herkunft des Coelestins im Mokattamkalk Ägyptens. Geol. Rundschau Bd. 4 (1913), S. 596—597.

Andrée, K., Über den Coelestin im Mokattamkalk von Ägypten. Neues Jahrb. Min. Beil. Bd. 37 (1914), S. 343—390. Taf. 8.

Andrew, M. G., Sur les roches hyperalcalines d'Egypte. Bull. Soc. France de Min. 1936, S. 338—346.

Andrews, C. W., Fossil Mammalia from Egypt. Geol. Magaz. IV. Bd. 4 (1899), S. 481—484; Bd. 7 (1900), S. 401—406; Bd. 8 (1901), S. 400—409 u. 436—444; Bd. 9 (1902), S. 291—295.

Andrews, C. W., A descriptive Catalogue of the tertiary vertebrata of the Fayum, Egypt. Based on the collection of the Egyptian Government in the Geological Museum (of Natural History). London 1906. 324 S., 26 Taf. 1 Karte. Inhaltsangabe im Geol. Magaz. V. Bd. 4 (1907), S. 97—100.

Arldt, Th., Die Palaeogeographie des Nillandes in Kreide und Tertiär. Geol. Rundschau, Bd. 9 (1918), S. 47—56 und 104—124.

Audebeau, C., Le réservoir souterrain de l'Egypte. Bull. Inst. Egypt. Kairo. Ser. 5. Bd. 8 (1914), S. 1—17.

Audebeau, C., Observations des savants de l'expédition française sur les eaux souterraines en Egypte. Bull. Inst. Egypt. Kairo. Ser. 5. Bd. 12 (1918), S. 1—17.

Ball, J., Kharga Oasis: its topography and geology. Egypt. Survey Department. Kairo 1900. 116 S., 19 Taf. Auszug im Geol. Magaz. IV. Bd. 8 (1901), S. 271.

Ball, J. und Beadnell, H. J. L., Baharia Oasis: its topography and geology. Egypt. Survey Department. Kairo 1903. 84 S., 8 Taf., 1 geol. Karte.

Ball, J., On the origin of the Nile valley and the Gulf of Suez. Geol. Magaz. V. Bd. 7 (1910), S. 71—76. Geol. Magaz. V. Bd. 8 (1911), S. 1—10, 1 Kärtchen.

Ball, J., The Geography and Geology of West-Central Sinai. Ministry of Finance, Geol. Survey of Egypt. Kairo 1916.

Ball, J., The African Rift Valleys. Geogr. Journ. Bd. 56 (1920), S. 234—238 u. S. 505—510.

Barron, T., The topography and geology of the peninsula of Sinai (Western Portion). Egypt. Surv. Department. Kairo 1907. 241 S., 10 Taf., geol. Karte.

Barthoux, J. C. u. Douvillé, H., Le Jurassique dans le désert à l'Est de l'Isthme de Suez. C. R. Acad. Sci. Paris. Bd. 157 (1913), S. 265—268.

Barthoux, J. C., Roches volcaniques crétacées d'Egypte et du Sinai. C. R. Acad. Sci. Paris. Bd. 169 (1919), S. 697—699.

Barthoux, J. C., Relation des éruptions volcaniques avec les transgressions marines en Egypte. C. R. Acad. Sci. Paris. Bd. 169 (1919), S. 857—859, 1 geol. Kärtchen.

Barthoux, J. C., L'éocène des environs de Suez. C. R. Soc. géol. France IV. Bd. 20 (1920), S. 104—105.

Barthoux, J. und Fritel, P. H., Flore Crétacée du Grès de Nubie. Mém. Institute d'Egypte. VII. 2 (1925). 65 S.

Beadnell, J. H. L., Farafra Oasis: its topography and geology. Geol. Survey Report. 1899. Part III. Egypt. Survey Dept. Kairo 1901. 39 S., 8 Taf.

Beadnell, J. H. L., Dakhla Oasis: its topography and geology. Geol. Surv. Rpt. 1899. Part IV. Kairo 1901. 107 S., 9 Taf.

Beadnell, H. J. L., Flowing wells and sub-surface water in Kharga Oasis. Geol. Magazine V. Bd. 5 (1908), S. 49—57 u. 102—108, 1 Taf.

Beadnell, H. J. L., Columnar structure in the Nubian Sandstone. Geol. Magaz. Bd. 48 (1926), S. 271—272, 1 Taf.

Blanckenhorn, M., Neues zur Geologie und Palaeontologie Ägyptens. Zeitschr. d. D. Geol. Ges. 1. Das Karbon und die Kreide (Cenoman, Turon. Senon), Bd. 52 (1900), S. 21—47. 2. Das Palaeogen (Eozän und

Oligozän). Bd. 52 (1900), S. 403—479. 3. Das Miozän. Bd. 53 (1901). S. 52—132. 2 Taf., 15 Textfig. 4. Das Pliozän- und Quartärzeitalter in Ägypten ausschließlich des Roten-Meer-Gebietes. Bd. 53 (1901), S. 307—502, 2 Taf. 15 Textfig.

Blanckenhorn, M., Nachträge zur Kenntnis des Palaeogens in Ägypten. Zentralbl. f. Min. 1901, S. 265 bis 274, 4 Textfig.

Blanckenhorn, M., Die Geschichte des Nil-Stromes in der Tertiär- und Quartärperiode. Zeitschr. d. Ges. f. Erdkunde. Berlin 1902, S. 694—722, 1 Taf. u. S. 753—762, 1 Taf.

Blanckenhorn, M., Syrien, Arabien und Mesopotamien. Handbuch d. reg. Geol. Bd. V, 4. Heidelberg 1914. 159 S., 4 Taf.

Blanckenhorn, M., Ägypten. Handbuch d. reg. Geologie. Bd. VII, 9. Heidelberg 1921. 244 S., 3 schwarze Karten. Literatur 411 Nummern.

Cuvillier, J., Les végétauèx fossiles d'Egypte. Bull. Soc. roy. géol. Egypte. Bd. 15 (1928), S. 289.

Cuvillier, J., Révision du Nummulitique Egyptien. Mém. Instit. d'Egypte. Bd. 16. Kairo 1930.

Cuvillier, J., Le Nummulitique au Nord de Girga (Haute-Egypte). C. R. Acad. Sci. Paris. Bd. 208 (1939), S. 1919—1921.

Christy, C., The Nile-Congo Watershed. Geogr. Journ. 1917, S. 199—216.

Douvillé, H., Le massiv de Moghara à l'Est de l'Isthme de Suez. C. R. Acad. Sci. Paris. Bd. 159 (1914). S. 565—570.

Douvillé, H., Le Lutétien inférieur à l'Est de l'Isthme de Suez. C. R. Soc. Géol. France. IV. Bd. 20 (1920), S. 45—46.

Douvillé, H., Les foraminières de l'Eocène dans la région de Suez. C. R. Soc. Géol. France. IV. Bd. 20, S. 106—107.

Dowson, E. M., Note on the programme and policy of the Government with regard to the investigation and development of the Petroleum resources of Egypt. With a special appendix relating to the „Research for coal in Egypt." Egypt. Minist. Finance. Kairo 1921. 48 S., 2 Taf.

Eck, O., Die Cephalopoden der Schweinfurthschen Sammlung aus der Oberen Kreide Ägyptens. Zeitschr. d. D. Geol. Ges. Bd. 66 (1914), S. 179—216, 12. Taf.

Fourtau, R., Catalogue des invertébrés fossiles de l'Egypte représentés dans les collections du Musée de Géologie au Cairo. Egypt. Surv. Dept. Cairo: 1. Terrains tertiaires, 1. partie: Echides eocènes. 1913. 93 S., 4 Taf. 2. Terrains crétacés. 1. partie: Echinodermes. 1914. 109 S., 8 Taf. 3. Terrains crétacés. 2. partie: Mollusques. 1917. 109 S., 7 Taf. 4. Terrains tertiaires. 2. partie: Echinodermes néogènes. 1920. 100 S., 12 Taf. 5. Terrains crétacés. 3 partie. Echinodermes. 1921. 101 S., 11 Taf.

Fourtau, R., Contribution à l'étude des vertébrés miocènes de l'Egypte. Egypt. Survey Dept. Cairo 1918. 109 S., 3 Taf., 68 Fig.

Fourtau, R., Contribution à l'étude des vertébrés miocènes de l'Egypte. Ministry of Finance, Surv. Dept. Egypt. Kairo 1920. 122 S., 68 Fig., 3 Taf.

Fourtau, R., Hume, W. F., Moon, F. W. u. Sadek, H., The jurassic and lower cretaceous rocks of Northern Sinai. Geol. Magaz. Bd. 58 (1921), S. 339—347.

Gardner, E. W., The pleistocene fauna and flora of Kharga Oasis, Egypt. Quart. Journ. Geol. Soc. London Bd. 91 (1935), S. 479—518, 4 Taf. Abbild., 1 schw. Kärtchen 1:1 Mill.

Gardner, E. W., Some problems of the pleistocene hydrography of Kharga Oasis, Egypt. Geol. Magaz. Bd. 69 (1932), S. 386.

Grabham, G. W., Note on the red colouration under climatic influence in the Sudan. Geol. Magaz. Bd. 48 (1926), S. 280—282.

Hennig, E., Jüngere Gestaltungsgeschichte im mauretanischen und ägyptischen Anteil Nordafrikas. Zentralbl. f. Min. Abt. B. 1929, S. 273—288, mehrere Kärtchen im Text.

Herrmann, E., Über Eruptivgesteine der Arabischen Wüste. N. Jahrb. f. Min. Beil. Bd. 51 (1924), S. 302.

Hirmer, M., Die fossilen Floren Ägyptens. Abhandl. Bayer. Akad. Wiss. Bd. 30. 3 (1925).

Hobbs, H. F. C., Notes on Jebel Marra. Geogr. Journ. Bd. 52 (1918), S. 357—363.

Hume, W. F., The effects of secular oscillation in Egypt during the Cretaceous and Eocene periods. Quart. Journ. Geol. Soc. London. Bd. 67 (1911), S. 118—148, 1 Taf., 1 Kärtchen.

Hume, W. F., The carbonaceous deposits in Egypt. C. R. Congr. Géol. Internat. Toronto (Canada). Coal Resources of the World. Bd. 2 (1913), S. 375—378.

Hume, W. F., The geology of the Egyptian oilfield. Journ. Inst. petrol. Technol. London. Bd. 7 (1921), S. 394—412.

Hume, W. F., The relations of the Northern Red Sea and its associated Gulf-areas to the „Rift" Theory. Quart. Journ. Geol. Soc. London. Bd. 77 (1921), S. XCVI—CI.

Hume, F. W. u. Little, H. O., Atlas of Egypt — Descriptive Note on the Geological Map. 1928. 4 Blätter 1:1 Mill.

Hume, W. F., The surface dislocations in Egypt and Sinai, their nature and significance. C. R. Internat. Geogr. Congr. Cambridge 1928, S. 207.

Hume, W. F., Geology of Egypt. Ministry of Finance, Egypt; Survey of Egypt. Kairo. Bd. 1 (1925). 408 S., 122 Taf., 1 einfarb. geol. Karte 1:2 Mill., Literatur 912 Nummern. — Bd. 2. Teil 1. 1934. 300 S., Index 124 S., 96 Taf., 1 bunte geol. Karte 1:2 Mill., 1 Taf. Profile. — Bd. 2. Teil 2. 1935. S. 301—688.

Index 107 S., Taf. 97—158, 4 topogr. Karten 1:1 Mill., 1 bunte geol. Karte 1:20000. — Bd. 2. Teil 3. 1937. S. 689—990, Index 75 S., Taf. 159—196.

Hume, W. F., The precambrian rocks of Egypt. Abstr. Proc. Geol. Soc. London. Nr. 1238 (1931), S. 18.

Klebelsberg, R. v., Ein Beitrag zur Geologie des Sinai-Carbons. Monatsber. d. D. Geol. Ges. Bd. 63 (1911), S. 594—603.

Kräusel, R. u. Stromer, E., Ergebnisse der Forschungsreisen Prof. E. Stromers in den Wüsten Ägyptens. Abhandl. Bayer. Akad. d. Wiss. Bd. 30. 2 (1924).

Krenkel, E., Egynubien. Geologie Afrikas. Bd. 1. Kap. 7. Berlin 1925, S. 124—177, 3 schw. Karten, 18 Textfiguren.

Lebling, C., Geologische Forschungen in der Baharija-Oase und anderen Gegenden Ägyptens. Abh. Bayer. Akad. d. Wissensch. Math.-phys. Kl. München 1919.

Leuchs, K., Beobachtungen über fossile und rezente ägyptische Wüsten. Geol. Rundschau. Bd. 5 (1914), S. 23—47.

Macfadyen, W. A., Miocene foraminifera from the Clysmic area of Egypt and Sinai. With an account of the stratigraphy and a correlation of the local Miocene succession. Ministry of Finance. Survey of Egypt. Geol. Survey. Kairo 1930. 149 S., 4 Taf., 1 bunte geol. Karte 1:250000.

Milner, H. B., Oil in Western Sinai. Nature, London. Bd. 107. Nr. 2686 (1921), S. 250.

Moon, F. W., Preliminary geological report on Saint Johns Island (Red Sea). Ministry of Finance; Geol. Survey of Egypt. Kairo 1923. 36 S., 12 Taf., 1 bunte geol. Karte 1:10000.

Moon, F. W., Notes on the geology of Hassanein Beys Expedition Sollum-Darfur 1923. Geogr. Journ. Bd. 64 (1924), S. 388—393.

Newton, R. B., On some fossils from the Nubian Sandstone series of Egypt. Geol. Magaz. V. Bd. 6 (1909), S. 352 u. 388.

Newton, R. B., On Raetomya, a new genus of Pelecypoda, from the Tertiary Rocks of Egypt and Southern Nigeria. Proc. Malacoz. Soc. London. Bd. 13. Teil 3 u. 4 (1919), S. 79—84, 1 Taf.

Oppenheim, P., Sur la position de l'étage Libyen de Zittel en Egypte et en Algérie. C. R. Soc. géol. France. Bd. X (1913), S. 63—65.

Oppenheim, P., Über Balanophyllum ponteni n. sp. aus dem Quartär, der Strophaden und Stephanophyllia schweinfurthi n. sp. aus der obersten Kreide von Ober-Ägypten. N. Jahrb. f. Min. 1917, S. 1—8, 1 Taf.

Oppenheim, P., Über das Alter der Libyschen Stufe Zittels. Zentralbl. f. Min. Stuttgart 1917, S. 41—48 u. 55—62, und N. Jahrb. Min. 1917, S. 1 ff.

Priem, F., Sur des poissons fossiles de l'Eocène moyen d'Egypte. Bull. Soc. Géol. France. IV. Bd. 5 (1905), S. 633—641.

Priem, F., Sur des vertébrés du Crétacé et de l'Eocène d'Egypte. Bull. Soc. Géol. France. IV. Bd. 14 (1914), S. 366—382, 1 Taf.

Priem, F., Sur des poissons fossiles et, en particulier, des Siluridés du Tertiaire Supérieur et des couches récentes d'Afrique ((Egypte et région du Tchad.). Mém. Soc. Géol. France. Bd. 21, Nr. 49 u. 50 (1914), S. 1—17, 4 Taf.

Range, P., Die Geologie der Isthmuswüste. Zeitschr. d. D. Geol. Ges. Bd. 72 (1920). Monatsber. S. 233 bis 242, 1 Taf., 1 geol. Karte 1 · 1 Mill.

Russegger, F., Reisen in Europa, Asien und Afrika, unternommen in den Jahren 1835—1841. 4 Bde. Stuttgart 1841—1848. Atlas.

Sandford, K. S., The pliocene and pleistocene deposits of the Wadi Qena and of the Nile valley between Luxor and Assiut. Quart. Journ. Bd. 85 (1929), S. 493.

Sandford, K. S., Lower tertiary rocks in the Province of Berber, Anglo-Egyptian Sudan. Geol. Magaz. Bd. 70 (1933), S. 301—304.

Schellwien, A., Über eine angebliche Kohlenkalkfauna aus der ägyptisch-arabischen Wüste. Zeitschr. d. D. Geol. Ges. Bd. 45 (1895), S. 68—78, 1 Taf.

Schürmann, E., Beiträge zur Mineralogie und Petrographie der östlichen arabischen Wüste Ägyptens. Sitzungsber. niederrh. Ges. Nat. Bonn. 1913, S. 5—22, 1 geol. Karte.

Schürmann, E., Beiträge zur Geologie der westlichen Sinaihalbinsel. N. Jahrb. Min. 1916, S. 149—164.

Schürmann, E., Beiträge zur Petrographie der östlichen arabischen Wüste Ägyptens. Zentralbl. f. Min. 1921, S. 449—458 u. 481—490.

Schweinfurth, G., Über die geologische Schichtengliederung des Mokattam bei Kairo. Zeitschr. d. D. Geol. Ges. Bd. 35 (1883), S. 709—734, 3 Taf.

Seward, A. C., Fossil Plants from Egypt. Geol. Magaz. V. Bd. 4 (1907), S. 253.

Seward, A. C., Carboniferous Plants from Sinai. Quart. Journ. Geol. Soc. London Bd. 88 (1932), S. 350.

Seward, A. C., Leaves of dicotyledons from the Nubian Sandstone of Egypt. Ministry of Finance, Egypt. Geological Survey of Egypt. Kairo 1935. 20 S., 1 schw. Kärtchen 1:500000, 3 Taf.

Steinwachs, E., Untersuchungen an Eruptivgesteinen der östlichen arabischen Wüste Ägyptens. Centralbl. f. Min. 1924, S. 552—556.

Stromer von Reichenbach, E., Beobachtungen über den Nubischen Sandstein in Oberägypten. Centralbl. f. Min. 1905, S. 115—118 u. 359—360.

Stromer von Reichenbach, E., Mitteilungen über die Wirbeltierreste aus dem Mittelpliozän des Natrontales (Ägypten). Zeitschr. d. D. Geol. Ges. Bd. 65 (1913), S. 350—372, 3 Taf., Bd. 66 (1914), S. 1—33, 3 Taf. u. S. 420—424.

Stromer von Reichenbach, E., Ergebnisse der Forschungsreisen Prof. E. Stromers in den Wüsten Ägyptens. Abhandl. K. bayer. Akad. d. Wissensch. München:

1. Die Topographie und Geologie der Strecke Gharaq—Baharije nebst Ausführungen über die geologische Geschichte Ägyptens. Bd. 26. II (1914), S. 3—78. 7 Taf.
2. Wirbeltierreste der Baharije-Stufe (unterstes Cenoman.). Bd. 27 (1914—1917), S. 1—16.

Stromer von Reichenbach, E., Die Entdeckung und die Bedeutung der Land und Süßwasser bewohnenden Wirbeltiere im Tertiär und in der Kreide Ägyptens. Zeitschr. d. D. Geol. Ges. Bd. 68 (1916), S. 397—425.

Walther, J., Das Gesetz der Wüstenbildung in Gegenwart und Vorzeit. Leipzig 1924.

Walther, J., Über eine Kohlenkalkfauna aus der ägyptisch-arabischen Wüste. Zeitschr. d. D. Geol. Ges. Bd. 42 (1890), S. 419—449, 6 Taf.

Uhden, R., Der libysche Urnil in Oberägypten. Geol. Rundschau Bd. 20 (1929), S. 180—186.

Vadasz, E., Oolithische Roheisenerzlagerstätten in Ägypten. Zentralbl. f. Min. 1933. A. S. 161—175. 5 Textabb.

Werth, E., Parapithecus, ein primitiver Menschenaffe. Sitzungsber. Gesellschaft naturforsch. Freunde Berlin. 1918, S. 327.

Zittel, K. A. v., Über den geologischen Bau der libyschen Wüste. (Festrede) Abhandl. Akad. d. Wissensch. München. 1880, 47 S.

Zittel, K. A. v., Beiträge zur Geologie und Paläontologie der libyschen Wüste und der angrenzenden Gebiete von Ägypten. Palaeontographica, Stuttgart. Bd. 30 (1883). (Mit Beiträgen von A. Schenk, Th. Fuchs, K. Mayer-Eimar, C. Schwager, P. de la Harpe, E. Pratz.)

Ministry of Finance; Petroleum Research Bord, Egypt: Bulletins:

1. Preliminary geological report on Abu Durba (Western Sinai). Von Hume, Madgwick, Moon, Sadek. 1921. 20 S., 2 Karten.
2. Preliminary geological report of the occurrences of Petroleum in Western Sinai. Von Hume, Madgwick, Moon. Sadek. 1920. 15 S., Karten.
3. Preliminary geological report on Gebel Nezzazat (Western Sinai). Von Hume, Madgwick, Moon, Sadek. 1920. 8 S., 2 Karten.
4. Preliminary geological report on Gebel Tanka area. Von Hume, Madgwick, Moon, Sadek. 1920. 16 S. 2 Karten.
5. Preliminary geological report on the Qusseir-Safaga district. Von Hume, Madgwick, Moon, Sadek. 1920. 15 S., 2 Karten.
6. Preliminary geological report on the Abu Shaar el Qibli. Von Madgwick. Moon, Sadek. 1920. 11 S. 2 geol. Karten.
7. Preliminary geological report on South Zeit Area. Von Hume, Madgwick, Moon, Sadek. 1920. 24 S. 1 Karte.
8. Preliminary geological report on Ras Dib Area. Von Madgwick, Moon, Sadek. 1920. 13 S. 1 geol. Karte.
10. Part I. — Topography and Geology of Northern Sinai. Von Moon, Sadek. 1921. 154 S. 9 Karten.
12. Preliminary geological report on Wadi Gharandel Area. Von Moon, Sadek. 1922. 41 S. 2 Karten.
13. Report on the Geology of the Red Sea coast between Qoseir and Wadi Ranga. Von H. J. L. Beadnell. 1924.

I.b. Die nutzbaren Lagerstätten in Ägypten

Von Fritz-Erdmann Klingner

Das Königreich Ägypten hat früher, zur Zeit des neuen altägyptischen Reiches bis etwa 1000 v. Zw., dann unter den Ptolemäern (240 v. Zw.) und später zur Araberzeit (10 n. Zw.) einen ausgedehnten und lebhaften Goldbergbau in dem Gebirgsland zwischen Nil und Rotem Meer gehabt, der heute nur mehr eine ganz untergeordnete Rolle spielt. In der ersten Hälfte des 19. Jahrhunderts (unter Mehmed Ali Pascha) wurden die alten Gold-, Smaragd- und Kupfergruben nochmals untersucht. Aber erst die Gründung des Geological Survey

1897 in Kairo und des Department of Mines 1903 leitete eine gründliche Bestandsaufnahme der Mineralvorkommen ein und führte auch zu Bergbauversuchen. An mineralischen Rohstoffen gewinnt Ägypten, dessen nur zu etwa 3½ v. H. landwirtschaftlich nutzbare Fläche vor allem Baumwolle und Reis liefert, vornehmlich Erdöl, mit dem es aber auch nur etwa ein Viertel seines eigenen Bedarfs decken kann, Manganerz (1936: 2½ v. H. der Weltförderung) und Phosphat (1936: 5 v. H. der Weltförderung). Sobald einmal die Stauwerke bei Assuan fertiggestellt sind, um elektrischen Strom zu liefern, dürfte auch die Frage nach Nutzung der Eisenerze im Nubischen Sandstein spruchreif werden.

A. Erze

1. Gold

Aus Inschriften und Papyrustexten, deren Entzifferung wir dem deutschen Altertumsforscher *C. R. Lepsius* verdanken, sind wir über den altägyptischen Bergbau gut unterrichtet. Die Bezeichnung Nubien kommt von dem altägyptischen Wort nub für Gold. Die Verwendung von Gold ist erstmals aus der zweiten vordynastischen Periode (etwa 4000 v. Zw.) nachgewiesen; immer war das verwendete Gold sehr silberreich. *Lepsius* hat auch den Turiner Papyrus aus der Zeit der 19. Dynastie (1350—1200 v. Zw.), der in Theben gefunden wurde, mit der kartenmäßigen Darstellung eines Goldbergbaugebietes beschrieben (wohl die erste bergbauliche Karte überhaupt); ob es sich auf diesem Papyrus um die Grubenanlagen von Kareim, um die Baramia-Grube oder um die Gruben von Um Garaiat (früher Akita genannt) handelt, wie *Schweinfurth* annimmt, ist noch nicht sicher. Dieser altägyptische Bergbau fällt zeitlich zusammen mit dem jungsteinzeitlichen und bronzezeitlichen Bergbau in Mitteleuropa (Mitterberg!). Die altägyptischen Goldgruben lagen in der östlichen ägyptischen Wüste, etwa zwischen 19 und 25° nördlicher Breite, reichten also bis in den heutigen Englisch-ägyptischen Sudan hinein, in der „baum- und wasserleeren Wüstenei des Etbai" (*Schweinfurth*, 1925). Seit 1900 etwa sind fast alle alten Goldgruben untersucht und einige davon auch mehrere Jahre lang wieder in Betrieb gewesen. Das Alter der Goldquarzgänge dürfte algonkisch sein.

Die nördlichsten Gruben lagen etwa auf 27° 50′ n. Br. und 33° ö. L. in den Wadis Dhib und Dara nahe den Djebels El Urf und Um Mangul. Es wurden sehr pyritreiche Goldquarzgänge mit etwa 2½ v. H. Antimon abgebaut. Hier wie auf allen anderen Gruben haben die Alten die reichsten Gangteile, meist die Zementationszone, gründlich herausgeholt.

Die südwärts folgende Lagerstättengruppe wurde im wesentlichen von der Fatirah Exploring Co. beschürft. Hier setzen die Gänge in grauem Hornblende-Biotit-Granit auf, ihr Streichen ist vorwiegend ostwestlich und südwestlich, ihr Einfallen 45 bis 80°. Auf der Fatiri-Grube sind es ganz flach mit selten mehr als 20° einfallende Gänge, deren Ausstrich rings um die Berge verfolgt werden kann. Die Mächtigkeit der Gänge schwankt zwischen einigen Zentimetern bis etwa 1,50 m; den stärksten Gang mit 3 bis 6 m Mächtigkeit baute die Semna-Grube an dem gleichnamigen Wadi. In dem häufig brekziösen und durch Eisenoxyd gefärbten Quarz kommt das Gold stets als Freigold vor; wo Sulfide auftreten, z. B. Bleiglanz und Pyrit auf der Eredia-

Grube, sinkt der Goldgehalt oft; auf der Atolla-Grube, die 1914 bis 1918 auf einem 270 m weit zu verfolgenden Quarzgang baute, fanden sich neben Freigold ebenfalls Bleiglanz und Zinkblende. Der Goldgehalt der Gänge ist sehr verschieden: auf denen der Atolla-Grube schwankte er zwischen wenigen g/t und 428 bis 459 g/t, auf der Fatiri-Grube, deren Gänge von den Alten stellenweise bis 300 m weit im Einfallen gebaut wurden, hat man 1904 oder 1905 in einem 0,90 m mächtigen Gang 24,2 g/t, in einem anderen Gang 24,9 g/t gefunden. Das Gold ist sehr silberreich, z. T. Elektrum; so blieb auf der Atolla-Grube das Ag:Au-Verhältnis von Juli 1914 bis März 1917 immer 1:3,2 bis 1:3,8.

Die südlich hiervon gelegene Um Rus-Grube, die seit 1905 durch eine Bahn mit dem nur 6½ km entfernten Roten Meer-Hafen Mersa Imbarak verbunden war, wurde von 1902 ab von der Egyptian Mines Exploration Co. betrieben; in zwei Jahren wurden hier nahezu 215 kg Gold gewonnen. In dem 8 qkm großen Gebiet setzen zahlreiche Gänge in grauem Hornblende-Granit auf, begleitet von Porphyr- und „Grünstein" (Diorit?)-Gängen, an denen entlang häufig die Erzgänge verlaufen. Der weiße und graue Quarz führt stellenweise Pyrit und läßt sich wegen des meistens vorhandenen Lettenbestegs leicht vom Nebengestein trennen. Das Streichen der Gänge ist gewöhnlich südwestlich mit etwa 45° nordwestlichem Einfallen, die Mächtigkeit schwankt zwischen 0,30 und 1 m. Man hat im ersten Jahr Probeerträge von 42,8 g/t und 70 g/t, in einem Fall sogar über 300 g/t gehabt. Das Ag:Au-Verhältnis war 1 : 5,4 bis 1 : 5,7.

Die weiter südwestlich, 91 km östlich Idfu am Nil gelegene Baramia-Grube der Baramia Mining and Exploration Co. Ltd. hat 1907 bis 1919 über 1560 kg Gold geliefert. Hier wurden vier nordsüdlich streichende, mit 50 bis 80° einfallende Quarzgänge in steilstehenden Kalk- und Graphit-Schiefern abgebaut; sie waren nur 0,025 bis 0,60 m mächtig. Nach der Teufe zu wurden die Gänge goldärmer, sie hatten 1905: 75 g/t, 1910: 192,8 g/t, 1911: 57,9 g/t und 1917 nur noch 11,8 g/t. Reiche Erzfälle fanden sich besonders in der Nähe von Diorit-Intrusionen. Das Ag:Au-Verhältnis war 1:4,6. Nach Süden schließen sich die drei von der Egypt and Sudan Mining Syndicate Ltd. betriebenen Gruben Dungash (Ag:Au=1 : 4,14 bis 1 : 4,375), Samut (N 12 bis 15° O streichender, 65° östlich einfallender, durchschnittlich 45 cm mächtiger Gang) und Hamish (N 15 bis 20° O streichender, 0,45 bis 0,80 m mächtiger Gang) an. Die am Westhang des Djebel Sukari gelegene Sukari-Grube war von 1912 bis 1916 in Betrieb und wurde 1935 im Rahmen des wirtschaftlichen Fünfjahresplanes wieder aufgemacht. Die Gangausbisse liegen 40 m über dem Tal. Der N 26° O streichende und mit 38° bergwärts einfallende Hauptgang (durchschnittlich 1,20 m mächtig) liegt zwischen Schiefer im Liegenden und einem feinkörnigen Diorit im Hangenden. Der Pyritgehalt beträgt etwa 2 v. H. Eine Probe ergab 57 g/t Au und 20 g/t Ag; mit zunehmendem Pyritgehalt steigt auch der Goldgehalt. Das Ag:Au-Verhältnis war 1912: 1 : 5,4, 1914: 1 :4,2 und 1916: 1 : 5,1.

Nach einer Notiz in „The mineral industry 1936", Bd. 45, will die mit einem Kapital von 12 500 £ gegründete Egyptian Mines Prospecting Comp. Ltd. anscheinend 1935 oder 1936 zwei Gruben bei „Eli Alagi, about 80—100 miles east of the river Nile" in Betrieb nehmen; wahrscheinlich handelt es sich um Gruben im Wadi Alaki, wo eine der erfolgreichsten ägyptischen Goldbergbau-Gesellschaften, die 1901 gegründete Nile Valley Co., schürfte. In der „Block E"-Grube, 5½ km nördlich Um Garaiart, baute sie 1904 einen im Diorit aufsetzenden, N 10 bis 25° O streichenden, steil einfallenden Gang von 0,60 m Mächtigkeit ab; die Gangfüllung bestand aus durch Verwitterung von Pyrit zellig gewordenem, z. T. durch Brauneisen gefärbtem Quarz mit Freigold und etwas Pyrit. Die Um Garaiart-Grube, eine der bedeutendsten Gruben Ägyptens, wurde 1904 in Betrieb genommen. Die Quarzgänge, stellenweise mit viel Kalkspat, setzen in harten Graphitschiefern auf und sind anscheinend an die Nähe eines Diorit-Ganges gebunden. Die Gänge streichen N 9° O und fallen mit 60 bis 80° nach O ein. Bei der Aufwältigung eines alten Schachtes ergab die Probenahme 120 bis 300 g/t Gold, beim Vertiefen des Schachtes anfangs noch 60 bis 90 g/t, 1906 nur noch 23 g/t und in größeren Teufen noch weniger; querschlägig wurden weitere sehr reiche Erzfälle angefahren. Das Silber:Gold-Verhältnis war 1:6,5. Auf dieser Grube zeigte es sich, daß der Grundwasserspiegel gegen früher viel tiefer liegt, denn die Zementationszone findet sich hoch über dem heutigen Grundwasserspiegel. Auf der Haimur-Grube waren unregelmäßige Quarzadern von einigen 20 cm Dicke in der Schieferungsfläche quarzitischer Schiefer bauwürdig. Die Erzfälle waren an graphitische Massen gebunden. Das Silber:Gold-Verhältnis lag zwischen 1 : 6,1 und 1 : 6,9. Die Egyptian Sudan Minerals hat im Gebiet der Seiga-Grube geschürft, wo ein nordsüdlich streichender und mit 35° westlich einfallender Hauptgang sowie zahlreiche Quarztrümer im Schiefer aufsetzen.

Weiter im Südosten wurde 1912 die Um Tiur-Grube, 10 km südöstlich vom Djebel Um el Tiur el Tahtani, betrieben. Hier setzen nordwestlich streichende und mit 70° südwestlich einfallende blaugraue und weiße Goldquarzgänge mit Pyrit und Bleiglanz als lagergangähnliche Linsen in Schiefern auf. Wo diese Schiefer graphitisch werden, zerschlägt sich der Gang in lauter kleine Trümer. Das Gold ist an einen dunkel-blaugrauen Quarz gebunden. Nach der Teufe zu werden die Gänge ärmer; so fand man 1924 noch 30,3 g/t Gold, 1925 nur noch 10,6 g/t. Auf dem nordnordwestlich streichenden Gang der Egat (oder Alfawi)-Grube findet sich das Gold in schuppigen Massen in den Hohlräumen herausgelöster Pyrit-Kristalle im Quarz. An der Grenze zum Englisch-ägyptischen Sudan liegen die Gruben des Korbiai-Gebietes, dessen Gänge meist nordwestlich streichen und steil nach S einfallen. Die durchschnittlich nur 5 cm mächtigen Gänge haben neben Quarz noch Kalkspat.

Die Goldgewinnung aus Seifen hat in Ägypten nur eine geringe Rolle gespielt. Meist wurden eluviale Seifen abgebaut, so bei Um Rus, Sukari, Baramia, Um Garaiart u. a. O. Bei Um Garaiart wurden daneben auch alluviale Seifen ausgebeutet, und zwar sowohl in den Flußtälern als auch auf Terrassen. Die Alten bauten die Alluvionen nur bis etwa 2½ m Tiefe ab. Bei Korbiai wurden 8 m mächtige Alluvionen und auch Terrassenschotter einige 30 m über dem Talboden nach Gold durchwaschen. Bei neuerdings vorgenommenen Schürfarbeiten wurden nur 11 g Gold gewonnen, das in hellen flachen Blättchen, von denen keins 0,1 g erreichte, vorkam. Die Seifen sind heute längst erschöpft.

Mit den Abbauversuchen um die Jahrhundertwende waren insgesamt zehn Gruben beschäftigt, von denen folgende Goldmengen gefördert wurden:

Jahr	Zahl der fördernden Gruben	kg Gold	Jahr	Zahl der fördernden Gruben	kg Gold
1902	1	84,1	1921	keine Förderung	—
1903	1	108,3	1922	3	7,5
1904	2	178,8	1923	1	14,1
1905	3	315,3	1924	1	29,0
1906	3	174,7	1925	1	11,3
1907	3	152,9	1926	1	20,4
1908	1	57,3	1927	1	1,9
1909	1	90,2	1928	keine Förderung	—
1910	1	138,5	1929	keine Förderung	—
1911	1	157,6	1930	?	16,8
1912	3	154,2	1931	keine Förderung	—
1913	2	143,1	1932	?	0,5
1914	4	190,8	1933	keine Förderung	—
1915	4	220,7	1934	?	6,3
1916	5	195,5	1935	?	1,8
1917	3	103,2	1936	?	8,6
1918	3	88,8	1937	?	38,0
1919	2	60,6	1938	?	66,0
1920	1	4,0			

Die zeitweise in Betrieb befindlichen Gruben dürften folgende gewesen sein, in ( ) Betriebszeit, soweit festzustellen: Um Rus (1902—1907), Um Garaiart (1905—1907), Baramia (1907—1919), Um Tiur (1912—1925), Atolla (1916 bis 1918), Sukari (1912—1916 u. 1935—1940), Dungash, Hamish, Samut und Block E.

2. Platin

Die Untersuchungen haben gezeigt, daß Goldgegenstände und Geschmeide der 12. Dynastie (2000—1788 v. Zw.) einen geringen Platingehalt aufwiesen, daß also möglicherweise in dem in Ägypten gewonnenen Rohgold etwas Platin enthalten war. In dem Nickelerz der St. Johns-Insel (s. S. 54) wurden 0,9 g/t Platin nachgewiesen.

3. Eisen und Mangan

Im südlichen Teil der Halbinsel Sinai liegen, 20 km von der Küste entfernt, sehr ausgedehnte Manganerzlager, vor allem in der Nähe der Wadis Malha, Halliq und Nasib; die Erzausbisse werden häufig durch Gehängeschutt verdeckt. Das Erz ist ein Gemenge von Pyrolusit, Psilomelan, Wad und Roteisen, und zwar ist im Wadi Halliq das Roteisen häufiger als die Manganerze. Es finden sich alle Übergänge von reinem Roteisen zu reinem Manganerz. Das Erz bildet metertiefe Taschen, Bänke und linsenförmige Massen im liegenden Teil eines dunklen, kristallinen, dolomitischen Kalksteins des Karbon über dem darunterliegenden älteren Sandstein. Die Erzlösungen sind, wahrscheinlich im Spättertiär, auf Verwerfungsspalten aufgestiegen, in deren Nähe auch die reichsten und mächtigsten Erzkörper liegen, und haben den Kalkstein metasomatisch verdrängt. Rückstandsbildung des Kalksteins ist ein eisenschüssiger, sandiger Ton, in dem häufig 25 bis 50 kg schwere Blöcke von reinem Erz gefunden werden. Der dolomitische Kalkstein selbst enthält 0,3 v. H. MnO_2. Die Erzanalysen zeigen folgende Zusammensetzung:

	Fe_2O_3	Fe	MnO	MnO_2	Mn
Wadi Malha	46,96	32,87	—	—	—
	3,74	2,62	15,21	71,59	57,0
Wadi Halliq	25,34	17,74	—	38,19	24,12
	—	—	41,03	45,50	60,48
	20,14	14,31	—	39,95	25,23
	—	—	—	71,41	45,10
	27,60	19,32	14,60	40,81	37,03
	32,10	22,47	—	—	—
	2,32	1,62	—	30,33	19,16
	34,24	23,97	—	29,52	18,66
	69,34	48,54	—	3,06	1,94
	16,90	11,83	32,87	18,56	37,18
	98,24	68,77	—	—	—
	93,69	65,58	—	—	—
	73,62	51,53	—	9,58	6,05
	38,80	27,16	14,72	24,10	26,64
	25,86	18,10	—	—	—

Das Erz enthält etwa 0,3 bis 0,4 v. H. P, 2 bis 3 v. H. H_2O, 2,5 bis 3,5 v. H. SiO_2 und etwas Kalk, der in zwei Fällen 16 und 18 v. H. ausmachte. Eine vollständigere Analyse (Durchschnitt von 211 Proben) zeigt folgende Zusammensetzung:

Mn	32,36	v. H.
Fe	25,08	v. H.
SiO_2	2,79	v. H.
BaSO	3,29	v. H.
P	0,126	v. H.

Das 1937 verschiffte Erz enthielt durchschnittlich 28 v. H. Mangan.

D e r w i c h t i g s t e E r z b e z i r k d i e s e s G e b i e t e s wurde 1898 im Um B o g m a - G e b i r g e e n t d e c k t. Die Lagerstätten liegen in vier Hügelgruppen. In der m i t t l e r e n H ü g e l g r u p p e tritt das Erz in durchschnittlich 2 m, stellenweise auch 4 m mächtigen Bänken auf. Der zu ockrigem, sandigem Ton zersetzte Dolomit wird von einer wechsellagernden Schichtfolge von gelbem Kalk und zuckerkörnigem Dolomit überlagert. Das Erz ist ziemlich weich und besteht z. T. aus reinem Pyrolusit, z. T. aus limonitisiertem Roteisen, Psilomelan ist seltener. Das Erz der ö s t l i c h e n G r u p p e nördlich des Wadi Um Sakran wird bis 4 m mächtig und enthält zahlreiche harte Einlagerungen von Psilomelan. Das Erz der s ü d l i c h e n G r u p p e besteht vorwiegend aus Eisenerz mit Einlagerungen von Pyrolusit und Psilomelan; dieses Vorkommen ist geringmächtiger und manganärmer als die zuerst genannten. Die n ö r d l i c h s t e G r u p p e ist noch nicht näher untersucht. Weitere Vorkommen finden sich am Djebel Um Rinna, im Wadi Kharig, bei Bir Rekis im Wadi Baba, im Oberlauf des Wadi Abu Hamata und seiner Nebenflüsse sowie in der Nähe des Bir Um Hamd.

Die gesamten Erzvorräte werden auf 12 Mill. t geschätzt (nach *Hermann*), davon sind 2,5 Mill. t sichere, 3,1 Mill. t wahrscheinliche und 6,4 Mill. t mögliche Vorräte. Um Bogma liefert 97 v. H. der ägyptischen Manganerzförderung, die in den letzten Jahren betrug:

1927	152 838 t	1933	187 t
1928	137 498 t	1934	960 t
1929	191 469 t	1935	87 303 t
1930	121 211 t	1936	134 966 t
1931	101 707 t	1937	186 400 t
1932	327 t	1938	153 100 t

Das Erz wird vom Hafen Abu Zenima aus hauptsächlich nach Frankreich, Belgien und Luxemburg verschifft. Die Gruben sind von der Regierung verpachtet (anscheinend an die Sinai Co.).

Im südlichsten Teil der Halbinsel Sinai kommen Quarzgänge mit kieseligem Eisenerz im Granit am Fuße des Djebel Abu Mesud vor. Proben aus dem Wadi Um Agraf zeigten 96,25 v. H., 92,20 v. H. und 59,25 v. H. Fe_2O_3 und SiO_2. Ob es sich um bauwürdige Vorkommen handelt, ist nicht bekannt.

Die s e d i m e n t ä r e n E i s e n e r z e des Nubischen Sandsteins in der ägyptischen Wüste bei A s s u a n und in W a d i H a l f a (s. Englisch-ägyptischer Sudan, S. 108) dürften eine große wirtschaftliche Zukunft haben, wenn einmal die geplante Ausnutzung der Wasserkräfte des Staudamms von Assuan zur Gewinnung von Elektrizität in die Tat umgesetzt ist, da anders eine Verhüttung der Eisenerze in dem kohlenarmen Lande nicht wirtschaftlich ist. Der Nubische Sandstein ist reich an Eisenoxyden, z. T. oolithischen Eisenerzen, die bankweise angereichert sind. Die durch ihre rote oder gelbe Farbe auffallenden Eisenocker-Bänke wurden früher und auch heute noch als Farberze gewonnen. Gelber Eisenocker bei B a u w i t t i hatte 25,6 v. H. Fe_2O_3 (= 17,92 v. H. Fe), der rote Ocker nur 1,87 v. H. Fe_2O_3. Analysen des Eisensandsteins aus dem Wadi Araba und seiner Umgebung im nördlichen Ägypten ergaben im Höchstfalle 37 v. H. Eisen; die sichtbaren Erzvorräte mit durchschnittlich 10 v. H. Eisen werden von *Hume* (1909) auf 56 600 cbm (rd. 150 000 t bei einem spez. Gew. von 2,7) geschätzt. Dieses Vorkommen dürfte wohl kaum jemals bauwürdig werden. Weitaus bedeutender sind dagegen die ausgedehnten Lagerstätten im Nubischen Sandstein westlich von Assuan zwischen dem Wadi Abu Subeira im Norden, dem Wadi Abu Agag im Süden und dem Wadi Abu Subeira el Saghir im Osten und dem Niltal im Westen. Hier wurde im Wadi Ellawi schon im frühen Altertum Eisenerz gewonnen. 1932 wurde die Lagerstätte von *Vadász* geologisch untersucht. Auf das im Süden anstehende Kristallin legt sich der oberkreidische (Senon) Nubische Sandstein, der sich hier aus folgenden Schichten aufbaut (vom Hangenden zum Liegenden):

	Gelbbraune, feinkörnige, kreuzgeschichtete, schiefrig-plattige oder bankige Sandsteine, stellenweise mit Exogyren; nach dem Niltal zu örtlich harte Quarzite. Feuerfeste Tone.	über 100 m
Produktive Schichten-Gruppe	Gelbbraune, schiefrige, feinkörnige, plattige Sandsteine mit Eisenerzkonkretionen und Eisenkrusten; Inoceramen.	10—15 m
	Oberes Roteisenoolith-Flöz.	0,1—1,9 m (ohne Sandstein-Zwischenlagen)
	Toniger, schiefriger Sandstein mit Blattabdrücken, verkieselten Stammresten und Unio crosthwaitei NEWT. und Unio jowikolensis NEWT.	5—10 m
	Sandstein mit Wellenfurchen.	
	Unteres Roteisenoolith-Flöz.	0,2—1 m
Taube Schichten-Gruppe	Harte Sandsteine und rote, schiefrige, eisenschüssige Sandsteine mit Eisenerzknollen.	10 m
	Grauer und bunter Schieferton.	10—12 m
	Gelbgrauer, grobkörniger Sandstein. Weißer, grober Kaolinsandstein mit Granit-Geröllen (Grundkonglomerat).	20 m
Kristallin	Granit und kristalline Schiefer.	

Die Eisenoolith-Flöze gehören hier also in den unteren Teil des Nubischen Sandsteins. Tektonisch handelt es sich um eine Anzahl ganz flacher Sättel von im allgemeinen nordsüdlichem Streichen, die durch Verwerfungen zerstückelt sind; das Einfallen beträgt im allgemeinen nur 5 bis 10°. Das Erz ist Roteisenerz und Eisensandstein. Das Roteisenerz ist fest (3—4kg/cm² Druckfestigkeit) und völlig oolithisch ausgebildet. Die 0,8 bis 1,2 mm großen Ooide sind meist kugelig, selten eiförmig oder linsenförmig; das Bindemittel besteht aus dichtem Roteisen; die Ooide machen 60 v. H., das Bindemittel 40 v. H. der Erzmasse aus. Das Porenvolumen beträgt 12,31 v. H., das spez. Gew. 3,451 bis 4,248. Der Eisengehalt ist 40 bis 60 v. H. (54—88 v. H. Fe_2O_3), wie aus den Analysen (s. u.) hervorgeht. Das untere Flöz ist meistens nicht mächtig genug, um bauwürdig zu sein. Das obere Flöz besteht aus einem oder mehreren Eisenoolith-Bänken, die durch eisenschüssigen Sandstein voneinander getrennt sind.

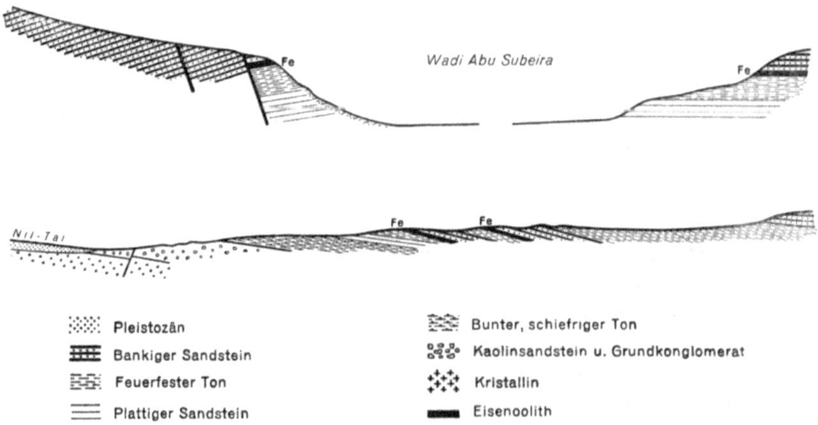

Abb. 2. Zwei Schnitte durch die Eisenoolith-Lagerstätte westlich Assuan. Nach *Vadâsz.* Die beiden Schnitte haben verschiedenen Maßstab.

Nach Süden zu keilen die Flöze aus oder vertauben, indem sich immer mehr sandige Zwischenmittel einschalten. Der rotbraune oder dunkelgraue Eisensandstein ist feinkörnig und härter als der Eisenoolith. Wegen des geringen Eisengehaltes (s. Analysen) ist er auch im allgemeinen nicht bauwürdig.

	Oolithisches Eisenerz								
	1	2	3	4	5	6	7	8	9
Fe_2O_3	61,30	74,24	78,20	86,00	78,00	86,00	67,32	81,80	86,24
Fe	42,87	51,93	54,69	60,15	54,56	60,15	47,08	57,21	60,32
SiO_2	27,20	7,34	10,08	6,46	6,68	6,26	23,12	9,54	4,18
Mn_2SiO_3	0,60	1,05	0,15	0,05	0,08	—	—	—	1,35
P_2O_5	0,01	0,01	—	0,01	0,02	0,03	0,07	0,03	0,02
Al_2O_3	6,30	9,89	7,35	3,88	7,29	5,22	5,67	4,07	2,36
TiO_2	0,20	0,01	0,10	0,05	0,02	0,05	0,06	0,02	—
CaO	0,87	2,26	1,64	1,51	2,93	0,69	1,68	2,58	2,50
H_2O	3,50	5,20	2,48	2,10	4,98	1,75	2,08	1,96	3,35

	Eisensandstein						Größere Eisenkonkretion Wadi am Od	Kleinere Eisenkonkretion Kote 283
	10	11	12	13	14	15	16	17
Fe_2O_3	86,62	54,24	31,04	44,62	40,66	32,00	58,8	52,34
Fe	57,79	37,94	21,71	31,21	28,44	22,38	41,13	36,54
SiO_2	8,12	26,32	45,42	38,06	43,82	53,82	34,22	31,08
Mn_2SiO_3	—	0,75	0,70	0,05	0,12	0,03	0,42	0,12
P_2O_5	0,02	0,05	0,22	0,03	0,08	—	—	0,30
Al_2O_3	3,72	10,20	12,50	9,36	8,54	6,96	—	—
TiO_2	—	0,50	0,25	0,35	0,30	0,40	—	—
CaO	2,12	2,94	5,72	3,76	2,35	0,92	—	—
H_2O	3,40	5,00	4,08	3,77	4,13	2,82	3,56	7,30

Die Analyse eines in Alexandria verschifften stückigen Erzes ergab:

Fe_2O_3	69,930		CO_2	1,060	
FeO	0,140	49,06 Fe	H_2O	2,740	
MnO	0,645	0,50 Mn	As	0,003	
SiO_2	10,700		CuO	0,012	0,01 Cu
Al_2O_3	4,320		TiO_2	0,050	0,03 Ti
MgO	0,650		V_2O_5	0,070	0,04 V
CaO	3,460		NiO	—	
SO_3	0,175	0,07 S	Alkalien	0,090	
P_2O_5	2,725		Glühverlust	3,210	
				99,980	

Im Hangenden der produktiven Schichtengruppe, bisweilen auch im Liegendsandstein, finden sich Eisenerzkonkretionen von dichter, schwach konzentrischer Struktur von 0,5 bis 5 cm Durchmesser, die aus dem Gestein herausgewittert sind und massenhaft die Oberfläche bedecken. Wie die Analysen 16 und 17 zeigen, sind sie eisenreicher als der Sandstein, z. T. vielleicht auch bauwürdig.

Diese Eisenoolith-Lagerstätte ist syngenetisch als Süßwasserbildung in einem flachen Binnensee entstanden. Wahrscheinlich ist Eisenhydroxyd (FeO)(OH) chemisch, vielleicht unter Mitwirkung von Eisenbakterien, ausgefällt und später unter Einwirkung höherer Temperatur unter Wasserabgabe in Roteisen (Fe_2O_3) umgewandelt. Daß das Seewasser etwas höhere Temperatur hatte als anfangs, dafür spricht auch, daß das Versteinerungsmittel der in den Flözen gefundenen Pflanzenreste Apatit ist. Die Ooide sind also nicht, wie es meistens der Fall ist, durch Umhüllen von Sandkörnern, sondern durch chemische Ausfällung entstanden. Die Eisenlösungen stammen wohl aus dem Granitgebirge im Süden, das einer langandauernden Verwitterung mit Kaolinbildung unterlag. Für diese Herkunft der Erzlösungen spricht auch ein kleiner Beryllium-Gehalt der Lagerstätte, denn im Eisensandstein (der Analyse 12) fanden sich 0,343% BeO, im Eisenoolith (der Analyse 6) 0,143% BeO.

Die sichtbaren Vorräte des 450 km² großen Gebietes betragen nach *Vadász* 84 Mill. t Eisenoolith, wozu noch als wahrscheinliche Vorräte mehrere 100 Mill. t kommen dürften; neuere englische Schätzungen (Mining Journal 1939, 204/05, S. 74) über die Vorräte eines 1250 km² großen Gebietes ergaben 1939: 6 Milliarden t reiches Erz. Die Flöze sind zwar geringmächtig, erlauben aber Gewinnung im Tagebau oder in leichtem Stollenbau. Auch die Verkehrslage ist günstig.

Gegenüber Assuan wurden auf dem linken Nilufer beim Kloster St. Simeon anscheinend Eisenocker sowie erdiges und oolithisches Roteisenerz ebenfalls aus dem Nubischen Sandstein gewonnen. Der Eisengehalt ist stellenweise gut:

78,95% Fe_2O_3	(55,26% Fe)	63,15% Fe_2O_3	(44,20% Fe)
77,50% Fe_2O_3	(54,25% Fe)	34,90% Fe_2O_3	(24,43% Fe)
76,00% Fe_2O_3	(53,20% Fe)	26,00% Fe_2O_3	(18,20% Fe).

Im Schiefergebiet südöstlich Assuan kommen Brauneisenerze vor, deren stratigraphische Stellung noch nicht feststeht; sie wurden früher anscheinend als Farberze gewonnen.

Am Ostrande der Libyschen Wüste kommen in der Baharije-Oase Eisensandsteine und -quarzite vor mit Brauneisenbänken und Bohnerzen; hierbei handelt es sich wahrscheinlich um oligozäne Flachwasser-Ablagerungen. Am Djebel Ghorabi finden sich sowohl innerhalb der sandigen Schiefer, Schiefertone und Sandsteine des Cenoman (Nubischer Sandstein?) dünne Eisenerzbänke als auch in den hangenden Oligozänschichten bis 4 m mächtige Bänke von Brauneisenerz, Bohnerzen sowie rotem und gelbem Eisenocker. Das Bohnerz enthielt 58,7 v. H. Fe_2O_3 (41,07 v. H. Fe); Analysen der durchschnittlich 4 m mächtigen Brauneisenerzbänke ergaben:

84,00% Fe_2O_3	(58,80% Fe)
66,98% Fe_2O_3	(46,88% Fe)
51,68% Fe_2O_3	(36,18% Fe).

Die Erzvorräte werden auf mindestens 24 Mill. t geschätzt (9 Mill. cbm).

Einzelne Hügel in der Baharije-Oase tragen eine Kappe von 7—8 m mächtigem, hartem, verkieseltem, braunem oder schwarzem Eisensandstein, der häufig in reinen Quarzit übergeht. Sie haben ebensowenig wirtschaftliche Bedeutung wie die an verschiedenen Stellen auftretenden Eisenkrusten, von denen folgende Analysen vorliegen:

Djebel Takkar	22,96% Fe_2O_3	(16,07% Fe)
Am Uffedinia-Tempel	44,46% Fe_2O_3	(29,72% Fe)
Gerf Hussein	13,43% Fe_2O_3	(9,40% Fe)
Korosko	31,70% Fe_2O_3	(22,19% Fe)
Jowikol (nördlich Kalabsha-Katarakt)	34,80% Fe_2O_3	(24,3 % Fe)

In der östlichen ägyptischen Wüste hat man am seewärtigen Hang der nördlichen Gallala-Berge zwischen Tonen im Liegenden und Eisensandsteinen im Hangenden (Karbon?) eine etwa 12,5 m mächtige Bank von Eisenerz gefunden, die stellenweise durch Gehängeschutt verhüllt ist; der Eisengehalt ist nur gering: 32,36 v. H. Fe_2O_3 (23,38 v. H. Fe).

An den Brunnen und Quellen der Oasen Baharije, Dachel und Charge wurden Ockerabsätze ausgeschieden. Knapp 1 km südöstlich Mut in der Dachel-Oase hat man braunen Ocker von folgender Zusammensetzung gefunden:

Eisen- und Aluminiumoxyd	69,20%
Wasser und organ. Massen	13,27%
Kieselsäure und Unlösl.	17,28%
	99,75%

Kleine Mengen von Ocker werden zeitweise als Farberze gewonnen.

Eisenerz-Gänge hat man in der Arabischen Wüste wiederholt entdeckt, doch sind die Vorkommen meist noch nicht eingehend untersucht. Im Wadi Dib setzen im Granit der El Urf-Berge arme Spateisen- und Quarzgänge mit ziemlich viel Roteisenerz auf; an einer Stelle, einer Granitkuppe nördlich des Dib-Tales, etwa 60 km von der Djebel Zeit-Bucht entfernt, fand sich Eisenglimmer mit 76 und 78 v. H. Fe_2O_3. In den Bergen des Wadi Abu

Marwat tritt, anscheinend auch auf Gängen, armes, limonitisiertes Spateisen und gelber Ocker auf. Im Wadi Abu Jerida, 75 km von Kena am Nil entfernt, wurde früher Eisenerz abgebaut; in basischen Gesteinen aufsetzende Quarzgänge führen kieseliges Roteisenerz mit 67,2 v. H. Fe_2O_3 (47 v. H. Fe), weiter östlich findet sich Eisenglimmer mit 82,4 v. H. Fe_2O_3. An Gänge gebunden zu sein scheint auch ein Roteisenerzvorkommen mit 75,4 v. H. Fe_2O_3 (52,79 v. H. Fe) im Wadi Um Suegat. Im Djebel Alda, südlich des Wadi Abu Had, setzen im Syenit 40 m breite Gangzonen mit Feldspat und Manganoxyden auf.

In dem von *Schweinfurth* entdeckten und benannten Magnetit-Tal östlich Assuan setzen Gänge basischer Gesteine auf, an die magnetitreiche Schlieren gebunden sind. Die im Niltal gefundenen Magnetit-Sande dürften von solchen Lagerstätten stammen.

Zwischen Ras Um Abbas und Kosseir finden sich in den Phylliten des Wadi Imbarak gebänderte Quarz-Epidotfelse mit Bänken von Magneteisen.

Die kleine Eisenerzförderung Ägyptens bezieht sich auf Eisenocker und Eisenoxyd, die als Farberze gewonnen werden:

1935	769 t	1937	1017 t
1936	763 t	1938	714 t.

4. Chrom

1918 wurden im Djebel Abu Dahr, etwa 40 km vom Roten Meer entfernt, zwei 50 m voneinander entfernte Chromitbänke mit 45 v. H. Cr_2O_3 entdeckt; es handelt sich um zwei fast söhlige Schlieren von 0,50 und 2 m Mächtigkeit im Serpentin. Später wurden noch weitere Chromitschlieren in Form von Linsen, Nestern und Trümern gefunden, die bis 24 m lang und 2 m mächtig werden. Das Erz ist sehr rein. In dem 8 qkm großen Gebiet des Djebel Abu Dahr und seiner Umgebung liegen zahlreiche eluviale und alluviale Chromitseifen.

Im Serpentin des Djebel Hagar Dungash (25° n. Br., 34° ö. L.) hat man eine von Magnesit-Adern durchzogene Chromitbank mit 30,70 v. H. Cr_2O_3 gefunden. Auch in der Nähe der Um Kabu-Smaragdgruben findet sich Chromit im Serpentin.

5. Nickel

Unter den kristallinen Schiefern, die einen guten Teil der St. Johns-Insel im Roten Meer bei Ras Benas aufbauen, spielen ultrabasische Gesteine in bergwirtschaftlicher Beziehung eine besondere Rolle. Südlich der Chrysolith-Lagerstätten (s. S. 73) setzen in einem Peridotit-Stock mit nordwestlichem Streichen zwei steil einfallende Garnierit-Gänge auf. Die Gänge sind im Durchschnitt 0,60 bis 0,90 m, gelegentlich bis 2 m mächtig und zerschlagen sich örtlich in mehrere dünne Adern. Der eine Gang konnte 45 m weit in 0,60 bis 1,50 m Mächtigkeit und 36 m Tiefe verfolgt werden. Die Gänge bestehen aus abwechselnd grünen und braunen Bändern. Die grünen Bänder mit durchschnittlich 5 bis 9 v. H. Ni sind nickelreicher als die braunen, durch Eisenhydroxyd gefärbten Bänder, die nach der Teufe häufiger werden, aber auch noch 2 bis 4 v. H. Ni führen. Eine Analyse des Erzes durch das Imperial Institute (1920) ergab:

Ni	4,86%	Au	0,195 g/t
Fe	12,25%	Pt	0,94 g/t
Cu	0,25%	Ag	6,2 g/t
		Unlöslich	37,59%.

Ferner sind Spuren von As, Sb, Pb, Zn, Mn und Co vorhanden. Eine andere Probe ergab 9,48 v. H. Ni, 0,4 v. H. Cu und 0,1 v. H. Cr; an anderen Stellen war das Erz ärmer und hatte nur 1 bis 2,75 v. H. Ni. Die Lagerstätte dürfte durchaus bauwürdig sein, zumal sie frachtlich sehr günstig — nur 1 km von der Küste entfernt — liegt. Der Vorrat an sofort abzubauendem Erz wird auf 5000 bis 6000 t geschätzt. Das Vorkommen ist an die Red Sea Mining Co. verpachtet, die 1912 75 t und 1914 233 t Nickelerz zu Versuchszwecken förderte und nach Frankreich verschiffte. Später scheint die Lagerstätte in den Besitz der Compagnie des Mines de Laurion übergegangen zu sein, der sie wenigstens 1927/28 gehörte *(Landschütz)*. In den letzten Jahren scheint eine regelrechte Förderung aufgenommen zu sein, denn 1937 wurden 275 t, 1938 630 t Nickelerz gewonnen.

6. *Zinn*

6 km von Djebel Muelih (24° 53′ n. Br., 34° ö. L.) entfernt findet sich eine 300 m breite zinnsteinführende Quarzzone mit nordöstlichem Streichen, die mit 30° bergwärts einfällt. In dieser Zone setzen etwa 34 geringmächtige, meist nur 5 bis 6 cm dicke Quarzgänge in Talkschiefern auf; Zinnstein findet sich in der Randzone der Gänge zusammen mit Glimmer. Wo die Schiefer größere Mächtigkeit erlangen und massiger werden, dort stellen sich Wolfram- und Tellurerze sowie Flußspat ein. Die Zinnsteinvererzung hängt mit Pegmatitgängen des Muelih-Granites zusammen.

7. *Wolfram*

3 km südwestlich des Wadi el Dob (26° 47′ n. Br., 33° 28′ ö. L.) setzen in grauem, oft stark zersetztem Granit, der von dunklen, basischen Gängen durchzogen wird, mehrere Gänge von Milchquarz mit derbem, schwarzem Wolframit auf. Die im allgemeinen nordsüdlich streichenden und mit 40 bis 55° ostwärts einfallenden Gänge sind 0,10, höchstens 0,45 m mächtig und bis 1 km lang. Der Wolframit findet sich besonders in den unteren Gangteilen.

Zwei Analysen zeigen folgende Zusammensetzung des Wolframits (nach *Fediaevsky*):

WO	50,66	69,85
FeO	6,12	10,96
MnO	10,21	8,93
CaO	1,84	2,68
CuO	—	0,03
SiO_2	27,80	7,37
Al_2O_3	1,25	99,82
MgO	0,61	
SO_3	0,07	
CO_2	0,52	
H_2O	0,52	
	99,60	

Westlich des Djebel Abu Marwa hat man in rotem Granit 3 bis 8 cm dicke Quarzgänge auf mehr als 1 km Länge verfolgen können, die bisweilen 30 bis 60 v. H. WO enthielten.

Die Wolframitförderung betrug

1937	179 t
1938	1393 t.

8. *Molybdän*

Körnig-kristalliner Molybdänglanz findet sich auf pegmatitischen, schwach feldspatführenden Quarzgängen an verschiedenen Stellen. Im roten Granit des Djebel Gattar setzen etwa 10 cm mächtige molybdänglanzführende Quarzgänge auf, die mit 78° nach O einfallen und an der Oberfläche auf fast 1 km Länge verfolgt werden konnten. Hier wurde auch etwas Molybdänglanz gewonnen. Am Djebel Abu Harba wurde in rotem, grobkörnigem Granit eine 2½ cm dicke Quarzader mit Molybdänglanz beobachtet, die sich zerschlug und schließlich ganz auskeilte; die Salbänder der Molybdänglanzadern wiesen eine bis zu 0,20 m mächtige Pyrit-Imprägnation auf. Im Wadi Dib am Djebel el Urf findet sich Molybdänglanz eingesprengt in rotem Granit. Am Djebel Abu Marwa wurde ein 0,20 bis 0,30 m mächtiger Quarzgang mit spärlichem Molybdänglanz gefunden; ähnliche mineralogische Vorkommen finden sich am Djebel Um Disi und nördlich des Djebel el Dob.

9. *Titan*

In etwa 20 km Entfernung vom Wadi Ranga, das zwischen der Reede von Ras Um el Abbas und der von Ras Renas (Berenice) ins Rote Meer mündet (nach *Hume*, 1909 u. 1910 in der Nähe des Brunnens von El Ranga [24° 25′ n. Br., 35° 13′ ö. L.] und dicht am Zusammenfluß des Wadi Gau mit dem Wadi Abu Ghusum), birgt der Abu Galga eine Titaneisenlagerstätte. Das Muttergestein ist ein von zahlreichen Aplitgängen durchsetzter Gabbro, dessen

Plagioklas saussuritisiert und dessen Diallag uralitisiert ist und zwischen denen Titaneisenkörner liegen. Nach der Beschreibung von *Stella* (1932) handelt es sich um einen Ilmenit-Diallagit. Die Grenze zwischen dem Erz und dem Gestein ist teils scharf, teils durchdringen sich beide in einer Mischungszone, ein allmählicher Übergang ist nicht vorhanden. Das Erz ist feinkörnig bis dicht, zeigt metallischen bis halbmetallischen Glanz, ist von eisengrauer Farbe, schwach rötlichbraun durchscheinend und kaum magnetisch. Die Analysen haben den beachtlichen Titangehalt von 38,2 bis 39,7 v. H. TiO_2 ergeben; *Hume* (1909 und 1910) gibt einen recht hohen Eisengehalt von 55,8 v. H. Fe_2O_3 (39,1 v. H. Fe) an. Die erzmikroskopische Untersuchung hat gezeigt, daß das Erz mikroperthitische (Entmischungs-) Struktur zeigt; es ist ein Ilmenit, dem feine Lamellen und Nadeln von Eisenglanz eingelagert sind, die bis zu 25 v. H. der Ilmenitmenge ausmachen können. Dieser „Ilmenit-Hämatit" ist eutektisch mit der faserigen uralitischen Hornblende verwachsen. Das Erz wurde wohl erst nach der Erstarrung des Muttergesteins fest, als dieses dynamometamorph unter Uralit- und Saussuritbildung umgewandelt wurde. Die Hamata Mining Co. in Kairo baute 1939 Ilmenitvorkommen im südlichen Ägypten ab; möglicherweise handelt es sich um die eben beschriebene Lagerstätte des Abu Galga, da dieses Erz sich zur Herstellung von Ferrotitan eignet. Die Anglo-Egyptian Mining Co. hat eine Tochtergesellschaft gegründet, die Titaneisensande an der Mittelmeerküste in der Nähe von Alexandria gewinnt. Die Titanerzförderung betrug:

1932	478 t Ilmenit	1936	24 t Ilmenit
1934	164 t Ilmenit	1937	320 t Ilmenit
1935	183 t Ilmenit	1938	90 t Ilmenit

10. Kupfer

In der Senned-Ebene im östlichen Teil der Halbinsel Sinai wurden früher Kupfererzgänge im Hornblendegranit abgebaut, die am Ausgehenden reichlich karbonatische Kupfererze führten. In den vorkambrischen Schiefern des Wadi Samra (in den Bergen nordwestlich der Nebk-Sherm-Ebene) weisen Chrysokoll-Vorkommen auf das Vorhandensein von Kupferlagerstätten hin. In Westsinai zeigen Schlackenhaufen, daß hier ein alter Kupfererzbergbau bestanden hat.

In der Arabischen Wüste sind die meisten Kupfererz-Vorkommen an vorkambrische Schichten gebunden. Man kennt zahlreiche Orte, z. B. am Djebel Dara, in denen früher die Ägypter und Römer Kupferbergbau betrieben haben, man findet auch noch Chrysokoll und Kupferkies; aber über die Natur der Lagerstätten, die wahrscheinlich auch nicht sehr bedeutend waren, ist wenig bekannt. Einzig die Zink-Kupfergruben von Um Semiuki dürften wirtschaftlich wichtig gewesen sein. Die Gruben liegen 1003 m hoch am Oberlauf des Wadi Um Semiuki am Nordhang des 1747 m hohen Djebel Abu Hamamid. Hier wurde ein mächtiger Gang oder vielleicht auch eine vererzte Ruschelzone zwischen einem felsitischen Gestein im Hangenden und einer Diabasbrekzie im Liegenden abgebaut. Die Gangfüllung bzw. die Vererzung bestand aus 0,40 m Kupferkies und Zinkblende, 7 m Malachit, 5,50 m Brauneisen mit Malachit, 17 m Zinkblende mit etwas Kupferkies (45 v. H. Zn, 6—7 v. H. Cu). Die Vererzung wird mit Diabasen und Serpentinen der Umgebung in Zusammenhang gebracht.

Alte Gruben bei Abu Seyal bauten auf einem in Schiefern oder einem zersetzten Hornblendegestein aufsetzenden, stellenweise 10 m mächtigen Gang mit Magnetkies und Kupferkies.

11. Blei und Zink

An der Küste des Roten Meeres sind eine Anzahl Bleierzvorkommen an miozäne Gesteine gebunden. Das größte Bleierzvorkommen wurde 1913 am Djebel Rosâs am Roten Meer (25° 17′ n. Br.) zwischen den Küstenwadis Abu Reka und Tarafi von der Compagnie Française des mines de Laurium abgebaut. Der Berg besteht aus fossilfreien Kalksteinen und Mergeln, die dem Nubischen Sandstein auflagern und selbst anscheinend diskordant von dolomitischen Kieselkalken und Gipsmergeln des Miozän überlagert werden. Die erzführenden Schichten sind insgesamt 17 m mächtig und bestehen aus vier vererzten Kieselkalkbänken mit dazwischen eingeschalteten erzarmen Tonmergeln. In dem geringmächtigen Eisernen Hut finden sich Roteisen und Eisenkiesel. Hauptsächlich kommen Zinkerze vor, während Bleierze mehr an den tieferen Teil der Lagerstätte gebunden sein sollen. Eine Erzprobe enthielt 58 v. H. Pb und 37 v. H. Zn. Nach *Blanckenhorn* (1921) treten auf: Smithsonit (Zinkspat), Kieselzinkerz, Zinkblüte, Zinkvitriol (Goslarit), Rotzinkerz, Franklinit, Bleiglanz mit 12 bis 16 g/t Silber, Weißbleierz, Wulfenit, Wad und zinkhaltiges Brauneisenerz. Die Lagerstätte ist zweifellos metasomatischen Ursprungs. 1840 wurde ein erster Abbauversuch unternommen. 1912 wurden 7 200 t Erz gefördert; seit 1915 ist die Grube auflässig.

Nach *Liebenam* liegen am Djebel Jassus, 3 km südlich der Bucht von Safaga, alte Bergbaue, in denen ein anscheinend metasomatisches Bleiglanzvorkommen in kristallinem Kalkstein abgebaut wurde. Die Analyse einer Bleiglanzprobe ergab 50% Pb, 3 g/t Au und 93 g/t Ag.

B. Nichterze

1. Phosphate

Die Phosphatlagerstätten Ägyptens wurden 1897 von *Barron* am Djebel Qurn bei Qift entdeckt, 1898 von *Fourtan* in der Dachel-Oase. 1903 wurden zum erstenmal Phosphate gewonnen, und zwar im Sebaia-Bezirk im Niltal, 1925 wurde dieser Abbau jedoch wieder eingestellt, da die Frachtkosten nach Alexandria zu hoch waren. Augenblicklich fördern nur die Bezirke Safaga und Djebel Duwi.

Die Phosphatlagerstätten sind etwas älter als die von Algerien und Tunesien; sie gehören der Oberkreide an und dürften, ähnlich den marokkanischen Vorkommen, etwa Campan-Alter haben; es sind marine Seichtwasser-Ablagerungen in Küstennähe. Die drei wirtschaftlich wichtigsten Phosphatlagerstätten sind die am Roten Meer liegenden Bezirke von Safaga (26° 30′ n. Br.), Nakheil (26° 10′ n. Br.) und Duwi-Hamadat (26° n. Br.), beide bei Kosseir. Von den in der Nähe des Niltales liegenden Bezirken ist der von Sebaia und Mahamid (25° 10′ n. Br.) der wertvollste, wenn auch die hohen Frachtkosten einen lohnenden Abbau augenblicklich nicht ermöglichen. Weiter nördlich, etwas östlich vom Nil, liegen die Bezirke Qurn (südöstlich Kena, 25° 50′ n. Br.) und Hamama, nordöstlich Kena (26° 20′ n. Br.). In der Libyschen Wüste liegen die sehr bedeutenden und ausgedehnten Vorkommen der Oase Charge (Kharga), 200 km westlich des Nil, und der Oase Dachel (Dakhla), 350 km westlich des Nil, deren Verkehrslage aber für einen Abbau zu ungünstig ist.

Der Safaga-Bezirk besteht aus drei dem Kristallin eingelagerten sedimentären Becken, die von einem Kranz von Nubischem Sandstein umgeben werden; nach dem Beckeninnern zu folgen die jüngeren Schichten. Von den drei Becken ist Um el Huetat mit 60 qkm Größe das wichtigste, Wasif ist 36 qkm, Mohammad Rabah 25 qkm groß; eine 30 km lange Normalspurbahn verbindet Um el Huetat mit dem durch die Safaga-Insel geschützten Hafen Port Safaga, an dessen Pier auch Ozeandampfer anlegen können; Nebenbahnen führen nach Mohammad Rabah und Wasif. Am eingehendsten untersucht ist die Lagerstätte von Um el Huetat, deren Schichtfolge für den ganzen Safaga-Bezirk bezeichnend ist. Um el Huetat ist eine flache, durch Verwerfungen gestörte Mulde, deren Schichtfolge von oben nach unten ist:

Alluvium	Sand und Kies der Trockentäler (Wadis)
Jung-Tertiär	Kalksteine, Konglomerate, Sandsteine und Tone
Unter-Eozän	40 m Kalksteine
Eozän?	70 m Schiefer, Mergel und gipsführender Ton, in der Mitte Kalksteinbank
Ober-Kreide	Kalksteine und Mergel mit *Baculites*
Campan (phosphatführende Serie)	1,8 m Phosphatbank (bis zu 60% $Ca_3(PO_4)$)
	5,0 m Hornsteinbänke mit dünnen Bändern von hartem Phosphat
	1,3 m Phosphatbank (50—75% $Ca_3(PO_4)_2$
	9,0 m graue und braune, blättrige Tone
	2,0 m Phosphatbank 20—45% $Ca_3(PO_4)_2$
	25,0 m graue und braune, blättrige Tone mit Gipsadern und -schnüren
Cenoman	40,0 m Nubischer Sandstein
Kristallin	Gneise, Granite u. a.

Die dunkelbraunen bis schwarzen Hornsteinbänke, die ob ihrer Farbe und Härte auch im Gelände auffallen, sind vorzügliche Leitschichten beim Aufsuchen der Phosphatlager. Das Phosphat sieht wie ein erdiger Kalkstein oder kalkiger Grus aus, es ist ein blaßbraunes, weißgetüpfeltes (durch die Knochenreste), bröckliges und mürbes Gestein (spez. Gew. etwa 2.5) mit Koprolithen,

Knochen und Fischzähnen, unter denen *Otodus biauriculatus* ZITTEL* am häufigsten ist. Die mürbsten Phosphate sind auch am reichsten an $Ca_3 (PO_4)_2$ (über 70 v. H.), während das Hartphosphat nur einige 50 v. H. $Ca_3 (PO_4)_2$ enthält und nicht mit abgebaut wird. Das gewonnene Phosphat wird in Safaga gemahlen und dann in Schiffe verladen. Die Ausfuhr aus dem Safaga-Bezirk betrug:

1930	63385 t
1931	43877 t
1932	91675 t
1933	110012 t

In den Bezirken Nakheil, Duwi und Hamadat sind die phosphatführenden Schichten, die etwa 10 bis 15 Phosphatbänke (nicht mit eingerechnet die unter 10 cm mächtigen) enthalten, unter- und überlagert von grünlichen Tonen. Es werden drei Gruppen von Phosphaten unterschieden, vom Hangenden zum Liegenden weiße, graue und gelbe Phosphate.

In der Djebel Nakheil-Mulde besteht die 10 m mächtige phosphatführende Serie vom Hangenden zum Liegenden aus:

Wechsellagerung von Bonebed- und Hornsteinbänken
Kalkstein mit Hornsteinbänken
Koprolithenbank
Koprolithenbank mit Schneckenschalen
Bonebed mit großen Muscheln und Schnecken.

Die 0,45 bis 0,60 m mächtigen Phosphatbänke mit Knochen, Koprolithen und Zähnen von *Lamna** u. a. enthalten 40 bis 50 v. H. $Ca_3 (PO_4)_2$.

Die Lagerstätte am Djebel Duwi war 1933 bis 500 m flache Teufe aufgeschlossen. Hier sind nur die oberen weißen Phosphatbänke bauwürdig, die mit etwa 20° einfallen und gegen 70 v. H. $Ca_3(PO_4)_2$ und unter 1½ v. H. Eisen und Tonerde enthalten; es werden nur zwei Bänke abgebaut, die zusammen 1,30 bis 2 m mächtig sind, während eine dritte Bank zwar auch 1 m mächtig, aber für den Abbau nicht reich genug ist. Die mittleren grauen Phosphatbänke sind wegen zu geringer Mächtigkeit nicht bauwürdig. Ebenfalls unbauwürdig sind die untersten drei Bänke mit gelbem, sehr feinkörnigem Phosphat, das reich an Kieselsäure, Eisen und Tonerde ist und nur 30 bis 40 v. H. $Ca_3 (PO_4)_2$ enthält. Die Lagerstätte ist auf 1600 m im Streichen bauwürdig, nach N zu keilt sie aus, im S wird sie durch eine Verwerfung abgeschnitten. Eine Vollanalyse zeigt folgende Zusammensetzung:

P_2O_5	31,88%	(69,59%	$Ca_3(PO_4)_2$
SO_3	5,44%	(9,24%	$CaSO_4$)
CO_2	5,10%	(11,18%	$CaCO_3$)
CaO	47,35%		
Mg_2O_3	1,12%		
Fe_2O_3	0,90%		
	91,79%		

* Eine Haifischart.

Übertrag:	91,79%
Al_2O_3	0,42%
SiO_2	3,75%
Cl	0,59%
NaO	0,92%
KO	0,22%
F	0,90%
Organ. Substanz und Kombinationswasser	0,42%
Verlust	0,99%
	100,00%

2 km nördlich davon liegt das Vorkommen Djebel Duwi Nord, das mit der Hauptlagerstätte durch einen Stollen verbunden ist. Es handelt sich zwar um den gleichen Horizont, doch ist das bauwürdige Flöz nur 1,3 m mächtig und enthält ein taubes Zwischenmittel; der untere Flözteil hat 68 bis 70 v. H. $Ca_3(PO_4)_2$, der obere dagegen nur 55 bis 60 v. H. Das Vorkommen ist im Streichen auf 1 km Länge und nach der Teufe bis 250 m nachgewiesen. Die sichtbaren Vorräte betragen 500000 t.

Im Hamadat-Gebiet, einer der bedeutendsten Phosphatlagerstätten dieser Gegend, werden die oberen weißen Phosphatbänke mit 66 v. H. $Ca_3(PO_4)_2$ noch nicht gebaut; die bauwürdigen mittleren, grauen Phosphatbänke sind im Süden 3 bis 3,5 m mächtig und haben 62 bis 65 v. H. $Ca_3(PO_4)_2$, im Norden liegt über der 1,30 m mächtigen grauen Phosphatbank mit 62—64 v. H. $Ca_3(PO_4)_2$, durch 10 cm Mergel von ihr getrennt, eine 1,50—1,70 m mächtige Bank gelben Phosphates mit 70 bis 72 v. H. $Ca_3(PO_4)_2$.

Die Phosphatvorräte dieses Lagerstättenbezirkes betragen nach den letzten Schätzungen (1928):

	sicher		wahrscheinlich	möglich
Djebel Duwi	2 Mill. t	(66—68% $Ca_3(PO_4)_2$	3 Mill. t	200 Mill. t
Hamadat	500 000 t*)	(66—68% $Ca_3(PO_4)_2$	?	
dass., Konzession 22 u. 27	100 000 t mit	68—70% $Ca_3(PO_4)_2$		
	250 000 t mit	55—64% $Ca_3(PO_4)_2$		

Die Phosphat-Förderung dieses der Societa Egiziana (s. u.) gehörenden Bezirkes betrug:

	Förderung	Verschiffung
1925	51950 t	34936 t
1926	150000 t	155454 t
1927	193500 t	145226 t
1928	136400 t	130023 t
1929	131560 t	139705 t
1930	224800 t	249213 t
1931	177500 t	156097 t
1932	290950 t	333955 t
1933	337900 t	364679 t

* Nach anderen Angaben insgesamt 1 Mill. t sichere Vorräte mit 63—64% $Ca_3(PO_4)_2$.

Davon entfallen auf:

Nakheil	16 v. H.
Djebel Duwi	81 v. H.
Hamadat	3 v. H.

Von der Ausfuhr 1933 gingen:

49 v. H. nach Japan	3 v. H. nach Deutschland
15 v. H. nach Belgien	3 v. H. nach Griechenland
15 v. H. nach Italien	2 v. H. nach Portugal
7 v. H. nach Frankreich	1,5 v. H. nach England
	1,5 v. H. nach Schweden

Wie schon erwähnt, ist von den in der Nähe des Niltales gelegenen Phosphat-Bezirken der südlichste von S e b a i a - S h a r a w n a und M a h a m i d der wertvollste. Die Schichtfolge ist:

3 m	Kies und blauer Ton (Nil-Alluvionen)
0,25—0,50 m	Phosphatflöz mit 40 v. H. $Ca_3(PO_4)_2$
0,70 m	Ostreen-Kalk
?	Mergelbank (nur örtlich)
0,50—1,00 m	Phosphatflöz, weicher als das hangende Flöz, 60 bis 65 v. H., stellenweise 72 v. H. $Ca_3(PO_4)_2$
0,80 m	Mergel und Kieselkalkstein
?	eisenschüssige Phosphatbank

Wo das mittlere Flöz mächtiger wird, ist sein liegender und hangender Teil in fast 0,5 m Mächtigkeit verkieselt:

verkieseltes Phosphat	0,39 m
Phosphat	0,44 m
verkieseltes Phosphat	0,50 m

In dem Phosphat finden sich neben Koprolithen und Knochen vor allem Zähne von beschuppten, schwimmenden Meeresreptilien, wie *Mosasaurus (Leiodon), Platecarpus* (beide aus der Verwandtschaft der Warane), *Megalosaurus,* ein wahrscheinlich sumpfbewohnender Dinosaurier, der bis elefantengroß wurde, u. a. Das Phosphat ist hart, meist bröckelig, von rötlich-gelber Farbe und enthält etwa 3 v. H. Eisen- und Aluminiumoxyd. Die Phosphat-Vorräte werden auf 2 Mill. t mit durchschnittlich 58 bis 62 v. H. $Ca_3 (PO_4)_2$ geschätzt. 1903 wurde das Vorkommen von einer italienischen Gesellschaft zeitweise abgebaut.

Das Phosphatvorkommen des Bezirkes D j e b e l e l Q u r n ist ungefähr 10 km lang und 1 km breit, das Hauptphosphatflöz ist 1 m mächtig und liegt auf sandigem Kalkstein mit Muschelschalen, das Hangende bildet blauer Kalkstein mit Hornsteinlagen. Das Vorkommen wird noch nicht abgebaut, da es frachtlich zu ungünstig liegt.

Die Schichtfolge der Phosphatlagerstätte im W a d i H a m a m a ist:

1,65 m Kalkstein mit Hornsteinbänken
0,60 m Phosphatflöz
0,30 m verkieselter Kalkstein
0,30 m Phosphatflöz
0,15 m grüne Mergel
1,20 m Ostreenkalk
Liegendes: Tone.

Die Lagerstätte erstreckt sich über ein Gebiet von 25 km Länge und über 1 km Breite. Wegen der zu geringen Mächtigkeit und des zu niedrigen Phosphatgehaltes [nur 40 bis 50 v. H. $Ca_3 (PO_4)_2$] ist das Vorkommen z. Z. nicht bauwürdig.

Die Phosphatvorkommen der westlichen Libyschen Wüste wären an sich den Phosphaten von Safaga und Kosseir gleichwertig, wenn sie nicht für den Abtransport so ungünstig lägen.

In der Oase Charge (Kharga) sind die Phosphate im nördlichen Teil weitverbreitet, besonders an den Hängen des Djebel Tarkwan und des Djebel Têr. Es sind Flöze von hartem Phosphat mit Fischknochen, Koprolithen und Phosphat-Knöllchen. Die oberen Flöze, braunes Phosphat, sind stellenweise 2 bis 3 m mächtig und enthalten bis zu 60 v. H. $Ca_3 (PO_4)_2$. Die unteren drei oder vier dünnen Flözchen führen Hartphosphat, die Phosphatknöllchen sind oft durch Pyrit verkittet.

Das Phosphatlager in der Oase Dachel (Dakhla) hatte schon *v. Zittel*, der *Gerhard Rohlfs* auf seiner Kundfahrt 1873/74 in die Libysche Wüste begleitete, endeckt, aber nicht als Phosphat erkannt, sondern nur als Brekzie mit Fischzähnen beschrieben. Die in Frage kommende Gesteinsfolge im Gebiet dieser Oase ist:

Weißer Kalkstein im Hangenden
Aschgraue Papierschiefer
Schichten mit *Exogyra overwegi.*

Zwischen den Sandsteinen und Tonen der Exogyren-Schichten liegen die Phosphat-Flöze, die mit schwachen Tonzwischenmitteln 2 bis 3 m mächtig und von einer braunen, harten Kalksteinbank überlagert werden. Das Phosphat ist von dunkelbrauner Farbe, manchmal hart und fest, manchmal weich und zerreiblich. Es besteht in der Hauptsache aus Fischkoprolithen, Knochenbruchstücken und Wirbeln und Zähnen verschiedener Haifischarten *(Lamna, Otodus, Corax pristodontus AG.* u. a.*)*. Der Ausbiß der Phosphatflöze ist auf 60 km Länge zu verfolgen. Der Trikalziumphosphat-Gehalt erreicht 61 v. H., wie folgende Analysen (nach *Beadnell*) zeigen:

	P_2O_5	$Ca_3 (PO_4)_2$	Beschaffenheit
Oase Dachel	27,93	60,97	braun, grobkörnig, brekziös
Rashida	25,88	56,50	braun, grobkörnig, brekziös
Rashida	16,21	35,37	weiß, hart
Birbaya	21,43	46,78	weiße Knochenbrekzie
Birbaya	12,29	26,82	weiß, hart, kalkig
Hindaw	20,89	45,60	braun, fest und hart, sandig-körnig

Wenn bei einem geplanten Abbau alle Phosphatbänke gewonnen werden, dürfte der Phosphatgehalt auf 40 bis 50 v. H. $Ca_3 (PO_4)_2$ gehalten werden können. Vorläufig kommt ein Abbau wegen der schwierigen Frachtverhältnisse nur für den örtlichen Bedarf in Frage, der auch groß genug ist, da der Boden der Oase von Jahr zu Jahr nährstoffärmer geworden ist.

Die Ausbeutung und Aufschließung der ägyptischen Phosphatlagerstätten liegt in den Händen von zwei Gesellschaften. Die unter englischer Aufsicht stehende, 1910 gegründete Egyptian Phosphate Company hat den Safaga-Bezirk bergbaulich erschlossen. Die 1913 gegründete italienische Societa Egiziana per l'Estrazione ed il Commercio dei Fosfati, die 1914 bis 1919 die Lagerstätte von Nakheil abbaute, erwarb 1919/20 die Anteile und das Bergbau-Gebiet des Djebel Duwi Syndicats und begann nun mit der Aufschließung, 1923 mit dem Abbau der Phosphatlagerstätte des Djebel Duwi. 1935 wurde von der Société Égyptienne des engres et produits chimiques in Suez eine Fabrik zur Herstellung von Superphosphat errichtet, die inländische Phosphate verarbeiten soll.

Die Phosphat-Förderung Ägyptens betrug:

1908	700 t	1919	29365 t	1929	215301 t
1909	1000 t	1920	114813 t	1930	313478 t
1910	2397 t	1921	122024 t	1931	257010 t
1911	12013 t	1922	60220 t	1932	349780 t
1912	70918 t	1923	25370 t	1933	440632 t
1913	104450 t	1924	87869 t	1934	437932 t
1914	71955 t	1925	107000 t	1935	473896 t
1915	82998 t	1926	232000 t	1936	530987 t
1916	125008 t	1927	279337 t	1937	517000 t
1917	115732 t	1928	200553 t	1938	458000 t
1918	31147 t				

Wie schon oben (S. 61) erwähnt, werden die Phosphate vor allem nach Ostasien verschifft, da die unerhört hohen Suezkanal-Gebühren bis jetzt den Wettbewerb mit den nordafrikanischen Phosphaten erschwerten; zu den schon genannten Abnehmerländern, von denen Japan 1937 mit 70 v. H. beteiligt war, kommt noch Ceylon hinzu.

Die sichtbaren Phosphatvorräte Ägyptens wurden 1928 mit 4 Mill. t Phosphat (2540000 t P_2O_5), die wahrscheinlichen mit 3850000 t Phosphat (2430750 t P_2O_5) geschätzt.

2. *Erdöl*

Erdöl ist aus Ägypten schon seit langem bekannt. Das Gebiet um den Djebel Zeit nannten schon die Römer Mons petrolinus. Hier hatte man schon 1863 Erdöl aus Brunnen geschöpft, und *Schweinfurth* berichtet (1868), daß das Öl in Tonkrüge gefüllt und nach Suez verschifft würde.

Erdölhöffige großtektonische Einheiten in Ägypten und der Halbinsel Sinai sind der Syrische Faltenbogen und die Grabenbruchzone des Roten Meeres (Abb. 3). Der Syrische Faltenbogen ist ein flaches Bruchfalten-Gebirge, das etwa im südlichen Tunesien beginnt und über Unterägypten nach Syrien zieht. Zwischen Suez und Kairo wird es durch die Randbrüche des Suezgrabens zerstückelt. Im Gebiet dieses Bruchfalten-Gebirges hat man, besonders in Sinai, nur Spuren von Erdöl und Erdgas angetroffen. Bei Habashi, 6 bis 7 km

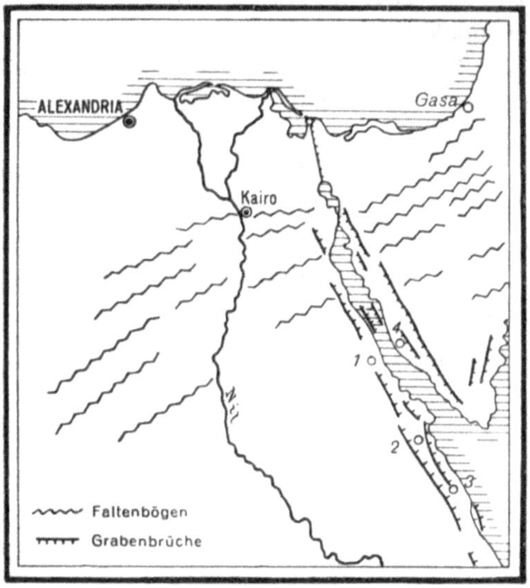

1 Ras Gharib   3 Hurghada
2 Ras Gemsah   4 Abu Durba

Abb. 3. Tektonische Skizze von Nordägypten und der Sinaihalbinsel.
Ausschnitt aus der Karte Abb. 17, S. 101, in *Krenkel,* Geologie Afrikas. Teil 1. Berlin 1925.

vom Großen Bittersee entfernt, erbohrte man in einer flachen, domförmigen Aufwölbung nur Erdgas-Spuren in sandigen Burdigal-Tonen; die miozäne Salzformation wird hier durch sandige Schlier-Sedimente vertreten. Bei Bir Abu Qitifa hat man in einer durch Brüche zerstückelten Antiklinale nur Gas- und Ölspuren in miozänen Globigerinen-Mergeln angetroffen.

Die vier produktiven bzw. produktiv gewesenen Erdölfelder, von denen heute Ras Gharib das bedeutendste ist, liegen sämtlich im Grabenbruch-Gebiet des Roten Meeres. Nach *Bürgl* handelt es sich um schräg gestellte Bruchschollen, die vom Graben weg, deren Verwerfungen aber nach dem Graben hin einfallen. Teilweise handelt es sich wohl auch um Antiklinalen über „vergrabenen Hügeln" (burried hills), die sich während der Ablagerung der Sedimente hochbewegt und so die Schichten sattelförmig aufgewölbt haben (Abb. 4).

Das älteste dieser Erdölfelder am Westufer des Roten Meeres ist Ras Gemsah. Hier wurden bereits 1886 zwei Bohrungen niedergebracht, die täglich 3,7 t Öl (spez. Gew. 0,916 = 23° Bé) förderten. Dann wurde erst wieder 1909 vier Jahre lang aus einer 385,2 m tiefen Sonde gefördert; eine zweite Sonde begann 1910 mit der Produktion und förderte in vier Jahren aus 492 m Tiefe über 29000 t Öl. Ein 1914 erbohrter Springer lieferte in einem Jahr etwa 50000 t Öl. Anfangs hatte die Anglo-Egyptian Oilfields Ltd. nach zwei erfolglosen Bohrungen die Arbeiten eingestellt, sie aber wieder aufgenommen, als die Gemsah Oil Reef Ltd. Erfolg hatte. Die Lagerstätte erschöpfte sich sehr rasch; 1926 pumpten nur noch zwei Sonden der Anglo-Egyptian Oilfields, die monatlich

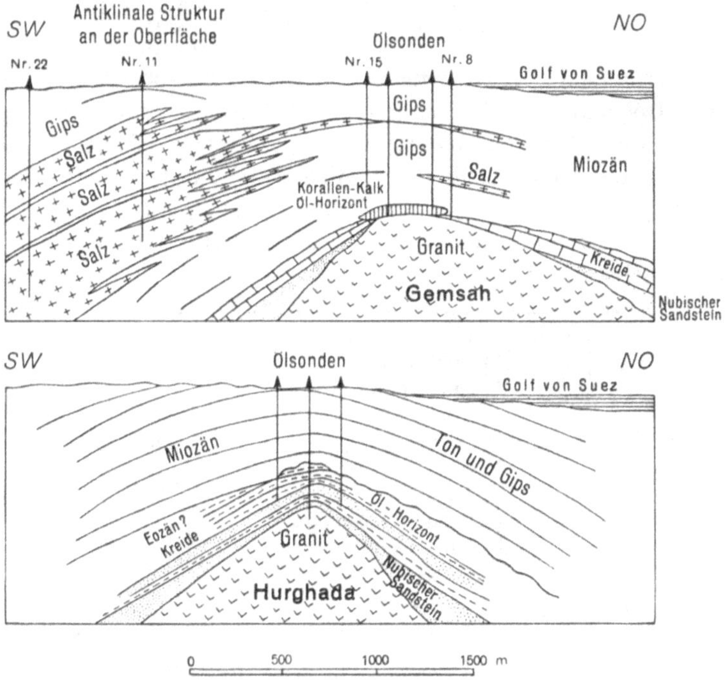

Abb. 4. Schnitte durch die Erdöl-Lagerstätten von Ras Gemsah und Hurghada. Nach *Powers*, 1926.

zusammen 150 t Öl lieferten. Im Jahre 1927 wurde die Förderung ganz eingestellt. Die Schichtfolge von Ras Gemsah ist etwa folgende (nach *Powers*):

Pleistozän-Pliozän	Pecten-Schichten
	Diskordanz
Pliozän-Miozän	Ostreen-Schichten
Unt. Pliozän-Miozän	Ob. dolomit. Riffkalk
Oberes Mittel-Miozän	Kalkstein, Gips und Ton
Unt. Mittel-Miozän	Gips- und Salz-Formation Unterer Dolomit
	Diskordanz
	Granit.

Das Steinsalz mit 3 bis 15 m mächtigen Ton- und Gipslagen erreichte in einzelnen Bohrungen 650 m Mächtigkeit; nach O zu wurde die Salzmächtigkeit geringer, dafür aber die Dolomit-Mächtigkeit größer. Der ölführende Horizont war ein unmittelbar dem Granit auflagernder, stark zelliger Riff-Dolomit, wohl ein miozänes Korallenriff. Dieses Speichergestein erklärt es auch, warum die Produktion nach guten Anfangsmengen und teilweise sogar Springern sich so rasch erschöpft hat. Das Erdöl von Ras Gemsah ist ein grünlichschwarzes, leichtes Paraffinöl vom spez. Gew. 0,827 (bei 15,5° C.) mit 0,65 v. H. Schwefel, 0,63 v. H. Asphalt und 4,94 v. H. Paraffin. Die Destillation ergab

0°—150°	Benzin (Gasolin)	37,0 v. H.
150°—300°	Leuchtöl (Kerosin)	32,4 v. H.
über 300°	Rückstand	39,8 v. H.

In H u r g h a d a fand *Hume* 1911 einen stark nach Bitumen riechenden Kalkstein. Die erste, 1914 fündig gewordene Bohrung förderte anfänglich täglich über 1300 t. Das Feld gehört der Anglo-Egyptian Oilfields Ltd. Früher wurde die Struktur als eine über einem Granitkern aufgewölbte Kreide-Tertiär-Antiklinale gedeutet (s. Abb. 4). Die neuen Bohrungen haben gezeigt, daß es sich um zwei 5 km lange, durch Brüche gestörte Antiklinalen handelt. Die erbohrten Schichten sind:

Quartär	Kies und Terrassenschotter	36 m
Pliozän	Oolithe und Kalksandsteine Sand und Kies	76 m
Miozän	Mergel-Serie	38— 43 m
	Gipsführende Tone	25— 44 m
	Kiese und kiesige Sande	43— 54 m
	Schieferton und Anhydrit	192—288 m
	Dolomitischer Kalk	21— 37 m
	Globigerinen-Mergel	150 m
	Basalkonglomerat	?
Ob. Kreide	Nubischer Sandstein (sandiger Schiefer)	etwa 65 m
Kristallin	Granit	

Das geförderte Öl stammt im östlichen Felde aus dem miozänen, klüftigen dolomitischen Kalk, im westlichen Felde aus dem unmittelbar dem Granit auflagernden Nubischen Sandstein. Das Erdöl von Hurghada ist ein angenehm riechendes, schweres braunschwarzes Mischöl von 0,907—0,925 spez. Gewicht (bei 15,5° C) mit 2,3 v. H. Schwefel, 10,11 v. H. Asphalt und 7,8 v. H. Paraffin. Die Destillation ergibt:

0°—150°	Benzin (Gasolin)	8 v. H.
150°—300°	Leuchtöl (Kerosin)	15 v. H.
über 300°	Rückstand	76 v. H.

In den niedrig siedenden Fraktionen finden sich 3—10 v. H. ungesättigte Kohlenwasserstoffe, in den schwerer siedenden Fraktionen 40 v. H. Das 1925 geförderte Erdöl enthielt 35 v. H., das gegenwärtig (1939) geförderte bis 80 v. H. Salzwasser, das durch eine elektrische Entwässerungsanlage in Hurghada entfernt wird, so daß das Rohöl höchstens noch 3—5 v. H. Salzwasser enthält.

Das ergiebigste Ölfeld wurde 1938 bei R a s G h a r i b durch planmäßige Schweremessungen entdeckt, nachdem schon kurz nach dem Weltkriege zwei 600 m (bei 90 m schwache Ölspuren) und 1110 m tiefe Bohrungen als aussichtslos eingestellt waren. Durch dieses Feld wurde die Erdöl-Produktion der Anglo-Egyptian Oilfields Ltd. binnen kurzem mehr als verdoppelt. Während der ersten Hälfte des Jahres 1938 betrug ihre wöchentliche Erdölförderung kaum 3000 t, im Dezember 1938 über 7000 t (Montanist. Rundschau, Juli 1940).

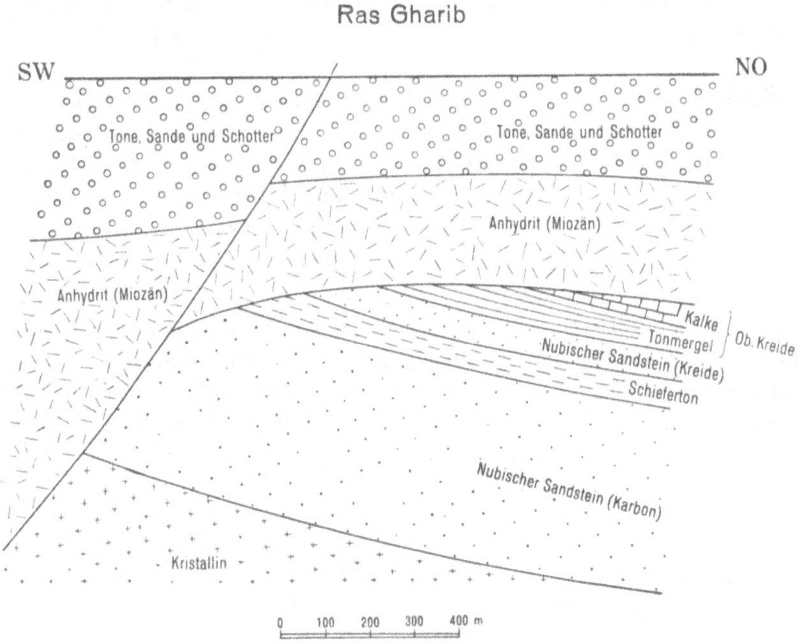

Abb. 5. Schnitt durch das Erdölfeld von Ras Gharib.
Nach *Bürgl,* 1940.

Die Erdöllagerstätte von Ras Gharib ist eine schräg gestellte Bruchscholle, in der durch einen großen Verwurf im Südwesten das Miozän neben die Kreide gelegt ist (Abb. 5). Die Schichtfolge ist (nach frdl. Mitteilung von Herrn Dr. *Wolfg. Richter*):

Quartär und Pliozän	Obere Sandgruppe	bis 400 m
	Attische Phase	
Miozän	Gips- und Anhydrit-Serie	
	Anhydrit-Gruppe	280 m
	Basalkonglomerat (Öl, spez. Gewicht 0,899)	15 m
	Subherzynische oder laramische Phase	
Obere Kreide	Mergel-Gruppe	
	Sandiger Schieferton und Ölsand	60 m
	Kalkstein und Schieferton	30 m
	Oberer Ölsand (Nubischer Sandstein)	90 m
Untere Kreide ?	Schwarze Schiefertone	140 m
	Sande und Schiefertone	60 m
	(Öl, spez. Gewicht 0,893—0,917)	
Karbon ?	Hauptölsand-Gruppe (Nubischer Sandstein)	über 300 m
	Öl, spez. Gewicht 0,902—1,0)	
	Diskordanz	
Kristallin	Granit	

Die Hauptölhorizonte liegen in der „Hauptölsand-Gruppe“ des sehr wahrscheinlich karbonischen Nubischen Sandsteins* sowie im oberen Ölsand des Nubischen Sandsteins der oberen Kreide. Das Erdöl ist ein Leicht- bis Schweröl; das spez. Gewicht nimmt mit zunehmender Teufe im allgemeinen zu. Bis März 1940 sind 21 zwischen 702 und 811 m tiefe Bohrungen abgeteuft worden, von denen 12 in Förderung kamen. Es sind sehr erhebliche Erdölreserven vorhanden.

Einige Erdölbohrungen auf der Halbinsel Sinai wurden bereits bei der Besprechung des Syrischen Bogens (s. S. 64) erwähnt. Ein kleines Ölfeld im Grabenbruchgebiet wurde 1921 bei Abu Durba (28° 29′ n. Br., 33° 19′ ö. L.) erschlossen. Die Konzession wurde im September 1923 von der Ägyptischen Regierung an die ägyptische Gesellschaft Egyptian Oil Syndicate (Bank von Ägypten) verkauft. Bis zum August 1923 wurden sieben durchschnittlich 90 m, zwei 180 m und eine 190 m tiefe Bohrungen niedergebracht und täglich etwa 5 t Erdöl gefördert. Nach 1923 wurden aus zehn etwa 45 bis 90 m tiefen Sonden täglich nur ¼ bis 3 t Erdöl gefördert, insgesamt waren von 12 Bohrungen nur 3 ergiebiger. In den letzten Jahren nahm die Förderung rasch ab und wurde ganz kürzlich (anscheinend 1939) völlig eingestellt. Das Öl wurde

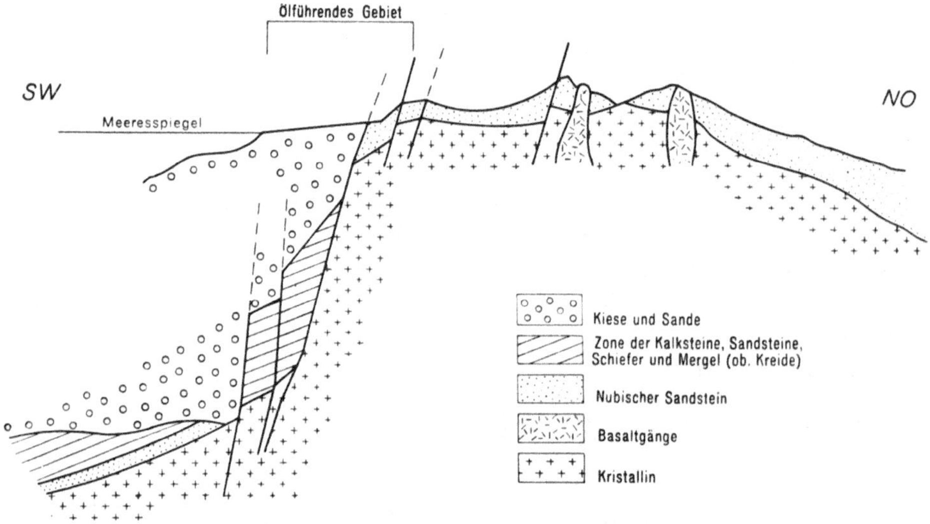

Abb. 6. Schnitt durch die Öllagerstätte von Abu Durba (Sinaihalbinsel).
In Anlehnung an ein Profil bei *Bowman*, 1925, schematisch umgezeichnet.

entlang einer großen Störungszone in Sonden und Schächten gewonnen. Über dem Kristallin lagert Nubischer Sandstein mit Schiefertonen, der von Kalksteinen, Mergeln und Schiefern des Cenoman und Turon überlagert wird

* „Nubischer Sandstein“ ist nur eine Faziesbezeichnung für die sandige Ausbildung verschiedener Schichten vom Karbon bis zur Kreide, s. Geologie Ägyptens S. 9.

(Abb. 6); entlang der Störungszone ist nun der Nubische Sandstein und der Sandstein des Cenoman auf einige 100 m Breite auf der seewärtigen Seite mit Erdöl getränkt. Auf den Spalten haben sich Schwefelkrusten abgesetzt. Man kennt auch verschiedene Erdölaustritte unter Wasser. Das geförderte Öl ist ein

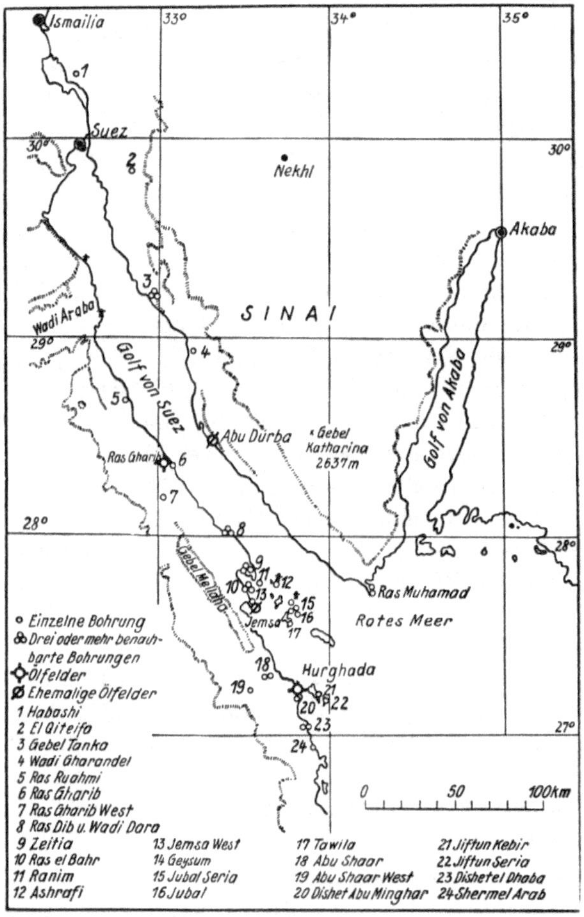

Abb. 7. Übersichtskarte der Bohrungen am Golf von Suez. Aus *Bürgl.*

schwarzgrünes Schweröl vom spez. Gewicht 0,941 bis 0,995 mit 1,29 bis 2,35 v. H. Schwefel, 5,87 bis 10,79 v. H. Asphalt und 5,6 v. H. wachs- und harzartigem Paraffin. Das spez. Gewicht nimmt im allgemeinen mit der Teufe ab.

In kleinen Buchten am Nord- und Ostufer der S t. J o h n s - I n s e l werden gelegentlich kleine Mengen Erdpech angeschwemmt, die zweifellos von abseits der Insel liegenden Erdölausbissen stammen. Bisher wurden etwa 2 kg Erdpech mit 20,8% Asphalt und 8,7% Paraffinwachs gesammelt.

Der größte Teil der Aufschließungs- und Fördertätigkeit auf den ägyptischen Ölfeldern lag und liegt in den Händen der Anglo-Egyptian Oilfields Ltd. (Shell-Gruppe), die außer bei Ras Gharib, Hurghada und Gemsah bis 1926 noch an folgenden Orten erfolglos gebohrt hat (nach der Zusammenstellung bei *Martynik;* s. a. Abb. 7): Dishet Abu Mingar (südl. Hurghada), Insel Gifatin (südöstlich Hurghada), Ras el Usch (östl. Djebel Zeit), Insel Aschrafi (südöstl. Djebel Zeit), Ras Mohammed (Südspitze der Halbinsel Sinai) und Kabrit (Sinai, am Gr. Bittersee). Von kleineren Gesellschaften bohrten außer dem Egyptian Oil Syndicate, das Abu Durba aufgeschlossen hat, noch die Dr. Arcy Exploration Comp. (Anglo-Persian) bei Bir Abu Tif (Abu Qitifa) (südöstlich Suez), die British Sinai Oil Comp. am Djebel Tanka (Sinai, etwa 29° n. Br.), die Oilfields of Egypt Ltd. bei Ras Dib und Ras Bahar, die Batavia Oilfields Ltd. bei Ras Ranim (Djebel Zeit), die Egyptian Central Oilfields Ltd. auf der Insel Um el Hamet (östlich Ras Gemsah) und Beckwith & Co. auf der Insel Tuila (bei Ras Gemsah). Nach *Bowman* (1926) haben am Djebel Tanka noch die Sinai Petroleum Syndicate und das Cairo Syndicate gebohrt, im Wadi Gharandel die Eastern Petroleum and Finance Co. Ltd. (nördlich Tanka), im Wadi Matulla (südlich davon) die British Sinai Petroleum Co. Ltd. Die ägyptische Regierung bohrte noch bei Nezzazat (nördlich Abu Durba) und bei Abu Shaar. Bis 1927 war jedoch außer der Shell-Gruppe kein größerer Konzern an den ägyptischen Ölfeldern beteiligt, weil infolge des mangelhaften ägyptischen Berggesetzes die Rechtsverhältnisse sehr unsicher waren. Als 1937 ein neues Erdölgesetz erlassen wurde, stürzten sich die großen Konzerne auf die Konzessionen; da aber jede Gesellschaft nur 40 Bohrrechte mit einem beschränkten Flächeninhalt erwerben konnte, zogen die großen Konzerne auch ihre Tochtergesellschaften heran, um die notwendigen Verträge zu schließen. Als erste faßte die Socony Vacuum mit 185 Gerechtsamen Fuß, später die Standard Oil of New Jersey mit 191 Gerechtsamen und schließlich die Standard Oil of California-Texas Oil Corporation mit 235 Gerechtsamen (nach Z. Petroleum, 35. Jahrg. 1939 und *Bürgl*).

Die Erdölförderung Ägyptens betrug (in Tonnen; in () Zahl der produzierenden Sonden):

	Gemsah	Hurghada	Abu Durba	Ras Gharib
1911	2 850	—	—	—
1912	27 900	—	—	—
1913	12 800	—	—	—
1914	88 500	11 190	—	—
1915	13 100	16 900	—	—
1916	10 840	45 900	—	—
1917	6 920	129 800	—	—
1918	4 995	277 600	—	—
1919	3 360	288 000	—	—
1920	2 730	145 220	—	—

	Gemsah	Hurghada	Abu Durba	Ras Gharib
1921	4 209	178 284	175	—
1922	3 042	168 890	715	—
1923	685	152 205	378 (10?)	—
1924	669	162 143	537 (10?)	—
1925	1 195	177 375 (30)	1080	—
1926	523 (2)	171 324 (53)	1034 (16)	—
1927	171 (1)	183 114 (57)	1272 (15)	—
1928	—	268 463 (60)	861 (15)	—
1929	—	269 000 (77)	584 (16)	—
1930	—	277 553 (74)	522 (17)	—
1931	—	280 373 (75)	938 (16)	—
1932	—	270 792		—
1933	—	237 725		—
1934	—	221 023		—
1935	—	181 995		—
1936	—	182 512		—
1937	—	171 000		—
1938	—	157 034		68 966
1939	—	122 938	—	508 130
1940 (bis 27. April)	—	63 076	—	230 189 (12)

In Suez bestehen zwei Erdöl-Raffinerien, eine der Anglo-Egyptian Oilfields Ltd., die täglich etwa 2000 t, und eine der Ägyptischen Regierung (Raffinerie de pétrole du gouvernement), die täglich etwa 200 t verarbeiten kann. Die Raffinerien lieferten (in Prozent):

	1925*	1938**
Benzin	8	23,3
Leuchtöl	15	3,9
Diesel- und Gas-Öl	43,2	11,5
Heizöl	1,9	27,6
Erdöl-Asphalt	29,3	33,7

Die Schmieröl-Ausfuhr aus Ägypten betrug 1938: 182 635 t, 1939: 223 094 t. Die Gewinnung von Erdöl-Asphalt steigt von Jahr zu Jahr, da dieser vor allem für Straßenbauzwecke nach den benachbarten Ländern des Nahen Ostens ausgeführt wird.

3. *Edelsteine und Schmucksteine*

a. Beryll und Smaragd

Der kostbarste aller Berylle, der Smaragd, wurde im alten Ägypten schon um 1650 v. Zw. in großzügigem Tage- und Stollenbau bei Kosseir am Roten Meer gewonnen („Gruben der Kleopatra" am Djebel Um Kabu). Die Gru-

* Nur Öl von Hurghada.

** Öl von Hurghada und Ras Gharib, z. T. auch eingeführtes Rohöl.

ben lagen in einem parallel zum Roten Meer verlaufenden Gebirgszuge des nördlichen Etbai. Die bedeutendsten Gruben lagen im Z a b a r a - und S i k a i t-T a l, kleinere Vorkommen im N u g r u s - und U m K a b u - T a l. Im Oberlauf des Z a b a r a - T a l e s kommt beryllführender Quarz vor in dunklen Glimmer- und Talkschiefern zwischen Gneis im Liegenden und verruscheltem gelbem Serpentin im Hangenden; der Glimmerschiefer besteht aus zerbrochenem und verdrücktem Biotit und Quarz, wobei an die Spaltflächen des Glimmers häufig rotbraune Körnchen und unregelmäßige Nester von Rutil gebunden sind. Am Djebel Zabara fand sich Smaragd in einem Biotitschiefer, und zwar erwähnt *P. Groth* (Topographische Mineralogie) aus der mineralogischen Sammlung des Bayrischen Staates in München Smaragd-Kristalle vom Zabara-Gebirge, die König Ludwig I. als Kronprinz von seiner Reise mitgebracht hatte: „Die Kristalle liegen in einem grobkörnigen Gemenge von weißem Feld-

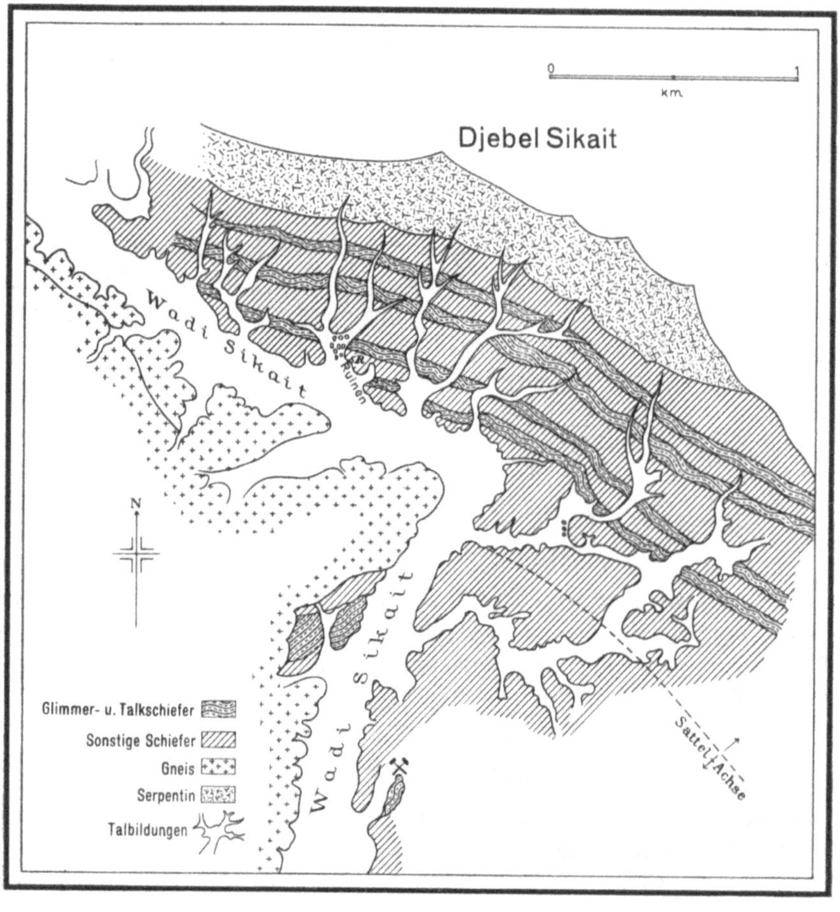

Abb. 8. Geologischer Schnitt durch die Smaragd-Lagerstätte des Sikait-Tales. Nach *Hume*.

spat und Quarz, welches eine Apophyse, offenbar die eines Pegmatits, in Biotitglimmerschiefer bildet." Im Sikait-Tal sind infolge Verfaltung vier beryllführende Glimmer- bzw. Talkschiefer-Horizonte vorhanden, die dem Gneis auflagern und von Serpentin bedeckt werden. Smaragd und Beryll kommen hier im Glimmerschiefer eingewachsen zusammen mit Turmalin und Strahlstein vor, und zwar finden sich die Edelsteine entweder in linsenförmigen Quarztrümern im Glimmerschiefer oder auch bisweilen im Glimmerschiefer selbst. Der seltenere Smaragd ist meist nicht sehr dunkel grasgrün gefärbt, der Beryll ist von gelblich-bläulicher Farbe und kommt in prismatischen Kristallen von einigen Zentimetern Länge vor. Im Nugrus-Tal findet sich Beryll von minderer Güte. Im Um Debaa-Tal bei Um Kabu, wo heute noch gelegentlich Beryll gewonnen wird, führen Biotitschiefer, die mit Strahlsteinschiefer vergesellschaftet sind, große weiße Quarzlinsen (aplitische Schlieren mit Plagioklas, Quarz- und Karbonatnestern) mit Beryll sowohl in hexagonalen Säulen als auch in radialstrahligen Aggregaten; die Smaragde sind trübe, rissig und nicht von Edelsteingüte. Das Nebengestein, Biotitglimmerschiefer und Chloritschiefer, ist reich an Turmalin, führt jedoch keinen Beryll. Nach *Stella,* der die Vorkommen zuletzt besucht hat, sind die Berylle und Smaragde nicht ausgesprochen pneumatolytischer Entstehung, sondern pneumatohydatogen unter erheblicher Mitwirkung fluider Stoffe als Abkömmlinge eines granit-dioritischen Magmas entstanden.

1816 wurden die alten Gruben von *Caillaud* wieder entdeckt. Auf der Ostseite des Sikait-Tales hatte *Streeter & Co.* im Winter 1899/1900 versucht, die alten Gruben wieder aufzutun, aber die gewonnenen Berylle waren nicht sehr wertvoll, so daß die Abbauversuche wieder aufgegeben wurden.

b. Edler Chrysolith (Peridot, Edler Olivin)

Dieser von den alten Ägyptern für Schmuckstücke, Skarabäen u. ä. sehr geschätzte Schmuckstein wurde auf der St. Johns-Insel bei Ras Benas aus ultrabasischen Gesteinen gewonnen. Auf der Nordseite der Insel wird ein rötlich verwitterter, serpentinisierter Peridotit (Dunit) von einer Anzahl kleiner Adern und Drusen durchzogen, in denen die Chrysolith-Kristalle vorkommen. Dieses von nach allen Richtungen streichenden Chrysolith-Adern durchzogene Gestein bedeckt ein fast ovales Gebiet von einigen Hektar Größe. Bisher hat man selten das ganze durchäderte Gestein als „Stockwerk" abgebaut, sondern jedes Gängchen soweit wie möglich, gegebenenfalls bis zum Auskeilen verfolgt. Wo die Adern den unzersetzten Peridotit erreichen, verengern sie sich und vertauben. Jedenfalls reicht das Vorkommen nicht weit in die Teufe. Größe und Menge der Steine aus den verschiedenen Gängen wechseln sehr, aber die Güte der Steine ist sehr gleichmäßig. Der Chrysolith findet sich häufig in schönen und fehlerfreien, wohlausgebildeten Kristallen ohne Sprünge, oft in doppelendigen Kristallen, die nach der Brachydiagonale gestreckt und taflig nach der

Basis ausgebildet sind; auf den Prismenflächen zeigen sie häufig Längsstreifung. Die Kristalle sind von tief gelblichgrüner Farbe. Bisweilen sind die Steine natürlich auch trübe und zerbrochen. Rohsteine von hier werden zu Steinen von 20 bis 30, gelegentlich bis zu 80 Karat geschliffen. Rohsteine von 40 g Gewicht und mehr sind nicht selten. Nach *W. E. Eppler* (Edel- und Schmucksteine, Leipzig 1934) werden Rohsteine von hier mit 0,25 bis 20 RM je Gramm bezahlt, ausgesuchte Rohsteine mit 1,20 bis 20 RM je Karat, die meist als Tafelgestein oder Rosette geschliffenen Steine kosten 1,50 bis 40 RM je Karat, ausgesuchte geschliffene Steine bis 100 RM je Karat.

Das Vorkommen dürfte dadurch entstanden sein, daß in dem teilweise erstarrten Gestein durch Kontraktion Sprünge entstanden sind, in die Silikatlösungen eindrangen und dann auf den Kluftwänden die schönen und großen Kristalle auskristallisieren ließen, die der Serpentinisierung entgingen, da sie widerstandsfähiger sind als der eigentliche Olivinfels. Eine Analyse des Chrysoliths gibt folgende Zusammensetzung an:

SiO_2	41,3
MgO	48,9
FeO	9,0
MnO, NiO	0,8
Verlust	0,15
	100,15

Der kleine Nickelgehalt ist vielleicht die Ursache für die schöne Färbung der hier gefundenen Steine.

Schon von den alten Ägyptern und von den Arabern wurden die Edelsteine hier gewonnen — die St. Johns-Insel heißt mit ihrem arabischen Namen Zeberged, was soviel wie Chrysolith bedeutet. In neuerer Zeit war die Edelsteingewinnung ein Vorrecht des Khediven von Ägypten, der bis zum Weltkriege — seit 1906 durch die Peridot and Egyptian Gems Co. — hier Gruben betrieb, die erst mit Beginn des Weltkrieges eingestellt wurden. Die Steine wurden nicht aus dem festen Fels gewonnen, sondern aus dem Verwitterungsschutt in den Gesteinsspalten gesammelt. Die Rohsteine wurden nach Frankreich zum Schleifen ausgeführt. Augenblicklich sind die Gruben von der Ägyptischen Regierung an die Red Sea Mining Co. verpachtet, aber seit 1914 hat keine nennenswerte Förderung stattgefunden. Bei Esne in Ober-Ägypten finden sich Chrysolithe auch in Flußseifen.

c. Türkis

Es sind zwei Vorkommen von Türkis unweit der Westküste der Halbinsel Sinai bekannt, und zwar am Djebel Moghara im Serbâl-Gebirge und nördlich davon im Wadi Quenaja, Wadi Ginne und Wadi Sidri bei den Ruinen von Serabit (Sarbût) el Châdem; die reichsten Gruben sind die von Jahudije. Ein bedeutender altägyptischer Bergbau auf Türkis bestand von etwa 2720 v. Zw. bis 1090 v. Zw. (4. bis 20. Dynastie), doch scheinen die Vorkommen schon um 1300 v. Zw. ziemlich erschöpft gewesen zu sein. Erst 1863 wieder hat der Engländer *Macdonald* einige Jahre lang in Moghara Türkis gewonnen. Um die Jahrhundertwende hat das Egyptian Development Syndicate anscheinend Türkis abgebaut, während heute nur noch die Beduinen etwas Türkis sammeln. In anscheinend karbonischem, hellrotem Nubischem Sandstein hat sich Türkis in schräg zur Schichtung verlaufenden Klüften und Fugen von einigen Millimetern Breite, besonders in den mürben eisenschüssigen Teilen, ausgeschieden; außerdem finden sich im Sandstein haselnußgroße Knöllchen von Türkis, umhüllt von einer rötlichen bis violetten, sandigen Brauneisenmasse. Der Türkis ist meist ziemlich hell gefärbt, doch finden sich auch sehr schön tiefblau gefärbte Steine vor allem in den Ockernestern; leider sind gerade diese Steine nicht sehr farbenbeständig, und viele besonders von Serabit stammende sehr wertvolle Steine sind vollständig verblaßt und wertlos geworden. Das dürfte mit ein Grund gewesen sein, warum in neuerer Zeit der Grubenbetrieb wieder eingestellt wurde.

d. Sonstige Schmucksteine

Für Schmuckstücke und Geschmeide der 12. Dynastie wurde häufig auch Amethyst verwendet. Er stammte wahrscheinlich aus den alten Amethystgruben in der Nähe des Djebel Abu Diyeiba, wo im roten Granit 100 m weit zu verfolgende Spalten auftreten, die stellenweise zu Kristalldrusen ausgeweitet sind. Amethystquarz wurde früher 65 km nordwestlich Abu Simbel gewonnen, doch ist über die Art des Vorkommens nichts Näheres bekannt.

Roter Jaspis, Chalzedon und Achat finden sich in der Umgebung des Wadi Abu Gerida, wo saure Tuffe stellenweise in Jaspis und Chalzedon umgewandelt sind.

Amazonit (grüner Feldspat) wurde von den alten Ägyptern vielfach zu Perlen geschliffen, doch ist der Fundort nicht sicher bekannt. Am Djebel Migif (24° 48′ n. B., 34° 28′ ö. L.) finden sich im Gneis Kristalle von grünem Mikroklin.

In den kristallinen Schiefern wird oft Granat gefunden. Von Schmucksteingüte sind jedoch nur die schönen Kristalle in metamorphen Kalksteinen und Schiefern der Djebel Um Esnan und Djebel el Barud (westliche Sinaihalbinsel).

4. Talk

In den basischen und ultrabasischen Gesteinen sind Talkschiefer sehr häufig. Sie enthalten im Um el Huetat-Bezirk, 10 km westlich vom Djebel Atut (25° n. Br., 34° 23′ ö. L.), neben grauem bis grünem oder braunem auch sehr reinen weißen Talk, der schon von den Alten gewonnen wurde. Bei Bir el Hamr kommt Talk in 3 bis zu 10 m mächtigen Linsen von etwa 20 m Durchmesser vor. Der Speckstein wurde hier auch in den letzten Jahren von den Arabern gewonnen und zu Kugeln und Pfeifenköpfen verarbeitet. 1918 wurden die alten Gruben wieder aufgemacht und 139 t Talk gefördert. Im Wadi Fatiri el Beida kommt ein 6 m mächtiges, auf 1500 m Länge bauwürdiges Talklager vor. Die Talkgewinnung Ägyptens betrug in den letzten Jahren:

1932	232 t
1933	2 531 t
1934	2 623 t
1935	366 t
1936	351 t
1937	2 766 t
1938	1 251 t

5. Magnesit und Asbest

Im Serpentin der Gegend von Bir Meneiga und Bir Mukur kommt Magnesit in Gängchen und Nestern vor, ebenso Asbest, der aber zu spröde ist, als daß er Verwendung finden könnte.

6. Kaolin

20 km vom Wadi Agag findet sich Kaolin als Verwitterungserzeugnis feldspathaltiger Gesteine. Östlich Assuan, 10 km vom Nil entfernt, wurde in einer Schlucht, die in den Khor el Dabâa mündet, ein 8 m mächtiges Kaolinlager zwischen Schiefern im Liegenden und Sandsteinen im Hangenden entdeckt. Über die Bauwürdigkeit des Vorkommens ist noch nichts bekannt.

7. Salpeter

Bei den Dörfern Mellahit, Kilabîje und Sebaia wurden schon von alters her mit Natronsalpeter durchsetzte Schiefer abgebaut. Diese Esne (oder Esna)-Schiefer treten im Liegenden von Kalksteinen des tieferen Eozän auf, die den westlichen Steilrand des Niltals bilden; auf der Ostseite finden sie sich in den niedrigen Hügelketten zwischen Kena und Mahamid sowie am Fuße der Berge bei Armant, Schagab usw., die nördliche Grenze liegt etwa zwischen Luxor und Kena.

Die Esne-Schiefer sind graue oder grüne, im tiefsten Teil oft purpurfarbene dünnblättrige Schiefer, die der allerobersten Kreide, der Dänischen Stufe, angehören. Sie werden von einem Netzwerk dünner Kalkspatgängchen durchzogen, enthalten auch Brauneisenkonkretionen und stellenweise auch dünne Eisensteinbänkchen; auf den Schicht- und Kluftflächen der Schiefer haben sich glitzernde Krusten von Natronsalpeter, Steinsalz und Thenardit (Na_2SO_4) abgesetzt. Die besten Vorkommen liegen zwischen Mahamid und Sebaia, wo die Schiefer durch eine weiße Kalksteinbank in zwei Abteilungen gegliedert sind. Gewonnen werden gewöhnlich nur die untersten Schichten, da die oberen zu arm sind. Die Gesamtmächtigkeit der Esne-Schiefer beträgt nach *Blanckenhorn* (1921) 50 bis 100 m, nach *Hume* (1925) 30 bis 50 m, jedoch sind nur durchschnittlich 4 m bauwürdig. Dieser Nitratschiefer, von den Eingeborenen „Tafla" genannt, enthält 8 bis 23 v. H. Salze, die bauwürdigen Teile 10,26 v. H. $NaNO_3$, im Durchschnitt jedoch nur 5 bis 6 v. H. $NaNO_3$, wie folgende Analysen (nach *W. Dunstan* in *Hume,* 1925) zeigen:

$NaNO_3$	6,93	4,85	5,65	15,43	11,35	5,05
NaCl	11,82	14,55	14,80	11,35	14,53	15,41
Na_2SO_4	14,64	14,61	3,55	5,95	7,51	3,02
$CaSO_4$	2,02	4,20	2,02	2,38	1,75	2,09
$MgSO_4$	0,87	0,48	0,15	0,18	0,18	0,27
	36,28	38,69	26,17	35,29	35,32	25,84

Der Salpeter ist im Schiefer ziemlich ungleichmäßig verteilt, angereichert ist er vor allem an der Oberfläche der Schiefer; so hat man bei Sebaia ein Ärmerwerden nach der Tiefe zu festgestellt:

Tiefe	$NaNO_3$	NaCl
2,5—18 cm	10,7	10,3
18—35,5 cm	3,7	4,2
35,5—53 cm	2,9	5,8

Wie dieses Salpetervorkommen entstanden ist, ist noch nicht eindeutig geklärt. Wahrscheinlich ist es durch Oxydation stickstoffreicher organischer Verbindungen nach der Ablagerung des marinen Schlammes entstanden. Durch Kapillarwirkung wurden die Salze dann an die Oberfläche gebracht. Andere suchen einen Zusammenhang mit den im Liegenden dieser Schiefer anstehenden Phosphaten (s. S. 61). Man hat tatsächlich einmal 1,77 v. H. P_2O_5 in den Nitratschiefern nachweisen können. Die bei der Bildung der Phosphate (Zersetzung der Fische usw.) freiwerdenden Nitrate sind leicht löslich und konnten von den Tonen absorbiert werden.

Abgebaut werden vorzugsweise die lockeren, mürben Schutthalden am Berghang. An einer einzigen Fundstelle zwischen Kilabia und Sebaia gewinnen die Eingeborenen jährlich über 500 t Nitratschiefer. Aus diesen werden die Salze ausgelaugt — aus 60 t Gestein etwa 18 t Salze — und die Chloride von den Nitraten getrennt. Der Salpeter — von den Eingeborenen Marog oder Sabach genannt — wird vor allen Dingen zum Düngen des Kulturbodens gebraucht. Die Nitratschiefer-Gewinnung betrug:

1927	460 t	1933	—
1928	614 t	1934	8 377 t
1929	955 t	1935	15 977 t
1930	1 660 t	1936	14 233 t
1931	2 645 t	1937	—
1932	1 581 t	1938	11 300 t

8. Soda (Trona)

Soda-Ablagerungen sind von verschiedenen Orten bekannt, so im nördlichen Nildelta in dem kleinen See El Barnugi in der Provinz Beheira. Die größte und bekannteste Lagerstätte ist das Wadi Natrûn, das Große Natrontal*, rund 40 km westlich vom Nil.

* Zum Unterschied von den kleinen Natrontälern bei El Kab und Muhamid (s. S. 82) in Oberägypten möchte ich dieses das Große Natrontal nennen.

Dieses Wadi Natrûn, etwa 25 km lang und 4 bis 7 km breit, ist eine abflußlose, nordwestlich streichende Senke zwischen den sanft und gleichmäßig abfallenden, 60 bis 70 m hohen Randhügeln. An der tiefsten Stelle liegt der Talboden 23 m unter dem Meeresspiegel. Seine heutige Gestalt verdankt es der Erosion und Deflation. In diesem Tal liegen etwa 10 größere und eine Anzahl kleinerer Seen; gegen früher ist die Wasserfläche eingeschrumpft, denn *Russegger* berichtet 1842 nur von sechs Seen, und vor 200 Jahren waren alle diese Seen vorübergehend zu einem einzigen großen See vereinigt. Das Wasser dieser Seen enthält Trona ($Na_2CO_3 \cdot NaHCO_3 \cdot H_2O$) mit Natriumkarbonat vermischt und durch NaCl und Na_2SO_4 verunreinigt. Auch der Seeboden und der Boden

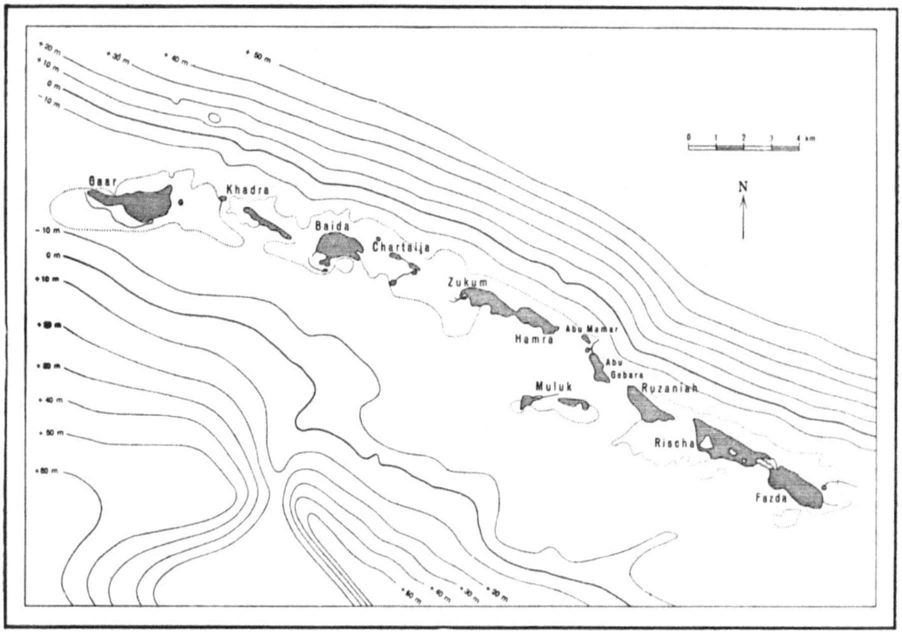

Abb. 9. Karte des Großen Natrontales in Unterägypten.
Zusammengezeichnet nach den Karten von *Schweinfurth* (1898) und *Stromer* (1911).

in der nächsten Umgebung der Seen ist salzgetränkt (Punktlinie in Abb. 9). Die Seen trocknen im Sommer nicht gänzlich aus. Obwohl sie dicht beisammen liegen und im Winter auch mehr oder weniger miteinander verbunden sind, wechselt doch der Salzgehalt und auch das gegenseitige Mengenverhältnis der Salze sehr. *Lucas* (bei *Hume*) gibt folgende äußerste Werte an:

spez. Gewicht	1,070 (Fazda) bis 1,260 (Abu Mamar)
Soda-Gehalt	3,41 g/l (Gaar) bis 62,15 g/l (Abu Mamar)
Kochsalz-Gehalt	55,96 g/l (Khadra) bis 275,67 g/l (Um Rischa)
Glaubersalz-Gehalt	19,44 g/l (Khadra) bis 64,54 g/l (Abu Mamar)

Tietze (in *Dammer-Tietze,* Nutzbare Mineralien, Bd. I) gibt folgende Zusammenstellung über den Gehalt an Na_2CO_3 in Prozent und die in Lösung befindliche Menge:

Name der Seen	Gehalt an Natriumkarbonat im April v. H.	Natriumkarbonat in Lösung t
Gaar	1,53	8 023
Khadra	7,63	10 157
Baida	2,60	6 800
Zukum	6,13	16 183
Hamra	5,00	18 525
Abu Mamar	10,39	1 039
Abu Gebara	4,62	4 423
Ruzaniah	1,91	5 148
Um Rischa	3,50	6 003
Fazda	3,51	25 819
Muluk	1,81	326
		102 446

Die Schichtfolge des Seebodens ist nach *Blanckenhorn* u. a. etwa:

Weiße oder rote Kochsalzkruste auf dem Wasser
Salzwasser
„Gemeines Natron" („gem natron")
„Sultani Natrûn", auf dem Boden des Sees, 15 bis 30 cm mächtige harte, kristalline Schicht
„Kortai Natrûn", weiche Masse nadelförmiger Kristalle, örtlich Tonschlamm mit Sulfat
„Katyre", kohlschwarze, beim Eintrocknen weißliche, teigartige Masse aus Natriumsesquikarbonat, Sand, Schlamm und Glaubersalzkristallen.

Die Analysen dieser Salzschichten und die der Sodaablagerungen von Muhamid (s. S. 82) zeigen folgende Zusammensetzung (1 bis 7 nach *Gmelins* Hdb. d. anorgan. Chemie, 8. Aufl., Syst. Nr. 21, Natrium; 8 und 10 nach *Lucas,* 9 nach *Russegger*):

	1	2	3	4	5	6	7	8	9	10
Na_2CO_3	38,36	26,05	11,33	5,39	42,71	36,85	35,56	22,4—75,0	22,44	11,0—13,6
$NaHCO_3$	30,62	42,64	22,52	22,54	33,79	28,59	17,22	5,0—33,9		1,5— 9,3
NaCl	8,16	8,43	33,38	2,61	1,83	8,43	7,49	1,9—26,8	38,64	12,3—57,3
Na_2SO_4	2,15	1,63	24,53	67,09	1,91	5,09	6,63	Sp.—39,3	18,35	11,4—70,2
H_2O	16,41	17,94	6,54	0,11	16,56	15,68	14,80	1,9—20,0	14,00	0,4— 4,8
Unlöslich	4,11	1,65	1,35	0,40	3,19	5,38	18,30	Sp.—31,1	6,00	0,4— 6,2
	99,81	98,34	99,65	98,14	99,99	100,02	100,00	—	99,43	—

1. Trona. 2. Aggregat kleiner, prismatischer Kristalle. 3. u. 4. Kristalline Salzkrusten. 5. Gemeines Natron („gem natron"). 6. Sultani Natrûn (Trona). 7. Korcheff. 8. Vierzehn Proben aus dem Wadi Natrûn. 9. „Erdsalz" (Korcheff). 10. Drei Proben aus den Seen von Mahamid.

Außerdem finden sich in dem Salz der Analyse 1 noch Spuren von $Na_2B_4O_7$, Mg $(HCO_3)_4$; 0,29 v. H. Na_2SiO_3, 0,20 v. H. Ca $(HCO_3)_2$ und Spuren organischer Stoffe, in dem Salz der Analyse 21,30 v. H. $CaSO_4$, in dem der Analyse 3 Spuren davon.

Korcheff (Analysen 7 und 9) ist der mit Salz getränkte und umkrustete Sandboden in der Umgebung der Seen, der beständig der Sonnenwärme ausgesetzt ist und daher CO_2-ärmer ist als die anderen Trona-Arten (s. Analysen). Dieser Korcheff-Boden zeigt folgendes Profil:

1,0 m gelber Sand
0,5 m Sand mit Trona-Kristallen
0,4—0,5 m grünlicher Ton.

Durch Regenwasser wird das Salz gelöst, durch die Kapillarwirkung wieder an die Oberfläche gebracht, wo das Wasser durch die Sonnenwärme verdunstet, so daß die Salze auskristallisieren und eine immer dicker werdende gelblichweiße Kruste bilden, so daß der Boden wie ein umgepflügtes Feld aussieht. Zwischen den Salzkrusten des Korcheff finden sich Ausblühungen eines reinen, weißen Pulvers, das mehr als 80 v. H. Na (als Natriumkarbonat geschätzt) enthält und frei von jeglichen Verunreinigungen ist.

Die Kochsalzkruste auf dem Wasser, vor allem aus den Seen Um Rischa und Ruzunia, hat folgende Zusammensetzung:

NaCl und H_2O	94,89—99,34 v. H.
Na_2SO_4	0,42— 3,53 v. H.
Na_2CO_3	0,11— 1,22 v. H.
$NaHCO_3$	0,08— 0,42 v. H.

Aus der Salzkruste lassen sich trichterförmige Würfel von mehreren Zentimetern Größe herauslösen; häufig stecken solche trichterförmigen Kristallskelette in dem eingetrockneten Schlamm mit der Spitze nach unten.

Was die Entstehung dieser Soda-Ablagerungen anlangt, so sind eine ganze Anzahl Hypothesen darüber aufgestellt. Die in das Wadi und in die Seen einmündenden Quellen und die Brunnen enthalten sämtlich Natriumkarbonat (durchschnittlich 0,0377%) und Natriumbikarbonat neben dem Chlorid und Sulfat. Eine Ansicht geht nun dahin, daß die verdampfte Wassermenge der durch die Quellen zugeführten entspricht und die Anreicherung der Salze ein natürlicher Vorgang sei. Fluoreszinversuche haben gezeigt, daß vom Rande des Nil-Deltas zu dem Wadi eine Grundwasserverbindung läuft, daß also das unter dem Meeresspiegel gelegene Natrontal für das Nil-Delta als Entwässerungsgraben wirkt. Auf diese Tatsache stützen sich eine ganze Anzahl Hypothesen, die annehmen, daß das an Kalziumkarbonat reiche Nilwasser durch die trennenden Sande, die reich an Gips und Steinsalz sind, dem Natrontal allmählich zusickere. Durch wechselweise Zersetzung bildet sich dann Na_2SO_4 und $CaCl_2$; nach *Schweinfurth* und *Lewin* setzt sich das Na_2SO_4 mit $CaH(CO_3)_2$ in $NaHCO_3$ um. Da die Wässer des Natrontales oft nach Schwefelwasserstoff riechen, nahm *Sickenberger* an, daß das Na_2SO_4 durch die Mikroorganismen, nach *Hooker* beim Durchgang durch eine kohlenstoffreiche Schicht, nach anderen beim Austritt aus den Quellen an der Luft zu Na_2S reduziert werde. Das Natriumsulfid wird dann durch Kohlensäure in Na_2CO_3 und H_2S oder im Schlamm der Seeufer unter Mitwirkung von Pflanzen (Schilf), Algen und Bakterien in Na_2CO_3 und $NaHCO_3$ umgewandelt, wobei Schwefelwasserstoff entweicht, der dann die Eisenverbindungen als Schwefeleisen, das in dem schwarzen Schlammboden enthalten ist, ausfällt. *Blanckenhorn* (1901) nimmt an, daß in flachen Seebecken, sowohl im Wadi Natrûn als auch im Wadi Tumilat, im Wasser gelöst Gips, Kochsalz und Eisenoxyd enthalten sind. Durch Bakterientätigkeit wird der Gips, unter vorübergehender Bildung von Schwefelkalzium, zu Kalziumbikarbonat und Schwefelwasserstoff zersetzt. Durch die Einwirkung des Schwefelwasserstoffes, den man im Seeboden überall wahrnimmt, auf das Eisenoxyd wird Schwefeleisen ausgefällt, das dem Schlamm der Natronseen die bezeichnende Farbe gibt. Das Schwefeleisen oxydiert unter dem Einfluß der Luft zu Eisenvitriol, das aber schnell unter Abspaltung von

Schwefelsäure wieder zerfällt. Die Schwefelsäure setzt sich mit dem Kochsalz zu Glaubersalz um, das aber noch in Lösung bleibt, während am Rande der Becken sich Raseneisenerz ausscheidet. Erst bei völliger Verdunstung des Wassers scheidet sich auch Glaubersalz aus, das durch die Sumpfpflanzen (Schilf u. a.) in Karbonat umgewandelt wird. — Es bedarf wohl noch einer eingehenden chemischen und geologischen Nachprüfung, wieweit diese teilweise recht verwickelten Hypothesen die Entstehung dieser Lagerstätte erklären können. Die *Blanckenhornsche* Hypothese kann nur dann zu Recht bestehen, wenn die ursprünglich in dem Seewasser enthaltenen Stoffe, wie Gips und Salz, in größerer Konzentration vorhanden sind. In verdünnten Lösungen sind die Moleküle in Ionen und Anionen aufgespalten, so daß ein Angriff von Bakterien nicht denkbar ist. Es wäre zu prüfen, ob die Entstehung dieser Sodalagerstätte nicht wesentlich einfacher zu erklären ist. Da man in einer Tronaprobe 0,29 v. H. Natriumsilikat gefunden hat (s. Analyse 1), liegt die Annahme nahe, daß das ursprüngliche primäre Salzlager durch die Verwitterung Na-haltiger Silikate (unter Mitwirkung von Kohlensäure) entstanden ist. Vielleicht ist solch ein Salzlager im Nubischen Sandstein gebildet worden, wie es *Schweinfurth* von El Kab (s. S. 82) beschrieben hat. Dieses Lager kann ausgelaugt worden sein, und die Salze haben sich dann in dem abflußlosen Wadi Natrûn gesammelt und angereichert. Die schon erwähnten Quellen führen jährlich etwa wieder 15 000 t Salz zu.

Die Trona des Großen Natrontales wird mindestens seit 1500 v. Zw., wahrscheinlich schon früher, abgebaut. Das hier und bei El Kab gewonnene Natron wurde besonders geschätzt zur Konservierung der Königsmumien. Die Abscheidung der Salze richtet sich nach den für NaCl und Na_2CO_3 verschiedenen Sättigungskurven; die Löslichkeit des Chlorides ist von der Temperatur weniger abhängig als die des Karbonates, das erst bei niedrigerer Temperatur auskristallisiert. Wenn also im Sommer durch die Verdunstung die Konzentration des Seewassers steigt, scheidet sich Kochsalz aus, während Soda bzw. Trona noch in Lösung bleibt. Im Winter, wenn die Wassertemperatur kühler wird, scheidet sich nun auch die Soda aus, während durch die stärkeren Wasserzuflüsse das schon ausgeschiedene Kochsalz wieder gelöst wird. Die Soda bildet eine etwa ½ cm dicke Schicht. Dieser Vorgang wiederholt sich von Jahr zu Jahr, so daß sich allmählich eine recht mächtige, natürlich mit Kochsalz gemischte Sodaschicht bildet, die in den ausgetrockneten Seebecken während der Sommermonate gewonnen wird.

Wie um die Mitte des vorigen Jahrhunderts die Soda gewonnen wurde, beschreibt *Russegger*. Die Salzkruste und lagenweisen Salz-Soda-Ausscheidungen wurden aufgesammelt und im Rohzustand verkauft. Das „Erdsalz" (Korcheff) wurde von einer Gesellschaft gewonnen und in einer sehr einfachen Mühle feingemahlen, in hölzernen Kästen mit Wasser begossen und ausgelaugt. Wenn die Lauge sich geklärt hatte, wurde sie in große Behälter eingelassen, wo man sie durch Verdunstung (Sonnenwärme) auf ein spez. Gew. von 1,2394 eindampfte; dann wurde diese Lauge 5 bis 6 cm hoch in Kristallisationströge eingefüllt — *Russegger* zählte 600 solcher rd. 2 m langen und 1 m breiten Tröge —, in denen man sie der Sonnenwärme überließ. Nach etwa 24 Stunden hatte sich ein kristalliner Niederschlag aus Soda, mit etwas Kochsalz und anderen Salzen gemischt, ausgeschieden, der gewonnen wurde. Diese Soda wurde vor allem nach Holland ausgeführt. Teilweise wurde das gemahlene „Erdsalz" auch mit reinem, feinem Quarzsand vermischt, befeuchtet und zu Ziegeln geformt und an die Glasperlenfabriken in Venedig verkauft.

Die während der Sommermonate gewonnene Soda wird entweder so in den Handel gebracht oder umkristallisiert und auf reine, wasserfreie Soda (Na_2CO_3) oder auf Natrit ($Na_2CO_3 \cdot 10\,H_2O$) oder auf saures Natriumkarbonat

($NaHCO_3$) verarbeitet. Die Seen gehören dem Staat, der die Soda-Gewinnung einer 1897 gegründeten Aktiengesellschaft, der Egyptian Salt and Soda Co. Ltd., überlassen hat. Diese verarbeitet die gewonnene Trona in einer Fabrik in Bir Hooker, die durch eine 50 km lange Anschlußbahn mit der ägyptischen Staatsbahn verbunden ist. Die daraus hergestellte kalzinierte Soda wird zum Beuchen der Baumwolle (Entfernen der fettigen und wachsigen Verunreinigungen) und in der ägyptischen Seifenindustrie verwandt. Die Soda-Gewinnung betrug:

1926	779 t	
1937	2 300 t	Soda und Glaubersalz
1938	5 000 t	Soda und Glaubersalz

Bei El Kab und 2 km nordwestlich davon bei Muhamid (oder Mahamid), etwa 25° 15′ n. Br., 32° 50′ ö. L., nähern sich ungefähr gegenüber von Esne dem Niltal zwei Seitentäler, die in den Nubischen Sandstein eingeschnitten sind. *Schweinfurth* spricht von einem nördlichen und einem südlichen Natrontal, in deren Unterlauf Salzsümpfe liegen, die teilweise reichlich Kochsalz, Glaubersalz und Soda ausscheiden. Im südlichen Natrontal sind es allerdings nur brackige Tümpel, aus denen Gasblasen an die Oberfläche steigen; den Grund der Tümpel bildet eine tintenschwarze, gallertartige, nach Schwefelwasserstoff riechende Masse, die voller Bacteriaceen und Conferven-Fäden* ist; im Sommer, wenn die Tümpel austrocknen, scheidet sich Soda aus. Das nördliche Natrontal zeigt deutlicheren Salzpfannencharakter. Nordöstlich der Station Muhamid bilden die Salzkrusten weite, wie mit Schnee bedeckt aussehende Flächen, auf denen nach *Schweinfurth* ein dichter Rasen von *Cyperus laevigatus* (glattes Zypergras) wächst. Die steilen Felsen am Nordrande der Salzpfanne sind mit weißen Salzausblühungen bedeckt (s. Analyse). Ein Wassertümpel von blutrotem Aussehen trägt an der Oberfläche eine dünne, eisartige, rosarot gefärbte Kochsalzkruste. Hier wird auch unreines Kochsalz gewonnen. 4 km oberhalb Muhamid entdeckte *Schweinfurth* in einer aschgrauen, harten Tonlage des Nubischen Sandsteins eine 4 bis 5 cm dicke Schicht von festem, reinweißem Salz (s. Analyse).

Analysen der Salze aus dem nördlichen Natrontal

	I	II	III
Na_2CO_3	20,96	20,89	15,90
NaCl	53,60	53,80	24,80
Na_2SO_4	12,31	17,46	54,40

Außerdem noch K und Ca.

I. Ausblühungen auf dem Sandstein. II. Ausblühungen der Salzpfanne. III. Salzschicht aus der Tonbank im Nubischen Sandstein.

9. *Alaun*

In den Oasen Baharije, Dachel und Charge finden sich Eisen-Aluminium-Sulfate in großer Verbreitung in dünnen Lagen zwischen ober-

* Conferven ist eine veraltete Bezeichnung für eine früher ungenügend bekannte Gruppe von Fadenalgen, die heute *Heterotrichales* genannt werden.

kretazischen Schiefern und Sandsteinen. Durch Quellwässer werden sie hier ausgelaugt und an deren Mündung in Gestalt kleiner Hügel wieder abgelagert. Am wichtigsten ist ein klares, blaßgelbes Mineral, das die Eingeborenen „hurrt" nennen, ein feinkristallines, weiches Pulver, das in Wasser löslich ist, aber sofort wieder als basisches Hydrat ausfällt, von zusammenziehendem Geschmack. Nach der Analyse ist es wasserhaltiges Eisen-Aluminium-Sulfat:

Fe_2O_3	21,60 v. H.
Al_2O_3	4,82 v. H.
SO_3	40,74 v. H.
H_2O und organ. Substanz	32,39 v. H.
Unlöslich und Kieselsäure	Sp.
	99,55 v. H.

Die Bewohner von Dachel mischen dieses Pulver mit dem Saft einer Akazie und verwenden diese Lösung als Tinte.

1 km nordöstlich der Oase Dachel finden sich im Schieferton papierdünne bis 1/2 cm dicke Adern von Alunogen, einem blaßgelben, scheinbar amorphen, durchscheinenden Mineral von mattglasigem Glanz, wie die Analyse zeigt $Al_2(SO_4)_3 \cdot 16\,H_2O$ mit etwas Ferrosulfat (Haarsalz):

SO_3	38,63
Al_2O_3	16,22
FeO	2,42
Fe_2O_3	0,33
H_2O	42,64
	100.24

Seine Entstehung ist wohl so zu denken, daß im Schieferton fein verteilter Pyrit oxydiert und in Eisenvitriol umgewandelt wurde; die unverbrauchte Schwefelsäure hat dann die Aluminium-Verbindungen angegriffen und Aluminiumsulfat gebildet.

In Ain Beida, südöstlich Mut (Oase Dachel), fand sich an Quellaustritten ein weißes und ein grünes pulveriges Mineral von zusammenziehendem Geschmack, wie die Analysen 1 und 2 zeigen, ein wasserhaltiges Eisen-Aluminium-Sulfat mit viel Sand als Verunreinigung:

	Ain Beida		Hindaw
	1	2	3
$Fe_2O_3+Al_2O_3$	6,26	17,16	26,20
$CaCO_3$	0,94	0,60	0,80
MgO	0,74	0,76	—
Cl	1,87	Sp.	—
SO_3	5,28	23,40	30,46
SiO_2 u. Unlösl.	76,18	24,70	23,26
Wasser	9,46	31.02	17,15
	100,73	97,64	97,87

Auf einem kleinen Hügel nordöstlich Mut wurden Ausblühungen eines leichten, pulverigen, federsalzähnlichen Minerals gefunden. In den Bonebed-Schichten nordnordöstlich Hindaw (nördlich Mut) waren einige Tonschichten von nahezu ½ m Mächtigkeit mit einem Alaun-Mineral imprägniert, einem wasserhaltigen Eisen-Aluminium-Sulfat mit sandigen und tonigen Verunreinigungen (s. Analyse 3).

Im Jahre 1830 wurden in Mut (Dachel-Oase) und Charge durch den französischen Ingenieur *Ayme* im Auftrag *Mohamed Ali Paschas* Alaun-Sammelstellen eingerichtet, die den gesammelten Alaun nach Kairo lieferten. Die gewonnenen Mengen waren jedoch zu klein, um die Transportkosten zu lohnen.

10. Gips

Auf dem Djebel Ataka, westlich von Suez, wird eine 25 bis 30 m mächtige Bank von Gips mit eingelagerten Tonschichten an der Grenze zwischen Senon und Mitteleozän abgebaut. Am Ostabhang des Djebel Geneffe wird ein mitteleozänes Gipsvorkommen abgebaut, in dem eine söhlig liegende Bank von 0,5 bis 1 m mächtigem, gleichmäßig-feinkörnigem Alabastergips* vorkommt. Reiche Gipsvorkommen finden sich im Randgebiet des Roten Meeres, wo teilweise Kalksteine der Kreide und des Eozän in Gips umgewandelt sind — nach *Blanckenhorn* (1921) wahrscheinlich durch die Einwirkung von Schwefelwasserstoff, der im Becken des flachen, transgredierenden Miozänmeeres durch die Verwesung organischer Stoffe gebildet wurde —, teils Gips und Gipsmergel sedimentär abgelagert wurden. Solcher untermiozäner Gips findet sich auf der Halbinsel Sinai zwischen den Wadis Firan und Gharandel, auf dem westlichen Ufer des Roten Meeres vom 28.° n. Br. bis Halaib (24° 13′ n. Br.), in bedeutenden Lagerstätten vor allem am Djebel Set, bei Ras Gemsah, in der Umgebung von Kosseir, am Bir Ranga und Ras Benas.

50 km südwestlich Alexandria werden im Wadi el Gips und 3 km ostnordöstlich der Station Gherbaniat der translibyschen Bahn schon im Altertum bekannte Gipslager des mittleren Diluviums abgebaut; im Diluvium bestanden hier Meereslagunen, in denen Ton und Gips abgelagert wurden. Abgebaut wird ein ostwestlich streichendes, fast söhliges Gipslager von 0,5 bis 3,0 m Mächtigkeit, das z. T. über Tage ansteht. Der Gipsvorrat wird auf 1½ Mill. t geschätzt. In einer bei den Brüchen errichteten Fabrik wird der Gips gebrannt (*Dammer-Tietze,* Nutzbare Mineralien, 2. 1914). Diluviale bis rezente Gipsausblühungen werden im Niltal von Kairo bis Theben von den Bauern in zahlreichen Gipskuhlen gewonnen *(Blanckenhorn,* 1921*)*; der unreine Gips wird gemahlen oder zum Düngen auf die Felder gestreut oder als Mörtel verwandt.

Auf der St. Johns-Insel findet sich im Norden ein Vorkommen von geschichtetem Gips, wahrscheinlich miozänen Alters, der gelegentlich schwarz gefärbt ist und stellenweise viel Fasergips enthält; in geringen Mengen findet sich auch gediegen Schwefel.

* Das im alten Ägypten nach Alabastron, dem heutigen Bosra auf dem rechten Nilufer, Alabaster genannte Gestein ist nicht Gips, sondern Kalkstein.

11. Steinsalz (Kochsalz)

Steinsalzlagerstätten sind in Ägypten vorwiegend aus der miozänen Salzformation bekannt. So haben Erdölbohrungen in Gemsah das Steinsalz in über 700 m Mächtigkeit durchsunken. — Beim Bau des Suezkanals fand man dort, wo er durch den Großen Bittersee geführt wurde, ein linsenförmiges Steinsalzlager von 12,8 km Länge und 6,4 km Breite, das durchschnittlich 7,5 m, in der Mitte des Sees etwa 18 m mächtig war. Das Vorkommen bestand aus Steinsalzbänken und 3 bis 18 cm mächtigen Gipslagen, die durch einige Millimeter dicke Tonlagen mit Gipskristall-Schichten voneinander getrennt waren. Dieses Steinsalzlager ist vielleicht diluvial, denn in den Tonen fanden sich Schalen usw. von heute noch im Golf von Suez lebenden Muscheln und anderen Seetieren. Durch die hindurchgeleiteten Wässer des Kanals ist das Salzlager vollkommen aufgelöst.

Die größten Salzgewinnungsstätten sind die Salinen des Mariut-Sees bei Alexandria, wo seit etwa 100 Jahren Salz gewonnen wird*. Die Salzgewinnung ist von der ägyptischen Regierung verpachtet, und heute wird das Kochsalz in modernen Salinenanlagen gewonnen. Es wird teilweise von den Fischeinsalzereien abgenommen, aber auch in beträchtlichem Umfange ausgeführt. Die größte Saline am Mariut-See ist die von El Meks am Nordwestufer. Jedes Jahr bildet sich hier eine 7 bis 14 cm dicke Salzschicht; das grobkristalline, geschichtete Salz lagert auf einem schwarzen Faulschlamm. Wenn es im Frühjahr regnet, „wird die über dem Salz stehende Lösung soweit verdünnt, daß das schon gebildete Salz teilweise wieder aufgelöst wird" *(Joh. Walther)*; durch die leichte Wellenbewegung der Wasserschicht werden dann aus der Salzoberfläche Rippelmarken von 5 cm Breite und 1 cm Höhe herausgelöst. Reiche Salzausbeute liefern auch der Burlus-See nordöstlich von Alexandria und der nur 1 m tiefe Mensaleh-See zwischen Damiette und Port Said, die nur durch eine schmale und niedrige, sandige Nehrung vom Meere getrennt sind. Die zahlreichen Fischerdörfer an diesen fisch-, vor allem aalreichen Seen nehmen das Salz für ihre Fischeinsalzereien ab. Auch am Birket el Karun, einem Salzsee südwestlich von Kairo, wurde zeitweise Salz zum Einpökeln von Fischen gewonnen.

In der Dachel-Oase finden sich, besonders im Südosten und in der Gegend von Mut, ausgedehnte, teilweise eingetrocknete Salzsümpfe, deren Oberfläche durch die durcheinandergeschobenen Salzschollen — infolge des ungleichmäßigen Einbrechens der oberflächlichen Salzkruste — wie ein umgepflügtes Feld aussieht. An vielen Stellen ist das Salz weiß und ganz rein, an anderen Stellen wiederum ist es durch Ton und Sand stark verunreinigt. Eine

---

* Während der Belagerung von Alexandria 1801 durchstachen die Engländer die die Niederung vom Meere trennenden Dünen und Strandwälle, so daß sich das Meer in die Niederung ergießen konnte, wobei 200 bis 290 qkm Land überflutet und etwa 250 blühende Dörfer vernichtet wurden.

am Ostrande der Oase südlich von Belat gewonnene Salzprobe war eine durch Eisen und Gips verunreinigte Mischung von Salz und Sand mit 76,49 v. H. NaCl und 12,34 v. H. SiO_2. Die Bewohner der Oase gewinnen das Salz für ihren eigenen Bedarf.

Berühmt und im Altertum sehr geschätzt war das Kochsalz aus den Salzseen der Oase Siwa, das in reinweißen, säulenförmigen Kristallaggregaten von Fingerdicke und Fingerlänge vorkommt *(Rohlfs)*. Es enthält 97,5 v. H. NaCl mit Verunreinigungen von Magnesiumsalzen und wohl auch etwas Sand.

Fasersteinsalz gewinnen nach *Joh. Walther* die koptischen Mönche des Klosters St. Antonius am Fuße der südlichen Galala als Speisesalz; es hat sich hier auf Klüften im Kalkstein in bis 10 cm langen Fasern ausgeschieden.

Im Fajum und auch im Wadi Natrûn wird z. T. Seesalz, z. T. Erdsalz von den Eingeborenen gewonnen.

Die Kochsalzausfuhr aus Ägypten betrug:

1927	223 000 t	1933	136 426 t
1928	168 000 t	1934	288 470 t
1929	149 000 t	1935	256 851 t
1930	155 000 t	1936	237 242 t
1931	103 000 t	1937	153 500 t
1932	142 097 t	1938	145 300 t

12. *Kalisalz*

In den miozänen Steinsalzlagern im Küstengebiet des Golfes von Suez hat man auch Spuren von Kalisalzen gefunden. Bei Marsa Matruch, westlich Alexandria, enthalten die Steinsalz-Ausscheidungen in Poren und Klüften kalihaltige Lauge mit

16 v. H. KCl
9 v. H. $MgSO_4$
14 v. H. $MgCl_2$.

1932 wurden hier 8 t Kalisalz gewonnen.

13. *Bittersalz (Epsomit, Reichardit)*

Bittersalz ($MgSO_4 \cdot 7H_2O$) findet sich in einer Reihe kleinerer und größerer Salz- und Bittersalzseen vom Kap Pelusium südwärts bis nach Suez, die aber meist ungenutzt bleiben.

Auf einer Verwerfungsspalte im Gips von Gemsah hat man in einem alten Stollen ein allerdings nur mineralogisch wichtiges Bittersalz-Vorkommen gefunden. Es fanden sich schneeweiße, pulverige und härtere, faserige, seidenglänzende Massen, die laut Analyse ein Gemenge von Pickeringit (Federalaun: $MgO \cdot Al_2O_3 \cdot 4\,SO_3 \cdot 24\,H_2O$), Kieserit ($MgSO_4 \cdot H_2O$) und Bittersalz im Verhältnis 2 : 1 : 6 bis 1 : 1 : 2 mit etwas Apjohnit (Manganalaun) waren.

14. *Schwefel*

Seit 1867 wurde am Ras Gemsah von der Compagnie soufrière Schwefel gewonnen und vertragsgemäß an die ägyptische Regierung verkauft. In den letzten Jahrzehnten scheint keine Förderung mehr stattgefunden zu haben. Auf Spalten und Klüften des weißen, bisweilen spätigen, oft auch faserigen Gipses finden sich Schwefelkristalle von selten mehr als ½ cm Länge; an anderen Stellen ist der Schwefel im Gips so fein eingesprengt, daß das gemahlene Gestein ein gelbliches Pulver gibt; schließlich finden sich auch Lager und Nester von derbem Schwefel. Der miozäne Gips ist geschichtet. Der gewonnene Schwefel wurde gleich an Ort und Stelle geschmolzen.

15. Schwerspat

Im Nubischen Sandstein kommen in den Oasen Baharije, Dachel und Charge, 100 km südöstlich Tenida, sowie im Wadi Abu Agag bei Assuan sanderfüllte Schwerspatrosetten vor. Schwerspatgänge (mit etwas Roteisen) setzen im Granit des Wadi Dib am Südfuß des Urf-Gebirges auf. 1937 wurden 51 t, 1938 20 t Schwerspat gefördert.

16. Kohle

Auf der Halbinsel Sinai finden sich im Wadi Zeliga dünne, 5 cm mächtige Flözchen bituminöser Kohle. Im Nubischen Sandstein hat man gelegentlich bei Bohrungen bituminöse Kohle festgestellt, die aber nicht bauwürdig war. Nach *Blanckenhorn* (1921) hat man bei Abu Rahal, 72 km östlich Edfu, drei Flözchen von 17, 27 und 2 cm Mächtigkeit angetroffen, ebenso bei Sakiet el Ter an der Straße von Kena zum Djebel Zeit, am Djebel Serrai und in der Charge-Oase. Nördlich der Birket el Karun fanden sich in fluviomarinem Obereozän und Oligozän einige Schieferkohlenbänkchen mit Blattabdrücken, die aber 65 v. H. Asche aufwiesen, also die Bezeichnung Kohle nicht verdienen.

Schrifttum

Die nutzbaren Lagerstätten in Ägypten

Ball, J., Topography and geology of the phosphate district of Safaga (eastern desert of Egypt.). Surv. Dept. Paper Nr. 29. Kairo 1913.

Ball, J., Geography and geology of West-central Sinai. Surv. Dept. Egypt. 1916.

Beadnell, J. L., Dakhla oasis, its topography and geology. Geol. Surv. Report 1899. Kairo 1901.

Blanckenhorn, M., Neues zur Geologie und Paläontologie Ägyptens. Z. Dtsch. Geol. Ges. Bd. 52 (1900), Bd. 53 (1901).

Blanckenhorn, M., Ägypten. Hdb. d. regionalen Geologie. Bd. 7. 23. Heft. Heidelberg 1921.

Bowman, T. S., Report on boring for oil in Egypt. I. Government petroleum research operations. II. Sinai. Kairo 1925 und 1926.

Bürgl, H., Der geologische Bau und die Erdölvorkommen Ägyptens. Z. Öl und Kohle. 1940.

Curtis, A. H., Manganese ores. Monogr. on mineral resources with spec. ref. to the Brit. Empire. London 1919.

Egloff, G., Nelson, E. A. u. Truesdell, P., Die Ölfelder im alten Ägypten. Z. Petroleum. Bd. 28. Nr. 11 (1932).

Erdöl: Verstärkte Erdölsuche in Ägypten. Z. Petroleum. Bd. 35 (1939), H. 9.

Fediaevsky, S., Quelques notes sur un gisement de minerai de tungsten dans la Haute-Egypte. Bull. Inst. Egypte. Kairo. Bd. 6 (1934).

Greaves, R. H. u. Little, O. H., The gold resources of Egypt. The gold resources of the world. XV. Int. Geol. Congr. South Africa 1929.

Hall, T. C. F., Lead ores. Monogr. on mineral resources with spec. ref. to the Brit. Empire. London 1921.

Herman, F. u. Wussow, D., The emerald deposits of the world. Min. Mag. Bd. 53 (1935).

Hume, W. F., Geology of Egypt. Bd. 1. Kairo 1925. Bd. 2. Kairo 1934—1937.

Hume, W. F., Report on the oilfield region of Egypt. Kairo 1916.

Hume, W. F., Report of the iron ores of Egypt. The iron ore resources of the world. XI. Int. Geol. Congr. Stockholm 1910.

Hume, W. F., The phosphate deposits of Egypt. Les réserves mondiales en phosphates. Bd. 2. XIV. Int. Geol. Kongr. Madrid 1928.

Hume, W. F., The phosphate deposits in Egypt. Surv. of Egypt. Paper Nr. 41. Kairo 1927.

Hume, W. F., The distribution of iron ores in Egypt. Surv. Dept. Paper Nr. 20. Kairo 1909.

Landschütz, Die Minerallagerstätten Afrikas, ihre Entwicklung und ihre weltwirtschaftliche Bedeutung. Internat. Bergwirtschaft. Bd. 3 (1928).

Lebling, C., Geologische Forschungen in der Bahartje-Oase und anderen Gegenden Ägyptens. Abh. Bayer. Akad. Wissensch. Math.-phys. Kl. München. Jhg. 29 (1919).

Liebenam, W., Goldbergbau in Ägypten. Z. f. prakt. Geol. Jhg. 10 (1902).

Lucas, A., Natural soda deposits in Egypt. Egypt. Surv. Dept. Paper Nr. 22. Kairo 1921.

Martynik, J., Zur Lage in der ägyptischen Erdölindustrie. Z. Petroleum. Bd. 24. Nr. 16 (1928).

Martynik, J., Das Ergebnis der Erdölbohrungen in Ägypten. Z. Petroleum. Jhg. 22. Nr. 16 (1926).

Moon, F. W., Preliminary geological report on Saint John's Island (Red Sea). Geol. Surv. of Egypt. Kairo 1923.

Powers, S., Reflected burried hills in the oilfields of Peroia, Egypt, and Mexico. Bull. Americ. Assoc. Petrol. Geolog. Bd. 10 (1926).

Rakusin, M. A., Über das optische Verhalten und einige andere Eigenschaften des ägyptischen Erdöles. Z. Petroleum. Jhg. 19. Nr. 13 (1923).

Rohlfs, G., Von Tripolis nach Alexandrien. Bremen 1871.

Russegger, J., Über die Bildung des Natronsalzes in den Natronseen Unter-Ägyptens und über das Wüstensalz. Karsten's Archiv f. Mineralogie usw. Bd. 16 (1842).

Schürmann, H. M. E., Über Sulfate des Magnesiums, Aluminiums und Mangans aus dem miocänen Gips von Gemsah, östliche arabische Wüste Ägyptens. N. Jahrb. f. Min. usw. Abt. A. Beil. Bd. 66 (1933).

Schweinfurth, G., Ein Besuch bei den Schwefelminen und Petroleumquellen von Gimsah an der ägyptischen Küste des Roten Meeres. Z. Ges. f. Erdkunde Berlin. Jhg. 3 (1868).

Schweinfurth, G., Die Umgegend von Schaghab und el-Kab (Oberägypten). Z. Ges. f. Erdkunde Berlin 1904.

Schweinfurth, G., Die neuen Versuche mit den alten Goldbergwerken der Ägypter. In: Afrikanisches Skizzenbuch. Berlin 1925.

Schweinfurth, G. und Lewin, L., Beiträge zur Topographie und Geochemie des ägyptischen Natron-Tales. Z. Ges. f. Erdkunde Berlin. Bd. 33 (1898).

Stella, A., Su un interessante ammasso ferrotitanifero dell'Alto Egitto nel Deserto Arabico. Atti Acad. Naz. dei Lincei. Roma. Jhg. 15 (1932).

Stella, A., Contributo alla conoscenza dei giacimenti di berillo dell'Alto Egitto. Boll. Soc. Geol. Ital. Jhg. 53 (1934).

Stromer, E., Geographische und geologische Beobachtungen im Uadi Natrûn und Fâregh in Ägypten. Abh. Senckenberg. Naturf. Ges. Frankfurt/Main. Bd. 29 (1911).

Vadász, E., Oolithische Roteisenerzlagerstätten in Ägypten. Centralbl. f. Min. usw. Abt. A 1933.

Walther, J., Das Gesetz der Wüstenbildung in Gegenwart und Vorzeit. Leipzig 1924.

II. DER ENGLISCH-ÄGYPTISCHE SUDAN

II. a. Der geologische Bau des Englisch-ägyptischen Sudan

Von Fritz Behrend

Unter der Bezeichnung „Englisch-ägyptischer Sudan" faßt man die Länder des östlichen Sudan zusammen, im Gegensatz zum „französischen Sudan", der die weiten Gebiete im Innern des Westzipfels begreift. Man könnte deshalb diese beiden Gebiete auch kurz als „Ostsudan" und „Westsudan" bezeichnen.

Der Englisch-ägyptische Sudan umfaßt eine Fläche von 2 463 000 qkm, ist also größer als Belgisch-Kongo. Die Bevölkerung wurde 1939 mit 6 342 477 Köpfen angegeben; das sind 2,6 Einwohner je qkm.

Das Land grenzt im N gegen Ägypten, im W gegen Libyen und Franz.-Äquatorialafrika; im S gegen Belgisch - Kongo und Uganda; im O gegen Äthiopien. Die Küste am Roten Meer ist etwas mehr als 700 km lang. Hier liegen der Haupthafen Port Sudan und der kleinere Hafen Suakin. Etwa 93 v. H. der Ausfuhr und 83 v. H. der gesamten Einfuhr des Landes gehen über diese beiden Häfen.

Der Hauptteil des Landes besteht aus weiten Tiefländern, die sich beiderseits des Nil in 300 bis 400 km Breite ausdehnen; im N liegen sie in etwa 300 m Seehöhe und steigen nach S langsam auf etwa 500 m an; sie werden vom Nil und seinen Zuflüssen entwässert. Im S, wo der Bahr el Arab mit seinem weiten Stromsystem vom W her dem Nil zuströmt, dehnt sich auch das Tiefland noch nach W hin aus.

Der Untergrund der weiten Flächen besteht teils aus archaischen Gesteinen, teils aus flachliegenden paläozoischen und mesozoischen Sandsteinen, die zum größten Teil von jungen Aufschüttungen verdeckt werden. Mehrfach aber durchragen sie in Form von einzelnen Kuppen oder von größeren Massiven die jungen Sedimente.

In den Randgebieten kommen die alten Gesteine überall zutage.

So werden die Tiefebenen im Osten begrenzt durch die aus kristallinen Gesteinen aufgebauten Gebirgsketten des abessinischen Hochlandes, die im N kaum 700 m im Durchschnitt aufweisen, im S dagegen an einzelnen Stellen mehr als 2000 m erreichen. Im W liegen die paläozoischen Sandsteintafeln der Landschaften Erdi (1000 m) und Ennedi (1450 m).

Den Südrand bildet wieder eine Schwelle archaischer Gesteine, die sich in einzelnen Gipfeln über 1000 m Seehöhe erheben. Mehrfach werden diese Randgebiete durch jungvulkanische Massive gekrönt.

Die im Nilsudan fertiggestellten Eisenbahnen haben eine Gesamtlänge (1937) von 3244 km. Eine Hauptlinie geht von Wadi Halfa an der ägyptischen Grenze, den Hauptbogen des Nil abschneidend, über Abu Hamed und Atbara nach der Hauptstadt Khartum und bis nach Sennar. Die zweite Hauptlinie geht zunächst von den Häfen Port Sudan und Suakin nach SW bis Haiya Junction; eine nördliche Linie geht von dort nach Atbara am Atbara, nördlich vom Zusammenfluß des Weißen und des Blauen Nil, wo sie auf die von Wadi Halfa kommende Bahn trifft; die andere Linie läuft von Haiya Junction über Kassala an der äthiopischen Grenze nach Sennar, so daß die Nord—Süd-Linie und die Ost—West-Linie an zwei Stellen zusammentreffen. Von Sennar geht eine Strecke weiter nach W über den Bahr el Abiad (Weißen Nil) nach El Obeid.

Der Nil und seine Nebenflüsse sind z. T. ausgezeichnete Verkehrsadern, die neben den Eisenbahnen das Land in der günstigsten Weise aufschließen. Die folgenden Linien werden von Regierungsdampfern befahren:

Wadi Halfa (Grenze) nach Shellal (Assuan) in Ägypten . .	337 km
Khartum nach Juba am Oberlauf des Weißen Nil, nahe der Grenze gegen Belgisch-Kongo	1740 km
Khartum nach Meshra er Rek am Bahr el Ghazal	1208 km
Khartum nach Gambela am Sobatfluß in Abessinien . . .	1394 km
Sennar (Eisenbahnstation) nach Roseires am Blauen Nil .	268 km

Große Strecken an den Ufern des Weißen Nil sind versumpft, ein Umstand, der die Schiffahrt häufig stark behindert.

Im ganzen aber ist das Land durch Eisenbahnen und Flüsse für den Verkehr ausgezeichnet aufgeschlossen.

Der landwirtschaftlich wertvollste Teil des Sudan liegt zwischen dem 10. und 16.° n. Br. Nördlich Khartum ist das Land bis auf das Niltal eine Wüste.

Die wasserreichen Flußsysteme des Weißen und des Blauen Nil bieten mehrfach die Möglichkeit zum Bau von großen Bewässerungsanlagen für den schwarzen Baumwollboden. Durch den großen Staudamm von Sennar wird in der fruchtbaren Geziraebene ein Gebiet von etwa 2000 qkm zwischen dem Weißen und dem Blauen Nil durch ein Bewässerungssystem für den Baumwollanbau nutzbar gemacht, der bereits heute für das Land von großer wirtschaftlicher Bedeutung ist.

Der Bergbau des Landes ist gering. Bisher wird nur Gold und Salz gewonnen.

A. Stratigraphie

Am geologischen Aufbau des Landes nehmen die folgenden Formationen teil:

1. Archaikum und Algonkium, die auf den veröffentlichten Karten bisher nicht getrennt wurden; die Gesteine sind stark gefaltet und von jüngeren, z. T. nicht gepreßten Intrusiven durchsetzt.
2. Paläozoische Sandsteine.
3. Mesozoische Sandsteine („Nubischer Sandstein"), die sehr große Flächen des Landes einnehmen.
4. Tertiäre Ablagerungen sind zweifellos in den Tiefebenen vorhanden, aber noch nicht genügend untersucht.
5. Jungvulkanische Gesteine tertiären und diluvialen Alters treten an zahlreichen Stellen an die Oberfläche.
6. Junge Bildungen bedecken die Tiefebenen und die Wüstengebiete.

1. Archaikum und Algonkium

Archaikum und Algonkium sind bisher auf den vorliegenden Karten und in der erreichbaren Literatur nicht genügend getrennt, so daß es nicht möglich ist, die beiden Komplexe gesondert zu besprechen.

Kristalline Gesteine treten im Englisch-ägyptischen Sudan zunächst an der Westgrenze gegen den südlichen Teil von Libyen auf, im Gebiet der Massive Arkenu (bereits auf libyschem Gebiet), Auenat (= Uweinat) und Djebel Kissu.

Der Hauptteil dieses archaischen Komplexes liegt auf libyschem Boden und wird deshalb im Abschnitt III, S. 114 genauer beschrieben. Hier sollen nur die Untersuchungsergebnisse von *Sandford* (Quart. Journ. Geol. Soc. Bd. 91, 1935, S. 328 ff.) ergänzend erwähnt werden. Danach besteht das Gebiet aus Granitgneis, Hornblende- und Biotitgneis. Südlich vom Djebel Auenat und westlich vom Djebel Kissu treten in der Gegend von Garet Chazzi mehrfach Quarzit, Quarzitschiefer, Hornblendeschiefer, Biotitschiefer, Phyllit und Dachschiefer, stellenweise auch kristalliner Kalk und Marmor neben Gneisen auf.

Die Schiefer streichen ONO und fallen steil (mit 50 bis 85°) nach NNW ein. In den Massiven Arkenu, Auenat, Djebel Kissu und Chazzi werden sie von ausgedehnten Stöcken von hellrotem Ägirin-Granit durchsetzt, in dessen Gefolge Pegmatitgänge auftreten.

O—W streichende Quarzgänge durchsetzen mehrfach den archaischen Komplex.

Der Granit des Djebel Auenat umschließt große Xenolithe von Gneis, metamorphem Sandstein und Konglomerat; letztere gehören dem paläozoischen Nubischen Sandstein in der Nähe an (S. 94).

Der nächste, sehr viel größere Komplex kristalliner Gesteine tritt erst

600 km südlich vom Auenat-Gebiet in Darfur zutage, wo sie ein vielleicht 100 000 qkm großes Massiv aufbauen.

Der archaische Komplex bildet dort eine Fastebene, über die in den Randgebieten flache Rücken und einzelne Hügel von Biotit-Augengneis, Biotit-Schie-

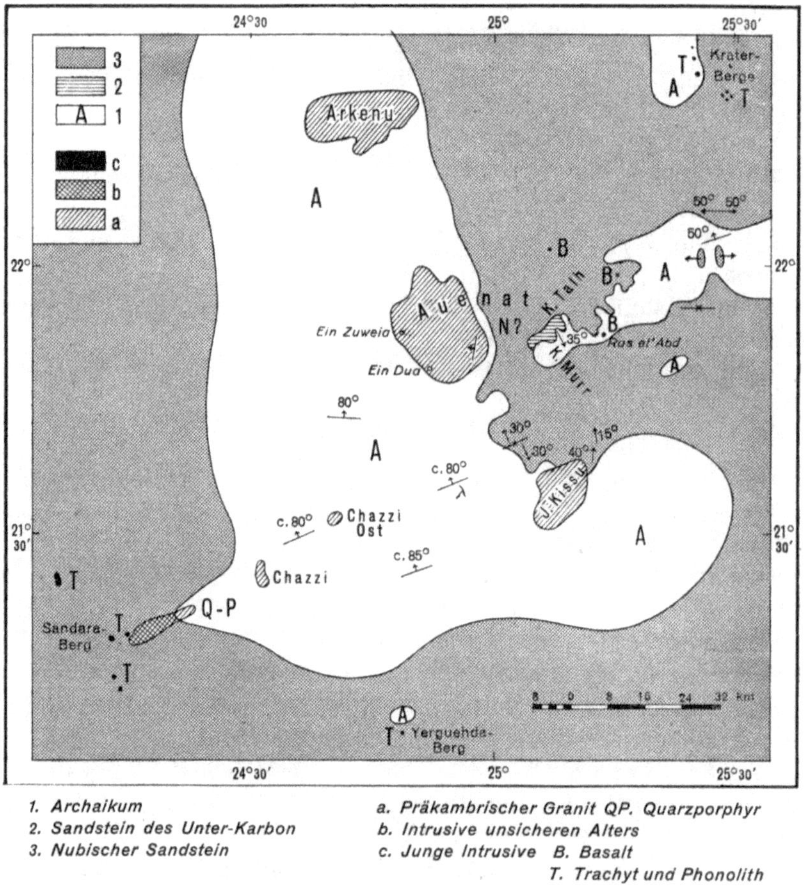

Abb. 10. Geol. Skizze des Auenat-Gebietes. Nach *K. S. Sandford*, 1935.

fer, Quarz-Muskowitschiefer emporragen. Weiter sind Biotitschiefer und Granatschiefer weitverbreitet. Die Schiefer streichen NO und fallen durchweg steil NW. Im Innern des archaischen Gebietes bestehen die Inselberge zumeist aus Granit. Grobkörniger Muskowitpegmatit mit rötlichem und weißem Feldspat ist sehr häufig. Etwa 20 km südlich vom Djebel Barakow und nördlich von Kutum beobachtete *Sandford* (Quart. Journ. Geol. Soc. Bd. 91, 1935, S. 333) einen NO streichenden großen Gang von Quarzporphyr, der mit 70° nach NW einfällt und der einen auffälligen Höhenrücken bildet; das Gestein zeigt ebenso wie die jüngsten Granitstöcke keine Pressungserscheinungen, ist also jünger als die Faltungsperioden des Gebiets und von ähnlichem Alter wie der Granit des Djebel Auenat.

Weiter südlich, etwa in der Breite von El Fascher, herrschen nach *Lynes* und *Smith* (Geol. Mag. Bd. 58, 1921, S. 206) Gneise verschiedener Art mit Intrusionen von hellrotem Granit, ähnlich dem am Auenat. Auch Dioritgänge treten auf. Im Osten taucht das archaische Gebiet unter eine dünne Decke von Nubischem Sandstein.

In den Meidob-Bergen, 100 km nordöstlich von El Fascher, durchragt das Archaikum an mehreren Stellen die Sandsteindecke, u. a. im Malha-Krater, unter dessen Auswürflingen massenhaft Gneisbrocken liegen (S. 100).

Ähnliche Gesteine setzen auch das weite Grenzgebiet gegen das Tschad-Territorium von Französisch-Äquatorialafrika und Belgisch-Kongo zusammen. Dort liegen auf der Grenze die großen Granitmassive von Dar Schalla und Daragumba sowie zahlreiche kleinere. Auf französischem Gebiet sind hier auch große und viele kleinere Einfaltungen algonkischer Gesteine in dem archaischen Komplex bekannt.

Das archaische Grenzgebiet gegen Äthiopien wird im Zusammenhang im Abschnitt Äthiopien behandelt; seine nördliche Fortsetzung, die längs des Roten Meeres nach Ägypten hineinstreicht, ist oben kurz besprochen.

In der Nähe der Station Gala en Nahl an der Eisenbahnlinie von Port Sudan nach Kassala besteht das Gelände aus Chlorit- und Sericitschiefern, Quarziten, Quarzitschiefern, Magnetit-Quarzitschiefern, Hornblendeschiefern mit seltenen Kalkstein-Einlagerungen.

Die alten steil aufgefalteten Schichten sind an zahlreichen Stellen durchbrochen von Intrusivgesteinen. Die ältesten Intrusive sind ultrabasische Gesteine, die heute als Serpentin und Talk-Karbonatgesteine vorliegen. Die Serpentinstöcke führen Chromitlinsen, die von *Tylor* (Mining Magaz. Bd. 47, 1932, S. 83) beschrieben werden. Unter den Intrusionen folgen im Alter Gabbro und Diorit, dann Granitstöcke, die heute mehr oder weniger vergneist sind, schließlich ungepreßte Granite und deren Ganggesteine.

2. *Paläozoikum*

Die stark gefalteten archaischen und algonkischen Gesteine werden diskordant überlagert von nahezu flachliegenden ausgedehnten Sandsteindecken, die namentlich von *Sandford* (Quart. Journ. Geol. Soc. Bd. 91, 1935, S. 334 ff.) eingehend behandelt wurden.

Ein Teil der Sandsteine erweist sich durch seinen Fossilinhalt als paläozoisch, ein anderer Teil als mesozoisch; zwischen beiden lassen sich nach *Sandford* Diskordanzen nachweisen.

Sandsteintafeln paläozoischen Alters treten in großer Ausdehnung auf in der Landschaft Tibesti im Tschadgebiet von Französisch-Äquatorialafrika und in den an der Sudangrenze gelegenen Landschaften Erdi und dem südlicher gelegenen Ennedi, die sich über die Sudangrenze nach O erstrecken.

Erdi und Ennedi bilden auf der Wasserscheide zwischen Nil und Tschadbecken Hochplateaus, die die 1000 m-Grenze überschreiten und die die angrenzenden, mit Nubischem Sandstein bedeckten Flächen überragen. Sie bilden Zeugenbergen ähnliche Reste einer ehemals weiter verbreiteten zusammenhängenden Decke paläozoischer Sandsteine, die den alten Sandsteintafeln in Französisch-Westafrika entspricht.

Erdi im Norden und Ennedi im Süden sind voneinander getrennt durch eine ungefähr O—W gestreckte talartige Depression, die als Murdi bezeichnet wird; diese Murdi-Senke ist gegen das Tschadbecken hin geneigt, öffnet sich aber auch nach O in die Libysche Wüste hinein. Es handelt sich um eine alte Erosionsfurche, die anscheinend einer Störungszone folgt.

Die paläozoischen Sandsteine lassen sich in zwei Stufen gliedern:

a. Altpaläozoische Sandsteine unbestimmten Alters, darüber b. Sandsteine karbonischen Alters mit Pflanzenresten.

a. Altpaläozoische Sandsteine

An der Ostseite der Landschaft Ennedi sind die altpaläozoischen Sandsteine, namentlich in dem nach O abfließenden Wadi Guroguro, gut aufgeschlossen. Sie sind hier weiß oder bräunlich, dickbankig, oft mit Kreuzschichtung und meist mit kieseligem Bindemittel. Bei der Verwitterung bilden sie häufig phantastische ruinenähnliche Formen.

Im Erdi sind die ebenfalls kreuzgeschichteten kieseligen Sandsteine graugrün und führen Konglomeratlagen. Ihr Einfallen ist nach N bis NW geneigt.

Die von O her darüber transgredierende Nubische Serie dagegen fällt deutlich nach O—SO ein. Die Diskordanz ist also zwar schwach, aber doch deutlich nachzuweisen.

Die Schichten führen keine Fossilien. Ihr Alter ist daher unbekannt.

b. Sandsteine des jüngeren Paläozoikums

Sandsteine unterkarbonischen Alters sind von *Fritel* (Bull. Mus. Hist. Nat. Paris, Bd. 30, 1924, S. 117) und von *Fritel* und *Carrier* (C. R. Ac. Sci. Paris, Bd. 178, 1924, S. 505) aus dem Ennedi beschrieben worden. Im übrigen finden sich auf dem Gebiete des Tschad-Territoriums auch in älteren Sandsteinen Pflanzenfossilien des Devon und Silur; sie werden später erwähnt.

Die fossilführenden Sandsteine liegen stets auf den fossilfreien, als altpaläozoisch angesehenen Sandsteinen.

Am Nordhang des Ennedi gegen die Murdi-Senke ist nach *Sandford* diese Schichtfolge zu beobachten:

Mesozoikum (Nubische Serie)	8. Bräunlicher Sandstein. 7. Weiß und rot gefleckter Schiefer und Ton.
	Diskordanz.
Jungpaläozoischer Sandstein	6. Grauer Kalk. 5. Mürber hellgrauer Sandstein. 4. Schwarzer Sandstein mit Wellenfurchen. 3. Weißer Sandstein. 2. Harter Schiefer.
Altpaläozoischer Sandstein	1. Massiger Sandstein auf der Südseite der Murdi-Senke, am Guroguro, Ennedi und mittleren Erdi.

Der Kalk Nr. 6 wurde nicht anstehend beobachtet, es ist also nicht sicher, ob er in das Profil gehört.

Von dem isolierten Vorkommen am Auenatberg (Uweinat) im Grenzgebiet zwischen dem Sudan, Ägypten und Libyen gab *Menchikoff* folgendes Profil:

4. Pflanzenführender Sandstein mit *Archaeosigillaria vanuxemi*.	3 m
3. Verwitterter Rhyolith.	5 m
2. Sandsteine auf erodierter Oberfläche von 1.	1 – 2 m
1. Schiefer, Gneis, Granit.	

Sandford nahm an, daß der Rhyolith als Grenze zwischen altpaläozoischem und karbonischem Sandstein aufgefaßt werden könne, daß also hier eine Schichtlücke vorliege.

Im südlichen Teil der Libyschen Wüste, im nördlichen Darfur und in großen Teilen des Sudan liegen an der Basis der Nubischen Serie kieselige Sandsteine, die möglicherweise der Stufe der altpaläozoischen Sandsteine angehören.

Östlich des Gilf Kebir-Plateaus liegt eine auffallende Hügelgruppe, an deren Westseite eine NW streichende Störungslinie entlangläuft. Südwestlich der Störung liegt Nubischer Sandstein, nordöstlich von ihr tritt grauer kieseliger Sandstein zutage, über dem die Nubische Serie mit einem Konglomerat an der Basis diskordant aufliegt. Die alte Oberfläche des kieseligen Sandsteins im Liegenden ist deutlich erodiert und eingeebnet. Das Basiskonglomerat der Nubischen Serie enthält zudem eckige Bruchstücke des kieseligen Sandsteins, der also bereits vor Bildung des Basiskonglomerats verkieselt war.

Der verkieselte Sandstein ist dem am Ennedi und Erdi als altpaläozoisch angesehenen Sandstein sehr ähnlich und sonst mit keinem anderen Horizont zu vergleichen.

Es würde also hier am Gilf Kebir der Horizont der fossilführenden karbonischen Sandsteine, wahrscheinlich infolge Abtragung, fehlen.

Die Mächtigkeit der paläozoischen Schichten steigt von 30 m im südlichen Teil des Ennedi nach N auf mehrere 100 m; in gleicher Richtung sinkt auch die Oberfläche der archaischen Unterlage. Im Auenat-Gebiet steigt das liegende Archaikum wieder an, und in gleichem Maße verringert sich auch die Mächtigkeit der alten Sandsteine; diese sind also in einer weiten Senke abgelagert.

3. *Der Nubische Sandstein*

Als „Nubischer Sandstein“ werden hier die vorwiegend mesozoischen flachliegenden Sandsteindecken bezeichnet, die im Englisch-ägyptischen Sudan am Atbara von Berber aus aufwärts bis südlich des 16.° n. Br. ziehen; von da geht ihre Südgrenze nach Westen bis in die Gegend von Khartum am Nil und stößt von dort, etwa dem linken Ufer dieses Flusses in der Entfernung folgend, bis fast zum 10.° n. Br. in einer breiten Bucht nach Süden, etwa bis in die Gegend nördlich Faschoda an den Bahr el Ghazal vor. Hier wird der Nubische Sandstein in den weiten Flußebenen von jüngeren Sedimenten überdeckt. Im W grenzt das Sandsteingebiet gegen das archaisch-algonkische Massiv von Darfur und gegen die paläozoischen Sandsteingebiete des Ennedi und Erdi. Nach N dehnen sich die Tafeln des Nubischen Sandsteins weit bis nach Ägypten und in den Osten von Libyen hinein.

Abb. 11. Profil durch die Berge östlich vom Gilf Kebir. Nach *Sandford,* 1935.
1. Paläozoischer Sandstein. 2. Basiskonglomerat des Nubischen Sandsteines auf erodierter Oberfläche von 1. 3. Störung mit Schichtenschleppung. 4. Basaltgang.
Länge des Schnittes etwa 160 km.

Der Nubische Sandstein besteht im Sudan nicht nur aus Sandsteinen und Konglomeraten, sondern auch Tonschiefern, Letten und Tonschichten.

Deshalb schlug *Beadnell* (An Egyptian Oasis, London, 1909, S. 48) und ihm mit besserer Begründung folgend *Sandford* (Quart. Journ. Geol. Soc. Bd. 91, 1935, S. 341) vor, die Bezeichnung „Nubische Serie“ zu wählen. Doch ist der Begriff „Nubischer Sandstein“ in der Literatur seit langem festgelegt, und die tonige Komponente nimmt nach Norden, auf ägyptischem Gebiet, zugunsten der Sandsteine so wesentlich ab, daß der Begriff „Sandstein“ für den ganzen Komplex besser paßt. (Vgl. auch S. 9 ff.).

Der Sandstein ist gelbbraun, weiß, eisenschüssig oder dunkelbraun bis schwarz, etwas seltener rot in verschiedenen Tönen. Kreuzschichtung ist sehr weitverbreitet; örtlich auch Wellenfurchen. Lagen und Linsen von Schotter, meist zu Konglomeraten verfestigt, sind den Sandsteinen eingeschaltet. Das Bindemittel der Sandsteine ist vorwiegend kieselig, gelegentlich kalkig oder eisenschüssig. Verkieselte Baumstämme sind in den Sandsteinen häufig. Anscheinend sind die Sandsteine teilweise im bewegten Wasser abgesetzt; darauf deutet das heute verkieselte Treibholz, die Kreuzschichtung, die Wellenfurchen und die Schotterlagen im Sandstein hin; andere Teile sind äolische Sedimente.

Ebenso häufig sind, namentlich in den Randgebieten, gelbliche, weiße, auch rote und violette Schiefer, Tone und Letten; die Letten sind häufig gefleckt. Die tonigen Schichten können seitlich in feinkörnigen Sandstein übergehen; in den Oasen bedeutet das den Übergang von einem undurchlässigen in einen wasserführenden Horizont. Eisenkonkretionen sind stellenweise häufig (*Sandford*, Geogr. Journ. Bd. 85, 1935, S. 412). Die tonigen Schichten sind, wohl durch Frost und starke Temperaturschwankungen, auf den Oberflächen der einzelnen Bänke gelegentlich zu einer Art Schutt mit eckigen Bruchstücken aufgelockert worden (vor der Bedeckung durch jüngere Schichten des Nubischen Sandsteins); auch mit Sand gefüllte Trockenrisse sind häufig.

Es handelt sich also um kontinentale Bildungen in vorwiegend aridem Klima. Die Letten und die hellen feinkörnigen Sandsteine sind äolische Sedimente. Plötzliche starke Niederschläge brachten aus Trockenflüssen Schotterlagen. In zeitweilig sich bildenden flachen Seen entstanden Sandsteine mit Wellenfurchen und tonige Sedimente.

Der Nubische Sandstein liegt, wie bereits oben betont, diskordant über den paläozoischen Sandsteinen ebenso wie über Archaikum. Im Gebiet am Nil und an den Rändern des Darfur liegt an der Basis des Nubischen Sandsteins daher ein Konglomerat aus Granit, Gneis und Quarzgeröllen. In den westlichen Gebieten, wo der Nubische Sandstein paläozoischen Sandstein überlagert, enthält das Basiskonglomerat vorwiegend Gerölle von verkieseltem Sandstein, ebenso wie in den Hügeln östlich vom Gilf Kebir-Plateau (siehe oben). Konglomerate und Brekzien gleicher Zusammensetzung liegen auch an den Rändern der paläozoischen Sandsteinplateaus Ennedi und Erdi an der Basis des Nubischen Sandsteins.

Sandford (Quart. Journ. Geol. Soc. Bd. 91, 1935. S. 345—351) gibt mehrere von ihm beobachtete Profile des Nubischen Sandsteins, von denen hier eins aus dem Gebiet zwischen der Charge (Kharga) -Oase und dem Djebel Auenat (Uweinat) mitgeteilt werden soll:

8. Gelbe, braune und helle Sandsteine mit fossilem Holz und mit Kreuzschichtung.
7. Brekzie mit plattigen Bruchstücken; im oberen Teil eckige Bruchstücke von feinkörnigem tonigem Sandstein; darüber gelber Sandstein. Die Brekzie ist eine örtliche Bildung.
6. Helle bis weiße kreuzgeschichtete Sandsteine mit Eisenkonkretionen und Lagen von schwerem dunklem Eisenstein.
5. Kieseliger feinkörniger Sandstein; auf der Oberfläche fand sich verkieseltes Holz, aber nicht im Anstehenden.
4. Schwarzer Eisenstein mit Quarzgeröllen und gelegentlichen Geröllen von kieseligem Sandstein.
3. Konglomerat von grauem kieseligem Sandstein mit groben Blöcken, alle gut gerollt, Bindemittel grober kreuzgeschichteter Sandstein.
2. Basis: Konglomerat mit stark gerundeten Geröllen und groben, z. T. nur kantigen Blöcken von grauem kieseligem Sandstein und Quarzit; wenig Sandbindemittel, aufgelagert auf eine glatte und erodierte Oberfläche von kieseligem grauem Sandstein.
1. Paläozoische Gesteine.

Da die Schichten sehr flach nach N einfallen, umfaßt das Profil eine Strecke von 446 km.

Im Gebiet zwischen dem Auenat und Tibesti sind die Schichten schwach gefaltet. Die Falten zeigen dort durchweg folgendes Profil:

4. Grauer kieseliger Sandstein.
3. Roter, gelber oder brauner kreuzgeschichteter Sandstein mit Quarzgeröllen.
2. Fleckiger, mürber, kreuzgeschichteter Sandstein, stellenweise mit Brocken des Liegenden; fossiles Holz.
1. Weißer Schiefer und Letten; darin liegt die Oase Tekro

Die Basis des Nubischen Sandsteins liegt im Süden in etwa 800 m Seehöhe und fällt nach N an der ägyptischen Grenze auf etwa 600 m langsam ab. Im Niltal in der Gegend von Assuan liegt sie bei etwa 100 m.

Die tiefsten Schichten fehlen im Süden, die jüngeren transgredieren auf ältere Gesteine.

Die Sandsteine führen Wasser. Da die einzelnen Horizonte durch tonige Schichten voneinander getrennt sind, so enthalten die tieferen Sandsteine bei der stets vorhandenen schwachen Neigung oft artesisches Wasser, namentlich in den, wenn auch schwach gefalteten Gebieten.

Die Mächtigkeit des Nubischen Sandsteins scheint im Sudan im Süden, abgesehen von den Randgebieten, kaum mehr als 200 m zu betragen. Sie nimmt nach Norden wohl auf mehr als 300 m zu.

Über das Alter des Nubischen Sandsteins wurde bereits oben (S. 11) beim Abschnitt Ägypten gesprochen.

In der Gegend von Assuan führt der Nubische Sandstein neben Eisenerzen Lagen mit Fossilien des Senon (S. 16). Nach *Sandford* (1935, S. 354) entspricht der dort auftretende Horizont etwa dem Horizont 8 des oben mitgeteilten ersten Profils, der vom Nil bis nach Tibesti und nach Darfur zu verfolgen ist. Er führt fossiles Koniferenholz. Das Alter der darunter folgenden übrigen Horizonte ist im Sudan bisher nicht nachzuweisen. Der einzige sichere Anhalt ist der, daß der Sandstein diskordant über dem wenigstens stellenweise durch Fossilien als Karbon festgestellten paläozoischen Sandstein liegt. Diese Feststellung ist im Sudan an mehreren Stellen gemacht. In Ägypten dagegen ist an den wenigen Stellen, wo fossilführendes Karbon im Liegenden des Nubischen Sandsteins nachgewiesen ist (Wadi Araba, S. 7), noch kein Anzeichen einer Diskordanz beobachtet. Ähnlich liegen die Verhältnisse in Libyen (S. 117). Die mesozoischen Sandsteine liegen anscheinend ohne die Spur einer Schichtlücke über dem Karbon.

Für das Gesamtgebiet lassen sich ganz allgemein drei Stufen des Nubischen Sandsteins unterscheiden, die weite Senken auf alten Gesteinen erfüllen:

3. Gelbe und braune Sandsteine.
2. Weiße, rote und gefleckte Schiefer, Letten und Sandsteine.
1. Kieselige Sandsteine und Basiskonglomerat.

Die Stufe 3 gehört im wesentlichen der Kreide an, ihre höchsten Teile dem Senon. Die Stufe 3 transgrediert über die älteren Schichten hinweg.

Die Stufen 2 und 1 können vielleicht dem Jura und der Trias zugerechnet werden.

Die hangendsten durch Fossilien belegten Schichten des Nubischen Sandsteins gehören also sicher dem Senon an. Im Liegenden erscheint unter einer Diskordanzfläche stellenweise durch Fossilien belegtes Karbon; an anderen Stellen sind die unter dem Transgressionskonglomerat diskordant folgenden Sandsteine fossilfrei und daher im Alter nicht sicher zu belegen.

Mit Sicherheit ist also nur zu sagen, daß ein Teil des Nubischen Sandsteins der Kreide angehört, daß er sowohl die obere wie die untere Kreide vertreten kann, vielleicht auch Teile des Jura und der Trias. Es ist wohl möglich, daß die tieferen Teile des Nubischen Sandsteins gleichaltrig sind mit den Stormberg (Lubilasch)-Schichten Zentral- und Südafrikas.

Auf der geologischen Karte wurden die Sandsteine als Mesozoikum, vorwiegend untere Kreide, unter der Bezeichnung krj eingetragen — in gleicher Weise wie die Gesteine des „Continental intercalaire" in Französisch-Westafrika, dessen untere Altersgrenze ebenfalls nicht sicher bekannt ist.

4. *Tertiär*

Cox beschrieb (Proc. Geol. Soc. London 1932, Nr. 1254) aus der Gegend von Hudi, 20 km nördlich vom Atbara, Kieselgerölle mit alttertiärer Fauna. Anstehend wurde das Gestein dort nicht beobachtet.

Sandford beobachtete 1935 die Kieselgesteine anstehend bei Zadeib, 20 km südlich Ed Damer, und noch weiter südlich bei Aliab. Die Schichten liegen diskordant über Nubischem Sandstein.

Jüngere Schichten tertiären Alters sind bisher nicht mit Sicherheit bekannt.

5. *Quartär*

Die ausgedehnten Sandsteingebiete sind zum größten Teil von Sand überdeckt, der aus ihrem Zerfall entstand.

In den weiten Ebenen am Oberlauf des Nil und des Bahr el Ghazal sind Ton, Sand, Schotter, Lehm und organische Sedimente von den Wasserläufen in den Talgebieten und Überschwemmungsgebieten abgelagert und z. T. mit äolischem Material gemengt oder überdeckt.

Junger Vulkanismus

Jungvulkanische Gesteine durchbrechen an zahlreichen Stellen die älteren Gesteine des Sudan.

Auf der großen Störungslinie östlich vom Gilf Kebir-Plateau, noch auf ägyptischem Gebiet, sitzt ein Basaltgang.

Zwischen dem Auenat (Uweinat)-Gebirge und dem Gilf Kebir-Plateau sitzen teils im Archaikum, teils im Nubischen Sandstein (40 km östlich des

Arkenu-Massivs, in der Südwestecke Ägyptens) mehrere jungvulkanische Durchbrüche, über denen z. T. gut erhaltene Krater liegen. Das Gestein ist ausschließlich Trachyt. Einzelne Krater scheinen durch eine einzige Explosion entstanden zu sein, andere besitzen einen deutlichen Trachytstiel, aber auch Gänge und Stöcke ohne Kraterbildung sind bekannt.

In der Umgebung des Auenat (Uweinat) selbst sind ebenfalls jungvulkanische Gesteine, vorwiegend Trachyt, Phonolith, an einzelnen Stellen auch Basalt, vorhanden. Auch am Sandara-Berg und in seiner Umgebung, in der südöstlichen Fortsetzung des Auenat, treten mehrere Trachyt- und Phonolithstöcke zutage, deren Vulkane zerstört sind.

Die eben genannten drei jungvulkanischen Gebiete liegen auf einer NO ziehenden Linie.

Die paläozoischen Sandsteine des Ennedi sind an mehreren Stellen von Basalten durchbrochen.

Im archaischen Komplex des Wadai ist neben einigen kleinen Basaltvorkommen zunächst das ausgedehnte Vulkangebiet des Djebel Marra zu erwähnen, das vorwiegend aus Trachyten, Phonolithen und deren Tuffen, aber auch Basalten aufgebaut ist (*Lynes* und *Smith,* 1921).

Auf einer vom Djebel Marra nach NO ziehenden Zone liegen die aus Basalt und Trachyt aufgebauten Berti-Berge, weiter der durch eine einmalige Explosion entstandene Malha-Krater, der Granit, Gneis, Nubischen Sandstein und ältere Laven durchschlagen hat (*Colchester,* 1927). Nordöstlich davon liegen die Meidob-Berge, deren Gesteine vorwiegend Olivin-Basalte sind, und einige ähnliche kleinere Vorkommen in der Umgebung.

Kleinere Basaltvorkommen liegen ferner bei Lagiya el Arbain, etwa auf dem 20.° n. Br. und östlich vom 28.° ö. L.

Zahlreiche weitere, z. T. noch ungenügend untersuchte Vorkommen jungvulkanischer Gesteine finden sich an mehreren anderen Stellen im Sudan.

B. Tektonik

Archaikum und Algonkium sind überall zu steilen Falten aufgepreßt, die im Auenat-Massiv an der Grenze gegen Libyen und Ägypten nach ONO streichen und meist nach NNW einfallen. In Darfur ist das Streichen NO, das Einfallen steil (70°) NW. Im Wadai auf französischem Gebiet wird teils NO-, teils NW-Streichen angegeben. Im kristallinen Gebiet am Roten Meer herrscht NNW-Streichen vor. Bereits in diesen alten Faltungen sind also die auch viel später noch in Afrika herrschenden Richtungen NW und NO ausgeprägt.

Die Intrusiva in diesen alten Gesteinen gehören mehreren Perioden an. Die ältesten sind in Orthogneis umgewandelt; in einer späteren Intrusivperiode wurden die während der Faltung eindringenden Magmen nur in den Randgebieten gepreßt, während der Kern der Stöcke oft kaum Druckspuren erkennen läßt. Die jüngsten Intrusionen endlich sind erst nach Beendigung der letzten Faltungsvorgänge aufgestiegen. Sie sind daher gänzlich frei von Pressungserscheinungen. Ihr Alter ist trotzdem meist nicht bekannt.

Die jungvulkanischen Durchbrüche sind im Alter nicht genau festzulegen, da jüngere, durch Fossilien genau horizontierbare Schichten über dem Nubischen Sandstein in den Vulkangebieten fehlen. Sicher ist nur, daß der junge Vulkanismus postnubisch, d. h. jünger als obere Kreide ist.

Anschließend an die archaischen und algonkischen Faltungen folgt eine lange Zeit tektonischer Ruhe. Die vorhandenen Gebirge werden wieder eingeebnet. Die Abtragungsprodukte werden fortgeführt. Der für diese Vorgänge zur Verfügung stehende Zeitraum ist sehr groß. Es entstehen fossilfreie Sandsteine nicht sicher zu bestimmenden Alters, die als altpaläozoisch bezeichnet werden, wahrscheinlich aride Kontinentalbildungen sind und über denen an einzelnen Stellen Sandsteine mit Fossilien unterkarbonischen Alters folgen. Im Gebiet des Tschad-Territoriums sind gelegentlich auch devonische Horizonte nachgewiesen worden.

Auf das Unterkarbon folgt wieder eine Sedimentationslücke von unbekannter Dauer, in der die alten Sandsteintafeln des Erdi und Ennedi abgetragen, z. T. zerstört werden.

Dann beginnt die Ablagerung des Nubischen Sandsteins, die meist mit einem Transgressionskonglomerat beginnt, die also anscheinend in wässerigem Medium beginnt. Im ganzen aber handelt es sich auch hier um Kontinentalsedimente in vorwiegend aridem Klima in riesigen Senken, in welche Trockenflüsse ihre Schuttmassen transportierten und die auch zeitweilig an mehreren Stellen Wasserbecken enthielten. Von Norden her, auf ägyptischem Gebiet, transgrediert zeitweilig das Meer über die sandigen Schichten und läßt beim Rückzug Sedimente mit marinen Fossilien zurück, über denen sich wieder sandige Ablagerungen anhäufen. Weiter im Süden, an der ägyptischen Grenze, entstehen in der Senonzeit Süßwasserseen, in denen sich oolithische Brauneisenerze und tonige Sedimente mit Süßwassermollusken, stellenweise auch mit Pflanzenfossilien bildeten.

Der Nubische Sandstein liegt in großen Flächen völlig ungestört; in anderen Gebieten sind Faltungen, meist von geringer Intensität und großem Krümmungsradius, nachzuweisen. Größere Störungen, wie die NW streichende östlich vom Gilf Kebir-Plateau, die oben (S. 96) erwähnt wurde und die sowohl den paläozoischen wie den Nubischen Sandstein durchschneidet, sind bekannt. Eine NS streichende Störungszone durchzieht das Auenat-Massiv.

Das Alter dieser tektonischen Vorgänge ist unbekannt. *Hume* (C. R. Intern. Geogr. Congr. 1928, S. 207) spricht die Hauptfaltungen im nördlichen und östlichen Ägypten als Post-Oligozän und Prä-Pliozän an, d. h. zum größten Teil als Miozän (S. 35). Beim Abschnitt Ägypten wurde aber gezeigt, daß in einigen NO streichenden großen Faltenbögen die kretazischen Schichten in der Zeit an der Wende Kreide—Tertiär zu weithin zu verfolgenden Sätteln und Mulden aufgefaltet sind. Eozän liegt diskordant flach darüber.

Am Westrande der Decke des Nubischen Sandsteins streichen die flachen Falten NW, parallel einer Linie, die den Ostrand des Tibesti mit der Murdi-Senke zwischen Erdi und Ennedi verbindet. Die Südwestflanke ist zum Tschadbecken und zum Tibesti-Massiv hin geneigt.

Im Auenat-Distrikt scheint die Faltung unregelmäßig, während weiter östlich, in der Gegend zwischen Wadi Halfa und den Basaltdurchbrüchen des Lakija-Distriktes, NO streichende Falten vorliegen, etwa parallel dem Nil zwischen Wadi Halfa und Assuan und parallel den Kreidefalten in Ägypten.

Eine breite Synklinale, ebenfalls NO streichend, liegt zwischen Erdi und Auenat.

Das Einfallen der Falten übersteigt selten 3°, ist also sehr gering. Nur im Auenat-Distrikt sind größere Fallwinkel beobachtet (bis zu 40°).

Anscheinend sind die Faltungen im Nubischen Sandstein gleichen Alters mit den Kreidefalten Ägyptens, d. h. an der Wende Kreide—Tertiär entstanden.

Schrifttum

Der geologische Bau des Englisch-ägyptischen Sudan

Auswahl

Bagnold, R. A., A further journey through the Libyan Desert. Geogr. Journ. Bd 82 (1933), S. 103

Beadnell, H. J. L., The relations of the Nubian Sandstone and the crystalline rocks south of the Oasis of Kharga. Quart. Journ. Geol. Soc. London, Bd. 65, S. 41.

Beadnell, H. J. L., Zerzura. Geogr Journ. Bd. 77 (1931), S. 245.

Beadnell, H. J L., Libyan desert dunes. Geogr Journ. Bd 84 (1934), S 337

Bruel, G., Les résultats scientifiques de la mission Grossard. Bull. Commis. Afr Franc Renseign. colon. Paris Bd 36 (1926), S. 139.

Clayton, P. A., The western side of the Gilf Kebir. Geogr Journ. Bd. 81 (1933), S. 254.

Colchester, G V, Malha Crater, Darfur, Sudan Notes and Records. Bd. 10 (1927), S. 233.

Cox, L. R. On fossiliferous siliceous boulders from the Anglo-Egyptian Sudan. Abstr Proc. Geol. Soc. London. Nr. 1254. 1932, S. 17.

Cox, L. R., A lower tertiary siliceous rock from the Anglo-Egyptian Sudan. Bull. Inst. Egypte. Bd. 15 (1933), S. 315.

Dalloni, M, Constitution géologique du Tibesti; le substratum antécambrien. C. R. Acad. Sci. Paris. Bd. 193 (1931), S. 1025.

Dalloni, M. Les grès siluriens et les rockes intrusives alcalines des formations anciennes du Tibesti. C. R. Acad. Sci. Paris. Bd. 194 (1932), S 471

Dalloni, M Les volcans du Tibesti. C. R. Acad Sci. Paris Bd 194 (1932), S. 626.

Denaeyer. M E., L'Ouadai oriental et les régions voisines. Bull Soc. géol France. IV. Bd. 24 (1924), S. 538.

Denaeyer, M E., L'Afrique équatoriale française, Cameroun, et les régions voisines. Geol. Karte 1 3 Mill. u. Text. Brüssel 1928.

Denaeyer M E. und Carrier, A., Les principaux résultats géologiques et lithologiques de la mission de limitation Ouadai-Darfour. C. R. Acad. Paris. Bd. 178 (1924), S. 1197.

Edwards, W. N, Fossil plants from the Nubian Sandstone of Eastern Darfur Quart. Journ. Geol. Soc. Bd. 82 (1926), S. 94.

Fritel, P. H., Sur les restes de végétaux fossiles paléozoiques recueillies en Ouadai par la mission du lieutenant-colonel Grossard. Bull. Mus. Hist. Nat. Paris. Bd. 30 (1924), S. 117.

Fritel, P. H. und Carrier, A., Sur les vestiges de plantes dévoniennes et carbonifériennes recucillies en Ouadai par la mission du lieutenant-colonel Grossard. C. R. Acad. Sci. Paris Bd. 178 (1924), S. 505.

Fritel, P. H., Végétaux paléozoiques et organismes problématiques de l'Ouadai. Bull Soc. Géol. France. IV. Bd. 25 (1925), S. 33.

Grabham, G. W., Notes on rocks collected by messrs. Newbold and Shaw during a journey through Bir Natrun, Nukheila to Selima. Sudan Notes and Records. Bd. 11 (1928), S. 151.

Grabham, G. W., Geological map of the Anglo-Egyptian Sudan. 1929. 1:3 Mill.
Gregory, J. W. u. a., The geological collection from the South Central Sahara, made by Mr. Francis R. Rodd. Quart. Journ. Geol. Soc. Bd. 86 (1930), S. 399.
Hassanein Bey, A. M., Through Kufra to Darfur. Geogr. Journ. Bd. 64 (1924), S. 273.
Hobbs, H. F. C., Notes on Jebel Marra, Darfur. Geogr. Journ. Bd. 52 (1918), S. 357.
Kemal el Din, Hussein, L'exploration du désert libique. La Géographie. Bd. 1 (1928), S. 171 ff. u. 320 ff.
Kilian, C., Sur l'âge des grès à Harlania et sur l'extension du Silurien dans le Sahara oriental. C. R. Acad. Sci. Paris. Bd. 192 (1931), S. 1742.
Kilian, C., Des principaux complexes continentaux du Sahara. C. R. Soc. géol. France. 1931. S. 109.
Kilian, C., Explorations sahariennes. Geogr. Journ. Bd. 86 (1935), S. 17.
Linck, G., Beiträge zur Geologie und Petrographie von Kordofan. N. Jahrb. f. Min. Beil. Bd. 17 (1903), S. 391—463.
Little, O. H., The quarries of the Western Nubian Desert. Ann. Serv. Antiqu. Egypte. Bd. 33 (1933), S. 65.
Lynes, H. und Campbell Smith, W., Preliminary note on the rocks of Darfur. Geol. Magaz. Bd. 58 (1921), S. 206.
Menchikoff, N., Observations géologiques faites au cours de l'expédition de S. A. S. le Prince Kemal el Din Hussein dans le désert de Libye (1925—1926). C. R. Acad. Sci. Paris. Bd. 183 (1926), S. 104 f.
Menchikoff, N., Etude petrographique des roches cristallines et volcaniques de la région de Ouenat. Bull. Soc. Géol. France. IV. Bd. 27 (1927), S. 337.
Newbold, D. und Shaw W. B. K., An exploration in the South Libyan Desert. Sudan Notes and records. Bd. 11 (1928), S. 337.
Sandford, K. S., Volcanic craters in the Libyan Desert. Nature. Bd. 131 (1933), S. 46.
Sandford, K. S., Geology and geomorphology of the Southern Libyan Desert. Geogr. Journ. Bd. 82 (1933), S. 213.
Sandford, K. S., Lower tertiary rocks in the province of Berber, Anglo-Egyptian Sudan. Geol. Magaz. Bd. 70 (1933), S. 301—304.
Sandford, K. S., Sources of Water in the North-Western Sudan. Geogr. Journ. Bd. 85 (1936), S. 412.
Sandford, K. S., Observations on the distribution of Land and Freshwater Mollusca in the Southern Libyan Desert. Abstr. Proc. Geol. Soc. London. Nr. 1297, 1935, S. 98.
Sandford, K. S., Geological observations on the north-west frontiers of the Anglo-Egyptian Sudan and the adjoining part of the southern Libyan Desert. Quart. Journ. Geol. Soc. London. Bd. 91 (1935), S. 323—381. 6 Taf., 1 bunte geol. Karte 1 : 4 Mill., 11 Textfig.
Sandford, K. S., Observations on the Geology of Northern Central Africa. Quart. Journ. Geol. Soc. London. Bd. 93 (1937), S. 534—580, 2 Taf., 3 schw. Kärtchen im Text.
Spencer, H. C., Silica-glass from the Libyan Desert. Mineral. Magaz. Bd. 23 (1934), S. 501.
Tilko, J., La frontière franco-anglo-égyptienne et la ligne de partage des eaux entre les bassins du Nil et du lac Tchad. C. R. Acad. Sci. Paris. Bd. 178 (1921), S. 563.
Tylor, W. H., Chromite in the Sudan. Mining Magaz. Bd. 47 (1932), S. 83—88.
Wilcockson, W. H. u. Tylor, W. H., On an area of ultrabasic rocks in the Kassala Province of the Anglo-Egyptian Sudan. Geol. Magaz. Bd. 70 (1933), S. 305—320, 2 Kärtchen.

II.b. Die nutzbaren Lagerstätten im Englisch-ägyptischen Sudan

Von Fritz-Erdmann Klingner

Der östliche Sudan war vor mehr als hundert Jahren eines der dichtbesiedeltsten Länder Afrikas. Die Eroberung Nubiens durch die Ägypter, die Raubzüge der arabischen Sklavenjäger, der Mahdisten-Aufstand und die nachfolgende Eroberung des Sudan durch die Engländer vernichteten die blühende Ackerbaukultur und Viehzucht dieses Gebietes. Auch der kleine Eingeborenen-Bergbau auf Gold und Eisenerze fand damals sein Ende. 1899 wurde durch einen englisch-ägyptischen Vertrag die gemeinsame Herrschaft über den Sudan ausgesprochen, d. h. in Wirklichkeit steht er gänzlich unter englischer Oberhoheit. Aber von den schweren Verwüstungen der letzten Jahrzehnte hat sich der Ostsudan noch längst nicht erholt.

A. Erze

1. Gold

Der einzig nennenswerte Bergbau ging im östlichen Sudan auf Gold um. Nach der Niederwerfung des Mahdisten-Aufstandes (1883—1898) wurden in den ersten Jahren des 20. Jahrhunderts die alten Goldfelder von neuem untersucht. Fünfzehn Gesellschaften (s. Abb. 12) beteiligten sich an den Aufschlußarbeiten. Da der nördliche Teil des Sudan mit den Goldlagerstätten im Gegensatz zu dem sehr wasserreichen Süden sehr trocken ist, machte die Wasserbeschaffung bei den Schürfarbeiten große Schwierigkeiten. Bei den Aufwältigungsarbeiten stellte sich heraus, daß die Alten aus den oberen Teufen, also aus der Zementationszone, fast sämtliches Gold herausgewonnen hatten und teilweise bis über 60 m Tiefe vorgedrungen waren.

Am erfolgreichsten waren die neuen Bergbauversuche in den Bergen nordnordwestlich Port Sudan, wo das Gabait Mining Syndicate (später Gabait Gold Mines Ltd.) von 1902 bis 1905 Schürfarbeiten durchführte und mehrere Gruben in der Nähe der alten Baue in Betrieb genommen hat, die auch heute die einzigen fördernden Gruben sind. Die Gabait-Grube förderte 1914 bis 1931 rund 60000 t Goldquarz mit 43,5 g/t Gold, 1937: 198,8 kg Gold aus 11690 t Erz und 11830 t Schlämmen, 1938: 217,2 kg Gold. Die z. T. 4,5 bis 6 m mächtigen Gänge setzen in unter Karbonatbildung zersetzten basischen Intrusivgesteinen auf. In den Tälern in der Umgebung dieser Grube finden sich Anzeichen für einen ausgedehnten alten Seifen-Bergbau. Auf der Garabien-Grube (s. Abb. 13), 12 km von der Gabait-Grube entfernt, wurde 1931 mit den Aufschlußarbeiten begonnen; hier setzen 0,45 bis 1,20 m mächtige Quarz-

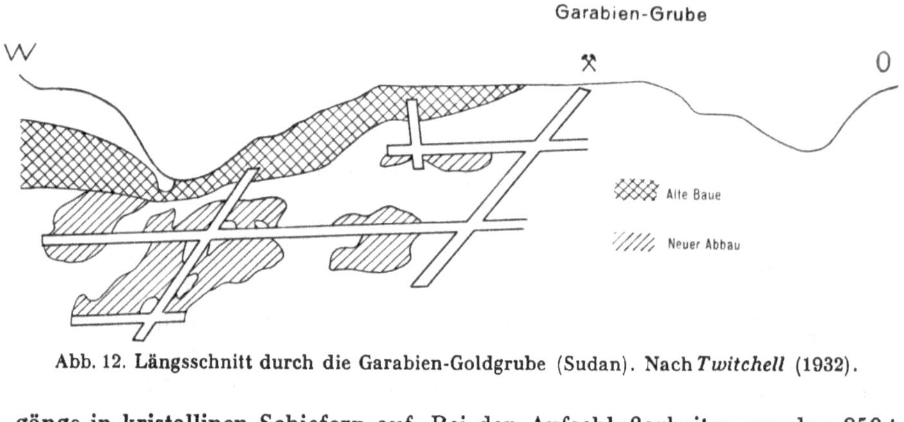

Abb. 12. Längsschnitt durch die Garabien-Goldgrube (Sudan). Nach *Twitchell* (1932).

gänge in kristallinen Schiefern auf. Bei den Aufschlußarbeiten wurden 850 t Goldquarz mit 9,5 g/t (= 8 kg) Gold gewonnen. Die Baue der Alten gingen nicht tiefer als 15 m.

Die nördlich davon gelegene Yeit-Grube baute auf sechs steil z. T. in geschiefertem Diabas aufsetzenden Gängen mit 4,6 bis 12 g/t Gold. Auf der nord-

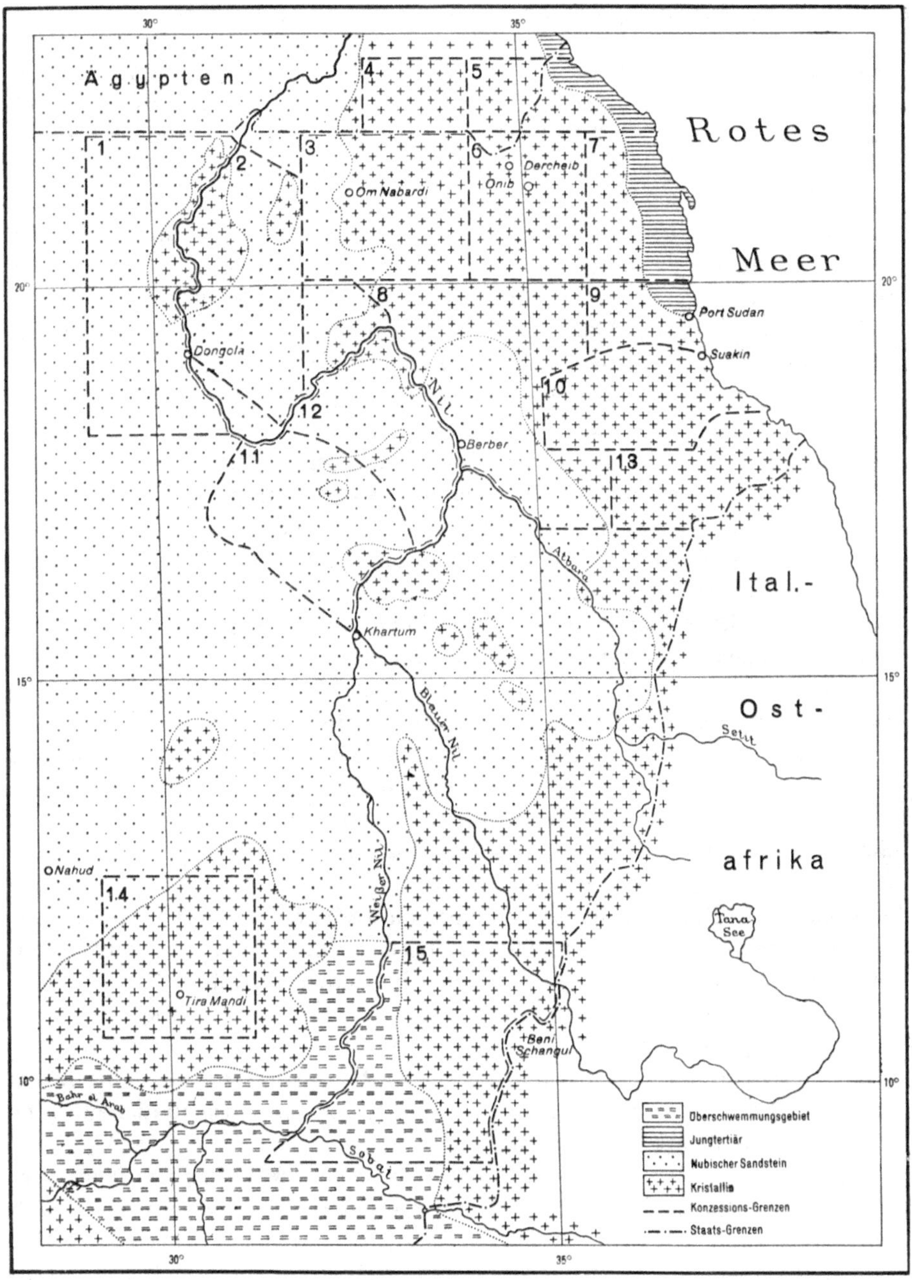

Abb. 13. Die Bergbaukonzessionen im Sudan.

Nach zwei Karten von *St. C. Dunn* (1911) zusammengezeichnet.

1. Dongola Concession. 2. Nubia (Sudan) Development Company. 3. Sudan Goldfield. 4. Hegatte Concession. 5. Jebel Elba Concession. 6. G. Ogilvy Haig's Concession. 7. Gabait Mining Syndicate. 8 Egyptian and Sudan. Mining Syndicate. 9. Sudan Exploration Company. 10. Suakin Mining Syndicat. 11. Victoria Investment Corporation. 12. Colonel Haggard. 13. Tokar Prospecting Syndicate. 14. Egyptian Sudan Exploration Company. 15. London and Sudan Development Syndicate.

nordwestlich davon gelegenen Wadi Oyo-Grube bauten schon die Alten einen mit 35° einfallenden Gang. Von 1930 bis 1931 wurde die Grube aufgewältigt; abgebaut wurde ein 0,15 bis 1,20 m (durchschnittlich 0,60 m) mächtiger Gang von weißem Quarz, der von Basaltgängen durchschnitten und verworfen wird. Eine Probe aus 80 m Teufe ergab 32 g/t Gold. 1930/31 wurden nach Handscheidung 1240 t Erz mit 47,3 g/t (= 57,5 kg) Gold gewonnen. In dem sich nach Süden anschließenden Gebiet der Sudan Exploration Company wurde bei Shanobkwan ein im Granit aufsetzender 0,50 m mächtiger Gang mit 15—22 g/t Gold beschürft. Andere Gänge zeigten Anflüge von Kupferkarbonaten. Früher wurde anscheinend auch Seifengold gewonnen.

Dareheib an der Nordgrenze der G. Ogilvy Haig's Concession soll nach einer Auffassung das auf dem Turiner Papyrus abgebildete Goldbergwerk sein (s. Ägypten, S. 43). Bei den neuen Untersuchungen von 1905 bis 1907 stellte sich heraus, daß hier die bis 3½ m mächtigen Goldquarzgänge an der Granit-Schiefer-Grenze aufsetzen und wahrscheinlich im Zusammenhang mit Dioritintrusionen stehen; die Probenahme ergab bis 125 g/t Gold. Südlich davon, am Djebel Onib, wurden zwar 0,45 bis 0,90 m mächtige, N 40° O streichende und mit 80° nördlich einfallende Goldquarzgänge aufgefunden, die auch von den Alten schon gebaut worden waren, sich aber als nicht sehr reich erwiesen.

In dem sich südlich und östlich anschließenden Schürfgebiet der Sudan Goldfield Ltd. wurde 1901 mit den Aufschlußarbeiten bei Nabardi begonnen. Hier liegt zu unterst ein grauer Biotitgranit, der in Gneis übergeht und diskordant von Glimmer- und Talkschiefern sowie kristallinen Kalken überlagert wird, auf die sich anscheinend silurische Konglomerate, Sandsteine und Schiefer legen, die diskordant von Mergeln und Sandsteinen des Nubischen Sandsteins überlagert werden. Hier in Um Nabardi, das durch eine Schmalspurbahn mit Station 6 der weiter westlich verlaufenden Bahnlinie Halfa—Berber verbunden ist, wurden 1905 bis 1919 zwei durch einen Diagonalgang verbundene, bis 6 m mächtige Quarzgänge mit reichen Erzfällen abgebaut. 1908 wurde eine Kugelmühle aufgestellt und bis zum 31. Dezember 1910 etwa 325 kg Gold gewonnen. 1919 wurde der Bergbau wegen Erschöpfung des Vorkommens eingestellt. Im Oberlauf des Wadi Khabaseit wurden 0,60 bis 0,90 m mächtige Quarzgänge mit 6,2 g/t Gold gefunden. Früher wurde in dieser Gegend ein reger Seifenbergbau getrieben.

In dem sich westlich bis zum Nil anschließenden Gebiet des Nubischen Sandsteins erscheint das Kristallin und die begleitenden Intrusive vor allen Dingen in den Taleinschnitten. Am Djebel Um Fahm wurde ein 0,90 m mächtiger Quarzgang mit Kupferkies und 1,8 g/t Gold beschürft. Bei Haisub wurden mehrere von den Alten schon bis 9 m Teufe gebaute, nordsüdlich streichende Goldquarzgänge aufgefunden; im Wadi Achmed Sheru und bei Dalgo am Nil fanden sich zahlreiche ostwestlich streichende Quarzgänge; bei Doshat wurde 1904/05 ein ostnordöstlich streichender und mit 30° einfallender mäßig reicher Goldquarzgang in der Nähe der alten Baue aufgeschlossen. Bei Dafufah stand eine alte Schmelzhütte, zu der von weither die Golderze gebracht wurden. Auf der westlichen Nilseite hat die Dongola Concession ebenfalls von den Alten bereits gebaute Gänge in kristallinen Schiefern beschürft. In alten Waschhalden in Aduan wurde etwas Gold gefunden.

In der Gegend östlich des Nilknies zwischen Berber und Abu Hamed haben die Alten im Djebel Gheiob einen im Dioritporphyrit aufsetzenden turmalinführenden Quarzgang von 15 bis 20 cm Mächtigkeit bis 15 m Tiefe abgebaut. Bei Nawarari wurden geringmächtige, aber ziemlich reiche Gänge aufgefunden; hier scheint man früher auch Seifengold gewonnen zu haben.

In dem bis Khartum reichenden Prospektionsgebiet der Victoria Investment Corporation wurden keinerlei Anzeichen für Goldquarzgänge gefunden. Dagegen hat das London and Sudan Development Syndicate an der italienisch-ostafrikanischen Grenze in unmittelbarer Nachbarschaft von Beni Schangul (s. Italienisch-Ostafrika, Teil 3) geschürft. Hier setzen in Graniten und Dioriten, die allmählich in Gneis übergehen, Quarz- und Kalkspatgänge mit Zinkblende, Pyrit u. a. auf, gewöhnlich in der Nähe von „Grünstein"-Gängen. Im „Bully Hill" am Khor Dahab, 8 km südlich Faronge, finden sich unregelmäßige, ostwestlich streichende und mit 40° nordwärts einfallende Quarzlinsen in einem metamorphosierten Quarzporphyr; der Quarz enthielt viel verwitterten Bleiglanz, an den das Gold gebunden war; für den Abbau ist der Goldgehalt jedoch nicht hoch genug.

Die Eingeborenen gewinnen hier wie auch in Beni Schangul (s. Teil 3) während und nach der Regenzeit das Gold der Flußsande und -terrassen. Goldseifen finden sich vor allem in den im Djebel Falabut entspringenden Flüssen Adi, Shamborun und Sultan sowie in den im Djebel Ragreig entspringenden Khor Masurkum und Khor Gargiu; außerdem ist noch in zahlreichen anderen Flüssen Gold nachgewiesen. Das Seifengold findet sich mit Magnetit und Pyrit vor allen Dingen in lehmig-kiesigen Flußablagerungen oder in torfigen, sandig-lehmigen Alluvionen. Die Ablagerungen der Wildbäche sind im allgemeinen goldreicher als die der langsam fließenden Flüsse. Das Gold ist gewöhnlich sehr rein (nach *Russegger*), am reinsten das des Adi (22,8 Karat, also Feingold 950), am wenigsten rein das des Abgulgi (wahrscheinlich im Gennaghazza-Bezirk), dessen Feingehalt etwa 858 (20,6 Karat) ist. Im Talgebiet des Adi teufen die Eingeborenen Schächte von 60 bis 90 cm Durchmesser ab, die in den rezenten Alluvionen 0,90 bis 3 m tief sind. Der goldhaltige, plastische Lehm ist durch Eisenoxyd rot gefärbt und mit Quarzschutt vermischt. — Auch im Tumat, dessen Oberlauf noch in Italienisch-Ostafrika liegt, hat man am Djebel Fazogli etwas Gold gefunden; die goldführenden Kiese werden in ihm von grobkörnigem Sand überlagert. Auf dem Djebel Faronge sind, anscheinend in Terrassenschottern, zahlreiche Schächtchen von 1 bis 6 m Tiefe niedergebracht, mittels derer die Eingeborenen noch in jüngster Zeit Gold gefördert haben.

In Kordofan, wo die Egyptian Sudan Exploration Company geschürft hat, finden sich alte Goldseifen bei Tira Mandi, die aber nach dem Mahdisten-Aufstand verlassen wurden. Goldhaltig sind besonders Alluvionen mit fettem, blauem, Pflanzenreste führendem Ton. Die nicht sehr reichen Seifen wurden dann erst wieder um 1908 von den Eingeborenen während der Regenzeit ausgebeutet.

Die Goldförderung des Englisch-ägyptischen Sudan betrug in den letzten Jahren (Ausfuhrzahlen nach *Martens* und *Karstedt,* Afrika, 1938):

1913	462,5 kg	(Ausfuhr!)
1918	465,0 kg	
1924	310,8 kg	(Ausfuhr!)
1932	3 449,4 kg	(Ausfuhr!)
1933	136,8 kg	(Ausfuhr 872,9 kg)
1934	167,9 kg	
1935	267,9 kg	
1936	238,2 kg	(Ausfuhr 417,2 kg)
1937	229,8 kg	

Von 1492 bis 1934 wurden schätzungsweise 5250 kg Gold gewonnen.

2. Eisen

Ähnlich wie bei Assuan (s. Ägypten, S. 48) finden sich linsenförmige Eisenoolithbänke im Nubischen Sandstein des Djebel Shemain, die sich in Wadi Halfa auf 3 bis 8 und mehr Kilometer Länge verfolgen lassen. Es handelt sich um zwei oder drei Bänke von 0,45 bis 0,90 m Mächtigkeit mit 69,33 v. H. Fe_2O_3 (48,53 v. H. Fe). Der ausgeprägt oolithische Charakter des Erzes, in dem an Versteinerungen nur Holzreste vorkommen, führte schon *Lyons* 1894 zu der Ansicht, daß sie, ähnlich wie die finnisch-schwedischen See-Erze, in Lagunen oder Sümpfen abgelagert wurden. Weiter südlich soll an der Straße nach Es Sudud beim Brunnen Ambugoll ein Magnetit (?)-Vorkommen im Granit mit 67,46 v. H. Fe_2O_3(?) gefunden worden sein, doch ist über die Art und Größe des Vorkommens nichts Genaueres bekannt.

Im Schürfgebiet der Sudan Goldfield Ltd. hat man als Kruste auf dem Kalkstein des Kristallins (s. S. 91) kalkiges Roteisen zwischen dem Djebel Labasoi und dem Wadi Terfowi gefunden. Im Djebel Rafit wurde zeitweise massiges, ziemlich kieseliges Brauneisenerz an der Basis des Nubischen Sandsteins abgebaut. Überhaupt sind, wie in Ägypten auch im Sudan, Eisenkrusten von einigen Zentimetern Dicke im Nubischen Sandstein sehr verbreitet. Sie finden sich besonders in der Oase El Gab zwischen Dongola und Um Hillal, in der Ebene von Hilla (54,95 v. H. Fe_2O_3), im Wadi Abu Zebib und 9 km nördlich Gallabat auf dem linken Ufer des Atbara, wo sie allerdings nur 3,11 v. H. Fe_2O_3 aufzuweisen haben.

Bis zum Mahdisten-Aufstand bestand in Darfur und im westlichen Kordofan eine blühende Eisengewinnung der Eingeborenen. So haben die Anuaks am Sobat, die Bongos im Bahr el Arab, einem westlichen Seitental des Bahr el Ghazal, Eisenerze verschmolzen. Die Araber unterhielten große Eisenhütten in Um Semeima und auf dem Djebel Haraza, in Nahud (westliches Kordofan) und in mehreren Orten des östlichen Darfur, wo sie den in Taschen des Nubischen Sandsteins vorkommenden sehr eisenreichen Ton und Sandstein verhütteten. Solche arabischen Eisenschmelzen waren noch 1910 in Betrieb. Über die Natur und Größe dieses Gebietes sind wir nur mangelhaft unterrichtet. Eine Zusammenstellung der Fundorte gibt *Hume* (1909):

Magnetit im Granit	Gipfel des Djebel Agibi	74,36% Fe_2O_3 (52,05% Fe)
Brauneisen	Wadi Abu Horaz bei Bir Arda	84,53% Fe_2O_3 (59,17% Fe)
Brauneisen	Djebels Corgo, Mursa, Mushik, Agibi, Janna und Mioubi	78,17 – 81,20% Fe_2O_3 (54,72—56,84% Fe)
Brauneisen	Djebel Hadid	82,94% Fe_2O_3 (58,06% Fe)
Brauneisen	Djebel Um Semim	64,50% Fe_2O_3 (45,15% Fe)
Roteisen	Djebel Corgo	84,53% Fe_2O_3 (59,17% Fe)

In der Gegend von B a r a in Kordofan findet sich im Sand und Ton über dem kristallinen Untergrund Raseneisenerz in Körnern oder größeren Lagern bis zu 0,30 m Mächtigkeit in 2 bis 3 m Tiefe, das in kleinen Schächtchen eifrig abgebaut und dann verhüttet wird.

Am Südende des sumpfdurchtränkten Überschwemmungsgebietes des Bahr el Ghazal und im südlichsten Zipfel des Sudan in Mongalla sowie im Obernil-Gebiet an der Westgrenze Äthiopiens sind die Gneise mit einer lateritischen Kruste eisenreicher Konglomerate bedeckt; zutage tritt meist ein mit Geröllen übersäter, roter, lehmiger Boden, der im allgemeinen dicht bewachsen ist (Hochweiden); nur wo die Lehmdecke fehlt, treten die Konglomerate an die Oberfläche. Zwischen R u m b e k h und M v o l o werden diese eisenreichen Konglomerate fast 15 m mächtig. In der Provinz Bahr el Ghazal, wo diese Eisenerze durchschnittlich 1 bis 5 m mächtig werden, bedecken sie ein Gebiet von 80 000 qkm. Das Eisenerz von W a u hat folgende Zusammensetzung:

Fe_2O_3	53,20% (37,24% Fe)
Sand usw.	28,24%
Organ. Substanz und Wasser	15,42%
	96,86%

Eine andere Probe hatte 47 v. H. Eisen. Die schwierigen Transportverhältnisse gestatten einen Abbau der stellenweise vielleicht bauwürdigen Eisenerze vorläufig nicht.

3. Kupfer

Ein bekanntes Kupfererzvorkommen, das bis 1885, also bis zu Beginn des Mahdisten-Aufstandes, von den Eingeborenen in kleinen Schächtchen ausgebeutet wurde, liegt im Kristallin von H o f r a h e n N a h a s, 1½ km westlich des Umbelasher-Flusses, eines Nebenflusses des Bahr el Arab, bei Kafia Kangi. Die Natur der Lagerstätte ist nicht genau bekannt; es handelt sich um silikatische oder karbonatische Kupfererze mit 14 v. H. Cu (angeblich auch mit etwas Gold). *Russegger* ist der Ansicht, daß die Eingeborenen kleine Körnchen und Klumpen von gediegenem Kupfer (aus der Zementationszone) gewonnen und verarbeitet haben, da die von ihnen hergestellten kupfernen Ringe (4,5 bis 5 kg schwer) und kleinen Barren, die als Tauschmittel in Darfur und im westlichen Kordofan dienten, von einer derartigen Reinheit seien, wie sie die Eingeborenen mit ihren rohen Verhüttungsweisen aus Kupfererzen nicht erreichen könnten.

In dem an Erythrea grenzenden Konzessionsgebiet des Tokar Prospecting Syndicate Ltd. wurde im Khor Areirib ein 1,50 m mächtiger, mit 50° nach W einfallender Quarzgang mit Kupferkies und Kupferkarbonaten angetroffen. Im Khor Agarin ist ein 36 m mächtiges Schieferpaket mit Kupfererzen imprägniert; ähnlich sind die Vorkommen im Khor Hamrik und an zahlreichen anderen Stellen.

4. *Chrom*

An der Bahnstation Kala en Nahl der Bahnlinie Port Sudan—Kassala, etwa 450 km von Port Sudan entfernt, wo steilstehende Chlorit-, Glimmer- und Graphit-Schiefer sowie Phyllite von Gabbro und ähnlichen basischen Gesteinen intrudiert werden, hat die Tanganyika Concessions Ltd. 1930 bis 1932 einen 90 bis 800 m mächtigen Serpentingang auf 8 km Länge verfolgen können; in diesem Serpentin sowie den ihm eingelagerten linsenförmigen Massen eines Talk-Magnesit-Gesteins finden sich linsenförmige Erzkörper von Chromit. Über die Bauwürdigkeit des Vorkommens ist nichts bekannt.

5. *Blei*

Eine Bleiglanzlagerstätte, die angeblich von Eingeborenen abgebaut wird, wurde nördlich Kobe im Djebel Kuttum in Darfur entdeckt.

B. *Nichterze*

1. *Kohle und Graphit*

In Dongola wurde 9 m unter Tage ein 10 cm dickes Flöz unreiner und minderwertiger Braunkohle in hellem, tonigem Sandstein (Nubischer Sandstein) angetroffen.

Im Flußgebiet des Bongo in der Provinz Bahr el Ghazal wurden Graphit-Vorkommen entdeckt.

2. *Talk, Magnesit, Asbest*

In dem schon erwähnten Serpentingebiet von Kala en Nahl sind Klüfte des Serpentins mit kalkhaltigem Magnesit ausgefüllt, auch finden sich größere Massen von dichtem, mattweißem Gelmagnesit; allerdings ist der Talk-Magnesit-Fels, dessen linsenförmige Massen häufig einen Quarz-Magnesit-Kern aufweisen, infolge späterer granitischer Intrusionen stellenweise verkieselt. Das Talk-Magnesit-Gestein ist ein guter hochfeuerfester Rohstoff.

In demselben Serpentin findet sich auch bläulichgrüner, verwittert blaßgrüner und gelblicher Chrysotil-Asbest, über dessen Bauwürdigkeit noch nichts bekannt ist.

3. Trona und Salz

In der Oase Bir Natrun* in Dongola wird unter der Oberfläche im Nubischen Sandstein ein 2½ bis 5 cm dickes und sehr ausgedehntes Lager ganz reiner Trona gefunden.

Über die Salzvorkommen in der östlichen Sahara und im Sudan finden sich eingehende Angaben bei *Springer*. In der Oase Selimeh in der Landschaft Wadi Halfa kommt ein Lager von kristallinem Steinsalz vor, das offenbar dem Nubischen Sandstein zugehört, wie auch Steinsalzlager in der Landschaft Berber; etwa 20 km östlich von E'Dabbeh am Nil gewinnen die Eingeborenen aus einer salzdurchsetzten Sandsteinbrekzie durch Auslaugen Kochsalz. Südöstlich Khartum, in Butana, östlich vom Blauen Nil, gewinnen die Eingeborenen ein unreines, gelbliches Salz aus Oberflächenkiesen; ebenso wird weiter nördlich aus den Nil-Alluvionen bei Shendi, Gherry und Halfaya Salz gewonnen und in Form runder Brote von etwa 30 cm Durchmesser in den Tauschhandel gebracht *(Springer)*. Auch die im Niltal bei Halfa bei Niedrigwasser gewonnene salzhaltige Erde der im Strom liegenden Inseln wird gewonnen. Im westlichen Darfur wird im Tal von Kabkabiyeh und im Marra-Gebirge salzhaltige Erde ausgelaugt. Im Norden von Darfur wird sehr unreines Salz am Brunnen Zaghawa (Bir el Melha) gewonnen. Ein 60 m tiefer Kratersee inmitten der ausgedehnten Lavafelder führt natronhaltiges Wasser.

An der Küste des Roten Meeres wird aus dem Meerwasser Kochsalz gewonnen. Früher bestanden Seesalz-Salinen am Ras Raui, 200 km nördlich von Suakin. Zur Ebbe bilden sich auf dem Grunde der flachen Lagune Krusten von reinem, weißem Salz, die losgebrochen und zerkleinert werden. Das hier gewonnene Salz wurde besonders nach Indien ausgeführt. Zahlreiche Meeressalinen liegen bei Suakin und Port Sudan. Am Ras Roweiya hatte eine englische Gesellschaft jahrelang eine Saline in Betrieb. Seit 1937 sind im Sudan alle Salzbetriebe zusammengeschlossen und kleine Anlagen zugunsten einiger Großbetriebe stillgelegt. Jährlich (1913: 119 t, 1929: 4584 t, 1935: 24 764 t, 1936: 27 000 t) werden einige 10 000 t Kochsalz gewonnen und besonders nach Japan, Belgisch-Kongo und Italienisch-Ostafrika ausgeführt.

4. Gips

An der Küste des Roten Meeres nördlich Port Sudan sowie auf der Insel Makawa werden 9 m mächtige Gipsbänke in tertiären Schichten abgebaut.

* Die von *Lyons* genannte Örtlichkeit (?) Bir Malha ist entweder ein anderer Name für diese Oase oder sie liegt in deren unmittelbarer Nähe.

Stellenweise finden sich 0,60 bis 3,50 m mächtige Bänke von ganz reinem, schneeweißem Gips, z. T. Alabaster.

5. Türkis

Zu altägyptischer Zeit soll ein Türkis-Vorkommen ausgebeutet worden sein, doch ist über den Fundort, vermutlich im Nubischen Sandstein, nichts bekannt.

Schrifttum

Die nutzbaren Lagerstätten im Englisch-ägyptischen Sudan

Allen, R., Copper ores. In: Monographs on mineral resources with special reference to the British Empire. London 1923.

Dunn, St. C., Notes on the mineral deposits of the Anglo-Egyptian Sudan. Sudan Government. Bullet. Nr. 1. Khartoum 1911.

Dunn, St. C. u. Grabham, G. W., The iron ore deposits of the Anglo-Egyptian Sudan. In: The iron ore resources of the world. Bd. 2. Stockholm 1912. XI. Int. Geol. Congr.

Grabham, G. W., Gold in the Anglo-Egyptian Sudan. In: The gold resources of the world. XV. Int. Geol. Congr. South Africa. 1929.

Hume, W. F., Distribution of iron ores in Egypt. Geol. Survey Dept. Paper. Bd. 20. Kairo 1909.

Krämer, W., Die koloniale Entwicklung des Anglo-Aegyptischen Sudans. Berlin 1938.

Lyons, H. G., On the stratigraphy and physiography of the Libyan Desert. Quart. Journ. Geol. Soc. London. Bd. 50 (1894).

Russegger, J., Reisen in Europa. Asien und Afrika, mit besonderer Rücksicht auf die naturwissenschaftlichen Verhältnisse in den betreffenden Ländern, unternommen in den Jahren 1835—1841. (Bd. II 12.) Stuttgart 1841—1849.

Springer, A., Die Salzversorgung der Eingeborenen Afrikas vor der neuzeitlichen europäischen Kolonisation. Diss. Jena 1915.

Twitchell, K. S., Gold mining in the Sudan. Min. Mag. Bd. 47 (1932).

Tyler, W. H., Chromite in the Sudan. Min. Mag. Bd. 47 (1932).

III. LIBYEN

III. a. Der geologische Bau Libyens

Von Fritz Behrend

1935 wurden die beiden bisher getrennt verwalteten italienischen Kolonien Tripolitanien und Cyrenaika unter einheitliche Verwaltung gebracht.

Die Größe des Landes wird zu 1759540 qkm angegeben. Nach den Angaben für 1936 wurden etwa 888000 Einwohner gezählt; davon waren 763000 Eingeborene (Araber, Berber), 30000 Juden und 95176 Europäer, ganz vorwiegend Italiener.

Die Haupthäfen des Landes sind Tripolis, Misurata, Bengasi, Derna und Homs.

Eisenbahnen bestehen bisher nur längs der Küste, die eine in Tripolitanien zwischen Suara, Tripolis und Homs, die andere in der Cyrenaika von Bengasi nach Derna und nach Soluk. Die Gesamtlänge dieser Eisenbahnen wird insgesamt mit 430 km angegeben.

Mehrere sehr gute Straßen durchziehen die Kolonie.

A. Stratigraphie

Das Innere Libyens wird weitgehend von flachliegenden paläozoischen Sandsteinen kontinentalen Ursprunges eingenommen, durch die kristalline Gesteine nur an wenigen Stellen hindurchragen.

Während der Kreidezeit und im Alttertiär wurde der nördliche Teil des Landes vom Meere bedeckt, das sich aber bereits gegen Ende des Eozän wieder nach N zurückzog, in ähnlicher Weise wie in Ägypten.

Oligozän und Miozän sind in größerer Ausdehnung nur in der Cyrenaika vorhanden, in Tripolis dagegen nur in einer schmalen Zone längs der Küste.

Der Westen des Landes hat sich also wesentlich schneller gehoben als der östliche Teil.

Junge Wüstenbildungen verdecken weite Teile des Landes.

Die folgenden Formationen beteiligen sich am Aufbau des Landes:

1. Archaikum und Algonkium.
2. Kambrium, Silur, Devon, Karbon.
3. Mesozoische Sandsteine.
4. Trias und Jura in mariner Ausbildung.
5. Kreide.
6. Tertiär.
7. Quartär.
8. Jungvulkanische Gesteine.

1. Kristalline Schiefer und ältere Eruptive

Metamorphe Gesteine unbekannten Alters treten im Süden Libyens in zwei Gebieten auf, die beide ungefähr am 22.° nördl. Breite liegen: An der Ostgrenze liegt auf dem 25.° östl. Länge Arkenu und das Auenat-Gebirge, teils auf libyschem, teils schon auf Sudan- und auf ägyptischem Gebiet. Weiter westlich liegt ungefähr zwischen dem 15. und dem 17.° östl. Länge der nördliche Teil des Tibesti-Gebirges.

Im Gebiet von Auenat und Arkenu durchragen die kristallinen Gesteine in Form mehrerer Inseln den flachliegenden Nubischen Sandstein.

Nach *Menchikoff* (Bull. Soc. Géol. France, Bd. 27, 1927, S. 377) läßt sich bei den kristallinen Schiefern des Arkenu- und Auenatgebietes eine Gruppe heller Gneise mit Biotit, Orthoklas, Albit und Quarz und eine Gruppe dunkler Gesteine mit Hornblende (Hypersthen) oder Augit und Kalk—Alkali—Plagioklas unterscheiden.

Die hellen Gneise führen Granat, Apatit, Zirkon, die dunklen Gneise sind ihnen als Bänke eingeschaltet.

Außerdem werden die hellen Gneise durchsetzt von dickbankigen, porphyroblastischen glimmerarmen bis glimmerfreien Leptyniten (granulitischen Gesteinen).

Die Gesteine sind kräftig gefaltet; die Falten streichen ONO; sie fallen zum großen Teil nach SSO.

Im Auenat (Uweinat)-Bergland besteht der höchste südwestliche Teil aus einem sehr großen Stock von hellrotem Ägirin-Granit mit porphyrischem Orthoklas, Ägirin und Laneit. Er führt große Einschlüsse von Gneisen (z. B. bei Ain Dua), von Konglomeraten und mehr oder weniger umgewandelten Sandsteinen (bei Ain Dua kräftig, bei Karkur Zunaia sehr wenig metamorphosiert). Die Intrusion ist also zum mindesten jünger als ein Teil der Nubischen Sandsteine, wohl postkarbonisch.

Der Ägirin-Granit entsendet Gänge sehr wechselnder Zusammensetzung in die umgebenden Gesteine. Bostonit, Grorudit, Lestiwarit, Natronsyenit, Paisanit, Tinguait, Mikrogranit, Pegmatit werden unter der Ganggefolgschaft von *Menchikoff* besonders genannt. (Vgl. auch *K. Willmann*, N. Jahrb. Min. Beil.

Bd. 72A, 1937, S. 367.) Weitere Intrusivstöcke in anderen Teilen des Auenat-Arkenu-Gebietes bestehen aus quarzführendem Laneit-Syenit (Djebel Kissu und Nordwestende des Auenat-Massivs); Eläolith-Syenit ist im Arkenu beobachtet. (*Moon,* Geogr. Journ. Bd. 64, 1924, S. 388—393.) Gabbro und Quarz-Hornblende-Diorit treten im nordwestlichen Auenat auf. Die genannten Fundpunkte liegen teils auf libyschem, teils auf ägyptischem, teils auf Sudan-Gebiet. Die wahrscheinlich jungvulkanischen Rhombenporphyre am Djebel Kissu, die z. T. in Trachyt übergehen sollen, und ein Gang von Ägirin-Phonolith in der Gegend von Karkur Murr, der dort unterkarbonischen Sandstein durchbricht, seien hier nur der Vollständigkeit halber erwähnt.

Das Alter der eben beschriebenen Gneise ist nicht festzulegen; möglicherweise handelt es sich um kontaktmetamorphes Paläozoikum.

Nach der von *Desio* 1936 verfaßten geologischen Karte von Libyen bilden die kristallinen Schiefer verhältnismäßig dünne Mäntel um die sehr ausgedehnten Intrusivstöcke des Arkenu-Auenat-Gebietes. Die Untersuchungen von *Sandford* (S. 92) ergeben ein etwas verschiedenes Bild: das ganze Gebiet besteht aus kristallinen Schiefern, in denen mehrere Intrusivstöcke von Granit sitzen. Die Karte von *Desio* 1938 hat diese Darstellung übernommen.

Im nördlichen Teil des Tibesti-Massivs, das von Süden her in das Gebiet der Kolonie Libyen hineinragt, treten kristalline Schiefer in größerer Ausdehnung zutage.

Die tiefere Stufe ist zusammengesetzt aus Staurolith-, Sillimanit- und anderen Glimmerschiefern, Phyllit, Glanzschiefer, Amphibolit mit Feldspat und Granat, glimmerführenden Quarziten, kristallinem Kalk in Linsen und Konglomeraten (*Dalloni,* C. R. Acad. Sci., Bd. 193, 1931, S. 721 u. 1025 bis 1027; Mém. Acad. Sci., Paris, Bd. 61, 1934).

Echte Gneise sollen nach den Untersuchungen von *Dalloni* im Tibesti fehlen. Die von diesem Forscher untersuchten Gesteine bestehen aus stark gequetschten und mylonitisierten bis ultramylonitisierten Graniten (mit Epidot) und Quarzdioriten, die wohl Gneishabitus angenommen haben, die aber nicht genügend rekristalliert sind, um die Bezeichnung Gneis zu verdienen.

Die Gesteine sind zu NNO streichenden Falten zusammengeschoben.

Diese metamorphen Gesteine werden von Intrusivgesteinen durchsetzt; namentlich verbreitet ist monzonitischer Biotitgranit mit großen Mikroklinen in der Landschaft Dohozano und am Djebel Arabi im Territorium Tschad von Äquatorialafrika. Genannt werden ferner Zwei-Glimmer-Granit (Ehi-Bu), Granodiorit (Gezenti) und Quarzdiorit. Die Intrusive sind wesentlich jünger als die kristallinen Schiefer, die sie im Kontakt z. T. erheblich umgewandelt haben.

Ob die kristallinen Schiefer dem Archaikum oder dem Alt-Algonkium angehören, ist nicht geklärt. In ihrem Hangenden folgen, bereits auf dem Gebiet des Tschad-Territoriums der Kolonie Äquatorialafrika, wenig bis nicht veränderte Schiefer mit eingeschalteten, z. T. feldspatführenden Sandsteinen, wie sie in der Landschaft Dohozano und am Bardage-Fluß entwickelt sind. Auch Konglomerate und rote und grüne kristalline Kalksteine sind beobachtet.

Diese Sedimente scheinen jungalgonkisch zu sein und dürften den Muva-Ankole-Schichten in Ostafrika entsprechen.

2. Paläozoikum

Die kristallinen Schiefer durchragen, wie oben gezeigt, nur an wenigen Stellen die riesige Decke der nahezu flachliegenden Sandsteine und Schiefer, die in der Libyschen Wüste als paläozoische Sandsteine zusammengefaßt werden. Diese Sandsteindecken ziehen vom Ahaggar-Massiv im Süden von Algerien durch den Süden von Libyen in großen zusammenhängenden Flächen nach Südägypten und in den Sudan hinein; doch gehören die Sedimente bei annähernd gleichbleibender Fazies, je weiter nach O, um so jüngeren Formationen an; in Ägypten und im Sudan liegt auf ihnen der Nubische Sandstein, der im wesentlichen Fossilien der Kreide führt (S. 16). Die Sedimente sind teils kontinentalen, teils fluviomarinen Ursprungs.

Die tiefsten paläozoischen Schichten sind erschlossen an der Grenze gegen Südalgerien im Gebiet der Tassili Asger und am Tibesti.

M. Dalloni (Mémoirs Acad. Science Paris, Bd. 61, 1934) spricht die Schichtfolge als Silur an und gliedert sie vom Liegenden zum Hangenden folgendermaßen:

a. Kambrium (?) und Unter-Silur (Ordovicium)

Olochi-Sandstein. Sie bilden hier das Liegende der ganzen Gruppe und sind nur in einer einige Quadratkilometer großen Fläche im Osten des Emi Kussi-Vulkans erschlossen. Sie bestehen aus groben, hellen, bankigen Sandsteinen mit Tonschichten, mit Wellenfurchen und problematischen Versteinerungen. *Dalloni* hält die Schichten für marin. Die Schichten sind intensiv gefaltet und gestört. Ihr Alter ist unsicher. Vielleicht sind sie teilweise präordovizisch.

Darüber folgen quarzitische Sandsteine, Konglomerate und bunte Schiefer. Mehrfach liegen an der Basis der Konglomerate rote, z. T. quarzitische Sandsteine mit Einlagerungen von bunten Schiefern.

Oben liegen helle grobe Sandsteine mit Kreuzschichtung und geringem Bindemittel sowie Konglomeratbänke in flacher Lagerung; dieser weithin zu verfolgende Horizont ist 40 bis 50 m mächtig.

b. Ober-Silur

Das Ober-Silur (Gotland-Stufe) ist ausgezeichnet durch tonige, mürbe, feinkörnige, plattige Sandsteine von meist roter, auch violetter Farbe. Ihre Schichtflächen führen reichlich Muskowit.

Die Sandsteine führen problematische Fossilien: *Harlania Harlani, Cruciana furcifera, Rhysophycus, Spirophyton, Nereites, Arenicolites, Scolithus* und ein dem *Glossofungites* vom Wadai ähnliches Gebilde.

Darüber folgen harte, teils feinkörnige, teils konglomeratische rote Sandsteine mit *Harlania;* die Mächtigkeit beträgt 150 bis 200 m.

Ein Graptolithen-Horizont im Ober-Silur, wie er in Westafrika im Bereich der dortigen flachliegenden Sandsteine über ungeheure Flächen zu verfolgen ist, ist in Libyen nicht bekannt. Möglicherweise vertritt ihn hier der feinkörnige Harlanien-Sandstein.

Denaeyer (C. R. Acad. Sci. Paris, Bd. 193, 1931, S. 346 und C. R. Soc. géol. France, 1935, S. 44—45) sprach die gleiche Schichtenfolge im Wadai als Devon an.

Interessant ist die von *Dalloni* beobachtete Faltung der ältesten Sandsteine (Olochi-Sandstein) unter den sonst fast flachliegenden Schichten. Die Faltung erinnert an die in Westafrika im Stromgebiet des Faleme beobachtete Faltung der tiefsten Sandsteinhorizonte (vgl. Teil 2). Auch am Fuß des Emi-Kussi-Massivs und am Nordrande des Tibesti hört die Faltung bald auf und geht nach dem Hangenden und seitlich in horizontale Lagerung über.

c. Devon

Das Devon bildet eine ziemlich breite annähernd N—S streichende Zone, die etwa dem 11.° östl. Länge östlich von Gat folgt.

Westlich vom Djebel Amsak zwischen Gat und Mursuk fand *A. Desio* (Schizzo geologico della Libia alla scala 1 : 4 Mill. Istituto geografico militare, Florenz 1933) bei Serdeles fossilführenden Kalkstein mit *Chonetes crenulata, Spirifer osteolatus, Sp. carinatus, Sp. laevicosta,* Fossilien, die dem Unterdevon und unteren Mitteldevon angehören. Hierher sind wohl auch die von *Overweg* 1850 in der gleichen Gegend gefundenen *Spirifer bouchardi* (= mesacostalis), *Terebratula daleidensis, Rhynchonella longinqua var. paucicosta* zu stellen. — Bei El Hessi sind ebenfalls Devon-Fossilien nachgewiesen.

Im Djebel Amsak folgen über dem fossilführenden Kalk rote Mergel und Tone mit Sigillarien, die nach *Desio* dem tieferen Devon angehören sollen.

d. Karbon

Im Gebiet östlich von Gat folgen über den silurischen und devonischen Schichten Sandsteine und bunte Schiefer mit *Dadoxylon*-Hölzern, die als Karbon anzusprechen sind.

Im Gebiet zwischen den Kufra-Oasen und dem Auenat fand *Desio* im Nubischen Sandstein zahlreiche Pflanzenreste des Unterkarbon, von denen erwähnt werden: *Spirophyton caudagalli, Sp. typum, Pteridorachis, Lepidodendron saharicum, Porodendron* (?), *Sigillaria* (?), *Archaeosigillaria aff. vanuxemi, Nematophyton saharianum.*

Desio hatte auf seiner geologischen Karte von 1936 die Karbonhorizonte im Gebiet der Kufra-Oasen noch nicht vom hangenden Teil des Nubischen Sandsteins getrennt; das geschah erst auf der großen Karte von 1939.

Auch von Dar el Gussa und von Bzema sind fossile Pflanzen bekannt.

Archaeosigillaria in Sandsteinen mit Tonlagen wird auch von *Menchikoff* (Bull. Soc. géol. France, Bd. 27, 1927) aus der Gegend von Karkur Murr im

Gebiet von Auenat erwähnt. Dieser Sandstein bildet hier den tiefsten Teil der mächtigen Sandsteinserie (vgl. S. 95).

3. Permo-Trias, Jura und Unterkreide in kontinentaler Ausbildung (Nubischer Sandstein)

Über den pflanzenführenden Sandsteinen folgen fossilfreie kontinentale Sandsteine in großer Mächtigkeit. Vorwiegend sind sie feinkörnig mit meist kieseligem Bindemittel; Kreuzschichtung und Wellenfurchen sind in ihnen verbreitet. Stellenweise treten aber auch grobkörnige bis konglomeratische Bänke auf.

Die Farbe ist in den tieferen Horizonten weiß, geht nach oben in gelb bis rötlich über und wird durch Verwitterung dunkelrot oder schwarz.

Lagen von bunten Letten sind mehrfach eingeschaltet.

Die den Sandsteinen in gewissen Horizonten eingefügten Quarzkonglomerate haben wahrscheinlich einen Teil des Materials der Kieswüsten (Serir) geliefert.

Der hangende Teil des Sandsteins führt abgerollte Kieselhölzer und wird im östlichen Teil von Libyen in Ägypten und im Sudan als Kreide angesprochen.

Ob die Sedimentation ohne Unterbrechung vom Unterkarbon bis in die Kreidezeit angedauert hat, ist noch nicht untersucht. Das Vorhandensein einer oder mehrerer Schichtlücken, ähnlich wie im Sudan, ist wahrscheinlich.

Der hangende Teil dürfte aber nicht nur Kreide, sondern auch Jura umfassen.

Dieser Teil bildet in den östlichen Gebieten Libyens die Hauptmasse der weiten Sandsteintafeln (und ist somit als der eigentliche Nubische Sandstein anzusehen).

Zweifellos entspricht der hangende, fossilarme, mesozoische Teil dem „Continental intercalaire“ in Westafrika (Teil 2).

Die paläozoischen und mesozoischen Sandsteine des Ostsaharagebietes zeigen also gegenüber den flachliegenden Sandsteinen Westafrikas insofern bemerkenswerte Unterschiede. als im Westen zahlreiche Horizonte mit typischen Faunen eine gute stratigraphische Aufteilung der mächtigen Schichtenfolge gestatten; die Anzahl der Fossilhorizonte wird gegen das Ahaggar-Massiv geringer, die Faunen spärlicher; in Libyen, Ägypten und dem Sudan sind nur noch wenige typische Fossilhorizonte — wenigstens bis jetzt — bekannt. Die einförmige, von marinen Transgressionen kaum mehr durchsetzte kontinentale Serie reicht in großer Einförmigkeit im Osten bis in die Kreide hinauf, während im Westen und Norden marine Kreide die Kontinentalbildungen überdeckt. Im Süden von Libyen fehlen marine Sedimente über dem Nubischen Sandstein nach unseren bisherigen Kenntnissen ebenso wie im Sudan.

4. *Trias und Jura*
in mariner Ausbildung

Im südlichsten Teil von Tunesien beginnt bei Gabes an der kleinen Syrte die Djefara-Ebene zunächst schmal, sich aber bald nach SO verbreiternd; sie setzt sich ohne Änderung ihres Charakters ins Küstengebiet des westlichen Libyen hinein fort bis in die Gegend von Tripolis und Homs.

Am Südrande dieser Ebene bilden Trias und Jura einen schmalen Streifen, der unter Kreide-Sedimenten an zwei Stellen am Djebel an der Grenze gegen Tunesien und weiter östlich in der Gegend von Azizia, südlich vom Hafen Tripolis, zutage kommt.

Weiter östlich fehlen Trias und Jura auf afrikanischem Boden an den Rändern des Mittelmeeres. Das nächste östlich anschließende Triasvorkommen liegt im Süden von Palästina; Jura ist im Norden des Sinai-Gebietes bekannt.

In Südtunesien ist die Trias z. B. am Ras Adjir in germanischer Fazies ausgebildet; sie zeigt teils inselförmige Aufwölbungen, teils eine breite geschlossene Fläche (im Uerghemmagebiet).

Der liegende Teil besteht dort aus oft rot gefärbten Sandsteinen und Tonen, darüber folgen Kalksteine und Dolomite mit *Myophoria goldfußi* und *M. vulgaris*. Der hangende Teil besteht vorherrschend aus Gips. Diese Ausbildung geht über die Tripolis-Grenze bis nach Barded Lettla.

Im Gegensatz dazu tritt die Trias sonst in Tripolitanien in alpiner Fazies auf. Ein typisches Profil bei Azizia im Süden von Tripolis gab *Panora* (Atti Acad. Sci. Torina, Bd. 50, 1914, S. 16):

6. Hornsteinkalk.
5. Kalk, z. T. verkieselt mit *Dentalium undulatum, Myophoria vestita, M. wöhrmanni, Leda percaudata, Modiola raibliana, Avicula continensis, Cassionella decussata, Plicatula filifera* u. a.
4. Muschelbrekzien-Kalk, Mergelkalk-Schiefer mit *Natica gregaria.*
3. Sandstein, z. T. quarzitisch (bei Kaf Batus).
2. Oolithischer Kalk u. Hornsteinkalk mit Crinoiden, Brachiopoden, Eutomastraken, Gastropoden, Muscheln usw. und mit Kalkalgen *(Teutloporella herculea).*
1. Quarzitischer Sandstein und gelber Kalk.

In diesem Profil ist die ladinische Stufe (unterer Keuper) in Cassianer Fazies (Stufe 2) ausgebildet; ferner sind die karnische (Gipskeuper), die norische und rhätische Stufe nachgewiesen.

Der im Hangenden stellenweise folgende dunkle Kieselkalk (Schicht 6 des Profils) und der rötliche Kalk von Barded Lettla wird teilweise als Jura angesprochen.

5. *Kreide*

Wenn man von dem als Kreide angesehenen hangenden Teil des Nubischen Sandsteins absieht, so sind Kreidesedimente in größerer Ausdehnung nur im nordwestlichen Teil Libyens, also im Norden von Tripolitanien, bekannt, wo sie in zusammenhängender Fläche nach S bis in die Hammada el

Homra reichen. Weiter nach S hin sind noch vereinzelte kleinere Vorkommen von Ober-Kreide bekannt, deren eines bei Serdeles nordöstlich von Gat am 26.° n. Br. liegt. Östlich Bengasi und am Nordrande der Kufra-Oasen kommen weiterhin mehrfach Kreide-Sedimente zutage.

a. Untere Kreide

Die Unter-Kreide zeigt überall kontinentale Ausbildung und entspricht also ungefähr einem Teil des Nubischen Sandsteins. Am Südrande der Djefara-Ebene, südlich des Hafens Tripolis, zwischen Scek-Sciuk (Chekchuk) und dem Steilhang von Masgura, liegen über dem Jura-Kalk sandige und kalkige Schichten, die zum Wealden gestellt werden.

Zaccagna (Mem. descr. Carte géol. d'Italia, XVIII, 1919, S. 1—70) beschrieb folgendes Profil des Wealden, dessen Gesamtmächtigkeit etwa 20 m beträgt:

4. Mergeliger Kalk, bräunlich, gelegentlich zellig.
3. Sand und grauer Schiefermergel mit Pflanzenabdrücken und dünnen Linsen und Lagen von Lignit.
   Von Pflanzenresten wurden beschrieben *Cladophlebis albertsii, Cl. zaccagnai, Yuccites, Diconites buchianus, Sphenolepidium kurrianum, Becklesia anomala.*
2. Eisenschüssiger Sandstein mit Lagen von sandigem Mergel.
1. Sandiger bräunlicher Kalk und Quarzsand.

Ähnliche Schichten ziehen sich in das Gebiet Südtunesiens hinüber, wo am Fuße der Dahar-Ebene, namentlich im Gebiet von Dehibat-Remada, der Horizont 3 mit reicher Fossilführung zwischen Bändermergeln und Gipsbänken im Liegenden und sandig-mergeligen Schichten im Hangenden liegt.

In darüber folgenden Sandsteinen finden sich auf libyschem Boden verkieselte Hölzer, und zwar:

Bei Scek-Sciuk *Araucarioxylon zuffardi* und *Cupressinoxylon,* bei Jefren *Protocedroxylon paronai.* Diese Vorkommen werden als Apt angesehen.

Sandsteine mit anderen Kieselhölzern, rötlicher sandiger Kalk und Ton bei Jefren, bei Deggi im Djebel und bei Bu Geilan sollen zum Alb gehören.

Gesichert sind diese Einstufungen bisher nicht.

Die Unterkreide tritt von Südtunesien her in einem schmalen Streifen in der Gegend von Dehabas nach Tripolitanien hinein. Wie weit sie nach S in das Land hineinreicht, ist unbekannt.

b. Obere Kreide

Im Gegensatz zur kontinentalen Unter-Kreide zeigt die obere Kreide ganz vorwiegend marine Ausbildung, ebenso wie im Tschadbecken.

α. Das Cenoman im tripolitanischen Djebel am Südrande der Djefara-Ebene besteht im liegenden Teil aus Sandsteinen und bunten Mergeln, die

LIBYEN

nach DESIO und anderen bear

PROF. DR. FRITZ BEHRE

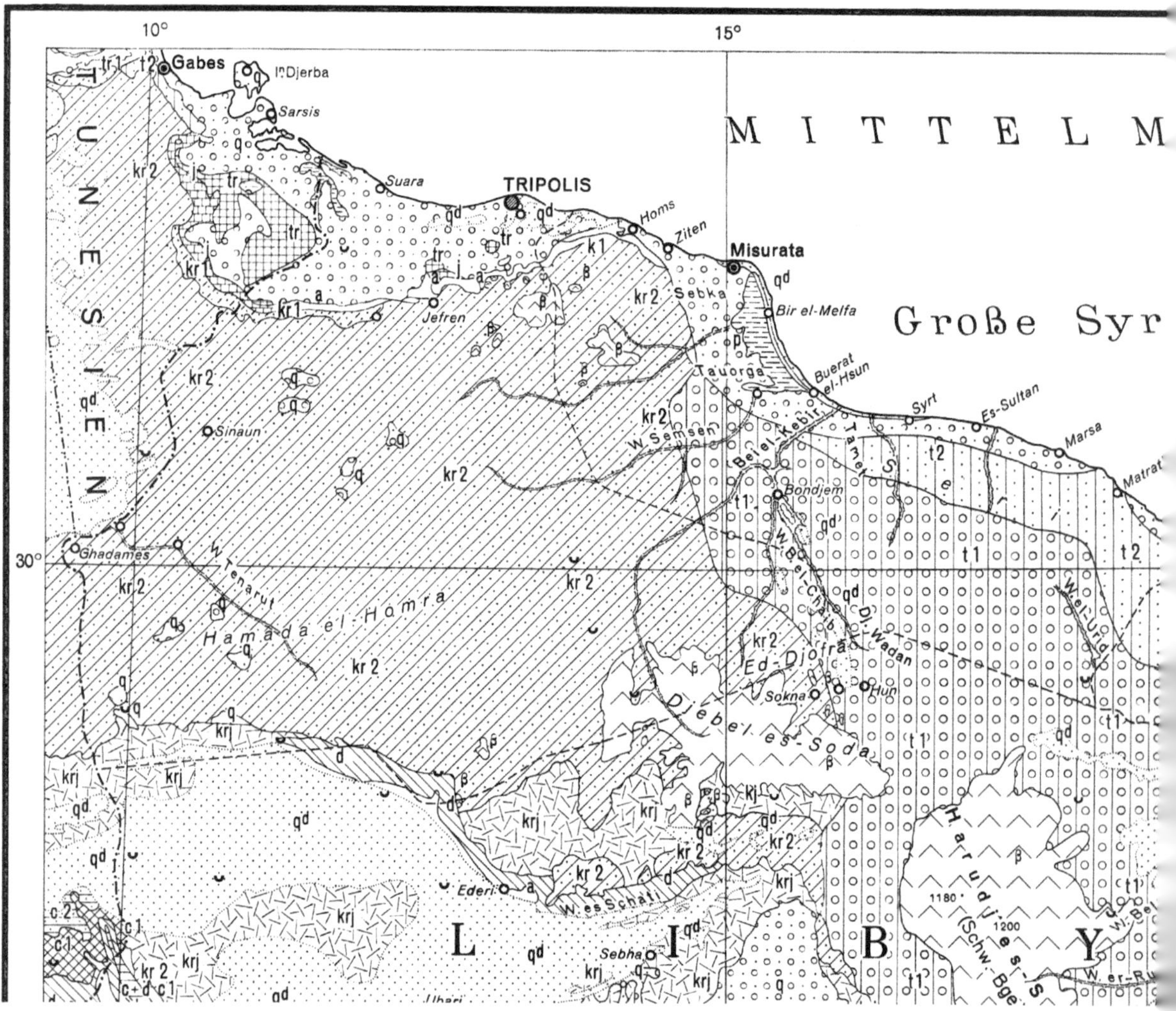

on

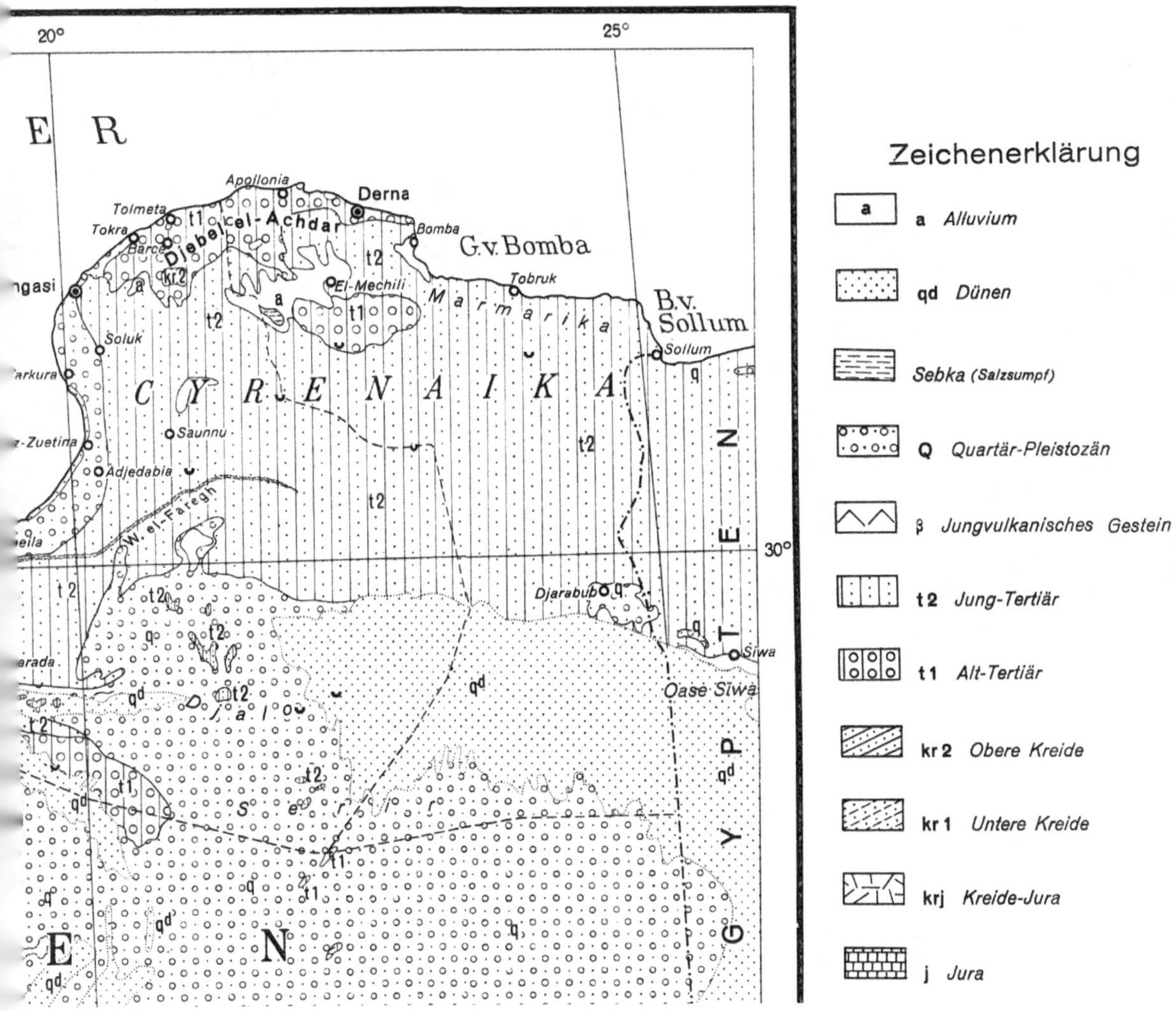
20°
25°
30°
E R
Apollonia
Derna
Tolmeta
Tokra
Barce
Djebel el-Achdar
Bomba
G.v. Bomba
ngasi
El-Mechili
Tobruk
Marmarika
B.v. Sollum
Soluk
Sollum
arkura
CYRENAIKA
Saunnu
z-Zuetina
Adjedabia
W. el-Faregh
eila
Djarabub
arada
Siwa
Oase Siwa
Djalo
Serir
E N
ÄGYPTEN
Zeichenerklärung
a Alluvium
qd Dünen
Sebka (Salzsumpf)
Q Quartär-Pleistozän
β Jungvulkanisches Gestein
t 2 Jung-Tertiär
t 1 Alt-Tertiär
kr 2 Obere Kreide
kr 1 Untere Kreide
krj Kreide-Jura
j Jura

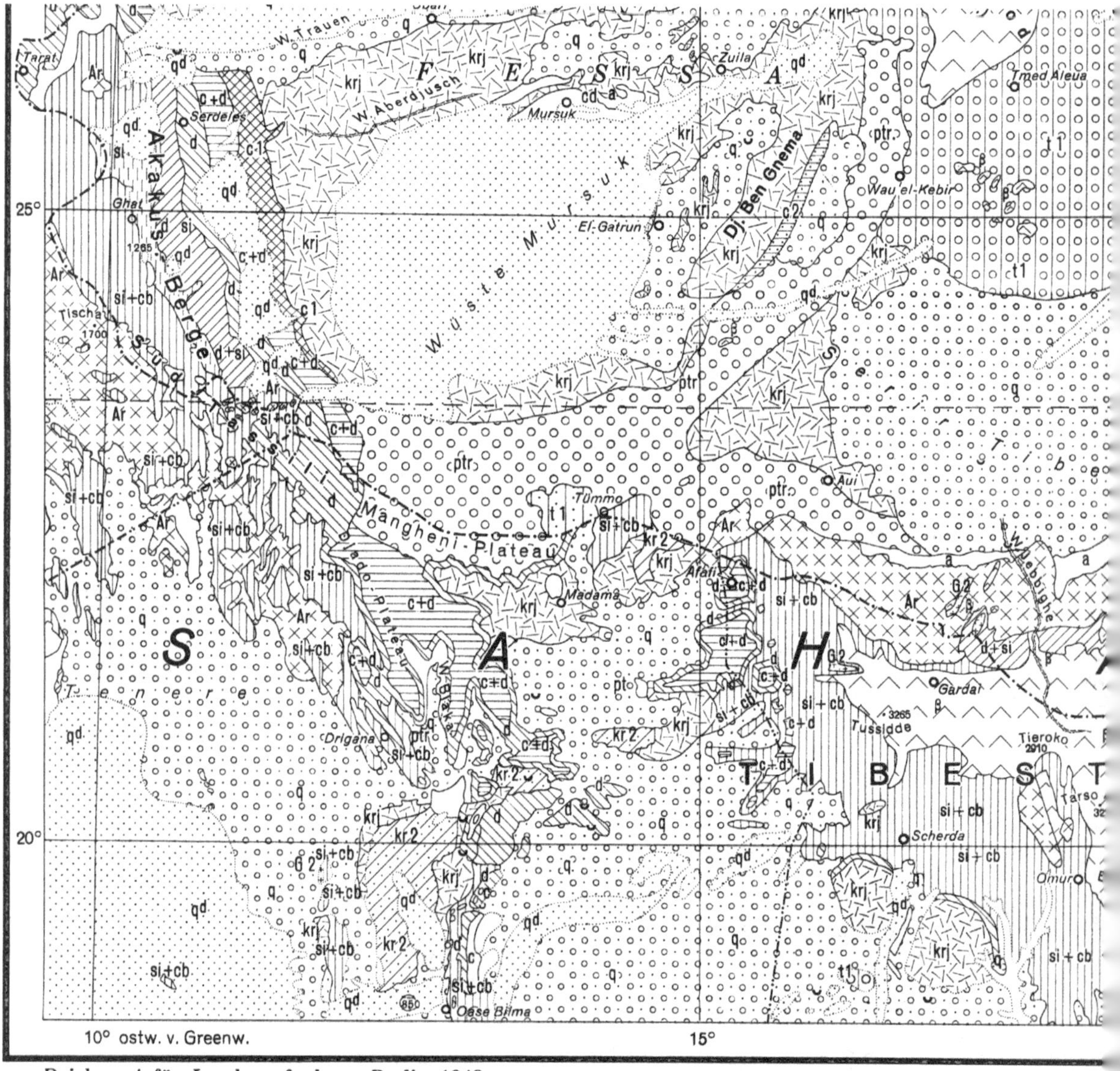

Reichsamt für Landesaufnahme, Berlin 1942.

1:5000000

0 50 100 200 300

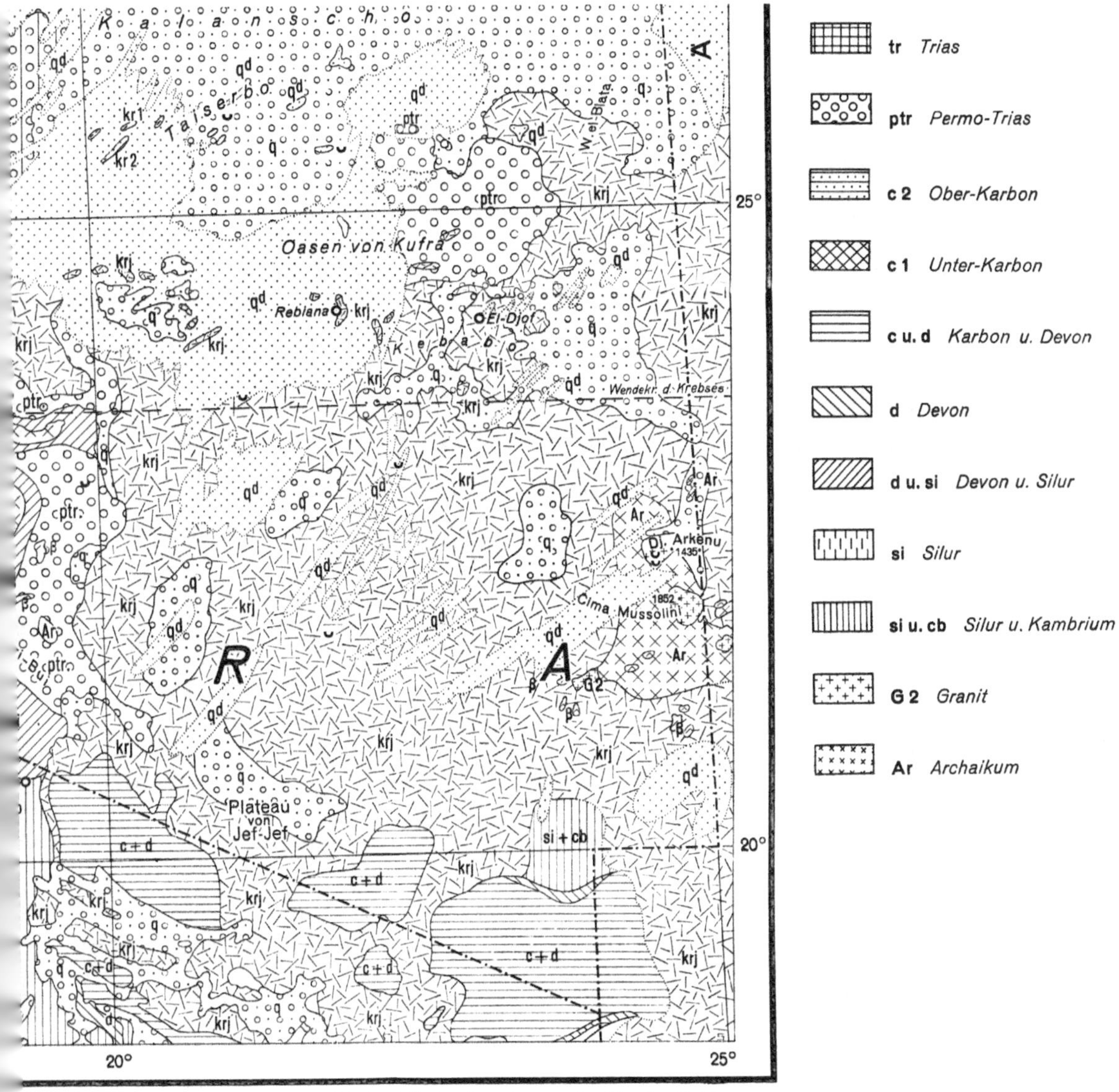

Verlag W. de Gruyter u. Co. Berlin W 35.

0 km

Exogyra flabellata führen. Der hangende Teil wird gebildet von Kalksteinen und mergeligem Kalk mit eingeschalteten Sandsteinbänken. Diese Abteilung führt *Neolobites peroni, Hemiaster meslei, H. batnensis, Radiolites lefebvrei, R. peroni, Sphaerulites foliaceus, Prädariolites biskraensis* und viele andere.

β. Das Turon besteht aus Kalksteinen mit *Caprinula sharpei, Exogyra conica, Inoceramus labiatus, Biradiolites arnaudi, Radiolites choffati, R. lusitanicus,* Korallen, Seeigeln u. a. und aus Sandsteinen mit Inoceramen. Das Turon bildet die Oberkante des Djebel.

γ. Das Senon ist vorwiegend kalkig ausgebildet. Den tieferen Teil zeichnen vorwiegend mergelige und sandige, z. T. kristalline Kalksteine aus, die *Hemiaster thomasi, Inoceramus regularis, Alectryonia dichotoma, Ostrea heinzi, O. gauthieri, Pycnodonta flicki, Voluta stromboides* führen.

Der hangende Teil (etwa Maastricht-Stufe) besteht aus sandigen, z. T. auch kieseligen Kalksteinen, ferner aus Mergel mit Gipsbänken, die *Gissortia expansa, Cardita beaumonti, Plicatula hirsuta, Ostrea overwegi, O. celeae, Bulla tripolitana, Alectryonia larva* u. a. enthalten.

Die höchste Stufe, das Danien, ist nach der bisherigen Kenntnis wahrscheinlich nur im Nordwesten Tripolitaniens vorhanden, in den übrigen Teilen fehlt es. Fossilien sind nicht bekannt.

Bei Serdeles, am 26.° n. Br., nordöstlich Gat, liegen Senonschichten in einem isolierten Rest der ehemals wesentlich größeren Kreidedecke auf paläozoischem Sandstein. Turon scheint darunter zu fehlen. Die Transgression der obersten Kreide ist also von N her sehr weit nach S gegangen und hat wohl mit der Kreide im Tschadbecken Verbindung gehabt.

Die Kreidesedimente Tripolitaniens tauchen ungefähr am 16.° ö. L. nach O hin unter das Alt-Tertiär des Sirtica-Gebietes. Erst am Nordrande der Cyrenaika zwischen Bengasi und Tobruk kommen — bisher an fünf Stellen bekannt — Kreideflächen wieder zutage. Drei davon liegen an der Küste bei Tocra, Tolmeta und zwischen Apollonia und Derna; zwei größere Vorkommen liegen bei Gerdes el Abid (südöstlich Barce) und bei Mgiahir (südöstlich Apollonia). Hier konnte *Marchetti* (Bol. Soc. geol. Ital. Bd. 53, 1934, S. 309—325, und Rend. R. Acad. Lincei, Bd. 21, 1935, S. 25—29) an Hand von Fossilien Cenoman, Turon, unteres und oberes Senon (wahrscheinlich bis in die Dänische Stufe hinein) nachweisen.

In dem kleinen Vorkommen bei Tocra hatte *Crema* (Rend. Acad. Naz. Lincei, Bd. 31, 1922, S. 121) neben Fossilien des Maastricht auch Nummuliten beobachtet. Wahrscheinlich ist die Oberkreide hier von Eozän überdeckt.

Weit im Süden der Cyrenaika, zwischen den Kufra-Oasen im Süden und den Serir von Calanscio im Norden, tritt marine Oberkreide unter jungen Sedimenten (Pliozän-Pleistozän) an zahlreichen Stellen zutage. Die Fundpunkte sind von Taserbo bis nach Ägypten hinein verfolgt. In der Cyrenaika ist nach den bisherigen Kenntnissen nur Senon vorhanden. In Ägypten tritt im Liegenden noch Turon zutage.

6. *Tertiär*

a. Eozän

Wie bereits erwähnt, taucht die Oberkreide Tripolitaniens an einer ungefähr dem 16.° ö. L. folgenden Grenzlinie unter Eozän.

Das Eozän überlagert nach den Beobachtungen von *Marchetti* (1934, S. 312) die Maastrichtstufe des Senon, greift aber im Süden auf den Nubischen Sandstein über. Das Eozän-Meer transgrediert also weiter nach S als das Meer zur Zeit der oberen Kreide.

Die Basis des Eozän bildet am Wadi Baucr-Tolmeta und Wadi el Atrun in der Cyrenaika mergeliger Kalk mit Knollen und Streifen von Kieselsäure. Sie führen *Nummulites globulus, Plecanium niloticum.* Die darüber folgenden Kalkbänke führen Reste von Korallen und zahlreiche Nummuliten: *Nummulites gizehensis, N. curviszira, N. discorbinus,* dazu *Porocidaris schmideli, Lucina pharaonis, L. blanckenhorni, Axinus schweinfurthi* im liegenden Teil und *Tellina zitteli, Chlamys subdiscors* u. a. im hangenden Teil. Neben den Kalksteinen treten gipsführende Mergel auf.

Das Eozän südlich der großen Syrte zeigt Unter-Eozän mit *Operculina hardei, Linthia navillei, Schizaster mokattamensis, Ostrea aviola, Gryphaea pharaonum var. aviculina* u. a.

Im Mittel-Eozän liegen *Nummulites gizehensis, Porocidaris schmideli, Psammechinus desioi, Vulsella crispata, Rostellaria planulata.* Im Ober-Eozän fanden sich unter anderem *Anisaster gibberulus, Lucina polythele, Tellina reticulata, Plicatula indigena, Spondylus cf. aegyptiacus, Anomya tenuistriata, Ostrea elegans, Gryphaea exogyroides.*

Fundorte sind hier: El Fogha, El Gita, Marada, Wau el Kebir, Maaruf.

Nach Osten hin taucht das Eozän südlich der großen Syrte unter jüngere Tertiärschichten und junge Wüstenbildungen.

b. Oligozän

überdeckt in einem schmalen NW—SO streichenden Streifen den Nordostrand der weiten Eozänfläche südlich der Großen Syrte. Es taucht aber bald unter jungtertiäre und quartäre Schichten und kommt erst wieder zwischen Bengasi und Tobruk in der Cyrenaika mehrfach zutage.

Im Gegensatz zum weit, fast bis zum 24.° n. Br. nach S vorstoßenden Eozänmeer ist das Meer im Oligozän sehr weit zurückgetreten, seine Südgrenze südlich der großen Syrte liegt etwas südlich vom 29.° n. Br., also fast fünf Breitengrade weiter nördlich als die Südgrenze des Eozän.

In der Sirtica ist der liegende Teil, die Lattorfer Stufe, als Kalk, z. T. als Nummulitenkalk ausgebildet; darüber folgen Sandschichten mit einer eingeschalteten Bank von gipsführendem Ton.

Die darüberfolgende Rupeler und Kasseler Stufe bestehen unten aus grünem sandigem Ton mit Gips und Coelestin, darüber kommt Sand mit Kreuzschichtung und mit Quarzgeröllen.

In der Cyrenaika besteht das Oligozän ausschließlich aus verschiedenartigen Kalksteinen mit reicher Fauna, die die Lattorfer-, Rupeler- und Kasseler Stufe erkennen lassen.

c. *Miozän*

Das Miozän zeigt eine Transgression und darauffolgende Regression des Mittelmeeres, die namentlich im Bereich der Cyrenaika beobachtet sind.

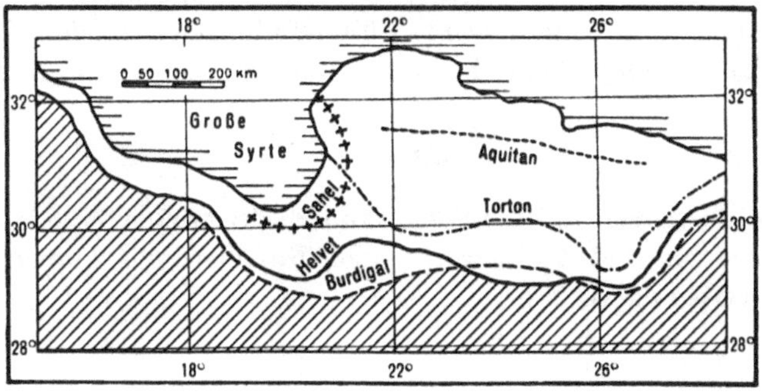

Abb. 14. Rückzugsstadien des Mittelmeeres im Miozän. Nach *Desio.*

Während die aquitanische Stufe mit ihrem gelben sandigen Mergelkalk kaum über den 31.° n. Br. nach Süden hinausreicht, stoßen die grünen gipsführenden Mergel und sandigen Kalke der Burdigal-Stufe südlich der großen Syrte bis südlich des 29. Breitengrades vor. In der helvetischen Zeit — für die Kalksteine mit Kieselausscheidungen typisch sind — beginnt bereits ein merklicher Rückzug des Meeres, der im Torton noch wesentlich fortschreitet.

Sämtliche Stufen führen reiche und charakteristische Faunen, die namentlich von *Desio* beschrieben wurden. (Rend. R. Acc. Lincei VI. Bd.8, 1928, S. 516 bis 518; Publ. R. Soc. Geogr. Ital. 1928, II, Geologia; Bol. Soc. Geol. Ital. Bd. 48, 1929, S. 237—253; R. Ist. Lomb. Sci. Lett. Bd. 66, 1933, vgl. auch *Marchetti,* Bol. Soc. geol. Ital. Bd. 53, 1934, S. 316—319).

Während die Miozän-Ablagerungen in der Cyrenaika zwischen Bengasi, Tobruk und der Oase Giarabub eine weite Fläche einnehmen, wird der von ihnen bedeckte Streifen längs dem Südrand der großen Syrte nach NW hin immer schmaler. Zwischen El Ageila und Marada liegt das Miozän normal über Oligozän, ebenso wie zwischen Bengasi und Derna. Zwischen dem 17. und 18.° ö. L. aber beginnt das Miozän über Eozän zu transgredieren; bei Misurata, am 15. Längengrad, transgrediert es mit Konglomeraten, Mergeln, sandigem und oolithischem Kalk und mit Fossilien der Burdigalstufe über obere, etwas weiter westlich bei Homs über untere Kreide. Auch im Untergrund der Djefara-Ebene ist Miozän bekannt.

In der Burdigal-Periode hat also östlich vom 19.° ö. L. bis zum Nil hin die Küste des Mittelländischen Meeres in der Nähe des 29.° n. Br. gelegen.

Während der Miozänzeit haben zweifellos ein oder mehrere größere Flüsse mit Mündungsdelta ihr Wasser in der Gegend zwischen Marada und Audjila (Augila) ins Meer ergossen. *D'Erasmo* (Rend. R. Acc. Lincei, VI. Bd. 17, 1933, Heft 8 und Missione R. Accad. Ital. Cufra. Bd. 3, 1934, S. 259—279) beschrieb grüne gipsführende Mergel und helle Kalksteine, die neben Korallen, Muscheln, Makrelen und Haifischen auch Krokodilier, Flußschildkröten sowie Reste von Landsäugetieren führen.

Falls sämtliche Arten aus dem gleichen Horizont stammen, kann es sich nur um Zusammenschwemmungen in Flußmündungen handeln.

Es würde sich empfehlen, die Beobachtungen an Ort und Stelle nachzuprüfen.

d. Pliozän

Pliozän ist wahrscheinlich an den Rändern der großen Syrte in der Gegend zwischen Agedabia und Ageila vorhanden, Fossilien, wie *Clypearter aegyptiacus* u. a., weisen darauf hin.

7. Quartär

Im Küstengebiet beobachtete *Panora* (Atti Acad. Sc. Torino Bd. 50, 1914, S. 16) an der Küste westlich Tripolis und an anderen Stellen folgendes Profil, das einen Wechsel von marinen mit terrestrischen Bildungen anzeigt:

4. Vermetus-Bank mit *Vermetus cristatus* und mit Lithothamnien.

3. Dünensand, zu weißem kalkigem Sandstein mit Kreuzschichtung verfestigt, mit *Cerithium vulgare* und *Loripes lacteus.*

2. Roter, z. T. durch Kalk verfestigter Sand äolischen Ursprungs mit *Helix melanostoma.* Der Horizont ist weit landeinwärts in die Djefara-Ebene zu verfolgen und z. T. mit einer Kalkkruste überzogen.

1. Gelbbrauner kalkiger gebankter Sandstein, unten meist feinkörnig, mit *Cardium, Pectumculus, Morio.*

Im Pleistozän bzw. Quartär entstanden wahrscheinlich zum größten Teil auch die Wüstenböden des Inlandes: die Kiesböden der Serir, die Dünensande, die später teilweise durch Vegetation wieder verfestigt wurden, die roten Salzböden der Sebken usw., die in der Bodenkunde behandelt werden.

Jungvulkanische Gesteine

Durchbrüche jungvulkanischer Gesteine sind in mehreren Gebieten Libyens vorhanden.

Der Nordrand des großen Kreideplateaus von Tripolitanien südlich vom Hafen Tripolis ist zwischen Djebel Garian, Beni Ulid und Misda an zahlreichen Stellen mit jungvulkanischen Durchbrüchen gespickt.

Pfalz (Geol. Rundschau, Bd. 25, 1934, S. 129) und *Krenkel* (Geologie Afrikas III, 2. 1938, S. 1474) haben aus der Literatur die bisher aus diesem Gebiet beschriebenen Gesteine zusammengestellt. Es sind hauptsächlich Nephelin-Basalt, Plagioklas-Basalt, Nephelin-Phonolith, Alkali-Trachyt, auch Monchiquit oder Camptonit. Die zeitliche Aufeinanderfolge der Magmen scheint noch nicht festzustehen.

Vielfach bilden die Gesteine Lagergänge oder lakkolithische Intrusionen in den Kreideschichten. Doch kommen auch echte Gänge vor. Die Kalksteine sind im Kontakt umgewandelt und gestört. Die Intrusive scheinen in diesem Gebiet die Erdoberfläche meist nicht erreicht zu haben; sie erinnern in diesem Verhalten an die basischen Intrusive in der Kreide des Nigertales in Nigeria.

Weit größeren Umfang haben die mächtigen Vulkangebäude des Djebel es Soda, Harudj el Asued und Harudj el Abiad zwischen dem 14. und 18. Längengrad und dem 26. und 30. Breitengrad (Abiad = weiß, Asued = schwarz). Die südlichsten Äußerungen dieses Vulkanbezirks liegen zwischen Wau el Kebir und Wau en Namus.

Der Djebel es Soda liegt auf den hangendsten Schichten der oberen Kreide; er scheint aus Nephelin-Basanit und Phonolithen zu bestehen.

Die gut erhaltenen Harudj-Vulkane mit ihren zahlreichen Kratern liegen auf Eozän, das an geeigneten Stellen kontaktmetamorph verändert ist. Ihre Basis bilden sehr ausgedehnte Decken von verwittertem Plagioklas-Olivin-Basalt und wohl auch Nephelin-Basalt. Die darüber geflossenen jüngeren Laven werden als pikritischer Basalt bezeichnet, d. h. wohl limburgitische Gesteine. Den verschiedenen Decken sind Tuffe zwischengeschaltet.

Ein gut erhaltener Krater von 3200 m Durchmesser liegt bei Wau en Namus; in seinem Innern sitzt ein jüngerer Vulkankegel mit exzentrischem Krater.

Das Alter des neogenen Vulkanismus ist verhältnismäßig gut zu begrenzen; die Harudj-Vulkane liegen z. T. auf Obereozän; bei Wau en Namus ist die Auflagerung besonders deutlich. Über Oligozänschichten liegen mehrfach Basaltbombentuffe. Der Hauptteil der Eruptionen scheint jünger als Oligozän zu sein; er hat vielleicht im Miozän stattgefunden und hat sich anscheinend bis ins Quartär fortgesetzt. Ein Teil der jüngsten Laven erscheint völlig frisch und unzersetzt.

Die jungvulkanischen Gesteine des Tibesti jenseits der Südgrenze von Libyen sind im 2. Teil kurz erwähnt.

B. Tektonik

Die ältesten Gesteine Libyens, die im äußersten Süden auftretenden kristallinen Schiefer, sind im Auenat und Arkenu, an der Grenze gegen Ägypten, zu ONO streichenden, im Tibesti zu NNO streichenden Falten, vielleicht in der huronischen Periode zusammengeschoben.

Die sogenannte Libysche Schwelle, die aus den kristallinen Gesteinen besteht, streicht NO, wohl parallel zur Kamerun-Wadai-Schwelle. In annähernd gleicher Richtung zieht der Zug des Tibesti. Das Alter der Heraushebung dieser Schwellen ist nicht sicher bekannt. Am Rande des Tibesti ist silurischer Sandstein — anscheinend nur an dem emporgehobenen kristallinen Kern — gefaltet, ähnlich wie die Sandsteine im Falema-Becken an der Flanke der Mauretanischen Schwelle.

Vielleicht ist auch die Faltung im Nubischen Sandstein bei Wau el Kebir, die *Desio* (Schizzo geologico della Libia, 1933, S. 9) beobachtete, durch ähnliche Einflüsse bedingt.

Im übrigen liegen alle jüngeren Sedimente vom fraglichen Kambrium und vom Silur an annähernd horizontal oder haben nur geringe Schichtenverbiegungen erlitten.

Weder die variszische Faltung, die das Unter-Karbon in Algerien und Marokko in ONO streichende Falten legte, noch die alpinen Faltungen, die in Tunesien, Algerien und Marokko die Sedimente bis ins Tertiär hinauf zu den gewaltigen Atlasketten auftürmten, haben Libyen und Ägypten wesentlich beeinflußt.

Nur östlich und westlich der großen Syrte, in der Nähe der Küste, sind Mesozoikum und Tertiär zu flachen domartigen Sätteln aufgebogen, deren Nordflügel merklich steiler einfallen als die ganz allmählich nach dem Landesinneren geneigten Südflügel.

Der tripolitanische Djebel, westlich der Syrte, hat seine wesentliche Gestaltung wohl schon vor dem Miozän erfahren; der Djebel der Cyrenaika im Osten ist vielleicht erst im Miozän endgültig herausgehoben worden.

Im Hinterland der beiden Djebelfalten sind noch weitere flache Falten bekannt.

Älter ist die breite und flache Mulde, die das Eindringen des Eozänmeeres ins Festland südlich der großen Syrte bedingte; sie entstand an der Wende Kreide—Eozän.

Die Krustenbewegungen seit dem Ende der Miozänzeit kommen zum großen Teil in der Bildung von Brüchen zum Ausdruck. Diese haben den zahlreichen Intrusionen und vulkanischen Ausbrüchen Libyens als Wanderungskanäle gedient.

Wie weit die marine Kreide von N her ins Festland eindrang, steht noch nicht sicher fest. Ob eine Verbindung von N über Tibesti und Ahaggar mit dem Golf von Guinea jemals bestanden hat, ist noch nicht nachgewiesen.

Die Entstehung der großen Einbuchtung der Syrten ist noch nicht geklärt.

Nach *v. Seidlitz* (1931) liegt die große Syrte an einer seit dem Eozän nachweisbaren Leitlinie. Hier besteht noch heute ein submarines Erdbebenherdgebiet. Genaueres ist aber noch nicht bekannt.

Die Streichrichtung der großen Spaltenzonen (nach *Krenkel,* III. 2, S. 1475 soll seine „Angolazone“ Libyen durchziehen) ist noch hypothetisch.

Schrifttum

Der geologische Bau Libyens

Auswahl

Airaghi, C., Contributo alla conoscenza della fauna senoniana della Tripolitania. Rend R. Ist. Lomb. di Sci. e Lett. Bd. 62. Mailand 1929, S. 521—531.

Airaghi, C., Echinidi paleogenici della Sirtica e del Fezzan orientale. Missione scient. R. Accademia d'Italia a Cufra. Bd. 3. Rom 1934, S. 63—81.

Aloisi, P., Gli studi petrografici sull'Eritrea, sulla Somalia, sulla Libia. Atti I Congresso di studi coloniale Bd. 3. Florenz 1931, S. 135—145.

Amato, A., Le formazioni geologiche della costa Cirenaica. Riv. delle Colon. Bd. 4. Rom 1930, S. 671 bis 682.

Amato, A., Il Senoniano nella Sirtica e nella regione a sud dell'Nadi Soffegin in Tripolitania. Boll. R. Uff. Geol. d'Italia. Bd. 60, Rom 1935, S. 1—5.

Amato, A., Da Misurata a Murzuch. Appunti par un profilo Geologico. Boll. Geogr. Tripolit. Nr. 1. Tripolis 1931, S. 105—113.

Ball, J., Problems of the Libian Desert. Geogr. Journ. Bd. 70 (1927), S. 21—38.

Barth, F., Reisen und Entdeckungen in Nord- und Zentral-Afrika in den Jahren 1849—1856. 5 Bände. Gotha 1857—1858.

Beadnell, H. J. L., Libyan sand dunes. Geogr. Journ. Bd. 84 (1934), S. 357.

Cheggia Rispoli, G., Sugli Echinidi cenozoici della Cirenaica raccolti dall'ing. Crema. Rend. R. Accad. Lincei, Bd. 2. Ser. 6. Rom 1925, S. 210—211.

Cheggia Rispoli, G., Illustrazione degli Echinidi cenozoici della Cirenaica. Boll. R. Uff. Geol. Italia, Rom Nr. 13 (1926), S. 1—20; Nr. 17, 1926, S. 1—4; Bd. 52 (1927), Nr. 3, S. 1—6; Nr. 9, 1927, S. 1—18.

Cheggia Rispoli, G., Scoperta di giacimenti fosfatici in Tripolitania. La ricerca Scientifica. Jhg. 4. Bd. 2. Nr. 11—12. Rom 1934.

Cheggia Rispoli, G., Illustrazione dei molluschi maestrichtiani della Tripolitania raccolti da L. San filippo. Boll. Soc. Geol. Ital. Bd. 53. Rom 1934, Heft 1—2; Bd. 54. 1935, Heft 1.

Chiarugi, A., Contribuzione alla paleoxilologia dell'Africa. C. R. Internat. Geol. Congr. XV. Sess. South Africa. 1929. Bd. 2. Pretoria 1930, S. 179—182.

Chiarugi, A., Una Tallofita arborea silicizzata del Deserto Libico: Nematophyton saharianum n. sp.: Missione scientifica dell R. Accademia d'Italia a Cufra (1931). Bd. 3. Rom 1934, S. 293—319.

Chiesa, C., Su alcuni nuovi fossili miocenici della Sirtica (Cirenaica). Miss. scient. R. Accad. Ital. a Cufra (1931), Bd. 3. Rom 1934, S. 231—237.

Crema, C., Il Mastrichtiano in Cirenaica. Rend. R. Accad. Lincei. Rom. V. Bd. 31 (1922), S. 121—125.

Dalloni, M., Une mission scientifique au Tibesti. C. R. Acad. Sci. Paris. Bd. 193 (1931), S. 720—723.

Dalloni, M., Constitution géologique du Tibesti: Le substratum antécambrien. C. R. Acad. Sci. Paris. Bd. 193 (1931), S. 1025—1029.

Dalloni, M., Les grès siluriens et les roches intrusives alcalines des formations anciennes du Tibesti. C. R. Acad. Sci. Paris. Bd. 194 (1932), S. 471.

Dalloni, M., Les volcans du Tibesti. C. R. Acad. Sci. Paris. Bd. 194 (1932), S. 626.

Dalloni, M., Mission au Tibesti. Mém. Acad. Sci. Paris. Bd. 61 (1934).

Denaeyer, M. E., L'Ouadai oriental et les régions voisines (Mission du Lieutenant-Colonel Grossard 1922 bis 1923). Bull. Soc. géol. France. Paris. IV. Bd. 24 (1924), S. 538—576.

Denaeyer, M. E., Essai de coordination des données lithologiques de quelques régions sahariennes et soudanaises. Soc. géol. Belgique. Livre jubilaire (1874—1924). Bd. 50. Lüttich 1925, S. 50.

Denaeyer, M. E., A propos: 1. de l'âge des grès à Harlania du Tibesti et de l'Ennedi; 2. du laminage des roches cristallines de l'Ouadai. C. R. Soc. Géol. France. Paris. V. Bd. 4 (1935), S. 44—45.

D'Erasmo, G., Su alcuni avanci di vertebrati terziari della Sirtica. Miss. R. Accad. Italia a Cufra. (1931). Bd. 3. Rom 1934, S. 259—279.

Desio, A., Sulla presenza del miocene nella Sirtica. Rend. R. Acc. Lincei. VI. Bd. 8. Rom 1928, S. 516—518.

Desio, A., Resultati scientifici della missione alla Oasi di Giarabub. II. La Geologia. Publ. R. Soc. geogr. Italiana. Rom 1928.

Desio, A., Sulla presenza dell'Oligocene in Sirtica (Libia). Rend. R. Accad. Lincei. VI. Bd. 13. Rom 1931, S. 208—210.

Desio, A., Sulla presenza dell'Eocene nel Fezzan orientale (Tripolitania). Rend. R. Accad. Lincei. VI. Bd. 15. Rom 1932, S. 827—828.

Desio, A., Schizzo geologico della Libia alla scola 1:4 Mill.; Mit Erläuterung. Florenz 1933.

Desio, A., Studi geologici sulla Cirenaica, sul Deserto Libico, sulla Tripolitania e sul Fezzan Oriental. Missione Scient. R. Accad. Italia a Cufra. (1931). Bd. 1. Rom 1935, 465 S. Literaturverzeichnis bis 1936.

Desio, A., Nuove basi geologiche per la ricerca dei fosfati in Libia. Rend. R. Accad. Lincei. Bd. 23. Rom 1936. Heft 6.

Desio, A., Brevi notizie sulla presenza del Silurico fossilifero nel Fezzan. Boll. Soc. Geol. Ital. Rom. Bd. 55 (1936), S. 116—120.

Desio, A., Lo stato attuale delle conoscenze geologiche sulla Libie in rapporto con lo sfruttamento delle risorse naturali. Materie prime d'Italia e dell'Impero. Bd. 2. Rom 1937, S. 543—556. Bunte geol. Karte 1:6 Mill. Ausführliches Literaturverzeichnis!

Desio, A., Le nostre conoscenze geologiche sulla Libia sino al 1938. Annal. Museo Libico Stor. nat. Vol. I. Tripolis 1939, S. 13—54 (21 S. Literatur). Bunte geol. Karte 1:3 Mill.

Doncayer, H. E., Nouvelles observations sur la géologie du Tibesti Djado Kaouar. C. R. Acad. Sci. Paris. Bd. 179 (1924), S. 472—475.

Fantoli, A., Le acque sotterance in Tripolitania Atti I. Congr. Studi Coloniali. Bd. 3. Florenz 1931, S. 182—203.

Florida, G. B., Sopra alcune rocce nummolitiche del Gebel Cirenaico. Missione. Scient. R. Accad. Italia a Cufra. Bd. 3. Rom 1934, S. 33—41.

Franchetti, S., Sopra il basalto nefelitico di Gara (Tripolitania). Period di Mineralogia Bd. 2. Rom 1931, S. 28.

Franchetti, S., Sopra alcune rocce eruttive della Tripolitania. Boll. Soc. Geol. Ital. Bd. 51. Rom 1932, S. 353—358.

Fouquet, Reconnaissance Djanet-Toummo (Sahara oriental). Revue Géogr. phys. Géol. dyn. Paris. Bd. 1. 1928, S. 271—284, mit zwei einfarbigen Karten 1:400000.

Gallitelli, P., Contributo alla conoscenza delle rocce metamorfiche ed eruttive della Libia, in: Missione scient. R. Accad. Italia a Cufra. Bd. 3. Rom 1934, S. 423—428.

Gallitelli, P., Contributo alla conoscenza delle rocce metamorfiche ed eruttive della Libia, in: Missione della R. Accademia d'Italia a Cufra. Publ. Reale Accademia d'Italia. Rom 1934. 107 S., 3 Fig. 2 Taf.

Gregory, J. W. und Curie, E. D., General Geology of the south central Sahara. Quart. Journ. Geol. Soc. London. Bd. 86 (1930), S. 399—403.

Hume, W. F., Conclusions derived from the geological dates collected by Hassanein Bey during his Kufra-Owenat Expedition. Geogr. Journal. Bd. 64 (1924), S. 386—388.

Jacquetan, G., Les lignites et les phosphates de la Libye. Chronique des mines coloniales Nr. 41. Paris 1935, S. 271—272.

Kilian, C., Sur l'âge des grès à Harlania et sur l'extension du silurien dans le Sahara oriental. C. R. Acad. Sci. Paris. Bd. 192 (1931), S. 1742.

Krenkel, E., Die östliche Sahara (Tibesti-Massiv und Libysches Becken) in Geologie Afrikas. Bd. 3. 2. Teil. Berlin 1938, S. 1454—1474. Literatur-Verzeichnis.

La Parola, G., L'acqua freatica della zona attorno a Bengasi. Not. Econ. della Cirenaica. Bd. 2. Bengasi 1929, S. 5—37.

Laurenti, S., Le acque sotterrance in Libia. Materie prime d'Italia e dell'Impero. Bd. 4. 1939, S. 81—98. 17 Fig.

Marchetti, M., Note illustrative per un abbozzo di carta geologica della Cirenaica. Boll. Soc. Geol. Ital. Bd. 52. Rom 1934, S. 309—325.

Marchetti, M., Sulla presenza del Cretaceo medio in Cirenaica. Rend. R. Acc. Lincei Bd. 21. Rom 1935, S. 25—29.

Marchetti, M., Sulla presenza di nuovi affioramenti oligocenici a sud del Gebel Cirenaico. Rend. R. Acc. Lincei. Bd. 21. Rom 1935.

Menchikoff, N., Observations géologiques faites au cours de l'expédition de S. A. R. le Prince Kemal el Din Hussein dans le désert de Lybie (1925—1926). C. R. Acad. Sci. Paris (1926), Bd. 183, S. 1047—1049.

Menchikoff, N., Etude pétrographique des roches cristallines et volcaniques dans la région d'Ouenat (Désert de Libye). Bull. Soc. Géol. France. IV. Bd. 27 (1927), S. 337—354.

Moon, F. W., Notes on the geology of Hassanein Bey's expedition Sollum-Darfur, 1923. Geogr. Journ. Bd. 64 (1924), S. 388—393.

Negri, G., Impronte vegetali del Deserto Libico. Missione scient. R. Accad. Italia a Cufra (1931). Rom 1934, S. 283—289.

Negri, L., Gasteropodi. Scafopodi e Cefalopodi pallogenici della Siticare del Fezzan Orientale. Missione scient. R. Accad. Italia a Cufra (1931). Rom 1934, S. 133—161.

Negri, L., Contribuzione alla connoscenza del Paleogene del Gebel Cirenaico. Atti. Soc. Ital. Nat. Mailand (1934), Bd. 73, S. 237—253.

Overweg, Geognostische Bemerkungen auf der Reise von Philippeville über Tunis nach Tripoli und von hier nach Murzuc in Fezzan. Zeitschr. d. D. Geol. Ges. Bd. 3 (1851), S. 93—102.

Parona, F. C., Fauna del Neocretaceo della Tripolitania. Molluschi. Mem. per serv. alla descr. della Carta Geol. d'Italia. Bd. 8, Teil 3 und 4. Rom 1921—1923.

Parona, F. C., Di alcune rudiste della Tripolitania. Boll. R. Uff. Geol. d'Italia Bd. 58 (1933). Nr. 2.

Pelloux, A., Rocce e minerali raccolti nel Deserto libico fra le Oasi di Cufra e di Gialo. Ann. Museo Civ. St. Natur di Genova. Bd. 55 (1932), S. 259—267.

Pfalz, R., Die Hauptzüge im geologischen Bau der Cyrenaika. Geol. Rundschau Bd. 23 (1932), S. 122—132.

P f a l z , R., Die Hauptzüge im geologischen Bau Italienisch-Libyens. Geol. Rundschau, Bd. 25 (1934), S. 111—132 (1 schwarze geol. Karte etwa 1:10 Mill.).
P f a l z , R., Die wichtigsten Ergebnisse neuer geologischer Forschungen in Tripolis und der Cyrenaika. Centralbl. f. Min., Abtg. B. 1935, S. 203.
P r i n c i p i , P., Osservazioni su alcuni legni fossili della Libia. Boll. Soc. geol. Ital. Bd. 51 (1932), S. 311—316.
R a t h j e n s , C., Löss in Tripolitanien. Zeitschr. d. Ges. f. Erdkunde 1928.
R o h l f s , G., Reise durch Nord-Afrika vom Mittelländischen Meere bis zum Busen von Guinea (1865—1867). Petermanns Mitteil. Ergänz.-Heft 25 (1858).
R o h l f s , G., Von Tripolis nach Alexandrien. Bremen 1871.
R o h l f s , G., Kufra. Reisen von Tripolis nach der Oase Kufra. Leipzig 1881.
R o s e , G., Overwegs geognostische Bemerkungen auf der Reise von Philippeville über Tunis nach Tripoli und von hier nach Murzuch in Fessan. Zeitschr. d. D. Geol. Ges. Bd. 3 (1851), S. 93—106.
S a c c o , F., Dati geo-idrologici sulla Tripolitania. Boll. Soc. Geol. Ital. Bd. 51 (1932), S. 297—310
S a n d f o r d , K. S., Volcanic Craters in the Libyan Desert. Nature. Bd. 131 (1933), S. 46.
S a n d f o r d , K. S., Geology and geo-morphology of the southern Libyan Desert. Geogr. Journ. Bd. 82 (1933), S. 213—219.
S a n d f o r d , K. S., Notes on the geological dates from South Libyan Desert. Geogr. Journ. Bd. 87 (1936), S. 211—214.
S i l v e s t r i , A., Su di alcuni foraminiferi terziari della Sirtica. Missione Scient. della R. Accad. Italia a Cufra (1931). Bd. 3. Rom 1934, S. 7—30.
S t e f a n i n i , G., Fossili terziari della Cirenaica. Paleont. Italica. Bd. 27. Pisa 1923, S. 101—146.
S t e f a n i n i , G., Sulla scoperta di restifossili di vertibrati nella Sirtica Orientale. Boll. Geogr. del Gov. della Tripol. e. Civ. 1934, S. 152—157.
S t e f a n i n i , G., Giacimento miocenico avertibrati nella Sirtica. Atti Soc. Tosc. di Sci. Natur. Bd. 42. Pisa 1934.
T i l h o , J. und L a c r o i x , A., Esquisse géologique du Tibesti, du Borkou, et de l'Ennedi. Les formations sédimentaires. C. R. Acad. Sci. Paris. Bd. 168 (1919), S. 1169—1174.
U h d e n , R., Beckenformen und Dünengebiete der Libyschen Wüste. Festschrift für Carl Uhlig. Öhringen 1932, S. 106—128.
V i n a s s a d e R e g n i , P., Contribuzioni alla conoscenza della Libia. Boll. Soc. Geol. Ital. Bd. 51 (1932), S. 277—288.
W i l l m a n n , K., Zur Petrographie des kristallinen Gebietes am Süd- und Südwestrand der Libyschen Wüste. N. Jahrb. f. Min. Beil. Abtg. A. Bd. 72 (1937), S. 367.
Z i t t e l , K. A., Beiträge zur Geologie und Paläontologie der Libyschen Wüste. Palaeontographica Bd. 30 (1883). Vgl. auch bei Abschn. Ägypten.
Z o d d a , A., Analisi chimica e fisico-chimica dell'acqua termosolfidrica di Sidi Mesri (Tripoli). Tripolis 1934.
Z u c c o , G., Quindici anni di ricerche geologiche e mineralogiche in Tripolitania e in Cirenaica. Rass. Econ. delle Colonie. Bd. 16. Rom 1928, S. 761—790.

III. b. Die nutzbaren Lagerstätten in Libyen

Von Fritz-Erdmann Klingner

Unter Libyen werden die bis 1935 getrennt verwalteten italienischen Kolonien Tripolitanien und Cyrenaika zusammengefaßt. Außer Kochsalz und Soda werden augenblicklich keine Mineralien gefördert. Über die übrigen Mineralvorkommen liegen meist nur sehr spärlich Nachrichten vor.

1. Phosphate

1911 erhielt man zum erstenmal Kenntnis von Phosphatlagerstätten, die anscheinend an alttertiäre Schichten gebunden sind. Ende 1919 durchgeführte Untersuchungen im Gebiet von D e r n a (Cyrenaika), C i r e n e , im W a d i B e n t und am D j e b e l G a r i a n , südlich von Tripolis, erwiesen deren Unbauwürdigkeit. 1929 bis 1931 und dann noch 1932 bis 1935 wurden im östlichen Teil des Djebel Tripolitano Untersuchungen durchgeführt; dabei fand man im Sofeggine-Tal südlich Misurata Phosphatlagerstätten von 35000 ha Ausdehnung. Hier scheinen auch die Phosphatlager von Bir Dufan zu liegen, die jedoch wegen des zu geringen Phosphatgehaltes nicht bauwürdig sind. In Cyrenaika 1931 aufgefundene Knollenphosphate mit bis zu 68,8 v. H. Trikalziumphosphat haben ebenfalls keine wirtschaftliche Bedeutung. Bei Sahabi in Sirtica hat man in miozänen Schichten Phosphatknollen mit 64 v. H. $Ca_3(PO_4)_2$ gefunden, die aber auch nicht bauwürdig sind. Auch in der Oberkreide (Maastricht) des Wadi Bakur, am Nordrand der Barka, hat man einen geringen Gehalt an P_2O_5 festgestellt; gewinnbare Phosphate sind jedoch nicht vorhanden. Es scheint, daß infolge einer Schichtlücke — vielerorts transgrediert mittleres Eozän auf obere Kreide — der in den Nachbarländern vorhandene Phosphathorizont vielfach fehlt.

2. *Schwefel*

Am Süd- und Südostrande der Großen Syrte wurden nach Reiseberichten *(Rohlfs)* Schwefellagerstätten bei Ain el Kebrit und in der Provinz Bengasi bei Djedabie und Bu Haschbe abgebaut. Der 1846 gegründeten Gesellschaft „Compagnie Anglo-Française pour l'exploitation des mines de soufre d'Afrique“ wurde s. Z. von der türkischen Regierung die Abbauerlaubnis verweigert. In Atlanten *(Stieler, Andrée)* findet sich hier die Bezeichnung „Schwefelgruben“. Der Schwefel dürfte hier an gipsführende Kalke und Tone des Eozän gebunden sein. Vorschläge zur Wiederaufnahme des Bergbaues wurden schon 1912 gemacht.

Die Sebka Ain el-Braghi an der Großen Syrte, südsüdwestlich Bengasi, wird von einer etwa 32—34° warmen, schwefelhaltigen Thermalquelle gespeist *(Mancuso)*. Aus dem aufsteigenden Schwefelwasserstoff wird durch Oxydation Schwefel frei, der anfangs in kolloidaler Form im Wasser suspendiert bleibt und dem Wasser eine eigenartige, milchige Färbung verleiht; nach und nach fällt der Schwefel, dem auch eine geringe Menge Borsäure beigemengt ist, aus. Der Schwefel wird gewonnen, nach El-Agheila gebracht und von hier nach Ägypten ausgeführt. Dieser kolloidale Schwefel ist als Heilmittel bei Hautkrankheiten sehr geschätzt, und *Desio* (1941) berichtet, daß die Eingeborenen ihre Kamele in dem Schwefelwasser baden lassen, um sie von der Krätze zu heilen.

Aus den „Schwarzen Bergen“ der Libyschen Wüste sind Schwefelquellen bekannt, die als letzte Zeugen eines erloschenen Vulkanismus angesehen werden.

3. *Kochsalz*

Kochsalz wird aus Salzsümpfen an der tunesischen Grenze bei Maaten Gheizel (Syrte) und südlich von Bengasi gewonnen. Die Gewinnung von Kochsalz aus Meeressalinen steht unter Staatsaufsicht. Östlich von

Tripolis, westlich der Oase von Milaha (= Salzort), wird das Salz in einfachster Weise aus einer Salzpfanne gewonnen (Ssebra). Wahrscheinlich ist hier die Mündungsbucht eines Flußtales durch Küstenhebung abflußlos geworden. Jedenfalls sammelt sich hier Grundwasser — der untere Grundwasserhorizont führt fast stets Salzwasser — und Regenwasser auf dem undurchlässigen tonigen Boden mergliger Kreidekalke. Da das Wasser hier nicht versickern kann, verdunstet es in der heißen Jahreszeit, und das Salz kristallisiert zu einer dünnen Kruste aus. Das gewonnene Salz ist sehr grobkörnig und mit Erde vermischt. Zur Zeit der türkischen Herrschaft überwachte Militär das Einsammeln des Salzes *(Banse)*, das von der Regie verkauft wurde.

In den letzten Jahren sind, besonders auf Anraten *Desios*, die verschiedenen Salzsümpfe (Sebken) an der Küste und im Landesinnern, von wo etwa 45 Sebken bekannt sind, untersucht worden. Die Küstensebken sind ursprünglich Meeresbuchten gewesen, die durch Hebung der Küste oder durch sedimentäre Ablagerungen vom Meere getrennt sind, während die Sebken im Landesinnern tektonische oder auch Erosionsformen sind. Über die Sebken mit Kalisalzen s. u. Abschn. 4. Von den küstennahen Sebken hat *Mancuso* die Salzpfannen südlich von Bu Ngem am Südrande der Großen Syrte eingehend untersucht. Die bedeutendste ist die 6 qkm große Melah Chelaia, deren randliche Gipsablagerungen mit Gipsdrusen enthaltenden Kieselknollen bestreut sind. Der Untergrund der Sebka besteht aus einer Wechsellagerung von Steinsalz mit dünnen Gipsletten; in etwa 1,20 m Tiefe verschwindet das Salz, und noch tiefer geht der Gipsletten allmählich in schwarzen Ton über.

40 km südöstlich von Bu Ngem liegt die kleine Melah Ruaus, deren Salzablagerungen eine etwa 200×500 m große Fläche bedecken. Die von *Mancuso* untersuchte salinare Schichtfolge eines etwa 100 m hohen Hügels in dieser Sebka besteht aus einer Wechsellagerung von Gips, Salz und Ton:

3 m	kristalliner, weißer Gips;
25 m	bunte Gipstone;
1 m	zuckerkörniger, weißer Gips mit etwas Steinsalz;
3 m	unreines, rotes Steinsalz (45,58 v. H. NaCl);
1 m	weißer, graugebänderter Mergel;
8 m	Wechsellagerung von verschiedenfarbigem Tonmergel mit steinsalzreichen Schichten (31,69 v. H. NaCl);
2 m	feinkörniger, weißer Gips;
20 m	graue und rötlich-violette Mergel mit Gips und Steinsalz (7,22 v. H. NaCl);
2 m	dichter, weißer Gips;
2 m	grauer Salzton (5,76 v. H. NaCl);
4 m	grüner Mergel mit weißen, kristallinen Gipsbändern;
2 m	weißer Mergel mit Gipslagen;
2 m	grüner, gipshaltiger Ton mit rötlich-violetten Gipslagen (2,1 v. H. NaCl);
2 m	dichter Gips mit Einlagerungen von grünem Salzton (7,24 v. H. NaCl);
2 m	weißer und grüner Gipsmergel, etwas salzhaltig (3,25 v. H. NaCl);
1 m	violetter Gipsmergel mit Gipslagen;
2 m	grauer, blättriger Ton mit Steinsalz- und Gipskristallen (8,24 v. H. NaCl);
2 m	salzhaltiger Gipsmergel;

2 m grauer, blättriger Ton mit Steinsalzkristallen (15,75 v. H. NaCl);
2 m stark salzhaltiger, grüner Gipsletten (32,22 v. H. NaCl);
3 m grüner Gipsletten;
1 m weißer Gips;
6 m grüner Salzton (Liegendes!)

Eine Analyse des Salzes der Sebka (Nr. 9 der Zahlentafel, S. 133) ergab 33,97 v. H. NaCl und 3,64 v. H. Na_2SO_4.

Von 1929 bis 1937 wurden jährlich in Cyrenaika rd. 10 000 t, in Tripolitanien rd. 20000 bis 22000 t Kochsalz gewonnen und zum Teil ausgeführt (1933 sogar nach Norwegen).

4. Kalisalz

In den Lagunen von Mellahe di Bu-Kamasch (Tripolitanien), die nur zeitweise mit dem Meere in Verbindung stehen, reichert sich der Kaliumgehalt des Meerwassers in Mutterlaugen vom spez. Gew. 1,220 (26° Bé) und mehr an. Seesalz-Mutterlaugen der Saline Tripolis hatten folgende Zusammensetzung:

	I	II
KCl	23,2 g/l	40,9 g/l
NaCl	134,3 g/l	40,0 g/l
$MgCl_2$	139,3 g/l	250,0 g/l
$MgSO_4$	64,4 g/l	85,4 g/l
Dichte	1,263 (30° Bé)	1,320 (35° Bé)

Es sind Verfahren ausgearbeitet, um zusammen mit dem Kochsalz auch das Kalium-Salz zu gewinnen. Die Mutterlauge wird (nach *Gmelins Hdb.*, S. 1332) erst bis zum spez. Gew. 1,284 (32° Bé), dann bis 1,320 (35° Bé) eingedampft, wobei NaCl oder ein Gemisch von NaCl und $MgSO_4 \cdot 7\ H_2O$ ausfällt. Im Sommer wird die Mutterlauge weiter eingedampft bis zu einer Dichte von 1,345 (37° Bé), so daß ein Gemisch von NaCl, Magnesiumchlorid, KCl und K-Mg-Sulfat („Sommersalz") ausgefällt wird. Dieses Sommersalz wird in 90 bis 100° heißem Wasser gelöst und scheidet beim Abkühlen 85 v. H. seines Kaliumgehaltes als Schönit $K_2SO_4 \cdot MgSO_4 \cdot 6\ H_2O$ ab. Die Mutterlauge wird künstlich gekühlt, bis Glaubersalz ausgefallen ist; dieses wird entfernt und dann die Lauge weiter eingedampft und mit $MgCl_2$-Lösung versetzt. Beim weiteren Abkühlen kristallisiert der restliche Kalium-Gehalt als Carnallit $KCl \cdot MgCl_2 \cdot 6\ H_2O$ aus, der zur Darstellung von KCl mit kaltem Wasser zersetzt wird. Beim Eindampfen im Winter wird nach Entfernung des ausgefallenen $MgSO_4 \cdot 7\ H_2O$ das beim Eindampfen auf 1,345 spez. Gew. ausgeschiedene Salzgemisch mit Wasser versetzt, wodurch $MgCl_2$ fast vollkommen entfernt und der Gehalt an K_2SO_4 und $MgSO_4$ erhöht wird. 1929 war geplant, in den Salinen Briga und Bu Numa, zwischen Suara (westlich Tripolis) und der tunesischen Grenze, nach diesem Verfahren die Kaligewinnung aufzunehmen, doch sind bisher noch keine Produktionszahlen bekannt geworden. Mit diesem Plan dürften auch die 1933 aufgetauchten Gerüchte zusammenhängen, daß in der Nähe von Pisda an der tunesischen Grenze Kalilager gefunden worden sein sollen.

Sehr bedeutungsvoll sind auch Sebken am Südrande der Großen Syrte und in der Libyschen Wüste, die neben Kochsalz auch Kalisalze, besonders Carnallit ($KCl \cdot MgCl_2 \cdot 6\,H_2O$), liefern. Eine Zusammenstellung dieser Sebken mit den Analysen ihrer Salze gibt folgende Zahlentafel (nach *Desio,* 1936):

Zahlentafel

Salzanalysen einiger Sebken Libyens

	1	2a	2b	3a	3b	4	5	6	7	8a	8b	9
Na	11,07	3,35	0.95	35,80	2,96	21,14	12,80	27,94	36,94	34,33	34,33	35,85
K	2,15	28,28	—	—	15,35	10,38	2,57	7,53	—	0,91	1,90	—
Mg	34,40	4,58	—	—	7,54	4,07	1,24	0,29	—	1,48	3,18	—
Ca	—	—	24,50	1,58	—	—	12,51	0,08	—	1,58	0,91	1,54
Cl	18,00	42,45	3,53	52,38	39,61	37,00	14,47	50,73	50,54	55,08	55,02	52,37
SO_4	18,00	0,30	42,48	3,65	0,46	21,18	33,54	1,17	6,80	4,26	9,14	3,65
CO_3	—	—	9,92	2,40	—	—	9,12	—	—	—	—	2,39
H_2O	11,25	20,29	17,94	0,15	35,22	5,22	10,36	13,56	5,88	1,95	—	0,15
S_1O_2	3,25	—	—	3,47	—	—	5,01	—	—	—	—	—
Rückst.	—	0,38	1,89	—	0,11	1,18	—	—	0,33	—	—	3,47

1. Djarabub (H. el-Fredga). 2a. Ain el-Braghi (gelblichweiße Ablagerung). 2b. Ain el Braghi (graue Ablagerung). 3a Marada (nördl. Zone). 3b. Marada (Zone von Dakar). 4. Tazerbo (El-Wadi). 5. Kufra (El Giof, Hafun-See). 6. Kufra (El Giof, Buema-See). 7. Wau en Namus. 8a. Mugtaa el Giofer (gelöst). 8b. Mugtaa el Giofer (bei 110° getrocknet). 9. Melah Ruaus.

1931 hatte *Desio* in der Sebka von Marada, 120 km von der Küste entfernt, die ersten Proben von Carnallit gesammelt, 1936 wurde durch eingehende Untersuchungen ein recht ausgedehntes Carnallit-Gebiet, dessen Salz 86,15% Carnallit enthält, am Ostrande dieser Sebka entdeckt (Analyse 3b). Die Konzentration der Kalisalze ist von den Jahreszeiten abhängig und von Juni bis August am stärksten; im Herbst, mit Beginn der nassen Jahreszeit, werden die leichtlöslichen Salze aufgelöst, so daß die Carnallitlager vorübergehend verschwinden, sich aber mit Eintritt der Trockenzeit von neuem bilden. Die Vorräte an Kalisalz sind sehr beträchtlich. *Desio* (1941) gibt an, daß nach amtlichen Mitteilungen in normalen Zeiten 21 000 t Carnallit im Jahre 1940 aus einem kleinen Teil der Sebka hätten gewonnen werden können: die Gesellschaft, der die Gewinnung übertragen war, hatte für 1941 eine Förderung von 25 000 t Kalisalz mit 40 bis 50% K_2O zugesagt. Falls sich die Salze in genügender Konzentration im Wasser finden, wäre man auch nicht auf die natürliche Ausscheidung von Carnallit angewiesen, sondern könnte den Carnallit (wie oben angegeben) aus der Lösung gewinnen.

Die nördlich von Marada gelegene Sebka Ain el-Braghi hat einen noch höheren Kalium-Gehalt (Analyse 2a), das Salz enthält 53,46 v. H. KCl, 17,90 v. H. $MgCl_2$ und 8,37 v. H. NaCl. Das Vorkommen ist indessen, wohl wegen zu geringer Ausdehnung, nicht bauwürdig.

Auch die meisten übrigen, kalisalzführenden Sebken haben augenblicklich nur wissenschaftliche Bedeutung. Hierher gehört die Sebka von Mugtaa el Giofer, südlich El Agheila, die aus zwei durch eine Sand- und Gipsbarre voneinander getrennten Salzsümpfen besteht. Die Salzkruste, die am Rande nur 15 cm dick ist, wird nach der Mitte zu mindestens 1,70 m dick; sie besteht zu unterst aus grobkristallinem, klüftigem Steinsalz, auf das sich eine 20 cm dicke Kruste von weißem Salz mit grünen, eisensulfatreichen Bändern legt; das Eisensulfat stammt aus den grünen Tonen vom Fuße der aus Sandsteinen aufgebauten Randberge. Analysen des Salzes s. Nr. 8a und 8b der Zahlentafel. Die Salzkruste zerfällt in merkwürdige, polygonale Schollen, die durch das Schrumpfen des eintrocknenden liegenden Salztones verursacht werden. Das auf den Trockenrissen aufsteigende Salzwasser scheidet eine sehr kalireiche Salzkruste aus.

Mehrere Salzseen sind auch in der Oase Kufra von *Desio* (1939) untersucht worden. So liegt westlich des Dorfes El Giof, des Hauptortes der Oase, der 46 800 qm große See Hafun und nordöstlich der Buema-See. Der Kaliumgehalt der Salzkruste des zuletzt genannten Sees ist über doppelt so hoch als von der des Hafun-Sees, der eine überwiegend aus Gips bestehende Kruste trägt. Die graue Salzkruste des Buema-Sees besteht aus 71,02% NaCl und 14,36% KCl sowie einzelnen Gipskristallen, die auf ihr aufgewachsen sind. Das Wasser ist grünbraun gefärbt und durch Plankton getrübt.

Verschiedene dieser Sebken enthalten auch ziemlich viel Magnesium, so daß auch Magnesium-Salze gewonnen werden können.

5. Trona (Soda)

Im Norden der Hammada von Mursuk liegen im Dünengebiet von Edeyen am Wadi el Gharbi zehn Salzseen, von denen drei reich an Kochsalz und Soda sind, besonders der Bahr el Trunia (der Natronsee) und der Bahr el Dud (der Wurmsee), aus denen vor allem die Soda gewonnen wird. Hier wurden zeitweise einige 100 t Soda gesammelt und in Tripolis auf dem Markt verkauft. 1905 wurden aus Tripolis für rund 60 000 RM, 1907 für 20 000 RM Soda nach Tunis und Marseille ausgeführt. Die Araber verwenden

Soda an Stelle von Hefe beim Brotbacken. — Im Süden von F e s s a n haben sich 2 bis 3 cm dicke, schneeweiße Krusten von schwerer verwitternder Trona ($Na_2CO_2 \cdot NaHCO_3 \cdot H_2O$) gebildet, die ebenfalls zeitweise gesammelt werden. Die Trona hat sich hier aus der Umsetzung von NaCl mit $CaCO_3$ oder $MgCO_3$ (Kalksteinen bzw. Dolomiten vermutlich des Karbon oder Perm) gebildet. Die Trona-Krusten haben folgende Zusammensetzung:

NaCl	0,46%
Na_2SO_4	0,44%
Na_2CO_3	39,41%
$NaHCO_3$	44,30%
$CaCO_3$	0,05%
Fe_2O_3, Al_2O_3	0,01%
H_2O	14,80%
	99,47%

6. M a n g a n

Im Jahre 1939 wurden in der Nähe von M a r a d a bauwürdige Manganerzlager (in tertiären Schichten?) erschürft und anscheinend auch schon mit dem Abbau begonnen. Das Erz soll einen sehr hohen Mangangehalt haben. Es ist geplant, im ersten Jahr 2000 t, im dritten schon 25 000 t zu fördern. Zum Erztransport ist der Bau einer Straße zu der Küstenstadt Rada di el Aali vorgesehen, wo das Erz verschifft werden soll. *Desio* (1941) erwähnt dieses Vorkommen nicht (vgl. Lagerstättenchronik, 26. Jahrgang 1939, S. 131).

7. B r a u n k o h l e n

Im Jahre 1935 wurden (anscheinend tertiäre) Braunkohlenvorkommen bei K u s s a b a t und C h i c l a untersucht, die sich aber als nicht bauwürdig herausstellten. Es handelt sich dabei um geringmächtige Schmitzen von erdigem Xylit in einem fossilführenden Mergel, anscheinend des Wealden, mit Ton im Liegenden und Sandstein im Hangenden.

8. E r d ö l u n d E r d g a s

Bei einer 1915 bei S i d i M e s r i in der Nähe der Landwirtschaftlichen Schule in Tripolis niedergebrachten Wasserbohrung durchsank man folgende vermutlich tertiäre (miozäne?) Schichten mit Ölspuren:

235—248 m Tone mit sandigen Einlagerungen mit Erdgas,
315—321 m Muschelkalke mit etwas Erdöl und Erdgas,
341,6—345,8 m sandige Mergel mit Erdgas.

Das Gas strömte in dicken Blasen durch das im Bohrloch stehende Wasser, das dadurch in Wallung geriet. Mit der Zeit sammelte sich auf der Wasseroberfläche eine 2 bis 3 cm dicke Schicht von gelbem, leichtem Erdöl an, das leider nicht analysiert wurde. Das mit langer Flamme brennende Gas bestand laut Analyse in der Hauptsache aus Methan mit geringen Mengen von Äthan und Stickstoff. Nach *Desio* (1941) zeigten sich 1934 und 1935 gelegentlich der Brunnenbohrungen bei Es-Sbabil, 7 km von Tagiura entfernt, in Gasr Gatabulli, Tagiura, Azizia, Suani ben Aden u. a. O. Anzeichen für Methan. Ein Brunnen bei Mellaha lieferte 1937 am Tag 27 cbm Methan, und das aus 259 m stammende Wasser enthielt Erdöltropfen. Später zeigten sich noch bei mehreren anderen Brunnen in der Djefara Erdölanzeichen, so auch in dem Brunnen von Such el Chemis bei Homs. Im April 1938 wurde bei Giama el-Turc die erste Tiefbohrung niedergebracht; diese und noch weitere bis Ende 1939 gestoßene Bohrungen bis etwa 400 m Tiefe sind anscheinend erfolglos geblieben. Eine noch nicht beendete Bohrung soll 1500 m tief werden. Der Erdölhorizont wird im Liegenden des Miozän erwartet.

9. *Sonstige Mineralien*

Eisenerze sind bekannt vom Djebel Tarhuna und von Gefara, Antimonglanz und Manganerze unweit Nalut, Schwefelkies ebenfalls vom Djebel Tarhuna, doch ist über deren mögliche wirtschaftliche Bedeutung nichts bekannt. *Rohlfs* erwähnt auch Salpetergruben, die aber nicht ausgebeutet würden.

Westlich von Marada, so bei Garet el Luban, finden sich bis nußgroße Knöllchen einer ambra-ähnlichen Masse*) in einer grünlichen, tonigkalkigen marinen Sandsteinbank des Oligozän zusammen mit Fischzähnen (*Desio*, 1941). Bei der Verwitterung des Sandsteins wittern die Knöllchen heraus und finden sich nun auf dem Grund der Geländemulde verstreut. Anscheinend besteht in Ägypten Nachfrage nach diesem Rohstoff für die Parfüm-Herstellung.

Schrifttum

Die nutzbaren Lagerstätten in Libyen

Banse, E., Tripolis. Weimar 1912.

Crema, C., Sulle manifestazioni di idrocarburi del pozzo artesiano di Sidi Mesri presso Tripoli. Boll. Inform. Econ. 1925. Nr. 5.

Dammer, B. und Tietze, O., Die nutzbaren Mineralien. 1. Bd. Stuttgart 1913.

Desio, A., Lo stato attuale delle conoscenze geologiche sulla Libia in rapporto con la sfruttamento delle risorse naturali. Materie prime d'Italia e dell'Impero. Bd. 2 (1937).

Desio, A., Nuove basi geologiche per la ricerca dei fosfati in Libia. Atti della Reale Accademia Nazionale dei Lincei. Bd. 23 (1936).

*) Ambra oder Amber („grauer Bernstein") ist eine graue, von hellen Lagen durchzogene fettartige Masse, die in der Hauptsache aus dem cholesterinartigen Ambrain besteht, die etwa bei 60° schmilzt. Die auf dem Meere, besonders dem Indischen Ozean, treibenden Knollen von Ambra werden von Fischern gesammelt, da er ein sehr kostbarer Rohstoff (das kg kostet etwa 6000 RM) für feine Duftstoffe ist. Die Ambraknollen sind Ausscheidungen des Pottwals und bestehen wahrscheinlich aus den nicht völlig verdauten Überresten von Weichtieren. Vielleicht sind es auch Gallensteine.

Schrifttum

Desio, A., Appunti geognostici sulle sebche interne della Libia. Istituto di Geologia etc. della R. Università di Milano. 1936.

Desio, A., I due laghetti salati di Cufra nel Sahara Italiano. Bollet. della Reale Soc. Geogr. Italiana. Roma 1939.

Desio, A., Die neue lagerstättenkundliche Erforschung Italienisch-Libyens und ihre Ergebnisse. Z. f. prakt. Geol. Bd. 49 (1941).

Gmelins Handbuch der anorganischen Chemie. 8. Aufl. System Nr. 22 Kalium. Berlin 1938.

Licciardi, S., L'industria solfifera ed il sottosuolo in Tripolitania. Rass. Min. Bd. 7. Turin 1912.

Mancuso, V., Osservazioni geochimiche su alcune conche dei dintorni di Bu Ngem. Annali del Museo Libico di storia naturale. Bd. 1. Tripolis 1939.

Mancuso, V., Prime notizie geochimiche sui dintorni di Maaten Giofer e di Ain el-Braghi (Sirtica). Annali del Museo Libico di storia naturale. Bd. 1. Tripolis 1939.

Pfalz, R., Die Flanken der Großen Syrte in ihrer Gegensätzlichkeit und Übereinstimmung. Geograph. Zs. Bd. 37 (1931).

Pfalz, R., Die wichtigsten Ergebnisse neuer geologischer Forschungen in Tripolitanien und der Cyrenaika. Centralbl. f. Min. usw. Abtlg. B. 1935.

Poggiali, C., Italia mineraria. Rom, im Jahre 17.

Rohlfs, G., Von Tripolis nach Alexandrien. Bremen 1871.

IV. TUNESIEN UND NORDALGERIEN

(ATLAS-GEBIET)

Der geologische Bau des Atlas-Gebietes

Von Fritz Behrend

Tunesien, der nördliche Teil von Algerien und der größere Teil von Marokko bilden eine geologische Einheit. Die jungen Faltengebirge der Atlasketten sind das gemeinsame Kennzeichen der drei Länder. Diese Faltenzüge lassen sich von Südspanien her auf mehr als 2000 km durch Marokko, Algerien und Tunesien und von da wieder nach Sizilien und Süditalien verfolgen.

Im Gegensatz zu dieser gewaltigen Faltenzone ist der südlich anschließende Teil von Nordafrika, zu dem auch das algerische Saharagebiet, Libyen und Ägypten gehören, während des ganzen Mesozoikums und Känozoikums fast ungefaltet geblieben.

Die Grenze zwischen beiden Gebieten ist klar und eindeutig.

Die algerische Sahara weicht im geologischen Bau von den Atlasländern nicht nur durch den Mangel an Faltung, sondern auch durch die Ausbildung der Sedimente ab, schließt sich dagegen an Libyen und die Sudanländer an und wird daher im Anschluß gesondert besprochen.

Tunesien und Nordalgerien lassen sich geologisch kaum voneinander trennen und werden hier gemeinsam behandelt, um Wiederholungen zu vermeiden.

Marokko wurde aus Zweckmäßigkeitsgründen gesondert besprochen. Der spanische und der französische Anteil sind jedoch als Einheit behandelt.

T u n e s i e n , seit 1881 unter französischer Verwaltung, ist das östlichste der drei Atlasländer. Es liegt am Westrande der Kleinen Syrte.

Der Flächeninhalt des Landes beträgt 125 130 qkm, die Bevölkerung umfaßte 1936 2 608 313 Köpfe, ganz vorwiegend Araber und Beduinen, daneben aber mehr als 200 000 Europäer, meist italienischen Ursprunges.

Das sind mehr als 20 Menschen je Quadratkilometer. Diese verhältnismäßig dichte Bevölkerung ist bedingt dadurch, daß der größte Teil des Landes, mit Ausnahme eines Wüstengebietes im äußersten Süden, gutes Kulturland ist und ein sehr gesundes Klima besitzt.

Die Hauptstadt Tunis hat 220 000 Einwohner, darunter 99 000 Europäer, der Kriegshafen Biserta 35 000 Einwohner.

Die Eisenbahnen, die von der Hauptstadt Tunis sowohl nach Algerien hinein als auch längs der Küste nach S bis zum Hafen Gabes und von da nach den großen Phosphatlagerstätten des Gafsabezirkes gehen, haben eine Gesamtlänge von 2106 km.

Der Hauptreichtum des Landes an Bodenschätzen sind seine Lagerstätten von Kalkphosphat. Alle übrigen Bergbauprodukte treten dagegen an Bedeutung zurück.

Algerien, das seit 1830 in französischem Besitz ist, umfaßt 2 204 863 qkm mit einer Bevölkerung (1936) von 6 247 432 Eingeborenen, vorwiegend Kabylen und Araber, ferner 987 252 Europäer, das sind etwa 3,3 Menschen je Quadratkilometer. Doch lebt der Hauptteil an der Küste und in den klimatisch günstigen und daher wesentlich dichter besiedelten Teilen der Atlasländer.

Die Hauptstadt und Haupthafen ist Algier mit 264 000 Einwohnern; wenig kleiner sind Oran (201 000 Einwohner) und Constantine (114 000 Einwohner).

Das Eisenbahnnetz besitzt eine Gesamtlänge von 4828 km.

An Bergbauprodukten werden in erster Linie Phosphate, dann Eisenerze ausgeführt.

A. Stratigraphie

In der ostnordöstlichen Fortsetzung des Hochatlas dehnt sich bis etwa zum 5.° ö. L. das weite Gebiet der Hochplateaus, das im westlichen Teil bis zu 200 km breit wird.

Die Hochplateaus, deren Seehöhe stufenförmig von 400 m bis auf 1400 m steigt und in denen die großen mit Salzwasser gefüllten Senken, die Schotts, liegen, sind aus NO streichenden Falten von Jura und Kreide aufgebaut; diese Falten sind durch kontinentale Sedimente des Alt- und Jungtertiärs zum großen Teil verdeckt; nur stellenweise kommt das Mesozoikum zutage. Marines Alttertiär fehlt in der Decke völlig.

Die Südflanke der Hochplateaus wird begleitet von Gebirgsketten, die von W nach O als Ksurgebirge, Amurgebirge, Ulad Nail-Gebirge und als Aures-Bergland bezeichnet werden; die Fortsetzung dieser Ketten überschreitet die Grenze von Tunesien in den Tebessa-Bergen, deren Ausläufer bis zum Kap Bon östlich Tunis zu verfolgen sind. *Krenkel* hat diesen Gebirgszug unter dem Namen der „Algeriden“ zusammengefaßt; meist wird die Zone als „Sahara-Atlas“ bezeichnet.

Jura, Kreide und Alttertiär sind die wichtigsten Baustoffe des Sahara-Atlas.

Den Nordrand der Hochplateau-Zone begleiten ebenfalls mehrere aneinander anschließende Faltenzüge, die gewöhnlich als „Tell-Atlas" (Telliden i. S. von *Krenkel*) zusammengefaßt werden.

Im südlichen Faltenzug sind besonders das Uarsenis-Massiv, Biban (Lakhdar) und die Hodna-Berge hervorzuheben. Dem nördlichen Zug dieser Gebirgsketten gehören u. a. das Miliana-Massiv, der Djurdjura, die Numidische Kette an.

Trias, Jura, Kreide und Alttertiär nehmen den Hauptanteil am Aufbau des Tell-Atlas.

1. Archaikum und Paläozoikum

In fünf Gebieten treten im Küstengebiet Algeriens saure und basische Intrusivgesteine in Sedimenten unsicheren, wohl paläozoischen, z. T. vielleicht auch algonkischen und archaischen Alters auf. Die Sedimente sind teilweise im Kontakt mit den Intrusiven metamorph umgewandelt.

a. Im Traras-Massiv, dicht an der Grenze gegen Marokko und nahe der Küste östlich Nemours, durchstößt der Biotit-Granitstock von Nedroma, der eine Fläche von 4×6 km umfaßt, rötlichblaue fossilfreie Schiefer und Quarzite von unbekanntem Alter. Die Schiefer sind im Kontakt in Andalusitschiefer mit Cordierit umgewandelt. Die Sedimente sind ohne ausreichenden Beweis gelegentlich als Silur bezeichnet worden; sie sind kräftig zu ONO streichenden Falten zusammengeschoben.

Diskordant legt sich auf sie eine Konglomeratzone mit Geröllen des Granits und der kontaktmetamorphen Schiefer; diese Zone wird als Perm angesprochen, über ihr folgen rote Sandsteine und Tone, die ebenfalls fossilleer zu sein scheinen; ihr Alter ist daher nicht sicher festzustellen.

Im Norden wird der alte Gebirgskern von Juraschichten begrenzt.

b. In den Saida-Bergen in der Landschaft Tifrit, etwa 125 km SO Oran, treten in einem aus Juraschichten bestehenden Gebiet anscheinend NNO gefaltete paläozoische Sedimente mit granitischen Intrusivstöcken zutage. Im nördlichen Teil besteht der Komplex aus schwarzen Tonschiefern und Grauwacken, im Süden aus Quarziten, Phylliten und glimmerreichen Chiastolith-Schiefern, die am Kontakt mit dem Granit umgewandelt sind.

Der ganze Schichtenkomplex fällt nach N ein und ist etwa 1000 m mächtig.

Als Intrusiva treten im Süden Granit, im Nordwesten Gänge von Quarzporphyr auf, außerdem basische Gänge und Ergußgesteine.

Diskordant über diesen paläozoischen („silurischen") Schichten liegt ein teils dunkelgrau, teils rotgefärbtes Konglomerat, dessen Gerölle dem Paläozoikum entstammen und das von Quarz- und Porphyritgängen durchsetzt ist. Ohne Beweis wird es als Perm angesprochen.

c. Längs der Küste, westlich und östlich von Oran, stehen an mehreren Punkten dickbankige, feinkörnige, harte Sandsteine und dunkle phyllitische Schiefer und Konglomerate an, deren stratigraphische Stellung umstritten ist; ihre Mächtigkeit beträgt gegen 1000 m. Die Schichten sind häufig als Silur angesprochen worden. Ähnliche Schichten am Kap Lindless führen Kohlenspuren und wurden ohne näheren Beweis als Karbon angesehen.

Anscheinend konkordant über dieser Schichtfolge liegen Schiefer der unteren Kreide mit Fossilien.

Es ist also möglich, daß diese Schichten dem Jura oder z. T. der Trias angehören.

d. Zwischen den Häfen Algier und Bougie liegt die „Große Kabylei", die im Süden durch die bis zu 2308 m hohe, hauptsächlich aus mesozoischen und paläozoischen Gesteinen erbaute Djurdjurakette begrenzt wird.

Der wohl archaische Kern am Nordrande des Djurdjuragebirges besteht aus Granitgneis mit wenig Glimmer und Hornblende, um den sich Sedimentgneise verschiedener Zusammensetzung legen, die von Granitgängen durchsetzt sind und die Bänke und Linsen von kristallinem Kalk führen.

Die nächst jüngere Stufe besteht aus Glimmerschiefer mit Lagen von kristallinem Kalk; darüber folgt, wahrscheinlich diskordant, eine mächtige Zone von graublauem Phyllit, die nach oben in kaum metamorphe Tonschiefer übergeht. Im tiefsten Teil der Phyllitzone liegen z. T. ausgedehnte Konglomeratlinsen mit tonigem geschiefertem Bindemittel, und auch Bänke von Kalk und hartem Sandstein sind in der Phyllitzone häufig; Quarzkonglomerate mit kieseligem Bindemittel sind mehrfach vorhanden.

Die Phyllit- und Tonschieferzone wird als Paläozoikum angesehen.

Im Kern der Djurdjurakette liegt eine breite Senke, in deren Mitte dunkle Tonschiefer und an deren nördlicher und südlicher Flanke glimmerführende Sandsteine mit Kohlenspuren und mit einigen Konglomeratbänken auftreten; diese Stufe wurde früher als Jura, heute aber als Karbon angesehen. Fossilien sind bisher nicht gefunden. Die Horizontierung ist also nicht sicher. Konkordant daran anschließend folgt im Norden und Süden eine Zone von roten Konglomeraten und Sandsteinen, denen rote Schiefertonlagen eingeschaltet sind; sie greifen aber stellenweise auch auf das Kristallin über und werden ohne paläontologischen Beweis dem Perm zugeteilt.

Mehrere kleinere archaisch - paläozoische Massive umgeben das große Hauptmassiv (Ménerville, Haussonviller, Aissa-Mimun, Bellua).

Am Westende des eben geschilderten Massivs, etwas abgetrennt von ihm, liegt westlich der Stadt Algier, nahe am Meere, das kleine Busarea-Massiv, das tektonisch besonders interessant ist und das von *Glangeaud* beschrieben wurde. (C. R. Acad. Sci. Bd. 193, 1931, S. 182 und Bull. Serv. Carte géol. Alger. 1932. II. Nr. 8; Bull. Soc. géol. France. V. 4. 1934, S. 457—460.)

Es treten hier im Norden des Massivs geschieferter Quarzit, Glimmerschiefer, Phyllit, Sericitschiefer und kristalliner Kalk zutage, auf die von S her eine Schuppe von Gneis aufgeschoben ist. Die Gesteine sind von Pegmatit- und Quarzgängen durchsetzt.

e. Ein weiteres ausgedehntes altes Massiv dieser Art liegt nahe den

Küstenorten Bougie, Djidjelli, Collo bis nach Philippeville hin. Es umfaßt die „Kleine Kabylei" und die östlich anschließende Numidische Gebirgskette; daran schließt sich noch das Edugh-Gebirge, westlich des Hafens Bône.

Von diesem Massiv kommen nur die höher gelegenen Teile zutage, die durch breitere und schmälere, mesozoische und tertiäre Sedimentstreifen inselartig voneinander getrennt sind. Sehr wahrscheinlich ist das Massiv durch NW und NO streichende Störungslinien in Teile zerhackt.

Im Westen dieses alten Komplexes, in der Gegend östlich Djidjelli, sind die ältesten Gesteine Phyllite und Quarzphyllite mit Bänken von Quarzit und Chloritgneis. Im Hangenden folgt (überschoben?) eine Zone, die aus Augengneis, Glimmer- und Chloritgneisen und Bändergneis, also im wesentlichen aus hochmetamorphen Sedimenten besteht. Darüber liegt Glimmerschiefer mit Granulitlagen und mit zahlreichen Gängen von Pegmatit und Aplit; der hangende Teil schließlich besteht aus wenig metamorphem, z. T. graphitischem Schiefer, dem Konglomeratbänke eingeschaltet sind. — Fossilien fehlen bisher ganz.

Die ganze Schichtfolge wird als Algonkium angesprochen.

Diskordant darüber folgt zunächst Silur, und zwar als tiefstes graublauer Schiefer mit *Monograptus* und Graphitschiefer, dann grünliche Sandsteine, Arkosen und Konglomerate und oben violette Schiefer mit Konglomeratbänken.

Diskordant über dem Silur liegt Devon mit einer Schotterbasis, also einer Transgressionsfläche; es besteht aus Schiefer mit Sandsteinlinsen, Konglomeratbänken, Kalkschiefer und Grauwacken mit Resten von Tentakuliten; dann kommt im Hangenden ein Schieferhorizont mit *Tentaculites* und *Styliolina clavulus*. Auf dem Schiefer liegt eine Folge von Grauwacken und Sandsteinen. Dann folgt eine Stufe von Schiefern und Sandsteinen. Der Schiefer führt in einzelnen Horizonten in Kalklinsen *Alveolithes sp.* und *Cyathophyllum sp.*

Diskordant über dieser sandig-schiefrigen Schichtenfolge liegen schwach kristalline Kalksteine und Kalkschiefer, die *Gomphoceras, Cyrthoceras, Ripidocrinus* u. a., in höheren Schichten außerdem *Tentaculites scalaris, Coleoprion gracilis* u. a. führen.

Darüber transgrediert Tertiär.

In der Gegend südlich von Collo, im mittleren Teil des Massivs, treten Orthogneise und Sedimentgneise, Glimmerschiefer, Chlorit- und Sericitschiefer sowie Graphitschiefer und Linsen von kristallinem Kalk in größerer Ausdehnung auf. Die granitischen Orthogneise sitzen intrusiv in den kristallinen Sedimenten.

Auch im östlichen Teil, im „Edugh-Massiv", westlich Bône, sind Gneise verschiedener Art, Hornblendeschiefer und Glimmerschiefer mit Linsen von kristallinem Kalk und Quarzit vorhanden.

Die kristallinen Kalksteine sind unregelmäßig in Magnetit umgewandelt, der am Ausgehenden in Roteisen übergeht.

Soweit zu sehen, streichen die alten Gesteine NO bis ONO.

Von den alten Intrusiven scharf zu unterscheiden sind

Junge Granitintrusionen im Küstengebiet

An mehreren Stellen sind die Schichten des numidischen Massivs von jungen, wahrscheinlich tertiären granitischen Intrusiven durchsetzt.

Östlich Djidjelli durchbricht ein Massiv von „Mikrogranodiorit", also feinkörnigem Quarzdiorit, alte Gesteine und Eozän. Es hat die Eozänschichten in Sericitschiefer, Fleckschiefer und Hornstein umgewandelt.

Das Intrusivmassiv wird durchbrochen von einem jüngeren Quarzporphyrit (Dazit), dessen Eruption von der Bildung von Eruptivbrekzien begleitet ist; die Brekzien enthalten Brocken vulkanischer und sedimentärer Gesteine des Untergrundes („Formation von Port Maria").

Die Bugarun-Halbinsel westlich Collo besteht aus einem sehr ausgedehnten Massiv von monzonitischem Biotit-Granit mit ziemlich starken Differentationserscheinungen. Der im Westen körnige Granit geht nach Osten hin in eine porphyrische Fazies über.

Im Granit sitzen jüngere gang- und stockförmige Nachschübe, die Monzonit, Diorit und Gabbro geliefert haben. Auch Gänge von Aplit und namentlich Quarzporphyr (Rhyolith) sind sehr häufig.

Südlich der Bugarun-Halbinsel liegt das gleichartige Granit-Massiv von Tufut.

Der Bugarun-Granit hat die Sedimente des Ober-Eozän durchbrochen und im Kontakt zu Quarzit, zu Andalusit-Hornfels u. ä. umgewandelt.

Auch im Djebel Filfila in der Gegend von Philippeville sind junge Granit-Intrusionen bekannt.

Zwischen dem Cap de Fer und Kap Takusch zwischen Philippeville und Bône kommt ein weiterer junger Stock von Alkali-Granit zutage.

In mehreren Gebieten der Küstenzone wurden Komplexe von Glimmerschiefern, Phylliten, Sandsteinen, Quarziten und Kieselschiefer als Silur oder andere paläozoische Stufen beschrieben und nach den betreffenden Örtlichkeiten als Trarasschiefer, Duischiefer, Chiffaschiefer, Blidaschiefer, Tifutschiefer oder Gar-Rubaschiefer bezeichnet.

Manche dieser Vorkommen sind jetzt als Mesozoikum in leicht metamorpher Abänderung festgestellt. In vielen Fällen ist aber ihre stratigraphische Stellung durchaus noch nicht geklärt.

2. *Karbon*

Im stark gefalteten Gebiet der Atlasketten in Algerien und Tunesien ist sicheres Karbon bisher nicht bekannt. Erst an ihrem Südhang am Nordrande der Sahara treten karbonische, hauptsächlich unterkarbonische Sedimente zutage. Der tiefere Teil ist vorwiegend marin, der hangende Teil vorwiegend terrestrisch entstanden.

An der Wende vom Unter- zum Oberkarbon hat also eine Hebung des ganzen Gebietes stattgefunden.

Karbon von Colomb Bechar. Auf 31° 38′ n. Br. liegt etwa 75 km östlich der Grenze gegen Marokko der Ort Colomb Bechar, durch eine Eisenbahnlinie mit dem Hafen Oran verbunden; westsüdwestlich von Colomb Bechar liegt Kenadsa am Endpunkt der Linie.

Von Colomb Bechar 150 km nach S bis in die Gegend von Beni Abbes tritt in breiter Fläche Karbon zutage, in der Hauptsache Unterkarbon. Am Djebel Bechar, der sich östlich des Ortes längs dem Westufer des Ued Zusfana auf etwa 150 km in N—S-Richtung erstreckt, ist vom Hangenden zum Liegenden folgendes Profil aufgeschlossen, das das gesamte Unterkarbon umfaßt:

10. Dunkler Crinoiden-Kalk
9. Dolomit und Kalk mit *Lithostrotion*
8. Grauer und schwarzer Kalk mit *Productus giganteus*
7. Dickbankiger Dolomit mit *Lithostrotium irregulare*
6. Schwarzer Hornsteinkalk mit *Productus semireticulatus, P. striatus, P. costatus*
5. Sandiger Blätterton
4. Eisenschüssiger Kalk, bankig, wechsellagernd mit Plattenkalk, mit *Fenestella plebeja, Poteriocrinus crassus, Lithostrotium irregulare, Productus costatus, P. longispinus, Spirifer cf. striatus*
3. Schwarzer Kalk mit *Productus costatus, P. semireticulatus* und Korallen
2. Grauer Dolomit mit Korallen
1. Grüner Ton mit sandigen Lagen

Liegendes: Brauner und grüner Sandstein, vermutlich Oberdevon.

Das Unterkarbon dehnt sich nach O bis in das Dünengebiet des Großen Westlichen Erg auf größerer Fläche aus.

Am Nordende des Djebel Bechar fallen die Schichten mit 25 bis 30° nach W, weiter südlich ist das Einfallen sehr flach. Der Osthang gegen den Ued Zusfana ist steil, nach W hin dacht sich der Hang flach ab, die hangendsten Schichten des Unterkarbon bilden hier die Oberfläche.

Auf sie legt sich nach W das Oberkarbon, das aber nur stellenweise, z. B. in der Gegend von Kenadsa, südwestlich Colomb Bechar, vorhanden zu sein scheint.

Bei Kenadsa zeigt die mehrere 100 m mächtige Schichtenfolge des Oberkarbon folgende Entwicklung vom Hangenden zum Liegenden:

4. Blauer kalkhaltiger Schieferton
3. Grüner und dunkler Schieferton, durch Verwitterung z. T. aufblätternd; mit Pflanzenresten, wie *Neuropteris gigantea, N. rarinervis, Linopteris münsteri, Sphenopteris boulayi, Lepidodendron* mehrere Arten, *Sphenophyllum cuneifolium, Lepidophyllum, Calamites, Stigmaria*
2. Grünlicher und rötlicher glimmerführender Sandstein mit Lettenlagen. Der Sandstein geht nach dem Liegenden durch eine Wechsellagerung über in

1. dunkle und gelbliche Kalksteine mit *Spirifer mosquensis, Productus longispinus, P. semireticulatus, Streptorhynchus crenistria, Rhipidomella michelini, Poteriocrinus aff. crassus.*

Im allgemeinen läßt sich ein Übergang von rein marinen Schichten im Liegenden in rein terrestrische Schichten im Hangenden feststellen. Dieser Übergang geschieht nicht plötzlich, sondern im Grenzgebiet ist ein mehrfacher Wechsel von marinen kalkigen und pflanzenführenden sandigen und tonigen Schichten zu beobachten.

Wie bereits bemerkt, ist das Unterkarbon zwischen dem Ued Zusfana im Osten und dem Ued Gir im Westen, südlich Colomb Bechar, in mehrere NO streichende Falten gelegt, in deren Mulden das kohlenführende Oberkarbon liegt. Die nördlichste Mulde bei Kenadsa, deren Nordflügel unter dem Südrande der Kreidebedeckung verschwindet, enthält etwa 10 Flöze von 30 bis 50 cm Mächtigkeit mit einer Gesamt-Kohlenmächtigkeit von 3 bis 4 m. Es ist also nur ein Teil der Flöze bauwürdig. Eine weiter südlich gelegene (mittlere) Mulde enthält, soweit bekannt, nur ein Flöz; weiter südlich liegt unter jungem Deckgebirge eine weitere Mulde, die noch wenig untersucht ist.

Die höchsten Stufen des Oberkarbon scheinen nicht entwickelt zu sein.

3. Perm

An der Wende vom Unterkarbon zum Oberkarbon zog sich das Meer aus den weiten Räumen Nordafrikas zurück. Auf den sich allmählich hebenden Flächen kamen im Norden die vorwiegend kontinentalen Sedimente des Oberkarbons zur Ablagerung, die aber im eigentlichen Saharagebiet wahrscheinlich meist fehlen.

In Nordalgerien und Tunesien blieben einzelne, miteinander nicht in Verbindung stehende Senken zurück, die z. T. salziges Wasser enthielten und in denen die vom Festlande kommenden Abtragungsprodukte sedimentiert wurden.

Das Perm in Nordalgerien und Tunesien besteht im wesentlichen aus roten Sandsteinen und Tonschiefern, unter denen ein Basiskonglomerat liegt und denen stellenweise basische Effusivdecken eingeschaltet sind. Die Fazies erinnert z. T. an die Ausbildung des europäischen Buntsandsteins.

Bekannte Vorkommen liegen in der Numidischen Kette, im Djurdjura-Massiv, am Djebel Chenua, am Djebel Zaccar bei Miliana, westlich des Golfes von Arzeu, im Traragebiet und in der Umgebung von Saida.

Einige Vorkommen, wie die im Zaccar-Massiv nördlich Miliana und im Sahel von Oran, sind im Alter noch umstritten.

Während die permischen Sedimente in Algerien und Nordtunesien im allgemeinen Festlandsbildungen sind, ist am Djebel Tebaga, im Südzipfel von Tunesien, 26 km westnordwestlich von Medenine, durch die Arbeit von *H. Douvillé, M. Solignac* und *E. Berkaloff* (C. R. Ac. Sci. Paris, Bd. 196, 1933, S. 21 bis

24) Perm in mariner Ausbildung bekannt geworden mit einer sehr reichen, über 80 Arten umfassenden Fauna.

Das interessante, bei *Krenkel* (Geologie Afrikas III. 2. S. 1529) und im Lexikon der Stratigraphie (Bd. 1, 1938, S. 294—295) abgedruckte Profil besteht in der Hauptsache aus einer Wechsellagerung von Mergeln, Sandsteinen und Kalksteinen.

Die Schichtfolge umfaßt im einzelnen vom Hangenden zum Liegenden:

11. Brauner und schwarzer Sandstein mit Kreuzschichtung, Sandsteinschiefer, rote und grüne Mergel, gipsführender Ton, fossilfrei; 630 m.
10. Gelber und roter Sandstein, wechsellagernd mit Mergeln von gleicher Farbe; 60 m.

 Die Horizonte 10 und 11 enthalten u. a. *Cyathocrinus galiathus, Reticularia lineata, R. indica, Martinia orbicularis, Athyris gerardi, Richthofenia, Aviculopecten, Pleurotomaria marii, Murchisonia conjungens, Bellerophon, Trachyspira, Platyostoma, Naticopsis, Macrocheilus.*
9. Wechsellagerung von gelblichem tonigem Sandstein, rotem Sandkalk und gelbem oder grünem Mergel mit *Cyathocrinus. Brachiopoden, Bellerophon, Glyphioceras;* 40 m.

 Die Stufe wird als Äquivalent des Bellerophonkalkes der Karnischen Alpen angesehen.
8. Konglomerat.
7. Grüner, weißer oder violettroter feinkörniger kieseliger Kalk, z. T. dolomitisch. Der Horizont führt südlich vom Djebel Tebaga Zinkspat, Kieselzinkerz und Bleiglanz; 50 m.
6. Grüner Mergel, grüner Kalk, gelber Kalksandstein mit *Neoschwagerina multiseptata, Virgula ociensis, Alveolites, Encrinus permiensis, Lyttonia nobilis, Richthofenia lawrenciana, Productus opuntia, Athyris royssii, Reticularia, Spirifer, Bellerophon crassus, Orthoceras cyclophorum* u. a. Die Fossilien treten auch z. T. im folgenden Horizont auf; 120 m.
5. Mergel, Sandstein, Kalkstein; 450 m.
4. Weißer und grauer kieseliger oder dolomitischer Kalk mit Korallen am Batene Sidi Zid; 60 m.
3. Grüner Mergel und Kalk an der Nordflanke des Batene Beni Zid mit *Neoschwagerina, Cythocrinus indicus, C. goliathus, Encrinus elegans, E. permiensis, Productus opuntia, Reticularia dieneri, Chonetes granulifera, Bellerophon asiaticus* u. a.; 160 bis 180 m.
2. Wechsellagerung von mürbem gelbem Sandstein, hartem schwarzem Sandstein, rotem Sandstein und rotem und grünem Ton mit *Fusulina exilis, Neoschwagerina, Medlicottia orbignyana;* 135 m.
1. Kieseliger grüner Kalk, fossilfrei, darunter gestreifte Mergel von Um und Afian; 2 bis 3 m.

Die Fauna umfaßt insbesondere Cephalopoden, Gastropoden, Brachiopoden, Spongien, Crinoiden und Foraminiferen *(Fusolina, Neoschwagerina).*

Sie gehört ins mittlere und obere Perm.

Die Permschichten bilden am Djebel Tebaga, Suinia und Saikra Kerne von Sätteln.

4. Trias

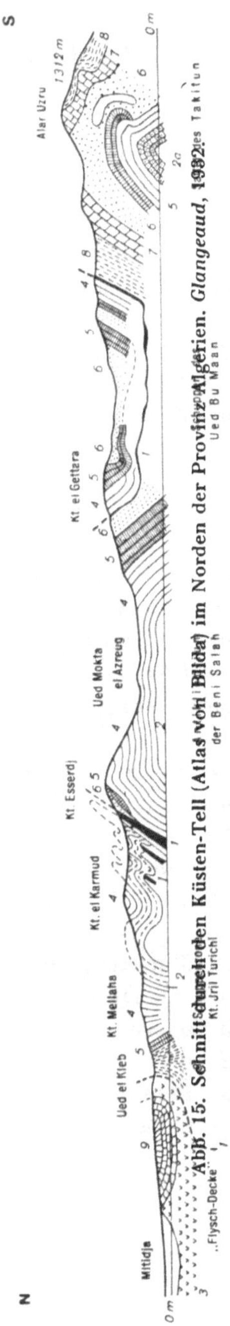

Abb. 15. Schnitt durch den Küsten-Tell (Atlas von Blida) im Norden der Provinz Algerien. *Glangeaud*, 1932.

1. Trias. 2. Neokom-Schiefer. 2a. Ob. Apt (Mergel und Kalk). 3. Apt und Alb in Flysch-Fazies. 4. Alb (Schiefer und Quarzit). 5. Vraconnien-Kalkschiefer. 6. Cenoman-Mergel. 7. Massiger Kalk des Cenoman und Turon. 8. Kalk und Mergel des Turon mit Inoceramen. 9. Ob. Eozän.

Die Sedimente der Trias bestehen aus bunten Tonen und Mergeln mit Bänken und Linsen von Gips, in dem gelegentlich noch Reste des ursprünglich vorhandenen Anhydrits liegen, und aus Steinsalzlagern; stellenweise liegen dazwischen bunte Sandsteine, Bänke von Rauchwacken und von dolomitischem Kalk. Letztere führen *Myophoria vulgaris* und *Gervilleia socialis,* ferner gelegentlich *Mytilus psilonoti* sowie *Avicula, Plicatula, Lingula* u. a.

Die oft mächtigen Steinsalzlager bilden im trocknen Klima auffallende Geländekanten, stellenweise sogar Berge. Bekannt ist namentlich Djebel Utaya (Gharibu) nördlich Biskra, nahe der Bahnlinie, der die umgebende Ebene schroff um 300 m überragt; das Salzlager bildet hier eine 6 km lange und 3 km breite Linse.

Am Djebel Utaya besteht die liegendste Stufe der Trias aus bunten Mergeln. Darauf liegen Bänke von Steinsalz in Wechsellagerung mit Ton, der Gipslagen enthält; darüber folgt violetter Ton, dann eine Gipszone von etwa 30 m Mächtigkeit, in deren hangendem Teil dünne Kalkbänke eingeschaltet sind; der plattige Kalk bildet im hangendsten Teil eine 7 bis 8 m mächtige Lage, über der Dolomit folgt.

Kleiner sind die Salzstöcke von Djelfa und Metlili, nordwestlich El Kantara. In Südtunesien liegt der triassische Salzberg Djebel Hadifa.

In niederschlagsreicheren Gebieten sind die Gips- und Salzlager gelegentlich aus den Mergeln ausgelaugt, und mehrfach liegen an ihrer Stelle Salzseen.

Wie im Perm, so finden sich auch in der Trias Lagergänge von Diabas („Ophit“).

Infolge der plastischen Eigenschaften des Salzes und der Volumenzunahme beim

Übergang des primären Anhydrits in Gips ist an vielen Stellen eine Salztektonik zustande gekommen, wie wir sie ähnlich auch in Norddeutschland kennen. Die Triasschichten durchspießen kuppelförmig Jura und Kreide. Bei diesem Salzauftrieb sind auch die gelegentlich auftretenden Lagergänge von Diabas zerrissen und z. T. sogar geschiefert worden.

Im äußersten Süden von Tunesien, nahe der libyschen Grenze in der Djefara-Ebene (S. 119), liegt über dem Perm ein ausgedehntes Triasgebiet. Der liegende Teil besteht aus rotem Sandstein mit fossilen Hölzern in unregelmäßiger Wechsellagerung mit buntem Ton mit Gips. Darüber folgt grüner und bunter Ton mit Bänken von rotem Sandstein und rotem und gelbem Dolomit; von letzterem führt eine gelbe Bank *Pterinea goldfußi, Modiola, Myacites mactroides, Myophoria goldfußi, Lithodomus priscus.* Der hangende Teil besteht aus rotem gipsführendem Ton mit Bänken von Sandstein und Kalk; darauf liegt Gips mit Dolomitbänken, die *Corbula, Gervilleia, Nucula, Avicula* führen.

Die Fazies ist die der germanischen Trias.

5. *J u r a*

Während die Sedimente des Perm und der Trias großenteils in einzelnen voneinander getrennten Becken entstanden, nur an wenigen Stellen, z. B. in Tunesien, marine Triasschichten sedimentiert wurden, dringt mit dem Beginn des Lias das Meer von N her in das nordafrikanische Festland ein und überdeckt transgredierend Paläozoikum, Perm und Trias, zunächst, wenigstens an mehreren Stellen, in Form von sandigen Sedimenten.

Die Transgression beginnt teilweise bereits mit dem unteren Lias, wie am Nordrande der Sahara im Ksur-Gebirge, im Küstengebiet in der Numidischen Kette und bei Zaghuan dicht südlich Tunis, teils erst mit dem mittleren Lias.

Im Norden von Algerien und Tunesien entstehen während dieser Zeit im wesentlichen kalkige Sedimente. Einzelne Teile des Gebietes blieben aber noch frei von der Meeresbedeckung.

Kalksteine des unteren und mittleren Lias sind von der Marokkogrenze längs der Küstenzone über die Gebirge Uarsenis, Arzeu, Chenua, die Djurdjura-Kette, das Babor-Massiv und die Numidische Kette bis nach Tunesien zu verfolgen, wo sie große Gebiete bedecken. In der Nähe von Eruptiven sind die Kalksteine oft metasomatisch durch Erze verdrängt (z. B. bei Beni Saf durch Eisenerz, bei Fillaucen durch Zinkerz). Korallenriffe treten mehrfach auf.

Der obere Lias zeigt großenteils mergelige Ausbildung.

Nach S hin sind Sedimente des Lias bis in die Ksur-Berge, fast bis nach Colomb Bechar, zu verfolgen, weiter südlich fehlen sie aber.

Im Beginn der Doggerzeit besitzt die Meeresbedeckung zunächst geringere Ausdehnung als während des Lias. An vielen Stellen fehlt der Dogger überhaupt.

Gegen Ende des Callovien oder etwa an der Wende vom Callovien zum

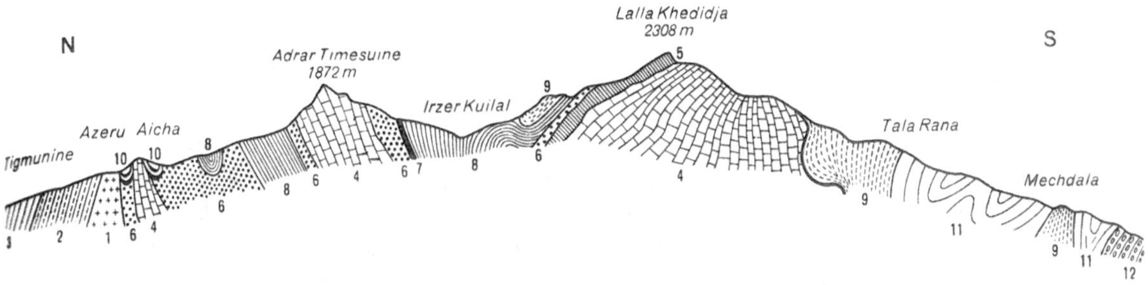

Abb. 16. Profil durch die Djurdjura-Kette. Nach *Ficheur*, 1891.

1. Gneis. 2. Glimmerschiefer. 3. Schiefer unsicheren Alters. 4. Mittl. Lias. 5. Ob. Lias. 6. und 7. Perm. 8. Karbon. 9. Unter-Eozän. 10. Nummulitenkalk. 11. Ob. Eozän. 12. Miozän.

Oxford beginnt im Grenzgebiet gegen Marokko eine Transgression des Weißjura über Lias, stellenweise auch über Paläozoikum.

Die in dieser Zeit sich bildenden Sedimente sind Sandstein und Dolomit, auch Kalkstein und Mergel. Im Sahel in Oran ist das Callovien-Oxford z. T. in der Fazies der Posidonien-Schiefer ausgebildet. Die Verbreitung der Dogger-Sedimente nimmt von W nach O hin in Algerien und Tunesien zu.

Im unteren Teil des Weißjura treten stellenweise Korallenriff-Bildungen auf, z. B. an den Hochplateaus. In der Numidischen Kette und im Babor-Gebiet südlich Bougie liegen über dem roten Knollenkalk des Ober-Oxford Kalkmergel; 50 km weiter südlich, südlich des Schott el Hodna, sitzen auf den alten Hochflächen Korallenriffe; die Fazies ändert sich also auf kurze Entfernung.

Im folgenden sollen einige Jura-Gebiete ganz kurz skizziert werden:

In den aus Marokko herüberziehenden K s u r - B e r g e n, südlich vom Schott el Chergi, besteht Unter- und Mittel-Lias aus Kalk, der Ober-Lias aus Mergeln mit Kalkbänken, die *Lioceras opalinum* und *Coeloceras* (Gruppe des *perarmatum)* führen. Im Mittel-Lias treten in dem geschichteten Kalk mehrfach Korallenriffe auf. Im südlichen Teil besteht vielfach der Ober-Lias aus roten kontinentalen Konglomeraten und Sandsteinen. Bei Menatha, nördlich Colomb Bechar, dicht an der marokkanischen Grenze, ist noch eine Wechsellagerung der kontinentalen Schichten mit marinen Kalkbänken zu beobachten.

Im Mittel-Jura treten aber über den roten terrestrischen Schichten dann wieder marine Kalksteine und Mergel des Bathonien auf, die im Hangenden stellenweise in rote Sandsteine übergehen.

Mit dem Ende der Doggerzeit zieht sich das Meer endgültig nach N zurück, und die roten Sandsteine, die als der hangendste Teil des Jura hier am Nordrande der Sahara angesprochen werden, gehen vermutlich bereits in das „Continental intercalaire" (Teil 2) über, das im Sahara-Gebiet die Basis der durch Fossilien sicher datierbaren marinen Kreidesedimente bildet.

Im N o r d e n v o n A l g e r i e n ist die Entwicklung anders. In der Numidischen Gebirgskette, östlich Constantine, beginnt der untere Lias mit Rauchwacken, Dolomit und dolomitischem Kalk, darüber folgt gut gebankter Kalk mit Arietiten, dann blaugrauer massiger Kalk mit Hornstein-Einlagerungen, darüber gut gebankter Kalk, wechsellagernd mit Mergelschiefer, dessen hangender Teil bereits dem Ober-Lias angehört. Anscheinend ohne Schichtlücke folgen im Hangenden sandiger Kalk, Sandstein und Schiefermergel mit *Avicula münsteri, Phylloceras cf. tortisulcatum, Perisphinctes cf. plicatilis* u. a., die dem Dogger und unteren Malm (Bajocien bis Oxford) angehören. Darüber liegt Kalkmergel und bankiger Kalk, deren Fauna auf mittleren Malm (Sequanien, Kimmeridge) hinweist; den hangenden Abschluß bildet eine Folge von schiefrigen Mergeln und Kalksteinen nebst grauen Sandsteinen, mit denen wohl die hangendste (Portland-) Stufe des Malm erreicht wird.

In den Hodna-Bergen, nördlich vom Schott el Hodna, südlich Bougie, und in der östlichen Fortsetzung der Berge in der Gegend von Batna ist der gesamte Jura entwickelt, und zwar in ganz vorwiegend kalkigen Sedimenten mit einigen Mergelzonen.

Weiter westlich, in der Gegend von Algier, scheint dagegen der Dogger ganz oder großenteils zu fehlen; der Malm transgrediert also unmittelbar auf Lias; die Verhältnisse sind aber nicht überall klar.

Im Norden von Tunesien kommen Jura-Schichten nur in kleinen Aufbrüchen zutage, so z. B. im Bergland von Zaghuan, südlich der Stadt Tunis; hier ist, namentlich am Djebel Staa, folgendes Jura-Profil erschlossen:

Hangendes: Neokom.

8. Blaugrauer Kalk und Schiefermergel.
7. Blaugrauer Knollenkalk; im liegenden Teil *Sowerbyceras loryi* (Ob. Kimmeridge); im hangenden Teil *Phylloceras serum, Perisphinctes colubrinus, Lissoceras carachteis* (Tithon).
6. Roter Knollenkalk und Mergel mit *Perisphinctes simoceroides, Oppelia arolica, Lytoceras polyolcum* (Ob. Oxford, Argovien).

Dogger und unterster Malm fehlen; der Malm transgrediert über Lias.

5. Grauer und rötlicher kieseliger Kalk mit Trümchen von Flußspat mit *Harpoceras opalinum* (Ob. Lias).
4. Hornsteinkalk, wechsellagernd mit Schiefermergel, mit *Phylloceras heterophyllum* (Ob. Lias).
3. Blauer spätiger Kalk mit *Arietites conybeari, A. bucklandi, A. geometricus, Aegoceras hybridum, Ae. armatum, Coeloceras anguinum, C. muticum, Avicula sinemuriensis* u. a. Es dürfte hier mittlerer und unterer Lias vorliegen, in mediterraner Fazies — wie auf Sizilien.
2. Grauer, dickbankiger Kalk mit Hornsteinlagen.
1. Harter, dunkelgrauer Kalk, wechsellagernd mit Mergel und Mergelkalk mit *Millericrinus toarcensis.*

Im Südzipfel von Tunesien hat der Jura im Gegensatz zu den kleinen Vorkommen im Norden des Landes flächenhafte Verbreitung; auch der im Norden fehlende Dogger tritt hier in größerer Verbreitung auf, namentlich östlich vom Steilrand der Kreidetafel von Dahar; er beginnt aber wohl meist mit dem Bathonien, so daß der untere Dogger auch hier ausfällt. Der Dogger-Malm-Komplex transgrediert also auch hier, teils über Lias, teils über Trias. Mit dem Kimmeridge ist die Jura-Sedimentation abgeschlossen. Die Schichten bestehen im wesentlichen aus Sandstein mit Gips- und Mergelbänken; darüber folgen verschiedenartige, z. T. sandige Kalksteine und Sandsteine. Es liegt also eine andere Fazies vor als in Nordtunesien.

6. *Kreide*

Mit dem Beginn der Kreidezeit überflutet das Meer von N her allmählich Algerien und Tunesien. In der Küstenzone entstehen Tiefsee-Sedimente, Tone und Mergel mit in Pyrit umgewandelten Ammoniten, in einem Seitenarm der großen Mittelmeer-Geosynklinale; dieser wird im N begrenzt von den paläozoischen Massiven des Djurdjura, der Numidischen Kette und vom Edugh (westlich Bône), die als Inseln damals über das Meer emporragten; nach S gehen diese Tiefsee-Sedimente ungefähr bis zu einer Linie, die etwa durch die Orte Tlemcen, Bel Abbes, Mascara, Medea bezeichnet wird. Südlich dieser Linie wird die Meerestiefe allmählich geringer; es entstehen hier Mergelkalk, Kalkstein und Sandstein mit Mollusken (Austern), Brachiopoden, Seeigeln; diese Schichten gehen seitlich in bunte Sandsteine und Tone, an anderen Stellen in Kalk mit Rudisten und Foraminiferen über. Am Nordrand der Zone der Schotts auf den algerischen Hochflächen und in Mitteltunesien treten in der unteren Kreide Korallenriffe auf.

Im Südwesten von Algerien, im Zuge des Sahara-Atlas, zu dem das Ksur-Gebirge und das Amur-Gebirge gehören, bilden sich in der Zeit der unteren Kreide ufernahe Sedimente, subkontinentale und kontinentale rote Sandsteine und Tone.

Gleicher Entstehung sind die der gleichen Stufe angehörenden roten gipsführenden Tone und Sandsteine in Südtunesien, südlich vom Schott Fedjedj; sie sind teils subkontinental, teils auf dem Festlande gebildet und enthalten eine Fauna und Flora des Wealden, z. T. auch noch des unterliegenden Purbeck.

Innerhalb der unteren Kreide sind mehrfach Andeutungen eines Fazieswechsels innerhalb der einzelnen Schichtenfolgen vorhanden. Insbesondere ist die Tiefseefazies im Norden des Landes im Aptien und Barrémien klarer ausgebildet als im Hauterivien und Valanginien.

Im Osten von Algerien und im anschließenden Teil von Tunesien treten mehrfach große Kalkmassen in Urgonfazies auf, die später an vielen Stellen in Eisenerze umgewandelt sind, wie an der großen Lagerstätte Uenza (S. 230) und zahlreichen anderen.

Mit dem Gault (Albien) beginnt in unserem Gebiet im allgemeinen eine merkliche Hebung des Meeresbodens im Beginn der ersten Faltungsphase. In der Senke des Ued Cherf, südöstlich Constantine, entstehen Mergel mit Ammo-

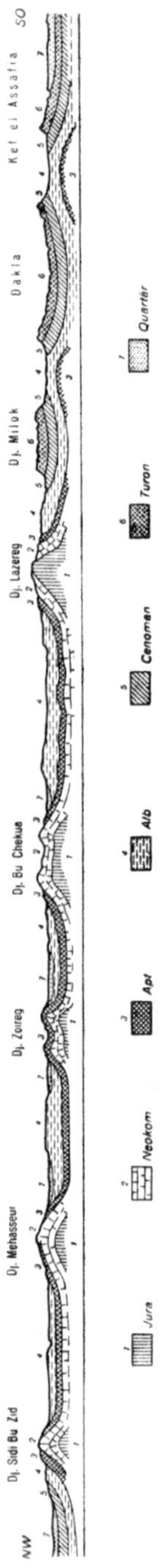

Abb. 17. Profil durch das Südwestende des Ulad Nail-Gebirges.
Nach *Ritter*, Publ. Serv. Carte géol. Algérie 1902.

niten mit glatter Schale, während gleichzeitig im Südosten des Tell von Constantine und in Tunesien mergeliger Kalk mit kräftig ornamentierten Ammoniten ansteht. Die gleichen Arten liegen im Babor-Bergland und im Küsten-Tell von Algerien in Mergeln mit Bänken von quarzitischem Sandstein.

An anderen Stellen, weiter im Süden, wie in den Tebessa-Bergen auf der algerisch-tunesischen Grenze, in der Gegend von Batna, ist das Albien durch glaukonitführenden Kalk und durch Kalkphosphat vertreten. Südlich der Region der Hochplateaus liegen Kalksteine mit Austern, Sandsteine und gipsführende Mergel gleichen Alters.

Im Ksur- und Amur-Gebirge und im Ulad Nail-Gebirge, also im algerischen Teil des Sahara-Atlas, bilden sich auch noch im Gault geröllführende Sandsteine, die zum mindesten die Nähe des Festlandes anzeigen. In der Gegend von Ain Sefra am Nordrande des Ksur-Gebirges sind sie mit Kupfererzen imprägniert.

Gipsführende Mergel und verschieden gefärbte Kalksteine, die im Flachwasser gebildet sind, treten im Süden von Tunesien im hangendsten Teil des Gault auf. Im äußersten Süden des Landes geht der Mergel in grünen Ton und in Sandstein mit fossilem Holz und mit Haifischzähnen über.

Wir haben also am Nordrande der Sahara-Region bis nach Tripolis hinein in einer durchgehend verfolgbaren Zone subkontinentale und kontinental entstandene Sedimente, wie sie auch weiter südlich in Französisch-Westafrika und im Süden von Algerien an der Basis der oberen Kreide, z. T. anscheinend ohne Fossilien, in erheblicher Mächtigkeit an der Basis der oberen Kreide weitverbreitet sind.

Während der Cenomanzeit ist im Gebiet der Senke des Ued Cherf eine Tiefseezone vorhanden, die nach N und S sich verflacht; im Gebiet der algerischen Hochplateaus und in Mitteltunesien liegt ein ausgedehntes Flachseegebiet mit Seeigeln und Austern.

Im Turon taucht ein weites Gebiet über den Meeresspiegel empor, das die Hochplateaus und ihre Umgebung umfaßt, wie z. B. das Kabylische Massiv, den Blida-Atlas, das Uarsenis-Bergland und größere Teile von Nordostalgerien. Die Ued Cherf-Senke dagegen bleibt noch Tiefsee.

An den Rändern dieses Hochgebietes entstanden Rudisten-Riffe, die im Norden etwa in der Linie Aumale-Setif-Constantine, im Süden durch die Uled Nail-Berge, das Aures-Bergland, das Batna- und das Hodna-Gebiet zu verfolgen sind. Südlich der letzteren Zone lag ein Flachseegebiet.

Die im Turon eingetretene Meeresregression setzt sich im Senon zunächst fort. An vielen Stellen dringt erst im Ober-Senon das Meer wieder vor, so daß das Ober-Senon häufig auf Turon oder noch ältere Schichten transgrediert.

Im Gebiet südlich vom Sahara-Atlas in der Zone von Laghuat, Batna, Gabes und El Golea entstehen namentlich im Ober-Senon (Campanien) in großen, vom Meere abgetrennten Becken mächtige Gipslager.

Im Golf von Tadmait bilden sich Tonschichten mit Gipslagen abwechselnd mit dolomitischen Kalkschichten. Ihre Südgrenze liegt wohl südlich von In Salah und Fort Flatters und nördlich von Fort Polignac.

Im folgenden werden die Kreide-Sedimente in den wichtigeren Teilen Algeriens und Tunesiens kurz besprochen.

Im Tell-Atlas, d. h. in den Küstenketten, treten Kreide-Sedimente an vielen Stellen zutage.

Im Gebiet zwischen Kap Tenes im Westen (östlich der Mündung des Chelif) und dem Hafen Bougie im Osten zieht längs der Küste eine Gebirgskette, die von W nach O aus folgenden Massiven zusammengesetzt ist: Miliana-Atlas, Blida-Atlas, Djurdjura. In diesem Gebirgszuge sind Kreidegesteine unter alttertiären Schichten in Form von Mergeln, Tonen und Sandsteinen mehrfach erschlossen. Die Stratigraphie ist aber noch wenig geklärt. Wahrscheinlich ist hauptsächlich untere Kreide vorhanden; von der oberen Kreide scheinen meist Cenoman und Turon zu fehlen; Senon transgrediert in vorherrschend mergeliger Ausbildung; sein hangendster Teil fehlt aber. Das Alt-Tertiär transgrediert ebenfalls.

Der Fazieswechsel der einzelnen Stufen ist z. T. recht stark. So besteht im Baborgebiet, südlich Bougie, das Valanginien und Hauterivien vorwiegend aus schiefrigen Gesteinen mit gelegentlich mächtigen konglomeratischen Einlagerungen; Barrémien und Aptien sind in mergelig-kalkiger Fazies vorhanden; im Albien bildeten sich kalkige Schiefer, die heute z. T. verkieselt sind, und dunkle quarzitische Sandsteine; im Cenoman entstanden dunkelgrauer Mergel und mergeliger Kalk, denen Konglomeratbänke zwischengeschaltet sind, Turon scheint zu fehlen. Das Senon transgrediert mit Konglomeratbänken, deren Gerölle vorwiegend aus Lias-Kalk bestehen und über denen schwarzer Tonschiefer mit Kalklinsen folgt.

Im Constantine-Gebiet besteht die untere Kreide fast ausschließlich aus Mergel-Gesteinen, während vom Cenoman aufwärts sich in merklicher

Menge Kalkbänke einschalten, die in einzelnen Stufen sogar überwiegen, namentlich im Cenoman und Turon. Außerdem treten hier in fast allen Formationen Korallenriffe auf.

Südlich der Oran-Chelif-Biban-Antiklinale, deren Kern wohl aus jurassischen Schichten besteht, liegen von W nach O die großen Kreidegebiete Beni Chugrane, Uarsenis-Massiv und die Hodna-Berge nördlich des Schott el Hodna, die in der südlichen Rinne der großen Tell-Geosynklinale entstanden und die z. T. recht große Mächtigkeit haben.

Im Gebiet der Beni Chugrane bestehen die 2000 bis 3000 m mächtigen Kreide-Sedimente ganz überwiegend aus Mergeln, denen häufig Kalkbänke — im Aptien auch Sandsteinbänke — zwischengeschaltet sind. Die gesamte Kreide ist hier fossilführend entwickelt; möglicherweise fehlt das Turon. Senon transgrediert über ältere Schichten.

Die Kreide im Constantinegebiet zeigt folgendes Profil:

Senon:	Mergel mit Kalkbänken in mehreren Horizonten. *Phylloceras forbesi, Scaphites, Bolbaster, Thecidea, Inoceramus, cf. balticus.*
Turon:	Kalkstein mit *Hippurites taburni, Radiolites cf. ponsi, Ostrea costei.*
Cenoman:	Kalkstein mit *Pecten sulcatocostatus, Nerinea, Caprinula.*
Alb:	Mergel, im hangenden Teil Kalk und Mergelkalk. — Phosphat — Kalk am Ued Athmenia. — *Mortoniceras inflatum, Epiaster restrictus, Exogyra cf. aquila, Parahoplites.*
Apt:	Fast ausschließlich Mergel, im hangendsten Teil Kalkeinlagerungen. — *Desmoceras seguenzae, Parahoplites nolans, Exogyra aquila, Heteraster oblongus.*
Barrême:	Kalk und Mergel; *Leptoceras, Holcostephanus caillaudi, Silesites seranonis, Heteroceras astieri.*
Hauterive:	Mergel mit *Aptychus.*
Valendis:	Mergel mit *Astieria psilostoma, Holcostephanus perinflatus.*

Im Uarsenis-Massiv besteht die Unterkreide bis hinauf zum Barrémien aus Mergeln, in denen gelegentlich große Blöcke von Jurakalk liegen. Aptien und Albien sind meist als quarzitische Sandsteine, mit Tonschiefern wechsellagernd, ausgebildet. Das Cenoman besteht wieder aus Mergeln und mergeligen Kalksteinen.

Turon scheint auch hier zu fehlen. Das vollständig ausgebildete Senon transgrediert auch hier und besteht überwiegend aus dunkelgrauem Mergel.

Im Gebiet der Hodna-Berge ist die untere Kreide in der Berrias-Stufe als mergeliger Kalk abgeschieden. Darüber folgt im Valanginien bei Bu Taleb ein mächtiger Tonhorizont, der im hangenden Teil Sandsteinlinsen enthält, anderwärts ist dolomitischer Kalk entwickelt. Das Hauterive besteht hauptsächlich aus Sandstein und Kalk. Das Barrême ist bei Bu Taleb aus einer Wechsellagerung von Ton, Sandstein und Kalkstein zusammengesetzt, an anderen Stellen aus mehr oder weniger mergeligem Kalkstein. Das Apt, soweit entwickelt, führt vorwiegend Kalk, der nebst Mergel bis ins untere Apt hinaufreicht, während im oberen Apt (= Vraconnien) z. T. glaukonitführende Kalkphosphate auftreten.

Das Cenoman ist häufig vorwiegend tonig entwickelt, während im Turon hauptsächlich Kalk sedimentiert wurde. Emscher und Senon bestehen dann wieder aus Kalk und Mergel.

Im Hodna-Gebirge ist die Kreide folgendermaßen entwickelt:

Dänische Stufe u. Maastricht:	Kalkstein und Mergel mit *Exogyra overwegi, E. matheroni, Roudaireia auressensis, Hetorolampas maresi* u. a.
Ob. Senon:	Vorwiegend Ton mit einigen Kalk- und Mergelbänken; *Hemiaster brossati, Linthia payni, Lopha pomeli.*
Unt. Senon:	Kalkstein und Mergel mit *Mortoniceras texatum, Lopha dichotoma, Plicatula ferryi.*
Emscher:	Mergel und Kalkstein mit *Cerithium encelades, Tissotia fourneli, Hemiaster fourneli.*
Turon:	Fossilarmer Kalk, z. T. mit Mergellagen.
Cenoman:	Ton und Mergel, reich an Austern und Seeigeln.
Ob. Alb (Vraconnien):	Glaukonitführende Phosphatmergel mit *Mortoniceras inflatum, Brancoceras varicosum, Puzosia mayoriana, Desmoceras beudanti.*
Unt. Alb:	Kalk und Mergel mit *Trigonia arcuata, T. aliformis, Lopiaster variosulcatus* u. a.
Apt:	Kalk und Mergel mit *Heteraster oblongus, Nerinea pauli, Orbitolina lenticularis* u. a.
Barrême:	Teils Kalk, Ton, Sandstein in Wechsellagerung über Dolomit; an anderen Stellen nur Kalkstein, z. T. Mergel.
Hauterive:	Kalkstein, untergeordnet Mergel, stellenweise Sandstein; mit Austern und Seeigeln.
Valendis:	Bei Bu Taleb: Ton in größerer Mächtigkeit, im oberen Teil mit Sandlinsen. Bei Batna dolomitischer Kalk und Mergel.
Berrias:	Mergelkalk mit *Berriasella boissieri, Phylloceras semisulcatum* u. a.

In Nordtunesien liegt über dem oberen Jura eine mächtige Folge von dunklen Mergeln und Kalksteinen, die durch ihre zahlreichen Fossilien in mehrere Stufen gegliedert werden können und die die Zeitspanne vom Beriasien (mit *Thurmannia boissieri, Berriasella callisto, Phylloceras semisulcatum* usw.) und Valanginien (mit *Kilianella roubaudiana, Neocomites neocomensis, Holcostephanus astieri, Phylloceras tethys* usw.) bis ins Hauterivien (mit *Acanthodiscus radiatus, Crioceras duvali, Lissoceras, Holcostephanus, Aptychus*) umfassen.

Auch das Barrémien besteht aus dunkelgrauen Mergeln und Kalksteinen mit *Desmoceras sayni, Parahoplites angulicostatus, Pulchellia heinzi, Heteroceras asterianum, Macroscaphites ivani.*

Das darüber folgende Apt ist vorwiegend als Mergel entwickelt, im Gegensatz zu den tieferen Stufen, und ist gekennzeichnet durch *Parahoplites fissicostatus, Puzosia getulina, Oppelia nisus* u. a.

In Mittel- und Südtunesien sind Valanginien, Hauterivien und Barrémien in sandiger mergeliger Fazies entwickelt. Die Schichten führen reichlich Seeigel.

Das Apt in Mitteltunesien besteht aus Kalkstein, Mergel und quarzitischem Sandstein; die Schichten führen *Salenia prestensis, Pseudodiadema malbosi, Hoplites fissicostatus,* dazu Foraminiferen in großer Anzahl (z. B. *Orbitolina lenticularis).* Südlich der tunesischen Schotts scheint das Apt in mariner Ausbildung zu fehlen.

Im äußersten Süden, am Schott Fedjedj und Schott el Djerid, ist der tiefste Teil der unteren Kreide brackisch entwickelt und geht im Hangenden in Kontinentalbildungen über. An der Basis liegen bunte gipsführende Mergel in Wechsellagerung mit Sandsteinen und Kalk; darüber folgen in Wechsellagerung grobe Sandsteine, z. T. kaum verfestigte Sande und roter Ton. Dieser hangende Teil enthält Pflanzenreste; im liegenden Teil treten *Cyrena media, Corbula sp., Rostellaria sp., Pecten, Mytilus* auf; die Formen erinnern an die der Uitenhage-Schichten in Südafrika.

Das Alb besteht in Nord- und Mitteltunesien aus grauem Kalk in Wechsellagerung mit grauem Schiefermergel, die *Belemnites minimus, B. ultimus, Mortoniceras inflatum* führen.

In Südtunesien ist das Apt aus wechsellagernden plattigen Kalksteinen und bunten Letten mit Gipslagen aufgebaut. Die Letten enthalten Pflanzen (Koniferen) -Reste, der Kalk *Nerinea utrillasi* und *Glauconia picteti.* Nach dem äußersten S hin gehen diese Sedimente in grünen Ton mit verschieden gefärbten Bänken von kalkigem Sandstein und sandigem Kalk über, die Pflanzen und Fischreste enthalten.

Das Cenoman besteht in Nordtunesien aus grauem schiefrigem Mergel und ebensolchem Kalk, der nach oben an Menge zunimmt. Ammoniten sind zahlreich, auch Rudisten treten auf.

Je weiter nach Mittel- und Südtunesien hin, um so mehr treten die Mergel gegen den Kalk in den Vordergrund; Gipsbänke schalten sich ein; neben den Ammoniten treten Gastropoden und Echinodermen in großer Anzahl auf. Der Tiefsee-Charakter des Nordens hört also nach S mehr und mehr auf.

Im südlichsten Teil besteht der tiefere Teil des Cenoman aus Tonen und Mergeln mit Gipsbänken. Darauf liegt dolomitischer Kalk in Wechsellagerung mit Sandstein. Fossilien sind selten. Die Schichtenfolge ist namentlich am Dahar-Steilrand aufgeschlossen.

Turon. Im Norden von Tunesien ist eine befriedigende Abgrenzung des Turon von den liegenden Cenomanschichten noch nicht durchgeführt. Man rechnet weiße und rötliche Kalksteine mit geringem Fossilgehalt hierher.

Auch im Süden entwickelt sich das Turon ohne jeden Fazieswechsel aus dem Cenoman; es besteht zunächst aus wechsellagerndem dolomitischem Kalk und Mergel; letzterer gewinnt im hangenden Teil die Vorherrschaft und enthält Gipsbänke; ferner treten sandige dolomitische Kalksteine mit reicher Seeigelfauna auf.

Senon und Emscher sind in Tunesien weitverbreitet. Im allgemeinen besteht der liegende Teil der Schichtenfolge vorwiegend aus Mergeln, die wohl dem Emscher und Unter-Senon entsprechen, der hangende Teil, das Ober-Senon, wird vorherrschend von weißen, bankigen Kalksteinen aufgebaut, über denen Mergel und gelblicher Kalk liegt. Diese Ausbildung der oberen Kreide wird von *Solignac* (1927) als Tell-Fazies, von *Pervinquière* (1903) als „zentrale Fazies" bezeichnet.

In der Umgebung der Stadt Tunis ist nur Ober-Senon vorhanden, das diskordant auf Turon liegt. Es besteht im unteren Teil aus Mergeln und Kalksteinen in Wechsellagerung mit in Pyrit umgewandelten Ammoniten und Seeigeln: *Bostrychoceras polyplocum, Phylloceras forbesianum, Puzosia diphylloides, Homoeaster tunetanus, Ovulaster auberti* u. a. Der hangende Teil besteht ganz vorwiegend aus Mergeln mit Gipsbänken. Unter den Fossilien treten Gastropoden in den Vordergrund, Ammoniten und Seeigel werden seltener. Es seien genannt *Latidorsella snamensis, Baculites vertebralis, Isocrinus paronai, Irania granulata, Procerithium morgani, Biradiolites austrinensis* u. a.

Diese Fazies wird als „Tunis-Fazies" bezeichnet.

Auch in Mitteltunesien werden 2 Fazies unterschieden. Die eine, „zentrale", besteht im wesentlichen aus blaugrauem schwefelkiesreichem Mergel, die andere, „meridionale", besteht aus dunkelblaugrauem Mergel mit Kalkbänken; nach oben nehmen die Kalksteine an Menge zu und führen Hornstein-Ausscheidungen.

In Südtunesien wird der tiefere, Emscher und Unter-Senon umfassende Teil von Mergel und Kalkstein gebildet, der hangende, das Ober-Senon umfassende Teil besteht aus Kalksteinen mit Mergel-Einlagerungen, stellenweise auch (z. B. bei Gafsa) von schwarzen Mergeln, roten Kalkphosphat-Schichten und darüber dunkelgrauem Mergel.

Im äußersten Süden von Tunesien ist die oberste Kreide ebenfalls vorwiegend mergelig entwickelt.

Bei B i r K e c i r a im Ued Kecira ist im Unter-Senon das folgende Profil zu sehen:

4. Mergel und Kalk, wechsellagernd. 18 m.
3. Heller Kalk, dolomitisch. 3 m.
2. Mergel- und Kalkbänke, wechsellagernd. 10 m.
1. Mergel mit Bänken von Knollenkalk. 10 m.
   Liegendes: Turon.

Das Ober-Senon ist am Djebel Senirher im Erg Djeneien in folgender Ausbildung aufgeschlossen:

6. Kalkbänke. Etwa 20 m.
5. Grauer Kalk mit Kieselhölzern. 12 m.
4. Kalk und Mergelbänke, wechsellagernd. Im Kalk Inoceramen. 25 m.
3. Gelber Mergel mit Quarz- und Kalk-Geoden. 20 bis 30 m.
2. Kalk mit *Inoceramus vulgaris, Roudaireia drui, Aporrhais meslei, Nautilus sublaevigatus und Exogyra.*
1. Mergel und Kalk mit *Alectryonia nicaisei.* 8 bis 10 m.

Eine während der Gault-Zeit nicht vom Meere bedeckte Zone liegt nördlich und östlich vom Schott el Hodna.

Am D j e b e l T e b a g a, nordöstlich Kebili, an der Ostseite des Schott el Djerid in Südtunesien, ist folgendes Kreide-Profil erschlossen.

Ober-Senon:

14. Harter Kalk. 20 m.
13. Heller Kalk mit *Pseudodiadema* und *Catopygus*. 10 m.
12. Dolomitischer mergeliger Kalk mit *Ostrea mermeti, var. sulcata*. 50 m.
11. Kalk und Mergel, wechsellagernd. 17 m.
10. Grüner Ton mit einer Kalkbank, mit *Exogyra spinosa*. 15 m.

Unter-Senon:

9. Mergel und Ton. 200 m.

Turon:

8. Hornsteinreicher Kalk. 15 bis 20 m.
7. Mergel und dolomitischer Kalk mit Hornsteinbildungen in Wechsellagerung, mit *Mammites armatus;* grauer, dolomitischer Kalk. 6 m.

Cenoman:

6. Ton und Mergel mit viel Gipslagen. 30 bis 40 m.
5. Mergel und Mergelkalk mit *Exogyra flabellata* 8 m.
4. Kalk. 20 m.
3. Ton und Mergel mit Kalkbänken. Etwa 100 m.

Alb (?):

2. Dolomitischer Kalk. 100(?) m.
1. Mergel und Ton mit Gipsbänken. 100 (?) m.

In der Zone der Hochplateaus tritt gefaltete Kreide mehrfach zutage.

Die Bergkette der Landschaft Seba Rus, nördlich der Salzseen Zahrez Charbi und Zahrez Schergi (zwischen Schott ech Schergi im Westen und Schott el Hodna im Osten, etwa 200 km südlich des Hafens Algier), zeigt z. B. untere Kreide mit Sandsteinen und Kalksteinen, darüber folgen Sandsteine des Albien und dann Kalksteine des Cenoman.

Auch in den Saida-Bergen und den Tlemcen-Bergen, nördlich vom Schott ech Schergi, ist namentlich untere Kreide an mehreren Stellen aufgeschlossen.

Die Gesteine sind grünlicher Schieferton mit Sandsteinbänken, die Blöcke von Jurakalk enthalten. Die Schichten führen u. a. *Lytoceras liebigi, Holcostephanus negreli, Hoplites* mehrere Arten.

Am Nordrande der Sahara ist die Kreide folgendermaßen entwickelt:

Im Ksur-Gebirge, dem westlichsten Abschnitt des Sahara-Atlas an der Marokkogrenze, bilden ausgesprochene Kontinentalbildungen das Liegende der oberen Kreide. Möglicherweise umfassen diese Schichten nicht nur untere Kreide, sondern auch vielleicht noch einen Teil des Jura.

Diese prä-oberkretazischen Kontinentalbildungen bestehen aus meist rotgefärbten, groben bis konglomeratischen, auch kreuzgeschichteten Sandsteinen mit verkieselten Hölzern. Die Schichten liegen im N über Jurakalk, im S über Paläozoikum. Die Mächtigkeit schwankt örtlich zwischen wenigen Metern und mehr als 100 Metern.

Über dieser Sandsteinstufe liegen bunte Mergel mit Gipsbänken, dann folgt heller Kalk-Mergel mit *Neolobites vibrayeanus, Exogyra flabellata, E. olisiponensis, Heterodiadema libycum* und darüber hellgrauer und gelblicher Kalk mit Hornsteinausscheidungen. Die Fauna wird zum Cenoman gestellt. Die hangenden Kalksteine führen Rudisten des Turon.

Die Mergel- und Kalkstein-Zone umfaßt also zum mindesten den oberen Teil des Cenoman und des Turon in vorwiegend mariner Ausbildung.

Auf dem Turon liegt konkordant eine mächtige Folge von rotem, z. T. kreuzgeschichtetem Sandstein mit Tonlinsen. An ihrer Basis ist an mehreren Stellen ein mächtiges Konglomerat mit Kalkgeröllen des darunterliegenden Turon beobachtet. Die Sedimentationsbedingungen haben also ziemlich plötzlich eine grundlegende Änderung erfahren. Das Alter dieser Sandstein-Serie ist bei gänzlichem Mangel an Fossilien nicht genau festzulegen. Man vermutet oligo-miozänes Alter.

Im Nail- und im Amur-Gebirge ist die Kreide größtenteils marin ausgebildet:

Hangendes:	Kontinentales Tertiär.
Senon:	Gelber, z. T. knollig ausgebildeter Kalk, untergeordnet Mergel. 150 m. *Hemiaster fourneli, Tissotia fourneli.*
Turon:	Harter Kalk: gering mächtig. *Hippurites organisans, Sphaerulites, Radiolites sociales, Pachydiscus peramplus, Sphenodiscus, Pseudotissotia.*
Cenoman:	Bankiger Kalk und Mergel, wechsellagernd; im Mergel nach S mehr und mehr Gipsbänke. Im Amur-Gebirge geht der Gips stellenweise in dolomitischen Kalk über. *Ostrea flabellata, Heterodiadema libycum.* Mächtigkeit 150 bis 200 m.
Alb:	Sandstein mit Quarzgeröllen, an der Basis gipsführende Mergel mit Braunkohlenflözchen und Kieselhölzern. 300 bis 400 m.
Apt:	Gelber Knollenkalk mit Mergelbänken, die nach dem Hangenden hin an Mächtigkeit stark zunehmen. 50 bis 100 m. *Heteraster ablongus, Echinospatagus collegnoi, Pseudodiadema malbosi, Orbitolina lenticularis.*
Valanginien-Barrémien:	Grauer Kalk und dunkelgrauer Sandstein, wechsellagernd. 200 m. *Toxaster africanus* u. a. Seeigel und Austern.
Liegendes:	Jura.

7. *Tertiär und Quartär*

a. Paleozän und Eozän

Die jüngste Stufe der oberen Kreide, das Danien, und der größere Teil des Eozän bis zum Lutétien hinauf sind wirtschaftlich von ganz besonderem Interesse, weil in ihnen der größte Teil der riesigen Phosphatlagerstätten enthalten ist.

Das Meer der Eozänzeit in Tunesien und Algerien bildete einen relativ schmalen Arm des Mittelmeeres, der im Norden ungefähr von der Numidischen Kette, der Kabylei, dem Djurdjura, den Uarsenis-Bergen begrenzt war und der südwestlich Oran wieder ins Mittelmeer hinaustrat; seine Südgrenze lag etwa

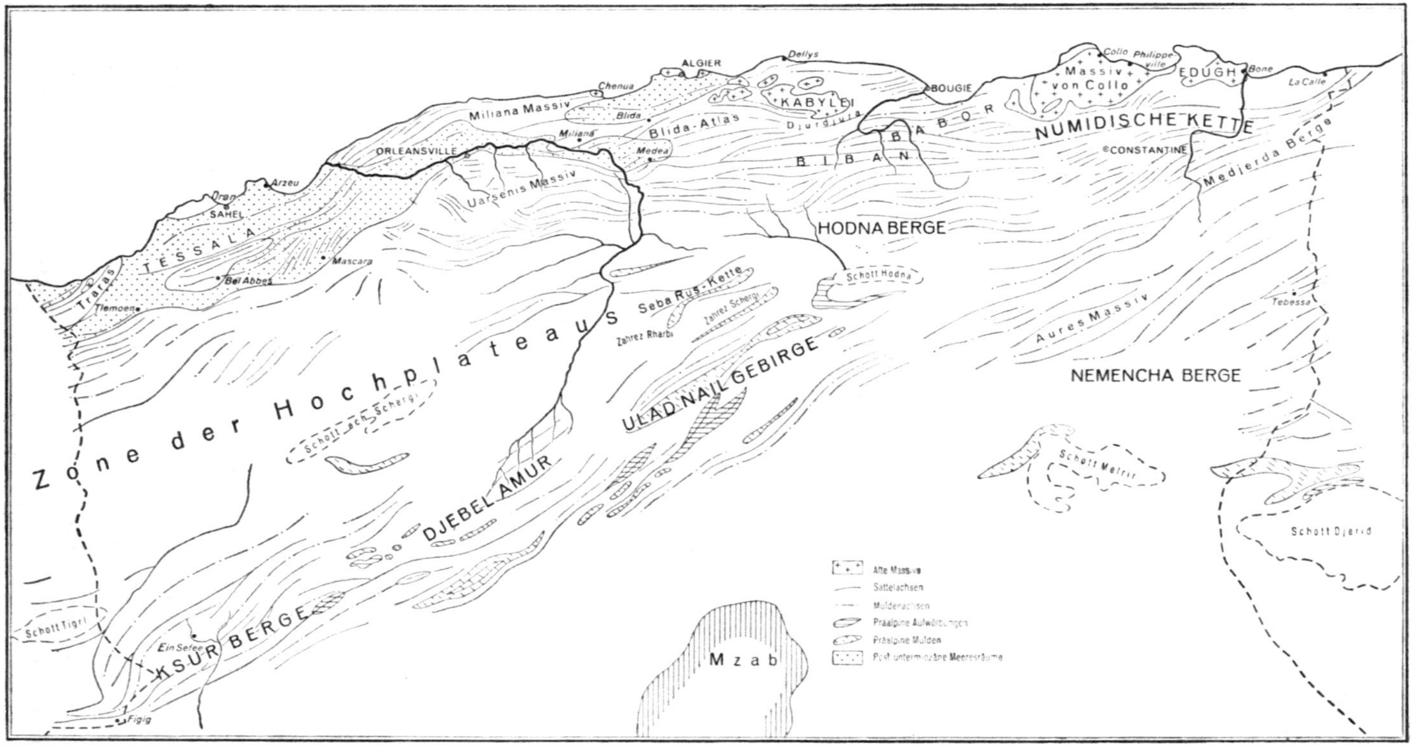

Abb. 18. Strukturkarte von Algerien. *Dalloni,* 1939.

am Bled Segi (nördlich Gabes), nördlich vom Schott el Djerid, ging dann in großem Bogen weit nach S bis in die Gegend südlich Wargla und von da nach N zurück auf die Nordseite des Schott el Hodna, von da geht die Südgrenze nach W hin nördlich vom Zahrez Schergi, am Nordrand der Frenda- und der Saidaberge, nördlich Tlemcen entlang und erreicht nördlich der Trarasberge das Mittelmeer (Abb. 29, S. 265).

Diese Senke ist im O sehr breit und überflutet einen sehr großen Teil von Tunesien; nach W hin verschmälert sie sich schnell. Das Meer ist im allgemeinen verhältnismäßig tief, enthält aber einige ausgedehnte Flachseegebiete, so daß das große Gebiet zwischen Gafsa und Tebessa, das sich nach NO über Kairuan nach Sus am Hammamet-Golf, nach N bis nach Beja ausdehnt. Ein zweites Flachseegebiet liegt zwischen den Häfen Bougie und Algier im N und dem Schott el Hodna im S.

In diesen Flachseegebieten waren die Bildungsbedingungen für die Phosphatsedimente an vielen Stellen gegeben. Es seien in der Gegend von Gafsa (nördlich vom Schott el Djerid) erwähnt die Phosphatlagerstätten Maknassi, Metlaui, Redeyef, Aien Mulares; weiter nördlich, schon in Algerien, Tebessa, Kalaat es Snam, Kalaa Djerda. Westlich dieser Zone, nördlich vom Hodna-Becken liegen Tocqueville, Mzaita, Bordj Rdir, Maadid (vgl. S. 264 ff.).

Joleaud (1932, S. 36) hob hervor, daß die Tiefenverhältnisse des Meeres der Eozänzeit in den verschiedenen Teilen des hier besprochenen Gebietes durch die Fischfauna der Sedimente gekennzeichnet sind.

In den sehr reichen Phosphaten des Südens von Tunesien (Gegend von Gafsa) herrschen die in Küstennähe lebenden Arten vor, in den ziemlich reichen Phosphatschichten der Gegend von Tebessa treten die ausschließlich in Küstennähe lebenden Arten zurück, die Hochseearten sind häufiger. Bei Tocqueville, wo der Phosphorgehalt der Sedimente schon merklich geringer ist, sind Hochseefische vorwiegend vertreten, während in den nicht phosphatisierten Kalksteinen der Numidischen Kette die Haifische zu fehlen scheinen.

Im ganzen lassen sich die Sedimente des Eozän in Algerien und Tunesien nach *Joleaud* (1932, S. 33) in folgende drei Gruppen gliedern:

3. Hangende Kalkgruppe (hangendster Teil des Unter-Eozän und gesamtes Mittel-Eozän).

2. Phosphatgruppe (oberer Teil des Paleozän und tieferer Teil des Unter-Eozän).

1. Liegende Mergelgruppe (Danien und Basis des Paleozän).

Besonders interessant sind die stratigraphischen Verhältnisse in den Phosphatgebieten.

In Nordwesttunesien bilden schwarze Mergel mit kieseligen Kalkknollen, die dem Danien und dem Paleozän angehören, den liegenden Teil. Über ihnen folgt in den Landschaften Krumirie, Nord-Bejaua und bei Biserta Mergel-Kalk mit Globigerinen und Einzelkorallen, die bis ins obere Mittel-Eozän (Lutétien) hinaufgehen.

Weiter östlich, in der Gegend von Tunis, fehlt die liegende Mergelgruppe; die Sedimentation beginnt mit weißem Kreide-Kalk, der Globigerinen und Brachiopoden führt; das Eozän transgrediert hier über Ober-Senon (Maastricht-Stufe).

In Mitteltunesien folgt über mergelig ausgebildetem Danien und tiefem Paleozän mit Crinoiden und Seeigeln die Basis der Phosphatschichten, dann kristalliner Kalk mit Nummuliten, Austern und Thersiteen, die zum Mittel-Eozän gerechnet werden.

Im Süden von Tunesien besteht das Danien und das untere Paleozän aus Muschelbrekzien mit Resten von Nautilusarten, von Austern, Carditen und Krebsen. Das jüngere Paleozän und die Basis des unteren Eozän bestehen aus Phosphat; der hangende Teil des unteren Eozän und das mittlere Eozän bestehen aus mergeligem Kalk mit Austern, über denen Muschelbrekzien und dann Phosphatmergel liegen.

Südöstlich Gafsa geht der mergelige austernführende Kalk seitlich in Gipsbänke über, die in ufernahen Lagunen entstanden sind; ähnliche Übergänge sind bei Uled Djellal und Negrine zu beobachten.

Die untereozänen Phosphate in Tunesien und Algerien bestehen teils aus hellem lockerem Sand, teils sind sie zu einem unvollständig verfestigten graugelben oder rötlichen Gestein umgebildet; andere Phosphate haben das Aussehen eines massigen mehr oder weniger kieseligen Kalksteins und sind dann häufig durch Bitumen gefärbt. Über ihnen folgen fast stets weißliche gut gebankte Kalksteine mit viel Kieselausscheidungen, die durch organische Reste braun oder schwarz gefärbt sind.

Das Ober-Eozän (Priabonien) ist in Algerien und Tunesien weniger verbreitet als die tieferen Stufen.

Der liegende Teil besteht im nördlichen Abschnitt von Tunesien aus Mergeln, stellenweise mit Gipseinlagerungen. Darüber folgen Sandsteine mit Nummuliten. In der Gegend von Biserta besteht das Ober-Eozän aus fossilfreien Mergeln und Sandsteinen in Wechsellagerung. Ähnliche Schichtfolgen sind auch weiter westlich in Algerien bekannt.

b. Oligozän

Südtunesien scheint im Ober-Eozän und im Oligozän im wesentlichen Festland gewesen zu sein.

In Mitteltunesien besteht das Oligozän stellenweise aus Kalksteinen mit Austern, Pectiniden und Seeigeln, während im nördlichen Teil des Landes nummulitenführende Sandsteine, überdeckt von fossilfreien Sandsteinen, in Flysch-Fazies entwickelt sind. Diese Fazies zieht sich weit in den nordöstlichen Teil von Algerien hinein. Im Departement Constantine transgrediert dies Oligozän mit einem stellenweise 500 m mächtigen Basiskonglomerat über Paläozoikum. *Ehrmann* fand in diesem Basiskonglomerat über Eozänkalk, der in der Gegend von Djidjelli auf Paläozoikum transgrediert, Nummuliten und Lepidocyclinen.

In Mittelalgerien bis nach Nordmarokko hin sind die Lepidocyclinen führenden Sandsteine („Bogharien") kalkig und wechsellagern mit Mergelbänken.

Im Hodna-Gebiet und südlich Constantine bestehen die zum Oligozän gerechneten Sedimente aus Tonen und Mergeln mit Gipsbänken und -linsen, Sandsteinen und tonigem Sand von vorwiegend roter Farbe. Die Ablagerungen sind hier in brackischen Becken ähnlich den heutigen Schotts entstanden.

c. Miozän

Im Miozän, z. T. bereits früher, waren große Teile des heutigen Nordafrika Festland mit Steppenklima. In mehreren Binnenbecken nach Art der heutigen Schotts wurden rote tonige Sedimente mit Gips und mit Schnecken der Gruppen *Helix* und *Bulimus* sedimentiert; darüber folgen tonige Konglomerate und rote Sandsteine. Diese Schichten haben bei Chabet el Ahmeur, nahe Palestro, einen Molaren von *Mastodon pygmaeus* geliefert (*J. Savornin,* Collection du Centenaire de l'Algérie, 1931, S. 273).

Die Zugehörigkeit dieser Schichten zum Oligozän oder Miozän ist noch nicht geklärt. Andererseits bilden sich in den im Miozän vom Meere bedeckten Flachsee-Gebieten Sandsteine und Konglomerate, in tieferen Meeresteilen auch mehr oder weniger sandige Kalksteine, Glaukonitsandsteine mit Bänken von Algenkalk. Der hangende Teil des Miozän besteht zumeist aus braunem oder blauem Schieferton und Mergel von 100 bis 200 m Mächtigkeit. Seeigel- und Konchylienfaunen sind an mehreren Stellen nachgewiesen.

Der hangende Abschluß des Miozän wird teils von marinen („Sahélien"), teils von terrestrischen („Pontien") Sedimenten gebildet.

Das S a h é l i e n im Sahelgebiet der Provinz Oran besteht aus Andesittuffen, die seitlich in graublauen Ton mit Gips übergehen, Mergeln, Algenkalken, stellenweise auch Kieselgurlagern, wie bei Oran, die Fischreste führen; marine Fossilien sind in der Schichtenfolge überaus häufig. Die Sedimente in Tunesien sind ähnlich.

Das P o n t i e n mit seinem vorwiegend in Binnenbecken und auf dem Festland gebildeten Sedimenten besteht im östlichen Algerien vorwiegend aus Ton, Mergel und Gips, in Tunesien aus Konglomeraten, Sandsteinen, Sanden, Tonen und Mergeln, die Land- und Süßwasserschnecken führen.

Im südlichen Tunesien enthalten hierher gehörende Schichten Wirbeltierreste: *Mastodon, Merycopotamus affinis, Capreolus matheroni, Tragocerus, Hemitragus, Hipparion gracile* sowie Pflanzenreste: *Araucarioxylon aegyptiacum, Nicolia aegyptiaca* u. a. (*M. Solignac,* Étude géologique de la Tunisie septentrionale, Paris 1927; und: Le Pontien dans le Sud Tunisien. Ann. Univers., Lyon, 1931, Heft 48).

Die Verhältnisse liegen also im Obermiozän ähnlich wie an der Grenze vom Oligozän zum Untermiozän.

Auf die sehr interessante paläogeographische Verbreitung der Sedimente des Miozän in Algerien und Tunesien kann hier nicht im einzelnen eingegangen werden.

d. Pliozän

In West- und Mittelalgerien bestehen die Miozänschichten aus blauen Mergeln mit sandigen Lagen und mit reicher Fauna (*Ostrea edulis, Pecten jacobaeus, Terebratula ampulla*), z. T. wenig verkittetem Sandstein, Schotter und Mergelkalk (*E. Ficheur,* Bull. Soc. Géol. France 1897, Bd. 24, S.973—981).

Stellenweise, wie in der Gegend von Marceau, gehen die marinen Schichten seitlich in kontinentalen Sand mil *Helix fossulata* über.

Im östlichen Algerien fand *L. Joleaud* (Étude géologique de la Chaîne numidique, Thèse fac. Sci. Paris 1912, S. 272—273) als liegenden Teil des Pliozän Süßwasserkalk mit *Hipparion gracile, Sus phacochoeroides, Helix fossulata.* Diese Zone wird von einigen Autoren als Pontien angesprochen. Darüber folgen braune Tone, Konglomerate und Sande mit *Hippopotamus major, Elephas meridionalis,* auch Kalktuffe mit Pflanzen, z. B. bei Ain Kerma.

J. Savornin (Étude géolog. de la région du Hodna, 1920, Thèse fac. Sci. Lyon und Bull. Carte géol. Algérie. II. 7. S. 370—380) stellte in diesem hangenden Teil Schotter und grobe Sandsteine der Gegend von Sillègue, nordöstlich Setif, fest, die Wirbeltierreste *(Hippopotamos hipponensis, Elephas, Mastodon, Equus robustus* u. a.) führen.

Im nördlichen Tunesien liegen Sandsteine und Sande mit Wirbeltierresten (*Mastodon avernensis*) in Wechsellagerung mit marinen Tonen, die *Melanopsis tubiferus, Melania etrusca* u. a. führen und die von marinen Tonen überlagert werden. Bei Biserta und Tunis führen ähnliche Sandsteine *Hipparion crassum.*

Am Kap Bon und an anderen Stellen der tunesischen Ostküste steht marines Pliozän an. Es besteht nach *A. Martin* (C. R. Ac. Sci. Paris, Bd. 194, 1932, S. 1137) im liegenden Teil aus Ton mit *Amussium cristatum;* darüber folgt Sandstein und Sand mit *Ostrea plicatula, Lissochlamys excisa, Chlamys scabrellus* usw. Den hangenden Teil bilden grobe Sandsteine mit abgerollten Schalen.

e. Pleistozän

Als Pleistozän werden junge Strandterrassen und andere junge kalkigtonig-sandige Sedimente angesprochen. Sie führen je nach Entstehung marine Fossilien oder Reste von Land-Wirbeltieren und Landschnecken.

Solche Sedimente sind in Tunesien von *Solignac* (Bull. Soc. géol. de France, 1924, Bd. 24, S. 176—192; und Étude géologique de la Tunisie septentrionale,

Paris 1927, S. 488—490), in Algerien von *Glangeaud* (Bull. Service Carte géol. de l'Algérie 1932, 2, S. 366—378) beschrieben.

Junger Vulkanismus

a. Die Galite-Inseln

An der Nordküste von Tunesien liegt die Gruppe der Galite-Inseln.

Sie bestehen aus alttertiären Mergeln, Kalksteinen, Sandsteinen und Schiefern, die dem Eozän und Oligozän (Numidischer Sandstein) angehören. Auch Einschlüsse von Gneis in Eruptivgesteinen sind beobachtet.

Diese Sedimente werden von jungen Eruptiven durchbrochen und kontaktmetamorph verändert.

Die Intrusionen sind also jünger als Oligozän. Die jungvulkanischen Gesteine sind größtenteils Tiefengesteine. *M. Solignac* (C. R. Acad. Sci. Paris. Bd. 179. 1924, S. 906) beschrieb Gänge von monzonitischem Granit mit hellrotem Orthoklas, Plagioklas, grüner Hornblende, Biotit, Cordierit, Hypersthen und Magnetit. — Auch monzonitischer Mikrogranit und Mikrogranodiorit ist mehrfach bekannt.

Sehr verbreitet ist Granodiorit, namentlich auf der Insel Grande Galite, ebenso auf anderen Inseln.

Auf Grande Galite ist auch ein kleines Vorkommen von Ankerit bekannt, das wohl einen Einschluß im Mikrogranodiorit bildet.

An der Südküste der Insel steht ein stark verändertes dunkles Gestein an, das als Andesit angesprochen wird.

Die Altersfolge ist: Granodiorit und Mikrogranodiorit, dann Monzonitgranit und monzonitischer Mikrogranit.

b. Das tunesische Festland

Auch auf dem Festland von Nordtunesien sind vereinzelte jungvulkanische Durchbrüche bekannt und von *Solignac* zusammengestellt worden. Es sind:

Oligoklas-Dazit; an mehreren Stellen am Djebel Haddada, das Gestein durchbricht Alt-Tertiär. Dazit ist im Gebiet von Nefza-Hedil verbreitet.

Cordierit-Dellenit; an der Bahn von Mateur nach Tabarca bei Ain ed Deflaia, in eozänem Mergel.

Labrador-Basalt tritt gangförmig in einem obermiozänen (pontischen) Konglomerat bei Bu Lanage auf.

Labradorit bildet den 70 m hohen Bergkegel Guelb Saad Mun, der Oligozän durchbricht.

Die Durchbrüche sind stets jünger als Oligozän, aber meist älter als Ober-Miozän.

c. Algerien

Am Ued Amizur bei Bougie tritt ein Granit-Batholith (z. T. Granodiorit) an mehreren Stellen zutage, der auch Ergußgesteine geliefert hat; diese sind in der Umgebung des Flußtales ebenfalls an mehreren Stellen zu sehen. Ober-Eozän ist kontaktmetamorph umgewandelt (*Glangeaud*, C. R. Congr. Assoc. franc. Avanc. Sci. Grenoble, 1925. S. 3—18).

Ähnliche junge Tiefengesteine sind an anderer Stelle mehrfach erwähnt (S. 143), so z. B. im Numidischen Massiv an der Bugarun-Halbinsel westlich des Hafens Collo. Dort hat ein 30 km langes und etwa 10 km breites NO streichendes stark differenziertes Granitmassiv das aufliegende Alt-Tertiär kontaktmetamorph verändert. Die Intrusion scheint jünger zu sein als Unter-Oligozän.

Als untermiozänen Alters wird der Quarzporphyrit und Granodiorit von Cavallo, östlich vom Hafen Djidjelli am Westende des kabylischen Massivs, aufgefaßt (*L. Glangeaud*, C. R. Acad. Sci. Bd. 196. 1933. S. 1515—1517).

Da diese Tiefengesteine im allgemeinen keine Druckerscheinungen zeigen, sind sie zweifellos sämtlich erst in der letzten Phase der letzten Faltung dieses Gebietes aus der Tiefe aufgedrungen.

In der Küstenzone des kabylischen Massivs östlich der Stadt Algier sind an mehreren Stellen, namentlich westlich von Dellys (am Djebel Djinet), die gefalteten mesozoischen und alttertiären Sedimente von jungen Eruptiven durchbrochen, unter denen von *Duparc, Pearce* und *Ritter* (Mém. Soc. Phys. Hist. Nat. Genf. Bd. 33. 1900. Nr. 2) die folgenden Typen genannt werden:

Alkali-Granit, monzonitischer Granit und Glimmer-Diorit bei Ménerville.

Liparit und Mikrodiorit bei Sidi Feredj.

Dazit mit Hornblende, mit und ohne Biotit am Kap Blanc.

Liparit und Tuffe, Andesit, Alkali-Granit und Tonalit am Kap Marsa und bei Sidi Zerzor.

Dazit bei Dra Zeg Etter und Ruafa.

Diese Gesteine bilden Gänge, Lagergänge und Decken. Schichten der Burdigal-Stufe (Unter-Miozän) sind im Kontakt gehärtet.

Von Algier auf eine Strecke von mehr als 150 km nach W bis in die Gegend von Tenes sind längs der Küstenzone an mehreren Stellen Durchbrüche jungvulkanischer Gesteine zu finden, die von *L. Glangeaud* (Bull. Soc. Géol. de France IV. Bd. 29. 1929, S. 97 — a. a. O. V. Bd. 3. 1933, S. 367—379 — a. a. O. V. Bd. 4. 1934, S. 237—249) untersucht wurden.

In dieser Gegend sind dem marinen Unter-Miozän (Burdigal) Tuffe, auch Eruptivbrekzien und Lavaströme, teils aus submarinen, teils aus festländischen Vulkanen, eingeschaltet, die alle im Küstengebiet des Meeres der Burdigalzeit liegen. Die hauptsächlichsten Vorkommen liegen bei Chenua (Tipasa), in der Gegend von Cherchel, am Ued Messelmun westlich Cherchel und im Gebiet der Beni Haua bei Tenes. Die in der Burdigal-Zeit geförderten Gesteine sind monzonitische Rhyolithe, Dellenite (andesitische Fazies der Rhyolithe) und Labrador-Dazite, die durch Übergänge verbunden sind.

Die Ergußgesteine sind mit den Sedimenten gefaltet.

Nach der Faltung der burdigalischen Schichten drangen offenbar auf jüngeren Brüchen Gänge, Lagergänge und Lakkolithe, namentlich in der Gegend zwischen Tenes und Cherchel, auf.

Am Djebel Arrudjaud, 15 km östlich Cherchel, liegt ein Lakkolith, dessen Magma zu Granit, Quarz-Monzonit, Diorit und Syenit differenziert ist.

Gänge und Lagergänge gleicher Zusammensetzung durchziehen am Ued Arbil Cenomanschichten, da hier Tertiär fehlt.

Am Kap Tizirin und am Fort Val el Russ bei Cherchel durchsetzen Gänge und Lagergänge von grobem Olivinbasalt Sedimente der Kreide und des Burdigal (Mergel, Tuffe, Konglomerate), die geringe Umwandlung erlitten haben. Das darüberliegende Jungpliozän ist nicht verändert. Die Intrusion erfolgte wahrscheinlich im Altpliozän.

Lacroix (C. R. Soc. géol. France, Bd. 24, 1924, S. 207; C. R. Ac. Sci. Bd. 185, 1927, S. 573—576) schlug vor, diese tertiären Eruptiva an der Küste von Algerien und Tunesien zu einer „Kabylischen" petrographischen Provinz zusammenzufassen.

Am Unterlauf des Tafna, südwestlich Oran, etwa 100 km von der marokkanischen Grenze, sind nach den Untersuchungen von *L. Gentil* (C. R. Acad. Sci. Paris, Bd. 130, 1900, S. 706; und Bull. Serv. Carte géol. Algérie, Alger 1903, 2. Sér. Nr. 4) drei junge Eruptionszentren vorhanden: am Vulkan Tifaruine, im Gebiet von Ain Temuchent und an der Mündung des Tafna.

Gentil unterscheidet zwei Eruptionsperioden, die erste fällt hauptsächlich ins Ober-Miozän; sie brachte vor allem Olivin-Basaltergüsse, am Tifaruine-Vulkan Andesitergüsse in der Reihenfolge: Biotit-Andesit im Torton, dann Hornblende-Andesit, schließlich im jüngsten Miozän Pyroxen-Andesit nebst Aschen. Die zweite Eruptionsperiode ist pleistozänen Alters. Die Ausbrüche erfolgten hauptsächlich im Gebiet des Uled ben Adda; hier wurden Olivin-Leuzit-Tephrit, Nephelin-Leuzit-Tephrit, Olivin-Leuzitit und Limburgit nebst Aschen und Tuffen gefördert. Am Unterlauf des Tafna wurden im Quartär Basalte verschiedener Art, Leuzit-Tephrit und Nephelinit, gefördert.

Auch an anderen Stellen in der Provinz Oran sind jungvulkanische Durchbrüche bekannt.

Im westlichen Teil der algerischen Hochplateaus, bereits auf marokkanischem Boden, sind an drei Stellen jungvulkanische Gesteine bekannt, nämlich bei Tiskennit (Bergent) am Ued Za ein großer Gang von Ägirinphonolith, der Kreide und Tertiär durchbricht. 24 km westlich dieses Vorkommens tritt bei Ez Zireg ein Gang des gleichen Gesteins auf.

Nördlich vom Schott Tigri tritt Ankaratrit im zweispitzigen Djebel el Ardjam zutage, und unmittelbar am nördlichen Steilrand des Tigri-Schotts liegt eine 20 qkm große Ergußdecke von nephelinführendem Ankaratrit.

B. Tektonik

Es kann nicht Zweck dieser Arbeit sein, die sehr komplizierte Tektonik von Algerien und Tunesien eingehend darzustellen. Wir müssen für den Bau der einzelnen Gebiete auf *Krenkels* Werk „Geologie Afrikas", Band 3, 2. Hälfte (Berlin, Bornträger 1938) verweisen, in dem die Tektonik der einzelnen Gebiete, soweit sie bisher erkannt wurde, ausführlich dargestellt ist.

Die Tektonik von Marokko, Algerien und Tunesien weicht ebenso wie die Stratigraphie des Gebietes in wesentlichen Zügen vom übrigen Afrika ab und entspricht der von Südeuropa.

Wir geben daher nur eine kurze Andeutung des tektonischen Baues.

L. Joleaud (La géologie et les Mines de la France d'outre-Mer, Paris 1932, S. 57) unterschied in Algerien fünf große tektonische Zonen:

1. Die metamorphen paläozoischen Massive (Djurdjura, Große Kabylei, Kleine Kabylei, Edugh), deren ursprünglich annähernd N—S gerichtete huronische Falten durch die späteren Faltungen von neuem beeinflußt wurden und deren Relief durch tertiäre und quartäre Hebungen verjüngt wurde.

Im Atlas liegt das kristalline Gebirge wahrscheinlich z. T. in geringer Tiefe, weil einzelne Schollen an zahlreichen Stellen inmitten der Trias in die Höhe gepreßt worden sind.

2. Die Küstenketten mit ihren O—W streichenden (numidischen) Falten, die durch die spätere alpine Faltung in die für die Numidische Kette, den Djurdjura, den Blida- und Miliana-Atlas usw. typische Schuppenstruktur zerlegt wurden.

3. Die Gebirge des inneren Tell von Constantine, der Biban-Berge, des Uarsenis, der Beni-Schugran usw., in denen NO—SW-Streichen bei nur schwacher Faltung herrscht, so daß die Gebiete z. T. fast tafelförmigen Charakter besitzen.

4. Die Hochplateaus mit den Hochebenen von Batna und Setif und mit den Senken der großen algerischen Schotts (Hodna, Zahrez, Schergi, Gharbi); sie besitzen annähernd Tafelform („Meseta").

5. Die Zone des „Präsahara-Atlas" am Nordrande der Sahara mit den Gebirgen Ksur, Djebel Amur, Ulad Nail-Berge, Aures mit vorherrschendem NO—SW-Streichen; ihre Falten sind seit dem Oligozän kaum noch tektonisch beeinflußt worden.

Die einzelnen Faltenzüge, namentlich der Präsahara-Atlas, der Tell und die Zone der paläozoischen Massive, zeigen mehrfache Unterbrechungen. In den Gebirgen der Gegend von Constantine und von Philippeville sind in den tertiären Faltungen öftere Abweichungen der Streichrichtung in die NNO-Richtung hinein zu beobachten, und in diesen Zonen kommen dann örtlich Triasschichten zutage, wie z. B. in der Gegend von Constantine. Auch die östlichen und westlichen Begrenzungen der paläozoischen Massive sind nach Ansicht von *Joleaud* durch alte N—S-Faltungen bedingt.

Die großen Trias-Gebiete im Osten von Algerien und in Nordtunesien, in der Gegend von Duvivier, Suk Aras, Tebursuk und Beja, sollen an solchen Abweichungsstellen der NO—SW-Faltung in die NNO-Richtung zutage gekommen sein. Die Lagerungsform der Trias mit ihren Salzeinlagerungen ist bedingt durch das plastische Verhalten des Salzes, durch die Salztektonik, die durch die alpine Faltung in Nordafrika besonders auffällig hervortritt. Es bildeten sich einfache Salzdome, Salzstöcke, stehende und liegende Falten mit einem Triaskern. Die komplizierteste Tektonik herrscht im Norden von Tunesien und im algerischen Küsten-Tell. Das Salz bildet hier mehrfach das Gleitmittel für kleinere Decken und Abscherungen.

Im Süden, vor allem im Sahara-Atlas, ist die Lagerung der Trias wesentlich einfacher, oft normal, örtliche tektonische Komplikationen sind seltener.

Die ältesten tektonischen Vorgänge liegen in Algerien und Tunesien im Präkambrium. Die alten Massive längs der Küste sind bereits durch kaledonische Faltungsperioden aufgefaltet und später wieder eingeebnet worden. Das Paläozoikum bis zum Oberkarbon ist durch die hercynische Tektonik in kräftige Falten gelegt. Die Ugartaketten, das Zentralmassiv des Hochatlas, das Karbon von Kenadsa und die kleinen paläozoischen Gebiete der Küstenzonen sind durch diese Faltung beeinflußt.

Die saxonisch-kimmerische Faltungsperiode an der Grenze Jura—Kreide ist im Küstengebiet, z. B. im Miliana-Atlas, im Blida-, Biban- und im Babor-Massiv, nachzuweisen.

Beim Beginn der alpinen Faltungen ist die Zone der Hochplateaus bereits Festland und ist es seitdem geblieben. Im Norden sind die alten paläozoischen Massive ebenfalls Festland. Zwischen beiden zieht ein nach W sich verschmälernder Meeresarm von Nordtunesien nach W, der südlich von Oran wieder das Mittelmeer erreicht. In diesem Meeresarm entstanden die wichtigsten Phosphatlagerstätten.

Die alpine Faltung, die den heutigen Landschaftscharakter bestimmend beeinflußt hat, beginnt seit dem Untereozän bis ins Oligozän energisch zu wirken; das Meer wird mehr und mehr zurückgedrängt, es bilden sich Lagunen, in denen Gips ausgeschieden wird. Im Oligozän ist der Meeresarm nördlich des Hochplateaus ein schmaler Kanal geworden, während in Tunesien das Meer an Verbreitung gewinnt.

Während des Miozän sind mehrfache Transgressionen und Regressionen zu verzeichnen.

Die tektonischen Bewegungen im Pliozän und Quartär sind verhältnismäßig unbedeutend. Wahrscheinlich ist in dieser Zeit der größere Teil der jungvulkanischen Tätigkeit in unserem Gebiet erfolgt. Zweifellos ist auch ein wesentlicher Teil der Erzlagerstätten jugendlichen Alters.

C. Grundwasser

Wie in allen Trockengebieten der Erde ist auch in Algerien und in der algerischen Sahara die Beschaffung von einwandfreiem Trinkwasser und in geeigneten Gebieten auch von größeren Wassermengen für Bewässerungszwecke von größter Bedeutung.

Dalloni hat in seinem umfangreichen Werk „Géologie appliquée de l'Algérie“ (1939) die Grundwasserverhältnisse Algeriens sehr ausführlich behandelt. Seine Ergebnisse können auch auf gewisse Teile Afrikas angewendet werden. Das eingehende Studium wird empfohlen.

Es ergibt sich das Folgende:

Die Gebiete kristalliner Schiefer und Granite führen Wasser selbstverständlich nur auf den Kluftsystemen, die sie durchsetzen. Das Wasser ist meist sehr rein. Die Menge hängt selbstverständlich von der Menge der das einzelne Gebiet treffenden jährlichen Niederschläge ab, ist aber nie sehr groß.

Die Schiefer- und Sandsteinzonen in der Umgebung der kristallinen Massive im Küstengebiet enthalten meist sehr geringe Wassermengen. Nur einzelne ihnen eingelagerte Kalkbänke, die klüftig sind, kommen stellenweise als Wasserträger in Frage.

Die in einzelnen Fetzen in Algerien auftretenden roten Sandsteine der Permo-Trias sind oft grobkörnig und enthalten z. T. Konglomerathorizonte. Sie können örtlich für die Wasserversorgung eine gewisse Bedeutung erlangen.

Die Trias Algeriens, die vorwiegend in Sattelachsen und Sattelkernen zutage tritt, besteht im tiefsten Teil aus Sandsteinen und Konglomeraten; darüber folgt eine vorwiegend aus Kalksteinen bestehende Stufe; der hangende Teil besteht aus Mergeln und Tonen mit Gips- und Steinsalzbänken. Da namentlich der hangende Teil der Trias an der Oberfläche ziemlich weite Verbreitung hat, so sind die Wässer, die mit ihr in Berührung kommen, häufig salzig und daher z. T. ungenießbar. Der Salzgehalt einiger Schotts (Salzsümpfe) in Algerien entstammt der Auslaugung von Triasschichten.

Im Lias besteht der liegende Teil vorwiegend aus dickbankigen, z. T. dolomitischen Kalksteinen, die von häufig wasserführenden Klüften durchsetzt sind, während die höheren Liasschichten zumeist als Mergel und mergelige Kalksteine ausgebildet sind, die nur geringe Möglichkeiten für eine Wasserzirkulation bieten. Die Mergel sind durch Erosion häufig entfernt, so daß die Niederschläge unmittelbar in die klüftigen Kalksteine der liegenden Stufe eindringen können.

Im Dogger und Malm sind dann wieder vielfach Kalksteine verbreitet, die oft reichlich brauchbares Wasser führen.

In der Kreidezeit wechselt naturgemäß die petrographische Beschaffenheit der Sedimente und mit ihr die Bedingungen für die Wasserführung.

In der Küstenzone liegen in der unteren Kreide häufiger zwischen Ton- und Mergelschiefern Kalkstein- oder Sandsteinbänke; letztere nehmen stellenweise nach dem Hangenden hin an Menge zu, namentlich im oberen Apt und im Alb, während Neokom und Barrémien vorwiegend mergelig sind und kaum Wasser führen. Die in den Sandsteinen enthaltene Wassermenge ist meist nicht sehr groß; das Wasser ist gelegentlich etwas brackisch.

Die im östlichen Küstentell und weiter südlich auftretenden mächtigen Kalksteinablagerungen der unteren Kreide sind ebenso wie die im Jura meist von zahlreichen mehr oder weniger stark wasserführenden Klüften durchsetzt; ihre Oberfläche ist oft verkarstet; zahlreiche Quellen treten aus ihnen zutage; die wasserführenden Klüfte sind gelegentlich zu Höhlen erweitert.

Auch die obere Kreide besteht zum großen Teil aus massigen Kalksteinen, die klüftig sind und die daher häufig Wasser führen. Schiefertone sind den Sandsteinen mehrfach zwischengeschaltet oder überlagern sie. Im Senon wurden hauptsächlich Mergel und Tone mit Gipsbänken sedimentiert. Die Wasserführung solcher Gesteine ist im allgemeinen gering, das Wasser oft stark gipshaltig.

Die jüngeren Sedimente bestehen teils aus undurchlässigen Tonen, Schiefertonen und Mergeln, die keine oder nur eine sehr geringe Wasserzirkulation gestatten, teils aus harten und dann klüftigen oder auch mergeligen weichen Kalksteinen mit wenigen oder ohne Klüfte, andererseits aus Sandsteinen, und es hängt von der Korngröße sowie der Menge und von der Art des Bindemittels ab, wie groß das Porenvolumen und damit die Aufnahmefähigkeit für das Grundwasser ist.

Kalksteine sind in Algerien weitverbreitet und die harten, klüftigen Arten für die Wassererschließung daher von großer Bedeutung. *Dalloni* hat daher auf einer besonderen Karte die Verbreitung dieser Gesteine eingetragen und dabei die harten und die mergeligen Kalke auseinandergehalten.

Das Grundwasser der jungen, meist noch flachliegenden Bildungen, deren Wasservorrat unmittelbar von der Oberfläche her eindringt, ist gegen Verunreinigungen im allgemeinen nicht geschützt; das Wasser sollte daher vor der Benutzung als Trinkwasser bakteriologisch geprüft werden.

Vor der Entnahme größerer Wassermengen aus einem bestimmten Grundwasserhorizont ist erst an Hand meteorologischer Niederschlagskarten zu erkunden, wie groß die Niederschläge im Einzugsgebiet sind. Erst dann kann festgestellt werden, welche Mengen man dauernd entnehmen kann, ohne den Grundwasservorrat zu erschöpfen.

Schrifttum

Der geologische Bau von Tunesien

Auswahl

Ausführliches Literaturverzeichnis in:

Blondel, F., Bibliographie géologique et minière de la France d'outre-Mer. „Tunisie", S. 101—120. Paris 1937. — Edition définitive, Bd. 1. 1941, S. 195—241.

Allemand-Martin, A., Structure et stratigraphie générales de la peninsule du Cap Bon. C. R. Acad. Sci. Paris, Bd. 178 (1924), S. 787—790.

Bachy, P. et Lenain, E., Exploitation des nappes d'eau souterraines en Tunisie. Nr. 64. Paris 1938. S. 195—197.

Bellair, P., Observations sur les dunes sahariennes. C. R. Soc. géol. France. 1938, S. 331—332.

Berkaloff, E., Douvillé, H. und Solignac, M., Découverte du Permien marin au Djebel Tebaga (Extrême-Sud tunisien). C. R. Acad. Sci. Paris. Bd. 196 (1933), S. 21—23.

Berkaloff, E., Contribution à l'étude géologique de l'Extrême-Sud tunisien. Le territoire militaire des Matmatas. Bull. Soc. géol. France. V. Bd. 3 (1933), S. 83—87. Geol. Karte 1 : 500 000.

Breistroffer, M., Sur un remarquable gisement à fossiles pyriteux du Tithonique supérieur de Tunisie. C. R. Soc. géol. France. 1937, S. 18—20.

Cayeux, L., Le microplancton des phosphates de la Tunisie et de l'Est algérien. C. R. Acad. Sci. Paris, Bd. 203 (1936), S. 480—481.

Depéret, Ch. und Solignac, M., Sur le Sahélien de la Tunisie septentrionale. C. R. Acad. Sci. Paris, Bd. 172 (1921), S. 1557—1560.

Depéret, Ch. und Mayet, L., Monographie des Eléphants pliocènes d'Europe et de l'Afrique du Nord. Annales Univ. Lyon, neue Serie Bd. 1. Heft 42 (1923).

Depéret, Ch., Lavauden, L. und Solignac, M., Sur la découverte du Mastodon arvernensis dans le Pliocène de Ferryville (Tunisie). C. R. Soc. géol. France. 1925, S. 21—22.

Douvillé, H., Le Jurassique de l'Extrême-Sud tunisien. Bull. Soc. géol. France. IV. Bd. 8 (1908), S. 152—154.

Douvillé, H., Les Fusilinides de la Tunisie. Mém. Serv. Carte géol. Tunis. Neue Serie. Nr. 1, 1934, S. 75—90.

Fabiani, R., Analogie tettoniche fra la Sicilia et la Tunisia. C. R. 15. internat. Geol. Congr. Bd. 2 (1930). S. 507.

Fourmarier, P., Observations géologiques au Djebel Slata et au Djebel Hameima (Tunisie centrale). Ann. Soc. géol. Belgique, Lüttich. Bd. 45 (1922). S. 1.

Gentil, L. und Joleaud, L., Sur l'existence de nappes de charriage dans la région de Bizerte (Tunisie). C. R. Acad. Sci. Paris. Bd. 165 (1917), S. 365—367.

Gentil, L. und Joleaud, L., Sur l'existence de nappes de charriage dans la région de Tunis. C. R. Acad. Sci. Paris. Bd. 166 (1918), S. 42—45.

Gentil, L., La structure de la Dorsale tunisienne et les grandes zones tectoniques de la Tunisie. Bull. Soc. géol. France. IV. Bd. 24 (1924), S. 213—232.

Glangeaud, L., Unités paléontologiques et structurales de l'Atlas méditerranéen (Algérie, Tunisie. Maroc.). Soc. linn. Bordeaux. Actes Bd. 85 (1933), S. 173—220.

Joleaud, L., Contribution à l'étude des gîtes de plomb de la Tunisie septentrionale. C. R. 15. Congr. géol. internat. Pretoria 1929.

Joleaud, L., La géologie et les mines de la Tunisie. Ann. colon. Paris. Bd. 30. Nr. 7 (1929).

Joleaud, L., Algérie et Tunisie. In: La Géologie et les Mines de le France d'outre-mer. Publ. Bureau. Etudes géol. min. colon. Paris 1932.

Joleaud, L., Antilopes de savannes du Plio-Quaternaire nord-africain et antilopes forestières du Quaternaire saharien. C. R. 12. Congr. internat. zool. Bd. 2. Lissabon 1935, S. 1172—1190.

Kober, L., Die Bauelemente des Apennins in Kalabrien und Sizilien und des Atlas in Tunis und Algerien. Forschungen und Fortschritte. Berlin 6. Jhg. (1930), S. 265—268.

Laffite, R., Répartition de la faune néritique au Cenomanien dans le bassin méditerranéen. C. R. Soc. Biogéogr. Paris 1937. Nr. 123, S. 56—59.

Marcille, R., Les lignites tunisiens. Chimie et industrie. Bd. 9 (Paris 1925), S. 1239—1243.

Negris, Ph., Les Chotts tunisiens et la régression quaternaire. C. R. Soc. géol. France. 1919, S. 22—24.

Oppenheim, P., Über Unteroligozän im nordöstlichen Tunesien. Centralbl. Min. 1914, S. 279.

Pervinquière, L., Etude géologique de la Tunisie centrale. Paris 1903.

Pervinquière, L., Etudes de paléontologie tunisienne. Bd. 1. Cephalopodes des terrains secondaires. Paris 1907. 1 Atlas. Bd. 2. Gastropodes et lamellibranches des terrains secondaires. Paris 1912. 1 Atlas.

Pervinquière, L., Sur la géologie de l'Extrême-Sud tunisien et de la Tripolitaine. Bull. Soc. géol. France. IV. Bd. 12 (1912), S. 143—193.

Piveteau, J., Remarques préliminaires sur le Dyrosaurus, Crocodilien de l'Eocène inférieur de l'Afrique du Nord. C. R. Soc. géol. France. Heft 15, 1933.

Roman, F. und Solignac, M., Découverte d'un gisement de Mammifères pontiens à Douaria (Tunisie septentrionale). C. R. Acad. Sci. Paris. Bd. 199 (1934), S. 1649—1650.

Savornin, J., Etude sur les nappes de charriage de l'Afrique du Nord. Bull. Soc. Hist. nat. Afr. Nord. Algier Nr. 3 (1920), S. 38—47.

Schoeller, H., Présence de l'Aquitanien en Tunisie. C. R. Soc. géol. France. 1933, S. 158—159.

Schoeller, H., Les échanges de base dans les eaux souterraines vadoses. Troix exemples en Tunisie. Bull. Soc. géol. France. V. Bd. 4 (1934), S. 389—420.

Seurat, L. G., Formations quaternaires de la Syrte mineure. Bull. Soc. Hist. nat. Afric. du Nord. 1927, S. 176.

Solignac, M., Les recherches de pétrole en Tunisie. Revue pétrolifère, Paris. Bd. 4 (1922), S. 15—19; Bd. 5 (1923), S. 14—19; Bd. 10 (1924), S. 15—20.

Solignac, M., Sur la tectonique du pays des Mogods, du Plateau des Hédil et du Béjaoua septentrional (Tunisie septentrionale). C. R. Acad. Sci. Paris. Bd. 176 (1923), S. 758—761.

Solignac, M., Sur la tectonique de la Pleine de Mateur et de ses abords (Tunisie). C. R. Acad. Sci. Paris. Bd. 176 (1923), S. 909—912.

Solignac, M., Les roches éruptives de l'archipel de la Galite. C. R. Acad. Sci. Paris. Bd. 179 (1924), S. 906—908.

Solignac, M., Etude géologique de la Tunisie septentrionale. Service des Mines, Carte géol. Tunisie. Tunis 1927 und Paris 1928.

Solignac, M., Description d'une nouvelle carte géologique de la Tunisie à l'échelle de 1:500000. C. R. 15. Internat. Geol. Kongr. Pretoria 1929. (1930), S. 572.

Solignac, M., La Célèstine du Sud tunisien. Bull. Soc. franc. Minér. Paris. Bd. 54 (1931), S. 64—74.

Solignac, M. und Berkaloff, M., Le Permien marin de l'Extrême-Sud tunisien. Mém. Serv. Carte géol. Tunis Nr. 1 (1934), S. 1—73.

Solignac, M., Résultats géologiques et hydrologiques du sondage Nr. 3. de Ben Gardane (Extrême-Sud tunisien). C. R. Acad. Sci. Paris. Bd. 199 (1934), S. 1142—1144.

Solignac, M., Carte géologique de la Tunisie au 200000 e, Blätter; Gafsa, Bizerte, Tabarca-La Galite, Kebili, Tozeur, Cap Bon, Souk-el-Arba, La Goulette, Sbeitla, El Ayacha. 1929—1932.

Stchepinsky, B., Le Crétacé de Teboursouk (Tunisie). Bull. Soc. géol. France. V. Bd. 5. (1935), S. 441—453.

Valette, A., Les Crinoides permiens du Sud de la Tunisie. Mém. Serv. Carte géol. Tunis. Nouvelle Série Nr. 1, S. 91—101.

Vaufrey, R., Les plissements acheuléo-moustériens des alluvions de Gafsa. Rev. Géogr. phys. Géol. dyn. Paris. Bd. 5 (1932), S. 299—322.

Schrifttum

Der geologische Bau von Nordalgerien

Auswahl

Ausführliches Literaturverzeichnis in:

Blondel, F., Bibliographie géologique et minière de la France d'outre-mer. Paris 1937. „Algérie du Nord", S. 17—99; „Afrique française", S. 211—338. — Edition définitive, Bd. 1. 1941, S. 39—194.

Anderson, R. van Vleck, The diatomaceous and fish-hearing stage of Algeria. Journ. of Geol. Chicago. Bd. 41 (1933), S. 673—699.

Anderson, R. van Vleck, Stratigraphy and orogeny of the Dahra Range (Algeria). Bull. Geol. Soc. America. New York. Bd. 44 (1933), S. 69.

Anderson, R. van Vleck, Geology in the Coastal Atlas of Western Algeria. Geol. Soc. America. Memoir 4. 1936.

Anderson, R. van Vleck, Pleistocene Mazuna stage in western Algeria. Bull. Geol. Soc. America. New York. Bd. 43 (1932), S. 847.

Arambourg, C., Les poissons fossiles d'Oran. Bull. Serv. Carte géol. Algérie. 1. Serie Nr. 6. Text und Atlas.

Arambourg, C., Les Mammifères quaternaires de l'Algérie. Bull. Soc. Hist. natur. Afr. Nord. Algier. Bd. 20 (1929), S. 63.

Aymé, A., Note sur le terrain éruptiv miocène et pliocène du Chenoua. Bull. Soc. Hist. natur. Afr. Nord. Algier. Bd. 17 (1926), S. 178.

Bétier, G. und Roubault, M., Sur les roches éruptives de la région d'Ain-Kechera. C. R. Soc. géol. France. 1932, S. 38.

Bétier, G. und Dussert, D., Les mines et les carrières en Algérie. Paris 1932.

Bétier, G. und Roubault, M., Sur le granite de l'Oued Tifrit à l'Est de Saida (Département d'Oran-Algérie). C. R. Soc. géol. France. 1936, S. 205—207.

Boutiron et Glangeaud, L., Sur les modifications chimiques et minéralogiques des marnes miocènes de la fontaine de Génie (Algérie) au contact d'un laccolithe de Granite. C. R. Acad. Sci. Paris. Bd. 197 (1933), S. 164—166.

Brives, A., Etude géohydrologique des Zibans et de l'oued Rir. Bull. Serv. Carte géol. Algérie. Trav. récents 1. Algier 1924.

Calambert, L., Note sur la tectonique du massiv de l'Ouarsenis. Bull. Soc. géol. Belgique. Lüttich. Bd. 60 (1936/37), S. B 40—B 43.

Calambert, L., Sur la stratigraphie du massiv de l'Ouarsenis. Bull. Soc. géol. Belgique. Lüttich. Bd. 60 (1936/37), S. 208—222.

Cayeux, L., Signification des perturbations enrégistrées par les phosphates du Hodna (Algérie) pendant et après leur dépôt. C. R. Acad. Sci. Paris. Bd. 204 (1937), S. 1093—1095.

Cayeux, L., Dolomies et silex de la formation phosphatée suessonienne du Hodna (Constantine). C. R. Acad. Sci. Paris. Bd. 208 (1939), S. 1541—1543.

Clariond, L. und Deleau, P., Sur les faunes continentales et les niveaux marins du Houillier de Kenadsa (Sud oranais). C. R. Soc. géol. France. 1933, S. 201—203.

Clariond, L., Observations géologiques sur les terrains primaires de la bordure méridionale du Djebel Grouz (confins algéro-marocains du sud). Bull. Soc. géol. France. V. Bd. 3 (1933), S. 139—153, 4 Fig.

Dalloni, M., Structure comparée des régions pétrolifères de l'Afrique du Nord. C. R. 12. Congr. internat. Géol. Brüssel 1922.

Dalloni, M., Matériaux pour l'étude géologique du Massiv de l'Ouarsensis. Bull. Serv. Carte géol. Algérie. 2. Série Nr. 13. Algier. 1936.

Dalloni, M., Géologie appliquée de l'Algérie. Paris 1939. 888 S. 8 Taf.

Deleau, P., Rôle paléogéographique de la chaîne Numidique et de la chaîne Kef Hahouner-Debar pendant l'éocène inférieur. C. R. Soc. géol. France. V. Bd. 5 ((1935), S. 167—168 und 202—204.

Deleau, P., Etude géologique des régions de Jemmapes, d'Hammam, Meskoutine et du Col des Oliviers (Tell constantinois). Bull. Serv. Carte géol. Algérie. II. Nr. 14. Algier. 1938. 583 S. u. Atlas.

Deleau, P., Présence du Jurassique supérieur à Constantine. C. R. Soc. géol. France. 1938, S. 209.

Deleau, P. und Savornin, J., L'étage valanginien de facies jurassique sur les Hauts Plateaux d'Alger. C. R. Soc. géol. France. 1935, S. 266—267.

Delépine, G., Les niveaux à Goniatites du Carbonifère de Kenadsa (Confins algéro-marocaines). C. R. Soc. géol. France. 1939, S. 18—19.

Depéret, Ch. und Savornin, J., La faune de Reptiles et de Poissons albiens de Timimoun (Sahara Algérien). Bull. Soc. géol. France. IV. Bd. 27 (1927), S. 257—265.

Dubar, G., Sur le Lias de Tifrit, à l'Est de Saida (Oranie). C. R. Soc. géol. France. V. Bd. 2. (1932), S. 106—108.

Duparc und Pearce, Sur les andésites et les basaltides albitisées du Cap Marsa. C. R. Acad. Sci. Paris. Bd. 130 (1900), S. 56 und 95.

Duparc, Pearce und Ritter, Les roches éruptives des environs de Ménerville. Mém. Soc. Phys. Hist. nat. Genf. Bd. 33 (1900), Nr. 2.

Dussert, D., La mine de houille de Kénadsa. Ann. des Mines, Paris. XII. Bd. 2 (1922), S. 59.

Dussert, D., Les gisements algériens de phosphate de chaux. Ann. des Mines, Paris. XII. Bd. 12 (1924), S. 135.

Ehrmann, F. und Savornin, J., Echelle stratigraphique de la Kabylie des Babors. C. R. Acad. Sci. Paris. Bd. 172 (1921), S. 1301 und Bd. 177 (1923), S. 338.

Ehrmann, F., Sur la découverte du Silurien et du Devonien aux Beni-Afeur. (Sud de Djidjelli.) C. R. Acad. Sci. Paris. Bd. 174 (1922), S. 1716.

Ehrmann, F., Découverte du Paléozoique aux environs de Bougie. C. R. Soc. géol. France. 1923, S. 140.

Ehrmann, F., Résumé stratigraphique et tectonique sur la Kabylie et les régions voisines. Bull. Serv. carte géol. Algérie. Algier 1924. Travaux récents Coll. fasc. 1. S. 121—191.

Ehrmann, F., Sur l'extension du primaire fossilifère en bordure ouest du massiv de Collo-Philippeville. C. R. Congr. Assoc. franç. Avancement Sci. Constantine 1927, S. 187.

Ehrmann, F., Au sujet de l'âge des schistes de Blida. C. R. Congr. Assoc. fr. Avanc. Sci. Constantine 1927.

Ehrmann, F., Découverte de Lepidodendron et Calamites dans le houillier de Chellata (Djurdjura oriental). C. R. Soc. géol. France. 1937, S. 59—60.

Ficheur, E., Description géologique de la Kabylie du Djurdjura. Mater. carte géol. Algérie. 1891.

Ficheur, E., L'Oligocène continental en Algérie. C. R. Soc. géol. France. 1921, S. 71.
Ficheur, E., Géologie des terrains du Sud. Carbonel. 3 Bände. Algier 1922.
Ficheur, E., Note sur la recherche des eaux artésiennes dans la plaine de Chélif. Publ. Serv. Carte géol. Algier 1923. Hydrologie. Heft 1, S. 77—78.
Flandrin, J., La limite septentrionale de la mer, cartennienne dans la région de Souk-Ahras (Algérie). Bull. Soc. géol. France. V. Bd. 2 (1932), S. 393—397.
Flandrin, J. und Ehrmann, F., Au sujet de grandes Lépidocyclines de l'Eocène des Beni-Afeur (Sud de Taner, Département de Constantine). C. R. Acad. Soc. Paris. Bd. 200 (1935), S. 152—154.
Flandrin, J., L'albo-aptien dans la région littorale kabyle entre Dellys et Post-Gueydon (Département d'Alger). C. R. Soc. géol. France. 1937, S. 35—37.
Flandrin, J., Contribution à l'étude paléontologique du Nummulitique algérien. Mat. Carte géol. Algérie. I. Nr. 8. Algier 1938. 158 S., 15 Taf.
Flandrin, J., Les grands traits structuraux de la chaine du Djurdjura (Algérie). C. R. Acad. Sci. Bd. 206 (1938), S. 1132—1134.
Gauthier, M., Sur la stratigraphie de la région de Nemours. C. R. Acad. Soc. Paris. Bd. 202 (1936), S. 1800—1802 u. 1870—1872.
Gauthier, M., Sur la tectonique de la région de Nemours. C. R. Acad. Sci. Paris. Bd. 202 (1936), S. 2092—2096.
Gentil L., La question des nappes de charriage dans l'Afrique du Nord. Bull. Soc. géol. France. IV. Bd. 23 (1923), S. 201.
Geoffroy, P. und Kouloumzine, T., Contribution à l'étude géologique des massivs dits primaires du Moyen Chélif. C. R. Acad. Sci. Paris. Bd. 194 (1932), S. 549.
Geoffroy, P., Contribution à l'étude géologique des massivs dits primaires du Moyen Chélif et particulièrement du Massiv du Doui. Bull. Serv. géol. Algérie. Algier. 1933. Trav. récents Coll. fasc. 2, S. 61—80, Karte 1 : 50 000.
Glangeaud, L., Etude géologique de la région littorale de la Province d'Alger. Publ. Serv. Carte géol. Algérie. II Nr. 8. Algier 1932.
Glangeaud, L., Le problème des massivs dits primaires au Nord de la Province d'Alger. Bull. Soc. géol. France. V. Bd. 4 (1934), S. 457—460.
Glangeaud, L., Une intrusion de faible profondeur; le bysmalite de Cavallo. Mécanisme de sa mise en place. Bull. Soc. géol. France. V. Bd. 4 (1934), S. 515—522.
Glangeaud, L., Sur les différents modes de gisements des roches intrusivs tertiaires du littoral algérien, de Ténès à Djidjelli. Bull. Soc. géol. France. V. Bd. 4 (1934), S. 237—249.
Glangeaud, L., Le rôle paléogéographique de la Kabylie du Djurdjura pendant le Secondaire. C. R. Soc. géol. France. V. Bd. 7 (1937), S. 65—66.
Greigov, E. M., La huille marocaine et les liquites algériens. Mines et Carrières. Nr. 195. Paris 1929, S. 1—2
Joleaud, L. und Depéret, Ch., Les dépôts quaternaires marins de la région de Bône et de La Calle. C. R. Acad. Sci. Paris. Bd. 164 (1917), S. 674—679.
Joleaud, L., Esquisse tectonique de l'Atlas. C. R. 13. Internat. Geol. Kongr. 1922. Bd. 2. Brüssel 1925, S. 873—886.
Joleaud, L., Le pétrole dans l'Afrique du Nord. Revue pétrolifère Bd. 19. Nr. 112. Paris 1925, S. 11—15.
Joleaud, L., Algérie-Tunisie. In: La Géologie et les mines de la France d'outre-mer. Publ. Bureau Etudes géol. min. colon. Paris 1932.
Joleaud, L., Hydrogéologie de la région de Bône (Algérie). C. R. 7. Congr. internat. Mines. Métall. Géol. appl. Sect. Géol. appl. Bd. 2. Paris 1935.
Joleaud, L., Etude géologique de la région de Bône et de La Calle. Bull. Serv.-Carte géol. Algérie 2. Sér. Nr. 12. Algier 1936.
Koulomzine, T., Les sources de Miliana. Essai d'hydro-géologie précise. Bull. Serv. Carte géol. Algérie. 3. sér. No. 3. Algier 1935.
Krenkel, E., Algerien. In: Geologie Afrikas. Bd. 3. II. Teil. Berlin 1938, S. 1604—1748.
Lacroix, A., Les charactères chimico-minéralogiques des roches intrusives et volcaniques tertiaires de l'Afrique du Nord. C. R. Acad. Sci. Paris. Bd. 185 (1927), S. 573—576.
Laffitte, R., Sur la tectonique du Sud du massif de l'Aurès. C. R. Acad. Sci. Paris. Bd. 197 (1933), S. 1439—1441
Laffitte, R., Les formations continentales du Tertiaire de l'Aurès. C. R. Acad. Sci. Paris. Bd. 197 (1933), S. 1671—1672.
Laffitte, R., Les facies de l'Aptien, l'Albien et du Turonien dans l'Aurès. C. R. Acad. Sci. Paris. Bd. 199 (1934), S. 1321—1323.
Laffitte, R., La formation et l'épaisseur des sédiments d'Aurès (Algérie et dans quelques autres régions du bord sud de la Mésogée). Arch. Mus. Hist. nat. Paris. 6. Série. Bd. 12 (1935), S. 201—206.
Laffitte, R., Répartition de la faune néritique du Cenomanien dans le bassin méditerranéen. C. R. séances Soc. Biogéographie. Nr. 123. (1937), S. 56—59.
Laffitte, R., Etude géologique de l'Aurès. Bull. Serv. Carte géol. Algérie. 2. Série. Nr. 15. (1939). 484 S. 10 Taf. Abbild., 26 Textabbild., 33 Taf. Kärtchen und Profile.

Lapparent, J. de, Mode d'imprégnation par les hydrocarbures de phosphates algériens. Bull. Soc. géol. France. IV. Bd. 25 (1926), S. 351—354.

Lauradoux, P. und Deleau, P., Etude géologique de la région frontière algéromarocaine au N-O de Colomb-Bechar. Bull. Serv. Carte géol. Algérie Travaux récents. Coll. fasc. 2. Algier 1933, S. 127—143. Geol. Karte 1:500000.

Leval, Existence d'un niveau aquifère dans les grès albiens de l'extrême sud oranais et marocain. Bull. Soc. géol. France. IV. Bd. 5 (1905), S. 159.

Lucas, G., Etude tectonique de la région nord de Medjana (Algérie). C. R. Acad. Sci. Paris. Bd. 198 (1934), S. 1524—1525.

Lucas, G., Le Paléozoique de la région de Gar Rouban. (Frontière algéro-marocaine.) C. R. Acad. Sci. Paris. Bd. 204 (1937), S. 1123—1125.

Mauchaussé, P. und Hoffherr, R., Charbon et pétrole en Afrique du Nord. Soc. Etudes écon. et stat. Maroc. Nr. 40. Paris 1935, S. 223.

Nègre, G., Note sur le recontre du Houllier à l'est de Nemours. C. R. Soc. géol. France. 1921, S. 72.

Pervinquière, L., Sur quelques ammonites du crétacé algérien. Mém. Soc. géol. France. Bd. 17. Nr. 42. Heft 2—3 (1910).

Piroutet, M., Observations géologiques dans la région de Kénadsa. Bull. Soc. géol. France. IV. Bd. 25 (1925), S. 501.

Piroutet, M., Sur l'âge des calcaires de la Bauzaréa. C. R. Soc. géol. France. 1934, S. 114—115.

Pomel, A., Paléontologie. Monographie des Vertébrés fossiles de l'Algérie. Publ. Serv. Carte géol. Algérie. Algier 1902.

Ritter, E., Le Djebel Amaur et les monts des Ouled Nail. Publ. Serv. Carte géol. Algérie. Serie 2. Nr. 3. Algier 1902. 100 S. 4 Taf.

Roch, E., Sur deux gisements fossilifères dans les grès d'Ougarta (confins algéro-marocains du Sud). C. R. Soc. géol. France. 1933, S. 30.

Rothpletz, A., Das Atlasgebirge Algeriens. Petermanns Mitteil. Bd. 36 (1890), S. 180—194. Tekton. Karte 1:5 Mill.

Roubault, M., Sur l'âge de certaines formations métamorphiques de la Petite Kabylie (Algérie). C. R. Soc. géol. France. 1933, S. 42—43.

Roubault, M., Sur l'âge des éruptions acides tertiaires de la Kabylie de Collo (Départ. de Constantine). C. R. Soc. géol. France. 1934, S. 216—218.

Roubault, M., La Kabylie de Collo. Etude géologique. Bull. Serv. Carte géol. Algérie. 2. Série. Nr. 10. 1934.

Roubault, M., L'origine des schistes cristallins de la Kabylie de Collo. C. R. Acad. Sci. Paris. Bd. 200 (1935), S. 145—147.

Roubault, M. und Bétier, G., Sur le granite de l'Oued Tifrit à l'Est de Saida (Département d'Oran, Algérie). C. R. Soc. géol. France. 1936, S. 205—207.

Roux-Fressineng, Les recherches de pétrole en Algérie. Chronique colon. illustr. Paris 1939. 28 Febr.

Royer, L., Etude pétrographique des roches métamorphiques du Massif d'Alger. Bull. Serv. Carte géol. Algérie. Travaux récents Coll. Heft 2. 1933, S. 33—55.

Royer, L., Les terrains cristallophylliens des Massivs d'Alger et de la grande Kabylie. Bull. Serv. Carte géol. Algérie. 5. Sér. Pétrographie. Nr. 2. 1937, S. 1—53, 11 Taf.

Royer, L., Des relations qui existent entre les roches gneisiques, granitiques et rhyolitiques du Djebel Arous au Nord de Ménerville (Algérie). C. R. Acad.Sci. Paris. Bd. 204 (1937), S. 439—441.

Russo, P., Recherches géologiques sur le territoire des Hauts-Plateaux (Maroc oriental). Annales Univ. Lyon. Neue Serie. Bd. 46 (1927). 195 S. Geol. Karte 1:500000.

Savornin, J., Au sujet des nappes de charriage du Djurdjura et des Biban. C. R. Acad. Sci. Paris. Bd. 170 (1920), S. 119.

Savornin, J., La géologie algérienne et nord-africaine depuis 1830. Publ. Serv. Carte géol. Algérie. Algier 1931. 395 S., 2 Karten (Paris 1931). Ausführl. Literaturverzeichnis.

Savornin, J. und Deleau, P., L'étage valanginien de facies jurassique sur les Hauts Plateaux d'Alger. C. R. Soc. géol. France. 1936, S. 226—267.

Suess, M., Sur la présence de Gastrapodes et de Vertébrés dans les grès de Bou Hanifia. Feuille de Mascara (Dépt. d'Oran). C. R. Acad. Sci. Paris. Bd. 194 (1932), S. 1970.

Termier, P., Observations de tectonique algéro-tunisienne. C. R. Soc. géol. France. 1920, S. 46—48.

Service de la Carte géologique de l'Algérie

Geologische Karten 1:50000

Bétier, G. und Savornin, J., Blätter Mezloug (1934); Penthierville (1934); Ain Kéckéra (1934).

Blanc und Savornin, J., Blatt Saint Arnaud (1921).

Brives, A., Blätter Renault (1897); Bosquet (1902); Carnot (1902); Marengo (1903); Vesoul Beniane (1905); Oued Fodda (1906); Warnier (1908); Charron (1912); Belle Côte-Mostaganem (1913); Cavaignac (1923); Orléansville (1925).

Dalloni, M., Relizane (1911); Zemmora (1922); Inkermann (1923); Mascara (1925); Ain Faress (1926).
Doumergue, F., Oran (1908); Saint Cloud (1909); Terni (1910); St.-Denis du Sig (1912); Arzew (1913); Rio Saludo-Lourmel (1922); Les Andalouses (1924); Tlemcen (1926); Arbel (1932).
Ehrmann, F., Ziama (1925).
Ficheur, E., Palestro (1895); Ménerville (1895); Medea (1896); Blida (1896); Constantine (1901); Alger-bis (1904). Bône-Bugeaud (1905); Ain Bessem (1905); Bouira (1910); Kolea (1911).
Gentil, L., Beni Saf. (1900), Miliana (1904).
Glangeaud, L., Cherchell-Gouraya (1928).
Joleaud, L., Smendou (1907); El Aria (1908); Sidi Driss (1910); Philippeville (1914); Saint Charles (1921).
Joly, A., Saint-Donat (1912).
Savornin, J., Dellys-Tizi-Ouzou (1903); Bordj bou Arreridji (1906); Dra el Mizane (1906); Port Gueydon-Azazga (1906); Fort National (1908); Mansoura (1910); Ain Tagrout (1911); Tazmalt (1912); Sétif (1913); Saint Arnaud (1921); Aumale (1922); El Esnam (1923).

Außerdem erscheinen folgende Reihen: a) Monographie des Vertébrés fossiles de l'Algérie; b) Première Série: Paléontologie; c) Deuxième Série; Stratigraphie (Monographies locales); d) Travaux récents des Collaborateurs (Bd. 1, 1924; Bd. 2, 1933); e) Troisième Série: Hydrologie.

V. ALGERISCHE SAHARA

Der geologische Bau der Algerischen Sahara

Von Fritz Behrend

A. Stratigraphie

1. Archaikum, Algonkium, Präkambrium

Die ältesten Gesteine im Süden von Algerien treten im Ahaggar-Massiv in der Sahara zutage.

Es sind teils Orthogneise, in der Hauptsache gepreßte, oft porphyrisch struierte Granite, auch Quarzdiorite; untergeordnet treten gepreßte Gabbros und Norite auf, die in Ortho-Amphibolit umgewandelt sind. Die Gesteine sind häufig mylonitisiert und rekristallisiert.

Außerdem sitzen weniger gepreßte, also wahrscheinlich jüngere Massive von porphyrischem Mikroklingranit intrusiv in den älteren Gesteinen.

Der größere Teil des Ahaggar besteht aus Sedimentgneisen verschiedener Art, aus Glimmerschiefern, Sericitschiefern, quarzitischen Sandsteinen und kristallinem Kalk. Die kristallinen Sedimente legen sich z. T. mantelförmig um die Mikroklingranitstöcke, die also deutlich jüngere Intrusionen darstellen.

Der Adrar Ahenet, westlich des Ahaggar, ist zum großen Teil aus weniger metamorphen Sandsteinen als im Ahaggar aufgebaut.

Die Gesteine im Ahaggar und Ahenet sind im wesentlichen in N—S streichende Falten gelegt und werden von zahlreichen Gängen von Pegmatit, Aplit, Quarzporphyr und Diabas durchsetzt.

Die Gesteinsfolgen umfassen vermutlich Archaikum und Algonkium.

Das Zentralmassiv des Ahaggar, das zu einer heute in 2200 m Höhe gelegenen Fastebene abgetragen ist, wird nach allen Seiten mantelförmig umgeben von einer sehr mächtigen Sedimentfolge, die wahrscheinlich vom Kambrium mit einer Schichtlücke über dem Karbon bis in die obere Kreide hinaufgeht. Über dem mittleren Teil des Zentralplateaus erhebt sich das junge, bis zu 3000 m hohe Vulkangebäude Atakor.

Die Sedimente bilden ausgedehnte Hochflächen, die T a s s i l i, die mit Steilstufen gegen das Zentralmassiv absetzen. Da mehrere aus harten Gesteinen bestehende Schichtplatten übereinander folgen, die durch weiche Schichten voneinander getrennt sind, so ist der Ahaggar von mehreren durch Steilstufen abgesetzten Hochflächen ummantelt, also von einer Stufenlandschaft umgeben.

Man unterscheidet daher einen inneren Tassili, dessen Steilwand gegen das Zentralmassiv abstürzt, und einen äußeren Tassili, der weiter außen über der inneren Hochfläche mit einer Steilstufe ansteigt und dessen Schichten jünger sind als die der inneren Hochfläche.

Am vollständigsten entwickelt sind die Tassili am Nordrand des Ahaggar: im Nordosten der Tassili, der Asger mit einer inneren und einer äußeren Stufe von etwa 600 bis 700 km Länge, an den nach W, westlich des nach N gerichteten Igharghar-Tales der Ifetessen-Tassili, der Ahenet-Tassili und der Asegrad folgen, die ungefähr ebensolang, aber mehrfach geknickt sind.

Westlich des Ued Saura fehlen die die Tassili bildenden paläozoischen Schichten, und die ganze Westflanke des Ahaggar wie auch der Adrar Iforas in der südwestlichen Fortsetzung, bereits im Gebiet von Französisch-Westafrika, sind lediglich von Mesozoikum eingefaßt.

Am Südrande des archaischen Ahaggar-Massivs dagegen ist wieder eine paläozoische Tassili-Landschaft entwickelt, die durch Erosion weit stärker zertalt ist als im Norden, die aber sonst ganz analog aufgebaut ist; sie wird als Tassili und Ahaggar bezeichnet.

Das Paläozoikum Südalgeriens gliedert sich im Gebiet der Tassili ganz entsprechend den paläozoischen flachliegenden Sandsteinen in Französisch-Westafrika folgendermaßen:

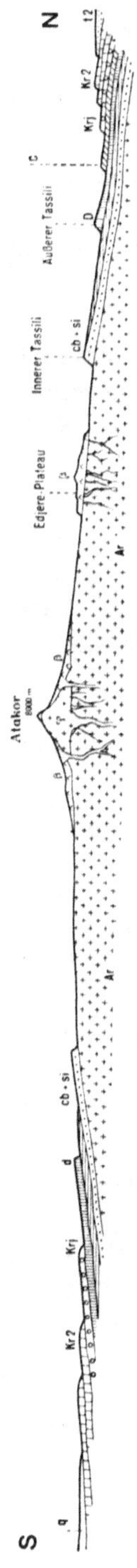

Abb. 19. Profilskizze durch den Ahaggar und die Tassili-Steilstufen.

Ar Grundgebirge, cb+si Kambrium u. Silur (Unterer Sandstein, darüber Graptolitenschiefer), d Devon, c Karbon, Krj Kontinentale Unterkreide und älteres, Kr2 Marine Oberkreide, 12 Jungtertiär, Q Quartär, β Basalt, φ Phonolith.

2. Kambrium (?) und Silur

Die ältesten, den inneren Tassili aufbauenden Gesteine sind eine mächtige Folge von Sandsteinen — wahrscheinlich kontinentaler Entstehung — mit einem Quarzkonglomerat an der Basis. Die Sandsteine sind rötlich, meist hart, mit kieseligem Bindemittel und führen kleine Quarzgerölle. Häufig enthalten sie Feldspat, so daß stellenweise Arkosen entstehen. Gelegentlich ist der Feldspat zu Kaolin zersetzt.

Das Alter dieser als „Unterer Sandstein" bezeichneten Formation ist noch nicht ganz sichergestellt. Man vermutet, daß sie die Spanne vom Oberkambrium bis zum Untersilur (Ordovicium) umfaßt. Über diesen quarzitischen groben Sandsteinen folgen dünnbankige, z. T. feinkörnige Sandsteine mit Wellenfurchen, außerdem bunte Schiefer mit Sandsteinbänken. An Fossilien wurde nur *Tigillites linearis* bei In Tmanahen gefunden, weitere Reste sind bisher nicht bekannt.

Die paläozoischen Schichten verschwinden nach N zu in der Landschaft Tidikelt und im Tadmeit-Plateau unter Jura-Kreide-Sedimenten und kommen am Westrande des Großen Westlichen Erg (Dünengebiet) in der Ugarta-Kette wieder zutage.

An der Basis liegen mächtige Quarzporphyrdecken mit zwischengelagerten Tuffbänken; ihr Liegendes ist unbekannt.

Darüber folgt der Ugarta-Sandstein mit kieseligem Bindemittel, der z. T. quarzitisch ist; dazwischen liegen mürbe glimmerhaltige Sandsteinbänke. Diese Stufe wird gegen 1000 m mächtig. Sie entspricht dem „Unteren Sandstein" der Tassili im Ahaggar-Gebiet.

An wenigen Stellen sind in eingelagerten kalkigen Bänken Fossilien gefunden, so *Orthis retrostriala, Modiolopsis sp.* und *Orthoceren.* In der Landschaft Tafilelt in Marokko fand sich ein *Trinucleus.*

Danach ist auch hier der Hauptteil der Schichtenfolge ins Untersilur, der tiefste Teil vielleicht ins Kambrium einzuordnen.

Im Bereich des Ahaggarmassivs ist die Terrassenhochfläche des inneren Tassili bedingt dadurch, daß über den widerstandsfähigen Sandsteinen schwefelkiesführende Tonschiefer und weiche tonige Sandsteine folgen, die leicht zerstörbar sind.

In den Tonschiefern (wegen ihres Schwefelkiesgehaltes auch oft als Alaunschiefer bezeichnet) sind sowohl im Gebiet der Tassili als auch in den Ugarta-Ketten Graptolithen nachgewiesen, z. B. *Monograptus vomerinus, M. priodon, M. lobiferus, Cyrtograptus murchisoni, C. flaccidus,* selten *Diplograptus, Retiolites,* ferner *Mesograptus modestus, Glyptograptus persulcatus.* Es sind also mehrere Stufen festzulegen.

Dieser Graptolithen-Horizont, der auch in Französisch-Westafrika überall durchgehend zu verfolgen ist, entspricht dem Ober-Silur („Gotland-Stufe").

3. Devon

Über dem weichen Graptolithenschiefer liegt, mit einer Steilstufe beginnend, der „Obere Sandstein" der äußeren Tassili-Fläche, die ebenso wie die innere Hochfläche schwach vom Ahaggar-Massiv wegfällt. Ihre Basis wird von vielen Forschern ohne paläontologischen Beweis als obersilurisch betrachtet.

Dann folgen weiße zuckerkörnige Sandsteine ebenfalls ohne Fossilien und darüber eisenschüssige Sandsteine mit Bänken von rotem Ton.

In diesem hangenden Teil sind zahlreiche Fossilien des Unterdevon bekannt, z. B. *Spirifer rousseaui, Rhynchonellen, Tentaculiten* usw.

Nach Osten hin, also nach Tibesti zu, werden die Sandsteine feinkörniger und tragen Anzeichen terrestrischer Entstehung.

Stellenweise liegen auf dem oberen Sandstein bläuliche, z. T. bituminöse Kalksteine des Mitteldevon mit Orthoceren und Korallen. Auch Oberdevon ist wahrscheinlich vorhanden. Diese Devonstufen bilden im wesentlichen die Decke der Terrassenhochfläche des äußeren Tassili.

4. Karbon des Ahaggar-Gebietes

Über dem äußeren Tassili folgt, ebenfalls mit einer Steilstufe beginnend, das Karbon. Die Grenze vom Oberdevon gegen das Karbon ist schwer festzulegen.

Das Karbon ist auf der Nordseite des Ahaggar in größeren zusammenhängenden Flächen entwickelt als auf der Südseite, wo nur noch einzelne kleine Gebiete der Abtragung entgangen zu sein scheinen.

Das Karbon besteht im liegenden Teil aus leicht aufblätternden Schiefern, denen sich in vom Liegenden zum Hangenden zunehmender Menge Kalkbänke einfügen, die im hangenden Teil vorherrschen. Die Schichten umfassen mit ihrer Fauna das ganze Unterkarbon. — Nur Unterkarbon ist entwickelt. Es schließt sich an das in Französisch-Westafrika beschriebene an.

5. Kreide

Im algerischen Saharagebiet bestehen die ausgedehnten, nach N geneigten Hochflächen Tadmait und Tinghert (Tinrert) aus Kreidesedimenten, deren Ausbildung bereits einen deutlichen Übergang zu der Kreide im Sudan (Teil 2) zeigt.

Die tiefsten, über das gefaltete Paläozoikum transgredierenden Sedimente sind kontinentaler Entstehung und entsprechen ungefähr dem „Continental intercalaire" des Sudan. Die Schichten sind kaum merklich zu flachen Mulden und Sätteln gewellt.

Am Nordrande des Tadmait-Plateaus liegt als ältestes Sediment über eingeebnetem Paläozoikum roter sandiger Ton und toniger Sandstein; darüber folgt grober kalkiger Sandstein mit kleinen weißen Quarzgeröllen („grés à dragées") und gelegentlich mit kugeligen Konkretionen. Der Sandstein enthält verkieselte Gymnospermenhölzer und bei Timimun, der berühmten Fossilfundstätte am Südrande des Großen Westlichen Erg, Wirbeltierreste, die *Depéret* und *Savornin* (1927) untersuchten.

Der Sandstein enthält Zähne des Dinosauriers *Megalosaurus (Dryptosaurus) saharicus*, einen Krokodilier *Dryosaurus*, der kleiner als *D. phosphaticus* ist; ferner Zähne von Haifischen und von *Ceratodus*. Der Sandstein wird auf Grund dieser Funde ins Alb gestellt.

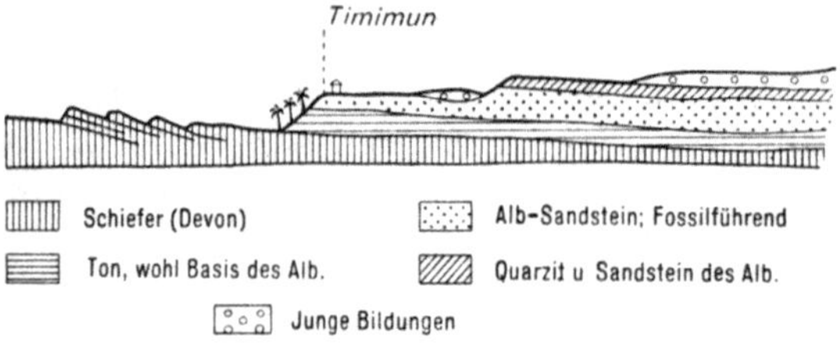

Abb. 20. Profil in der unteren Kreide bei Timimun. Nach *Depéret* und *Savornin*, 1927.

Das Hangende bilden Kalkstein und bunte Mergel des Cenoman.

Bei Ain el Gettara, auf einem östlichen Ausläufer des Tadmait-Plateaus, etwa 125 km nordnordöstlich der Stadt In Salah, stellte *Bourcart* (1929) folgendes Profil fest:

16. Kristalliner Kalk. 8 m.
15. Hornsteinbank. 0,2 m.
14. Kristalliner Kalk mit Hornsteinausscheidungen. 5 m.
13. Gelber Dolomit. 2 m.
12. Grüner Ton. 3 bis 5 m.
11. Kristalliner Kalk. 8 m.
10. Grobkalk. 10 m.
9. Mergeliger Kalk. 0,1 m.
8. Grobkalk. 6 m.
7. Grüner und roter Mergel mit Mergelkalkbänken und Gipslinsen; diese Zone wird als Cenoman angesehen. 45 m.
6. Kieseliger Sandstein. 4 m.
5. Grüner Ton mit Konglomeratbänken. 6 bis 8 m.
4. Kalkig-toniger Sandstein. 5 m.
3. Kristalliner Kalk. 12 m.
2. Bunter Ton. 2 m.
1. Sandstein mit Kieselhölzern (Albien). 15 m.

Liegendes: Bunter Ton unsicheren Alters. Dieser bunte Ton, der dem tonigen roten Sandstein der Gegend von Timimun entspricht, ist dem „Continental intercalaire" des Sudan gleichzustellen.

Im Gebiet von Tauz fand *Clariond* (1933) das folgende Profil der flachliegenden Hammada-Sedimente, die sich als Kreide erweisen:

3. Kalksteine (40 m).

   Im hangenden Teil *Nerinea requieni* (Turon).

   Im liegenden Teil *Exogyra flabellata, Tachycardium mermeti, Aporrhais dutrugéi, Neolobites.*

2. Kalksandstein (3 m) mit *Doracidaris taouzensis* (angebl. Alb.).
1. Mürber weißer und hellroter Sandstein (120 m).

Die Mächtigkeit der flachliegenden Hammada-Schichten nimmt von N nach S ab.

Zwischen Fort Flatters (Temassinin), Tabankórt und Ain el Biodh in der Tinghert-Hammada, östlich vom Tadmait-Plateau, zeigen die Kreide-Tafelberge nach *Bütler* (1924) dieses Profil:

9. Senon: Zelliger dolomitischer Kalk. 6 m.
8. Mürber körniger dolomitischer Kalk, etwas phosphatisiert, mit einigen Mergelbänken. 8 m.
7. Feinkörniger weißlicher kieseliger Sandstein. 10 m.
6. Rötlicher dolomitischer Kalk. 15 m.
5. Gelblicher dolomitischer Kalk, reich an Echinodermen-Resten, mit einigen Mergelbänken; die hangenden Bänke mit Kieselausscheidungen. 15 m.
4. Turon. Weißer Kalk mit Gipsausscheidungen mit *Thomasites Rollandi,* reich an Foraminiferen und Echinodermen-Resten. 30 m.
3. Cenoman. Gelber massiger Kalk, sehr fossilreich, mit *Neolobites vibrayeanus, Anisocardia aquilina var. madjeurensis, Exogyra flabellata, E. columba,* Echinodermen und Foraminiferen. 10 m.
2. Roter und grüner Ton mit Mergelkalkbänken. 15 m.
1. Roter und grüner Ton mit Gipsbänken, sichtbar. 40 m.

F. Foureau (1904) fand in roten gipsführenden Tonen und Sandsteinen in der Djua-Senke, die wohl den Horizonten 1 und 2 entsprechen, östlich Temassinin, *Platyspondylus foureaui, Gigantichthys numidus, Ceratodus africanus, C. minutus.* Die Fossilien weisen ebenfalls auf Cenoman hin.

Die Horizonte 3, 5 und 9 bilden die Oberkanten von Steilstufen.

J. Bourcart (in La Géologie et les Mines de la France d'outre-Mer, 1932, S. 193) fand im Hangenden der Stufe 9 Kalksteine mit Seeigeln *(Linthia)* und verkieselten Kalk mit Cerithien und *Cardita beaumonti,* die als Leitfossil des Danien angesehen wird.

Über diesen Schichten liegen an der Grenze zum Westsudan Kalksteine mit großen Nautiliden, die ohne näheren Beweis als Basis des Eozän angesprochen werden.

Die Transgression der Kreide beginnt also im Gebiet der algerischen Sahara mit überwiegend kontinentalen Sedimenten, diese gehen nach oben in marine Sedimente über, die überall im Hangenden mit Kalksteinen abschließen, welche Fossilien des Danien führen.

Das marine Danien wird überlagert durch kontinentale Sedimente, deren Mangel an brauchbaren Fossilien ihre stratigraphische Eingliederung erschwert.

6. *Tertiär und Quartär*

Wie oben bemerkt, treten von Westen, also vom Westsudan her, über den höchsten Stufen der Kreide Kalksteine mit großen Nautiliden (Nautilus molli usw.) in den algerischen Teil der Sahara über, die teils als oberste Kreide, teils als Eozän angesehen werden. Sicheres Eozän (Suesson und Lutet) wurde in einer Tiefbohrung in der Oase Tuggurt in 170 bis 500 m Tiefe angetroffen. Darüber legen sich in großer Ausdehnung kontinentale Sedimente, die als „Saharien", auch als „Terrain des Gour" zusammengefaßt werden. Ihre Mächtigkeit kann bis auf mehrere 100 m ansteigen.

Diese Schichten sind mehrfach untersucht, so von *G. Flamand* (Recherches géologiques et géographiques sur le Haut-Pays de l'Oranias et sur le Sahara, Lyon 1911), *J. Savornin* (Géologie de l'Afrique du Nord, 1931, S. 223), *P. Russo* (Annales de l'Université de Lyon, 1927. Bd. 46, S. 135—145). Sie erfüllen die beiden weiten Senken des Großen Westlichen und Östlichen Erg. Sie sind auch von wirtschaftlicher Bedeutung, weil sie — z. T. artesisches — Grundwasser enthalten. Sie bestehen aus Schottern (z. T. zu Konglomeraten verfestigt), Sand, Feinsand und Ton, Gips, auch Kalk und Salz in sehr stark wechselndem Verhältnis, wie es bei terrestrischen Sedimenten häufig ist. Die Farbe der Sedimente ist meist rot, auch dunkelgelb, selten weiß.

Flamand (a. a. O.) hat vom Ksar Brezina (am Ued Segger) ein typisches Profil dieser Schichtfolge vom Hangenden zum Liegenden gegeben:

5. Sand mit Schotternestern und mit tonigen Einlagerungen; kalkige, kieselig-tonige und kieselig-kalkige Zonen. Farbe meist ziegelrot. Im mittleren Teil der 200 bis 250 m mächtigen Schichtenfolge häufig Chalcedongänge. Die Sedimente werden nach dem Hangenden hin immer feinkörniger.
4. Sandstein mit Linsen und Lagen von grobem Schotter und von Kies mit kalkigem oder tonig-sandigem Bindemittel. 100 bis 150 m.
3. Grobe, sandige und kalkige Schotter.
2. Geschichtete Konglomeratbänke von ½ bis 1 m Mächtigkeit mit Kalkgeröllen mit kalkig-kieseligem Bindemittel.
1. Grobe Konglomerate mit großen Kalkgeröllen, die oft nur kantengerundet sind. Die Größe der Brocken nimmt nach dem Hangenden ab. Hartes Kalkbindemittel. Die weiße Farbe herrscht vor.

Die jüngsten Bildungen über diesem Sediment sind die heutigen weiten Dünengebiete.

Das Alter dieser Ablagerungen reicht vermutlich vom Jungtertiär bis in die Jetztzeit.

Junger Vulkanismus

Im Saharagebiet Südalgeriens sind in geologisch junger Zeit vulkanische Durchbrüche von sehr großem Ausmaß an mehreren Stellen zu verzeichnen.

Über dem 2200 m hohen Granitgneismassiv des Ahaggar erhebt sich das gewaltige Gebiet der Deckenergüsse des Atakor, dessen Südostseite wahrscheinlich über einer NO streichenden Bruchzone liegt. Zahlreiche stufenförmig übereinander ansteigende Lavadecken von sehr erheblichem Umfange bauen es auf.

Über der höchsten Decke erheben sich als letzte Äußerungen dieses gewaltigen Paroxysmus kleinere Schichtvulkane, von denen der fast viereckige Asekrem einer der größten ist; er bildet eine der höchsten Erhebungen des ganzen

Massivs. Der Ilaman in seinem westlichen Teil erreicht 2910 m, der Tahat wird auf französischen Karten mit 3000 m Seehöhe angegeben.

Außer diesen mehr oder weniger stark zerstörten Schichtvulkanen überragen das Atakor-Plateau zahlreiche nadelförmige Gipfel, die mit fester Lava erfüllte Zuführungskanäle darstellen, d. h. Vulkanstümpfe.

An den Rändern des Plateaus sind in den Tälern die kristallinen Gesteine des Untergrundes durch Erosion erschlossen; daß die zusammenhängenden Deckenergüsse ehemals eine noch wesentlich weitere Ausdehnung nach Südwesten, auch nach Nordosten hatten, zeigen die z. T. sehr umfangreichen Lavadecken in der Umgebung; sie liegen auf den Gneisflächen und -rücken zwischen den einzelnen Tälern; auch zeugenbergähnliche Kappen auf einzelnen Höhen sind weitverbreitet. Die meisten dieser Lavaplatten bestehen, wie der Atakor selbst, aus mehreren übereinanderliegenden Lavadecken, z. T. mit zwischengeschalteten Tuffen.

Die „nadelförmigen" Vulkanstümpfe sind am Südostrande des Atakor besonders zahlreich.

Die Gesteine dieser Laven sind namentlich von *J. Bourcart* (C. R. Congr. Soc. Sav., Paris 1925, S. 383; C. R. Acad. Sci., Paris, Bd. 181, 1925, S. 1073; Bd. 185, 1927, S. 1492; Bd. 186, 1928, S. 155) beschrieben worden.

Die Hauptmasse der älteren Deckenergüsse besteht aus Phonolithen (und Trachyten) verschiedener Abarten; unterschieden werden Phonolithe mit Nephelin und Sodalit, solche ohne Nephelin und solche mit Ägirin und Hanyn. Sie treten besonders an den Vulkanen Ilaman, Asekrem und Isekran in typischer Ausbildung auf. Der Phonolith zeigt häufig säulenförmige Absonderung.

Daneben treten auf: Alkali-Trachyt und Barkevikit-Trachyt; untergeordnet quarzführender Andesit mit Olivin, ferner Biotit-Dazit. Ganggesteine mannigfaltiger Zusammensetzung und Tuffe sind vielfach vorhanden. Trachytgänge, die den Phonolith des Asekrem durchsetzen, führen Granitblöcke.

Die jüngeren darüber folgenden Ergüsse sind mächtige Olivin-Basaltdecken in verschiedenen Abarten; sie sind namentlich am nördlichen und östlichen Teil des Atakor verbreitet und stammen aus Spalteneruptionen.

Am jüngsten sind die noch im Quartär entstandenen Basaltströme in den heutigen Tälern, deren Vulkane noch z. T. erhalten sind.

Nördlich vom Atakor liegt das in Nordrichtung gestreckte Edjere-Plateau, das im Tareskassent 1680 m Seehöhe erreicht und das ganz vorwiegend aus Olivin-Basaltdecken aufgebaut ist; mehrere gut erhaltene Vulkane sitzen ihm auf. In einer Lavahöhle bei Tin Ednes sind Werkzeuge des Tardenoisien gefunden worden. An der Ostseite des Edjere am Flußlauf Amadror liegen die Salzgruben von Tisemt, deren Entstehung noch nicht geklärt ist.

C. Kilian (C. R. Acad. Sci. Paris, Bd. 198, 1934, S. 1435 und C. R. Soc. géol. de France, Paris, 1934. S. 90—91) und *R. Perret* (C. R. Acad. Sci. Paris, Bd. 200, 1935, S. 1338—1339 und S. 2025—2026) beschrieben aus dem nordöstlich vom Atakor liegenden Adrar der Asger (Ajjer) und den Tassili dieser Landschaft Vulkangebiete, die auf alten N—S verlaufenden Störungen mit Sprunghöhen bis zu 700 m aufsitzen und die Olivin-Basalt, Ankaratrit, Nephelin-Trachyt und Basanitoid mit Graniteinschlüssen geliefert haben. Im westlichen Teil dieser Zone sind die meist wieder zerstörten Vulkane besonders häufig. Die Vulkanruinen Tazeruft (2050 m) und Azeo Settefen (2360 m) gehören zu den höchsten Erhebungen; sie sitzen z. T. auf großen Deckenergüssen.

Die zahlreichen weiteren kleineren jungvulkanischen Massive in der Umgebung des Atakor sollen hier nicht erwähnt werden. Ihre Lage und ihr Bau sind in den oben genannten Arbeiten beschrieben.

Zusammenfassend kann festgestellt werden, daß wahrscheinlich drei Perioden jungvulkanischer Aktivität unterschieden werden können:

1. Das Serkut-Massiv (2018 m) im Adrar Edekel im Nordosten des Atakor, das aus dunkelgrünem Rhyolith und grobem Alkaligranit besteht, ist am ältesten, sein Alter ist nicht festzulegen.

Im In Sakane-Tal, etwa 100 bis 150 km nordöstlich vom Atakor, sind die Massive Aseggafi und Tellerteba mit ihren Rhyolithen, Bostoniten und Trachyten, wahrscheinlich auch Alkaligraniten, vermutlich im Alt-Tertiär entstanden. Wahrscheinlich sind sie jünger als das Serkut-Massiv.

2. Auch die zweite, die Hauptperiode vulkanischer Ausbrüche, läßt zwei Phasen erkennen; im Atakor ist sie am schönsten entwickelt und oben bereits kurz beschrieben. Die ältere Phase lieferte hauptsächlich Phonolithlaven, die jüngere ganz vorwiegend Basaltdecken. Diese Ergüsse dürften im Jung-Tertiär entstanden sein.

3. Die letzte Periode umfaßt die Basaltdecken und gut erhaltenen Vulkankegel im Edjere-Plateau und die letzten Lavaströme in den Tälern im Atakor.

B. Tektonik

Archaikum und Algonkium („Antécambrien" der Franzosen) sind im Ahaggar-Massiv sehr stark gefaltet, wahrscheinlich sind auch Überschiebungen vorhanden.

C. Kilian (C. R. XIII Congr. géol. internat., Brüssel 1922, Bd. 2, S. 887 bis 895) glaubte auf Grund der von ihm beobachteten Konglomerathorizonte am Ued Sersuf bei Ait Oklan mehrere sehr alte Faltungsperioden in den von ihm als „Suggarien" und „Pharusien" bezeichneten Perioden, eine weitere im Algonkium annehmen zu können; die Faltungsrichtung geht im wesentlichen N—S; sie biegt im Tibesti nach O, im Ahenet nach W ab.

Das Paläozoikum weist keine bedeutenden Diskordanzen auf. Die oft kräftige Faltung ist im wesentlichen mit Abweichungen ungefähr N—S gerichtet und geht nach Norden fächerförmig auseinander. Ein Teil des Faltenbündels läßt sich bis nach Marokko in die NW gerichteten Ugarta-Ketten hinein verfolgen. Andererseits ist das Oberkarbon von Kenadsa bei Colomb Bechar zu ONO streichenden Falten zusammengeschoben (das Karbon von Djerada in Nordostmarokko streicht ebenfalls ONO).

Die letzte Phase dieser hercynischen Faltungen hat im marokkanischen Hochatlas die westfälische Stufe des Oberkarbon betroffen (S. 217). Darauf legt sich diskordant die Trias. Im Kohlenbecken von Kenadsa bei Colomb Bechar (S. 197) sind diese karbonischen Falten aufgeschlossen.

Die hercynischen Faltungsrichtungen scheinen bei den Faltungen der Kreidezeit wieder aufzuleben.

C. Grundwasser

Nach *Dalloni* (1939) liegt im Zusfanabecken an der Basis der silurischen Sandsteine über älteren Schiefern ein ausgedehnter, aber wenig ergiebiger Grundwasserhorizont. Die Sandsteine dieser Zone sind rötlich, grobkörnig und führen Konglomeratbänke; ihr Porenvolumen ist sehr groß.

In den Synklinalzonen erreicht der Grundwasserspiegel meist die Basis des Karbon, dessen tiefster Teil aus klüftigem Kalkstein besteht. Gelegentlich steigt in den Synklinalen der Grundwasserspiegel auch noch höher, wie z. B. bei den Quellen von Bel Hadi im westlichen Teil des Bezirkes Colomb Bechar, wo das Wasser aus dem Karbon unter mesozoischen Mergeln zutage tritt.

Bei Ain Scheich (Ain Cheikh) in der Landschaft Tuat am Westrande des Tadmeit-Plateaus (westlich und nordwestlich von In Sala) treten aus den silurisch-devonischen Sandsteinen Quellen zutage; in der Landschaft Gurara wird in den Oasen das Grundwasser dem gleichen Horizont entnommen.

In den drei Karbonmulden bei Kenadsa, westlich Colomb Bechar, enthalten die den Schiefern und Sandsteinen zwischengelagerten Kalkbänke etwas Wasser dort, wo sie von Kreidesedimenten bedeckt sind.

Südlich der Hochplateaus schalten sich in die marinen Ablagerungen der unteren Kreide Kontinentalsedimente ein. Das sind vorwiegend mürbe Sandsteine mit Lettenbändern und mit kleinkörnigen Konglomeratlagen; diese Gesteine sind vom Sahara-Atlas nach N bis zum Schott ech Schergi (Chergui) zu verfolgen; sie zerfallen bei der Verwitterung zu Sand. Die Sandsteine besitzen erhebliche Porosität und lassen die Niederschläge rasch eindringen. Daher ist in ihnen oft Grundwasser, z. T. in mehreren durch Letten-Horizonte voneinander getrennten Stockwerken, zu finden.

Schrifttum

Der geologische Bau der Algerischen Sahara

Auswahl

Bourcart, J. und Denaeyer, M. E., Sur les caractères littiologiques des roches intrusives du Massiv central saharien. C. R. Acad. Sci. Paris. Bd. 186 (1928), S. 155.

Bourcart, J. und Keller, A., Résultats géologiques de la mission saharienne Augiéras-Draper. C. A. Acad. Sci. Paris. Bd. 188 (1929), S. 159—1561.

Bourcart, J., Sahara algérien. In: La Géologie et les mines de la France d'outre-mer. — Bureau d'études géol. min. colon. Paris 1932, S. 181—204.

Bourcart, J. und Perrel, R., Sur les laves de l'Adrar des Azgers. C. R. Acad. Sci. Paris. Bd. 200 (1935), S. 2025—2026.

Bulter, H., Contribution à la géologie de l'Ahaggar. 13. Internat. Geol. Kongr. Bd. 2, S. 819.

Bulter, H., Quelques observations sur le Cenomanien et le Turonie de la Hamada de Tingkest. Eclog. géol. Helvetiae. Bd. 18 (Genf, 1925), S. 519.

Clarioud, L., Les terrains primaires et la Hammada de Taouz (Confins algéro-marocains du Sud). Bull. Soc. géol. France. V. 3. 1933, S. 46—48.

Dalloni, M., Géologie appliquée de l'Algérie. Paris 1939. 888 S. 8 Taf.

Depéret, Ch. und Savornin, J., La faune de reptiles et poissons albiens de Timimoun. Bull. Soc. géol. France. IV. Bd. 27 (1927), S. 257—265.

Flamand, G. B., Recherches géologiques et géographiques sur le Haut-Pays de l'Oranais et sur le Sahara (Algérie et territoire du Sud). Rey. éditeur, Lyon 1911 und Thése, Lyon, 1 Band. 1001 S., 22 Karten, 16 Taf.

Foureau, F., Découverte de gîtes fossilifères dans la Djoua, à l'Est de Timassanine (Sahara). C. R. Acad. Sci. Paris. Bd. 138 (1904), S. 1527—1529.

Gautier, E. F. und Chudeau, R., Mission au Sahara. Bd. 1: Gautier, Le Sahara algérien. Paris 1908. Bd. 2: Chudeau, Le Sahara soudanais. Paris 1909.

Menchikoff, N., La série primaire de la Sahara et des chaines d'Ougarta. Bull. Serv. Carte géol. Algérie. II. Heft 2. Algier 1933.

Menchikoff, N., Sur l'Ordovicien des chaines d'Ougarta (Sahara oranais). C. R. Soc. géol. France. 1933. S. 218.

Menchikoff, N., Sur le carbonifère des Issaouane (Sahara central). C. R. Acad. Sci. Paris. Bd. 208 (1939), S. 949—956.

Monod, Th., L'Adrar-Ahnet, contribution à l'étude physique d'un district saharien (1. Teil). Rev. Géogr. phys. Géol. dyn. Paris. Bd. 4 (1931), S. 223—262, 1 Tafel.

Monod, Th. und Bourcart, J., L'Adrar Ahnet, Contribution à l'étude physique d'un district Saharien. Rev. Géogr. phys. Géol. dyn. Bd. 5. Paris 1932, S. 245—296, 2 Taf. 1 geol. Karte.

Perret, R., Sur l'Adrar des Azgers (Sahara). C. R. Acad. Sci. Paris Bd. 200 (1935), S. 1338—1339 und 2025—2026.

VI. MAROKKO

Der geologische Bau von Marokko

Von Fritz Behrend

Das an der Nordwestspitze Afrikas gelegene Sultanat Marokko ist politisch in mehrere Teile gegliedert.

An der Nordwestseite liegt, gegenüber von Spanien, die ehemalige internationale Zone von Tanger, der Ausgangspunkt der Bahn nach Meknes und Fes.

Das verkehrspolitisch sehr wichtige Gebiet wird umschlossen von Spanisch-Marokko, das die schmale Küstenzone zwischen dem Atlantischen Ozean und dem Hafen Melilla umfaßt.

Zu Spanien gehört auch noch die schmale Küstenzone von Ifni, nahe der Nordgrenze von Rio de Oro.

Der größte Teil von Marokko mit seinen reichen Bodenschätzen ist in französischem Besitz.

Die Größenverhältnisse zeigt folgende Tabelle:

Tanger	373 qkm	60 000 Einwohner	
Span.-Marokko	28 000 qkm	795 200 Einwohner	278 km Eisenbahn
Ifni (Spanisch)	2 500 qkm	20 000 Einwohner	
Franz.-Marokko	415 000 qkm	6 296 000 Einwohner davon etwa 240 000 Europäer	1989 km Eisenbahn

Ifni gehört verwaltungsmäßig zu Rio de Oro.

Aus Zweckmäßigkeitsgründen wird hier das gesamte Marokko als Einheit behandelt.

Von Agadir nach ONO bis fast an die Ostgrenze durchzieht das ganze Land das gewaltige junge Faltengebirge des Atlas. Dessen Hauptketten, der Hochatlas, erreichen mehrfach Höhen von mehr als 4000 m.

Im Süden begleitet ihn, östlich Ifni beginnend, der Anti-Atlas und seine östliche Fortsetzung, Djebel Sarro. Zwischen Atlas und Anti-Atlas öffnet sich nach SW das Sus-Tal; dessen Quellgebiet liegt im Djebel Sirua, der einen von einem mächtigen Vulkan gekrönten Querriegel zwischen den beiden großen Gebirgszügen darstellt.

Im Norden zieht parallel zum westlichen Teil des Hochatlas ein kleineres paläozoisches Faltungsgebiet, Djebilet. In seiner Fortsetzung legt sich an die Nordflanke des östlichen Hochatlas der Mittlere Atlas.

Das weite Gebiet zwischen der atlantischen Küste zwischen Larrasch und Mogador bis an den Nordwestfuß des Hochatlas und des Mittleren Atlas be-

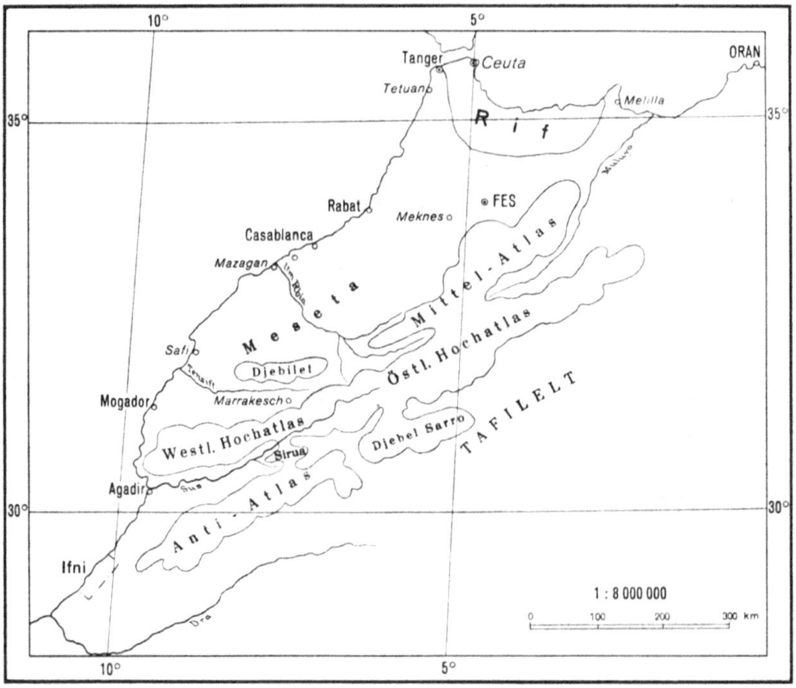

Abb. 21. Gliederung des Atlas in Marokko.

steht aus variszisch gefalteten paläozoischen Gesteinen, die von mesozoischen und jüngeren Sedimenten überdeckt werden; diese weite Zone wird Meseta genannt.

Den Nordzipfel Marokkos bildet das als Rif bezeichnete Faltungsgebiet, das zum großen Teil in Spanisch-Marokko liegt.

Am überaus wechselvollen Aufbau Marokkos nehmen fast alle geologischen Formationen vom Archaikum an teil.

Es kann hier nur ein ganz kurzer Überblick über die Stratigraphie und Tektonik des Landes gegeben werden.

Für die Einzelheiten wird auf die ausführliche Darstellung in *Krenkel,* Geologie Afrikas, Bd. 3, 2. Teil, verwiesen.

A. Stratigraphie

1. Archaikum

a. Nordmarokko

Im Westen von Nordmarokko, hauptsächlich auf spanischem Gebiet, liegt die als „Rif“ (Randgebirge) bezeichnete Zone, die aus mehreren Gebirgsketten besteht. Diese Ketten bilden einen nach ONO offenen Faltenbogen, der sich nach N über die Straße von Gibraltar hinweg in die Serrania de Ronda, in der Gegend von Malaga, fortsetzt.

Den Kern dieses Faltenbogens bildet zwischen Ceuta und der Punta Pescadores längs der Mittelmeerküste eine kräftig variszisch gefaltete paläozoische Zone.

Als ältestes Gestein treten in dieser Zone verschiedene Gneise, z. T. Augengneis, ferner Glimmerschiefer auf, namentlich bei Ceuta sowie in dem Gebiet zwischen dem Ued Tigisses und dem Ued Mter.

Ähnliche Gesteine, hauptsächlich Muskowit-Paragneis mit eingelagerten Quarzitbänken, darüber Glimmerschiefer mit Marmorlagen, kommen auch westlich Melilla zutage.

b. Mittel- und Südmarokko

Im Süden von Mittel- und Südmarokko kommen die ältesten Gesteine in der Achse des Anti-Atlas und in den Hochplateaus im Gebiet des Draa zum Vorschein. Über sie transgrediert das Kambrium, meist mit einem Basiskonglomerat.

Dem Archaikum werden kräftig gefaltete Gneise und Glimmerschiefer zugerechnet, die von Intrusiv-Granitstöcken durchsetzt sind, wie z. B. im Hochatlas im Massiv von Urika südöstlich Marrakesch. Dessen Granit ist monzonitisch und stark in saure und basische Differentiate gespalten. Da kambrische Schichten über den Granit transgredieren, ist das Massiv mindestens älter als Kambrium.

Am Südostfuß des Djebel Sirua, der das Verbindungsstück zwischen Hochatlas und Anti-Atlas darstellt, treten archaische Gesteine in der Gegend von Tazenakht auf, dann weiter südlich im Draa-Gebiet.

2. Algonkium

Als Algonkium wird eine 200 bis 800 m mächtige Folge von Quarziten aufgefaßt, die zu breiten Falten aufgewölbt sind. Sie sind bei Igherm in der Landschaft Ida u Zekri am Nordhang des Anti-Atlas und am Djebel Igigil in der Hauptkette des Anti-Atlas und am Südfuß des Djebel Sirua bekannt.

Das Kambrium liegt auf den Quarziten teils konkordant, teil diskordant. Ihr Alter ist also wenigstens einigermaßen abgegrenzt.

3. *Paläozoische Schichten unsicheren Alters in Nordmarokko*

Im Gebiet südlich Ceuta folgen über den kristallinen Gesteinen und in dem ganzen Gebiet zwischen diesen Komplexen blaugraue Phyllite mit einigen Einlagerungen von kristallinem Kalk; ihr Alter ist unbekannt, sie werden ohne ausreichenden Beweis zum Kambrium gerechnet und könnten ebensogut ins Algonkium gestellt werden.

Auf sie legt sich eine ziemlich mächtige und schwer zu gliedernde Schichtenfolge von nicht metamorphen Schiefern, Grauwacken, Quarziten und Konglomeraten. Im hangenden Teil des Komplexes treten außerdem gepreßte dunkle Kalksteine auf. In den hangendsten, kaum gepreßten rötlichen Kalksteinen sind Orthoceren gefunden. Die Schichten werden daher vorläufig zum Silur gerechnet.

Devon und Karbon fehlen wahrscheinlich.

Die paläozoische Zone verschwindet bei der Punta Pescadores unter jüngeren Sedimenten. Aber westlich Villa Sanjurjo (westlich der Alhucemasbucht) kommt an einzelnen Stellen unmittelbar an der Küste noch Paläozoikum unter den dortigen mesozoischen Schichten zutage. Weiter östlich ist an der Oberfläche nichts mehr davon zu sehen.

Mehrere Gänge und Stöcke von Peridotit, der großenteils in Serpentin umgewandelt ist, treten in der paläozoischen Zone längs der Küste auf. So ist der Gneis der Halbinsel Acho, an der Ceuta liegt, von Peridotitgängen durchsetzt. Zwei größere Serpentin-Stöcke liegen zwischen dem Ued Tigisses und dem Ued Mter, ein weiteres kleines Vorkommen ist nördlich Melilla bekannt. — Ähnliche Gesteine in gleicher Position treten auch in Spanien in der Serrania de Ronda westlich Malaga auf.

Im Gebiet um Melilla folgen nach S hin über den ältesten Gesteinen Quarzite und Schiefer unbekannten Alters, die von Serpentin-Stöcken durchsetzt werden.

Zwischen dem Muluya-Fluß und der algerischen Grenze, südwestlich vom Küstenort Nemours in Algerien, liegt das Beni-Snassen-Massiv, dessen Kern aus paläozoischen Gesteinen besteht. Der tiefste Teil stellt eine mächtige Folge von Schiefern mit eingeschalteten harten Sandsteinbänken dar; der hangende Teil besteht aus dunklen Kieselschiefern mit Bänken von verkieseltem Sandstein.

Grauer Biotitgranit und Granitgänge durchsetzen im Ued Zegzel die alten Sedimente und wandeln sie am Kontakt zu Cordieritschiefer und Andalusit-Glimmerschiefer um.

Das Alter der Sedimente ist nicht bekannt.

4. *Kambrium*

Das Kambrium transgrediert, z. T. mit einem Basiskonglomerat, über die wenigen zutage kommenden Gebiete des Archaikum und Algonkium.

Die nördlichsten Vorkommen liegen nahe der Atlantikküste in der Umgegend von Casablanca, im westlichen Teil der Meseta. Weiter südlich kommen kambrische Schiefer am Unterlauf des Ued Um er Rebia in größerer Fläche zutage. Südsüdwestlich davon liegt eine ausgedehnte Fläche kambrischer Sedimente am Westende des Djebilet-Massivs westlich Marrakesch.

Südlich Marrakesch besteht ein großer Teil des westlichen Hochatlas, der Hauptteil des Anti-Atlas und dessen nordöstliche Fortsetzung, der Djebel Sarro, aus kambrischen Gesteinen. *Bondon, Clariond* und *Neltner* (1934) gaben ein interessantes Profil durch den Djebel Sarro.

Im westlichen Teil des Zentralmassivs des Hochatlas wird ein gegen 1000 m mächtiger Schichtenkomplex als Kambrium angesehen, dessen liegender Teil aus einer mächtigen Zone von quarzitischem Sandstein besteht. Darüber folgen grüne und blaue Kieselschiefer mit Einlagerungen von Kalkschiefer und Phyllitschiefer, dann quarzitische Sandsteine mit grünen Kieselschiefern, die den trilobitenführenden Schichten im Djebilet-Massiv gleichen, schließlich als hangender Teil schwarze Schiefer mit Tutenstruktur.

Das Unterkambrium besteht hauptsächlich aus z. T. quarzitischen, oft grünlichen Sandsteinen, Schiefern und stellenweise sehr mächtigen Konglomeraten; deren Gerölle sind Granit, kristalline Schiefer, Quarzit und Ergußgesteine. Auch Ergußgesteinsdecken, aus Porphyren und Porphyriten bestehend, und Tuffe treten auf. Die Konglomerate sind vor allem in den südlichen Gebieten entwickelt, die Ergußgesteine sind namentlich im Norden, im Hochatlas, verbreitet, wo sie einige der höchsten Erhebungen bilden (Tubkal-Massiv südlich Marrakesch) mit etwa 4165 m Seehöhe.

Mittelkambrium ist weiter verbreitet und durch seine Trilobitenfauna gut gekennzeichnet.

In der Meseta beginnt diese Stufe mit roten und grünen, z. T. blaugrauen Schiefern, die *Paradoxides mediterraneus, Conocoryphe heberti, Sao cf. hirsuta, cf. Ptychoparia ribeiroi,* in einem höheren Horizont *Conocoryphe* führen.

Im Djebilet-Massiv, dann im Hochatlas und im Sus-Gebiet treten anscheinend in dieser Zone ausgedehnte Korallenriffe, aus *Archaeocyathideen* bestehend, auf *(Archaeocyathus, Coscinocyathus, Spirococyathus).* Die Kalksteine erreichen stellenweise Mächtigkeiten von 700 bis 800 m und gehen, ihrer Riffnatur entsprechend, stellenweise im Streichen unvermittelt in Schiefer mit Graptolithen-Fauna über.

Über der Trilobiten-Zone folgen Schiefer und Sandsteine in großer Mächtigkeit (angeblich 5000 m).

In der Gegend nordöstlich von Casablanca liegen ohne Schichtlücke über den mittelkambrischen Sandsteinen die grünen Schiefer von Bu Znika in einer Mächtigkeit von etwa 3000 m ohne Fossilien, die als Oberkambrium angesprochen werden.

5. Silur

Das Silur liegt ohne Schichtlücke auf dem Kambrium, tritt aber nur in wesentlich kleineren Gebieten zutage als dieses; seine wesentlichen Verbreitungsgebiete sind der westliche Teil des Hochatlas und vielleicht der Djebilet-Bezirk, dann das Tafilelt-Gebiet im Südosten des Hochatlas am Nordrande der Sahara und das Gebiet bei Tiznit nördlich vom Südwestende des Anti-Atlas, schließlich in der marokkanischen Meseta in der Gegend von Casablanca, bei Settat, südlich Casablanca, bei Ulmes und bei Khenifra.

Der Hochatlas zeigt in seinem westlichen Teil folgenden Schichtenbau des Silur: helle sandige und grüne Schiefer; darüber folgen bituminöse Tonschiefer mit *Placoparia, Stropheodonta tenussimestriata, Bellerophon* und Graptolithen *(Diplograptus* oder *Climacograptus);* in ihrem Hangenden liegen schwarze Tonschiefer mit Konkretionen und rote Kalksteine mit *Orthoceras bohemicum.*

Die Schichtfolge umfaßt mindestens oberes Untersilur und Obersilur.

Im Zentralmassiv sind nördlich der Hauptkette, 30 km südlich Demnat, dunkle, auf Quarzit liegende Schiefer bekannt, die zahlreiche Graptolithen führen: *Monograptus runcinatus, M. vomerinus, M. cf. priodon, Diplograptus sp.; Rastrites peregrinus.*

In der Meseta beginnt vermutetes Untersilur in Form einer mehrere hundert Meter mächtigen Schichtenfolge von Sandsteinen und Schiefern, deren Abgrenzung gegen das Kambrium noch unsicher ist und die nur Wurmröhren und *Lingula*-ähnliche Brachiopoden geliefert hat.

Das Obersilur folgt diskordant darüber und besteht großenteils aus Schiefern mit charakteristischer Graptolithen-Fauna und mit Trilobiten.

Bituminöse Kalksteine, ebenfalls mit Graptolithen und mit Muscheln *(Cardiola interrupta),* und Dolomite treten in dieser Zone mehrfach auf. Auch Quarzite sind vertreten.

Im Tafilelt-Gebiet an der Sahara-Grenze liegen unter devonischen Schichten kalkhaltige Sandsteine mit *Trinucleus,* von denen ein Teil vielleicht als Silur anzusehen ist.

6. Devon

Die Verbreitung des Devon schließt sich an die des Silur an; sie umfaßt also ebenfalls Hochatlas, Nordrand der Sahara und Meseta.

Am Westrand des Zentralmassivs ist Unterdevon mit braunen *Spirifer paradoxus var. hercyniae* führenden Kalkschiefern, plattigen Kalksteinen und quarzitischen Sandsteinen beobachtet. Die Schichten, die der Koblenzstufe zugerechnet werden, sind gegen 50 m mächtig und enthalten u. a. *Atrypa reticularis, Strophomena rhomboidalis, Fenestella sp., Scyphocrinites sp.*

Das Oberdevon besteht aus z. T. quarzitischen Sandsteinen und Riffkalken mit *Favosites cervicornis* und mit Seelilien.

Das Devon des Zentralmassivs selbst ist noch wenig untersucht.

An den Südhängen des Anti-Atlas, also im nördlichen Randgebiet der Sahara, liegen devonische Sandsteine mit *Phacops fecundus* und mit Spiriferen ohne Schichtlücke auf Silur. Südlich vom Draa ist Oberdevon bekannt.

Im Tafilelt-Gebiet sind oberdevonische Kalksteine mit Clymenien verbreitet.

Im Meseta-Gebiet ist das Devon am besten untersucht; es folgt auch hier konkordant über dem Silur. Die Schichtfolge besteht vorherrschend aus Kalksteinen, doch sind auch Schiefer und Sandsteine entwickelt.

Als Unterdevon werden graue Schiefer am Ued Cherrat mit *Phacops intermedius, Chonetes plebeja, Ch. tenuicosta* angesehen, die auf obersilurischem Knollenkalk liegen; sie werden von Kalksteinen mit *Heliolithes porosa, Favosites gotlandica, Spirifer nerei, S. secans, Pentamerus sieberi* u. a. überlagert.

Aus Schiefern und Stinkkalk im gleichen Gebiet wurde *Homalonotus gervillei, Spirifer hystericus, Chonetes sarcinulata* beschrieben, aus dem Kalk *Cryphaeus michelini* und *C. jonesi.*

Dem Mitteldevon gehören Schiefer mit Lagen von Eisenerzen an, die bei Ber Rabeh unter Triasschichten zutage kommen. Sie enthalten *Phacops zorgensis, P. höninghausi, Dalmanites hausmanni, Spirifer expectans.*

An anderen Stellen östlich Rabat treten Kalksteine mit *Favosites, Stromatoporella, Cyathophyllum* und *Stringocephalus cf. burtini* auf.

Im Djebilet-Gebiet, nördlich Marrakesch, beobachtete *E. Roch* (1930) das folgende Profil (vom Hangenden zum Liegenden):

4. Quarzite und Grauwacken mit *Spirifer verneuili, Streptorhynchus devonicus.* 40 m.
3. Weißer und blaugrauer Kalk, z. T dolomitisiert und verkieselt, mit *Favosites cervicornis, Cyatophyllum, Atrypa reticularis, Stringocephalus burtini, Spirifer verneuili.* 50 m.
2. Roter Quarzit, fossilleer. 20 m.
1. Verquarztes Konglomerat in Quarzit übergehend.

Das Profil umfaßt also ausschließlich Oberdevon.

7. Karbon

Devon und Karbon scheinen im Rif-Gebiet zu fehlen.

Das Karbon ist in Marokko in seiner gesamten Schichtenfolge vorhanden; doch ist das marine Unterkarbon viel weiter verbreitet als das Oberkarbon.

In Mittelmarokko ist es fast ausschließlich vertreten.

Die liegende Stufe (Tournai) besteht aus Sandsteinen, die teilweise Feldspat aufweisen, und Schiefern; auch Grauwackenhorizonte sind vorhanden. Schichten führen *Spirifer tornacensis, Atrypa roissyi, Orthis michelini, Orthothetes crenistria, Strophomena rhomboidalis, Phillipsia cf. brongniarti.*

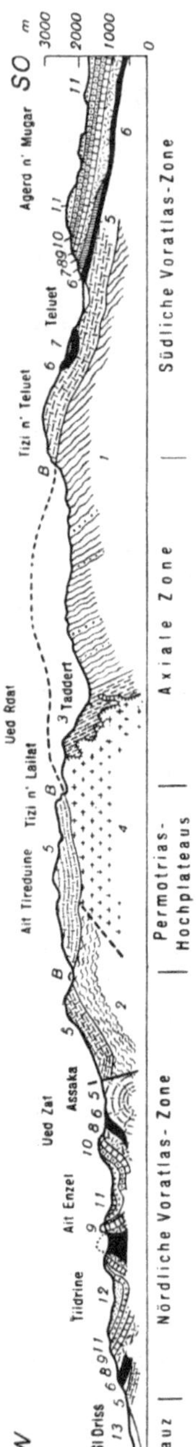

Abb. 22. Profil im westlichen Hochatlas. Nach *Moret,* in der Überarbeitung von *Krenkel.*

1. Silur, Devon, Unter-Karbon. 2. Unter-Karbon. 3. Kontaktmetamorph umgewandelter Schichtenkomplex. 4. Granit. 5. Permo-Trias. 6. Basaltlaven. 7. Jura in lagunärer Fazies. 8. Unt. Kreide. 9. Turon. 10. Senon. 11. Eozän, phosphatführend. 12. Oligozän und Miozän. 13. Quartär. B—B. Basis der überschobenen Sedimentdecke.

Das Hauptverbreitungsgebiet liegt in der Gegend von Rabat.

Die hangende Stufe (Visé), die aus Schiefern, Kalksteinen, Dolomiten und harten Sandsteinen besteht, ist dagegen in Mittelmarokko weitverbreitet.

An Fossilien seien von verschiedenen Fundorten erwähnt: *Phillipsia gemmulifera, Glyphioceras truncatum, Goniatites striatus, Productus giganteus, P. costatus, P. semireticulatus,* ferner *Spirifer, Orthothetes, Chonetes* usw.

Im östlichen Teil der Meseta ist wahrscheinlich eine ununterbrochene Schichtenfolge vom Silur bis zum Oberkarbon, vielleicht sogar bis zum Perm entwickelt.

Im Hochatlas lassen sich mehrere Karbongebiete erkennen: In der Gegend südsüdwestlich Amismiz (südwestlich Marrakesch) ein Gebiet mit nordöstlichem Streichen und ein anderes, südlich Marrakesch, mit ONO-Streichen; in letzterem liegt der bekannte Fossilpunkt von Mulay Brahim.

Die Schichten südsüdwestlich Amismiz bestehen aus harten Sandsteinen und Grauwacken. Darüber folgen Schiefer; diese enthalten im hangenden Teil eine eingelagerte Kalkzone mit einer Fauna, die einen Übergang vom Unterkarbon (Dinant) zum Oberkarbon (Westfal) zeigt. Über dieser Schieferzone, die auch einige Kohlenflöze und Pflanzen enthält, liegen rote Sandsteine, die gewöhnlich als Permo-Trias angesprochen werden; sie enthalten an ihrer Basis Schiefereinlagerungen mit einer Flora des oberen Oberkarbon (Stephan = Ottweiler Sch.).

Die Karbon-Schieferzone von Mulay Brahim führt im unteren Teil Fossilien des marinen Unterkarbon, wie *Spirifer striatus* und *S. crispus, Productus semireticulatus* u. a. Darüber aber folgen schwarze Schiefer mit Lagen von plattigem Sandstein, der Pflanzenreste enthält.

An einer anderen Stelle, bei Suk el Arba, wurden in pflanzenführenden Sandsteinen gefunden: *Odontopteris dufresnoyi, Pecopteris cf. pseudo-bucklandi, Annularia sphenophylloides, Cordaites sp., Calamites sp.*

Diese Flora gehört den Ottweiler Schichten (Stephan) an. Die Schichten transgredieren über steil gefaltetes oberes Unterkarbon (Visé-Stufe).

Das Unterkarbon seinerseits transgrediert an manchen Stellen über Obersilur, teils über Devon.

Im Osten von Marokko und im Grenzgebiet gegen die Sahara ist namentlich auch der mittlere Teil des Oberkarbon gut entwickelt und enthält Kohlenflöze.

Nördlich Djerada (40 km südlich Udjda) bilden die Karbonschichten eine ONO gestreckte, 30 km lange Mulde, in der Unterkarbon und Westfälische Stufe vertreten sind.

Das Unterkarbon (Dinant) besteht aus dunklen Schiefern, Kalksteinen und Ergußgesteinen. Die Mächtigkeit wird auf 1000 bis 1500 m geschätzt.

Das Oberkarbon führt ganz vorwiegend feinkörnige Sandsteine mit Bänken von grobem Sandstein und Konglomerat; auch Schieferzonen sind vorhanden.

Horizonte mit Pflanzen und solche mit marinen Fossilien wechseln ab. Im mittleren und hangenden Teil liegen 3 oder 4 Anthrazit-Flöze von 50 bis 70 cm Mächtigkeit.

Der Anthrazit hat 80 bis 90 v. H. Kohlenstoff und 2 bis 10 v. H. Asche.

Im Süden liegt das Gir-Becken mit Colomb Bechar, schon im Grenzgebiet in Algerien, das auf allen Seiten von jüngeren Schichten überdeckt wird.

Hier besteht das Unterkarbon im wesentlichen aus marinen Kalksteinen mit reicher Fauna. Das Oberkarbon beginnt mit einer Wechsellagerung von Kalksteinen und Sandsteinen, geht dann allmählich in Sandsteine und im hangendsten Teil in Schiefer über. Die Sandsteine und Schiefer führen Pflanzenreste *(Calamites, Cordaites, Artiria)*. Zwischen den terrestren Sedimenten liegen einzelne marine Horizonte.

Drei ONO streichende Mulden lassen sich erkennen. In der nördlichsten Mulde sind 8 schwache Kohlenflöze von zusammen 3 bis 4 m Mächtigkeit bekannt. Die mittlere Mulde enthält anscheinend nur ein 20 cm mächtiges Flözchen. Die südlichste Mulde ist noch nicht näher untersucht.

Vermutlich greifen die Karbonschichten in der Gegend von Berbatine, westlich Colomb Bechar, unter der Kreidedecke auf marokkanisches Gebiet über.

8. Permotrias

Diskordant über den kräftig gefalteten älteren Schichten liegen, namentlich im Atlasgebiet und in der Meseta, dunkelrote Sandsteine, Konglomerate, Schiefertone und Mergel, deren Altersbestimmung nicht immer leicht zu sichern ist. Stellenweise sind permische Fossilien in ihnen bekannt geworden, in anderen Teilen weisen die Fossilien auf Jura, sogar auf Kreide hin.

Die Schichtfolge wird daher von den marokkanischen Geologen als Permo-Trias zusammengefaßt, reicht aber stellenweise vom Karbon bis in den Jura.

Es sind aber auch rotgefärbte Schichten stellenweise bis zum Unterkarbon, sogar bis ins Silur hinab bekannt. Vermutlich entspricht diese Formation etwa dem „Continental intercalaire" in Westafrika, dessen Bildung bis in die Kreide hinaufreicht, während die untere Grenze meist unsicher ist.

Die Schichten sind öfter salzhaltig.

9. Perm

Sicheres Perm ist zunächst bekannt in der Gegend von Khenifra in der Ostmeseta, südlich Meknes, wo nach *Neltner* (1932, S. 161) in einem Steinbruch in rotem Sandstein *Walchia piniformis* gefunden wurde. Das Perm liegt hier mit schwacher Diskordanz unter dem hangenden Teil der roten Schichten, und an einigen Stellen, z. B. bei Kebbab und bei Mechra ben Abbu, ist auch noch innerhalb des roten Schichtenkomplexes eine Diskordanz zu beobachten. Vielleicht liegen lediglich örtliche Erscheinungen vor.

Südöstlich Khemisset, zwischen Rabat und Meknes, ist eine kleine Permflora bekannt geworden.

Bei Ulmes, südlich Khemisset, liegen tiefe Permschichten diskordant über gefalteten Schichten, die vielleicht zum Unterkarbon gehören.

Carpentier (1930) gab folgendes Profil:

3. Feinkörniger Sandstein mit Pflanzenresten.
2. Konglomerat mit sandigem Bindemittel.
1. Graublauer Schiefer mit Pflanzenresten.

Folgende Pflanzen wurden festgestellt: *Sphenophyllum longifolium, Pecopteris oreopteridia, Callipteridium cf. gigas, Callipteris ternieri, Odontopteris subcrenulata, Neuropteris sp., Cordaites principalis, Walchia piniformis, W. imbricata, W. hypnoides, Ullmannia sp.* u. a.

Weiterhin ist in der Meseta bei Mechra ben Abbu am Fluß Um er Rbina bunter Ton mit Kalkbänken anstehend beobachtet, der *Terebratula pyriformis, Mytilus psilonoti, Cucullaea murchisoni, Lima acuta, Avicula cf. deshayni* u. a. enthält. Die Fauna ist als obertriassisch angesehen worden.

In der Gegend von Casablanca und Rabat tritt roter gipsführender Ton und Schieferton auf, die ebenfalls als obere Trias angesprochen worden sind.

In der Gegend von Tetuan in Nordmarokko liegt der Djebel Dersa, dessen plattiger Kalkstein *Avicula contorta*, ein Leitfossil des oberen Keupers, *Cardita aspera, Pecten janiriformis, Anatina präcursor* u. a. führt.

Im Ostrif bei *Suk el Djema* enthält eine Folge von Kalksteinen und Dolomiten mit Gipslagen und eingelagerten Basaltdecken Keuper-Fossilien.

Bemerkenswert ist, daß im hangenden Teil der permo-triassischen Schichten im Gebiet des Hochatlas und des Mittleren Atlas eine Basaltdecke eingeschaltet ist, die stellenweise eine Mächtigkeit von mehr als 100 m erreicht.

Im Rifgebiet besteht die Permo-Trias großenteils aus Kalk und Dolomit und ist, wie die oben erwähnten Fundpunkte zeigen, brackisch bis marin ausgebildet. Im Mittleren Atlas dagegen, im Hochatlas und in einem Teil der Meseta weisen die Sedimente auf vorwiegend kontinentale Entstehung hin.

Südlich vom Tensift-Fluß, westlich Marrakesch, sind im Talgebiet des Ued Kaira zwischen Nzala Chichaua und Imintanut und von da nach SSW, nach Bigudine jenseits des Hochatlas bis ins Tal des Sus permotriassische Schichten mit einigen Unterbrechungen zu verfolgen. Die Permo-Trias bedeckt also den Nord- und den Südhang der Ketten des Hochatlas. Die Schichtfolge erreicht im Tal des Ued Mussi bei Begudine etwa 1500 m Mächtigkeit, ist aber sonst großen Schwankungen unterworfen. Die Schichten bestehen hier aus Konglomeraten mit z. T. wenig abgerollten Geröllen, darüber folgen in andauernder Wechsellagerung rote Sandsteine, Schiefer und Mergel mit Salzlagen; den hangendsten Teil bilden bis zu 200 m mächtige Diabas („Dolerit“) -Dekken; darüber liegen stellenweise noch rote Konglomerate und Sandsteine. Die Schichten sind zweifellos Kontinentalbildungen.

10. Trias in Nordmarokko

Im Rifgebiet transgrediert über das gefaltete alte Gebirge eine bisher nur an einzelnen Stellen nachgewiesene wenig mächtige Zone von roten Sandsteinen und Quarzkonglomeraten sowie bunten Tonen und Mergeln, die Gips und Steinsalz führen. Sie werden als Trias angesprochen und speziell mit den Werfener Schichten, also Buntsandstein, verglichen.

Ähnliche triassische Schichten sind auch in der Meseta entwickelt.

Im Prärifgebiet treten in diesem Komplex auch Dolomite, Plattenkalke und Brekzien auf.

Im Ost-Rif sind ebenfalls Dolomitschichten und gipsführende Mergel in der Schichtfolge vorhanden.

Im Bukkuya-Massiv, westlich der Alhucemas-Bucht, besteht die Trias aus roten, harten, glimmerführenden Schiefern, die Lagen von Salz und Gips enthalten und denen Bänke von rotem Sandstein und Konglomerat eingeschaltet sind.

Im Nord-Rif zwischen Ceuta und Xauen bestehen die Triasschichten aus rotem Sandstein mit roten Quarzkonglomeratbänken sowie roten Letten mit Gipslagen, die unserem Buntsandstein ähnlich sind.

11. Jura

a. Nordwestmarokko

Im Rifgebiet legen sich auf die oben beschriebenen, vorwiegend sandigen und lettigen Schichten Kalkketten, die das Hochgebirge des Rifs bilden und im

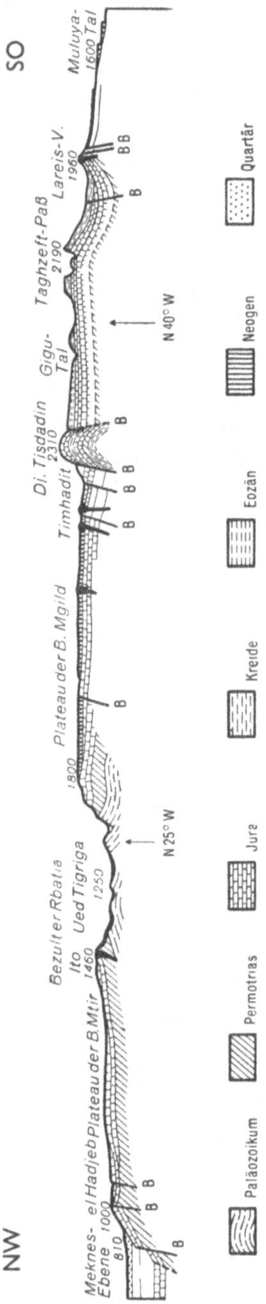

B = Jungvulkanische Gesteine

Abb. 23. Profil durch den Mittelatlas zwischen Meknes und dem Muluya-Tal. Nach *Beaugé* in der Überarbeitung durch *Krenkel*.

südlichen Teil mehrfach zu Höhen über 2000 m ansteigen (Djebel Leschab 2170 m).

Sie beginnen im N, an der Gibraltar-Straße, in schmalem Zuge mit dem 848 m hohen Djebel Musa westlich Ceuta und verbreitern sich nach S allmählich in der Gegend von Xauen bis auf fast 20 km.

Der Kalkzug biegt hier, wieder schmaler werdend, ziemlich plötzlich nach O ab und erreicht in nicht zusammenhängendem Zuge bei Punta Pescadores das Meer.

Weiter östlich, zwischen Aduz und der Alhucemas-Bucht, treten die gleichen Gesteine nochmals in einem ONO streichenden Zuge längs der Küste zutage (Bukkuya-Massiv).

Die ältesten Schichten der Kalkkette gehören noch der oberen Trias (Rhät) an; sie führen u. a. *Avicula contorta* und sind namentlich bei Tetuan und in der Gegend von Xauen bekannt.

Den Hauptteil der Schichtfolge bildet Lias mit einer ziemlich mächtigen Folge von Dolomitschichten im liegenden Teil, über denen dickbankiger heller Kalk und dann plattiger grauer Kalk folgt. Örtlich sind Konglomeratlinsen eingeschaltet. Die Schichten führen zahlreiche Ammoniten, die wohl eine Gliederung zulassen.

Am Djebel Musa und südlich Tetuan liegen auf den liassischen Kalken roter Mergelkalk und rötlicher Knollenkalk nebst Pseudo-Brekzienkalk, die Ammoniten des oberen Lias und höherer Jurahorizonte enthalten. Sehr wahrscheinlich ist der höhere Teil des Jura größtenteils wieder abgetragen worden.

b. Mittel- und Südmarokko

Ihre Hauptverbreitung haben die Jurasedimente im Osten von Marokko: sie nehmen dort einen sehr wesentlichen Anteil am Aufbau der Gebirge. Der größte

Teil des östlichen Hochatlas besteht aus Juraschichten, der höchste Gipfel, Djebel Ayaschi, liegt in Liasschichten. Fast der ganze Mittlere Atlas besteht aus Lias und Dogger.

In der Zone Marrakesch-Rabat zieht eine breite „Schwelle" von S nach N, die den Jura von Ostmarokko gegen die Sedimente des westlichen Teiles abgrenzt. Der westliche Teil des Hochatlas war in der Jurazeit Festland.

Die durch diese Festlandsschwelle bedingten örtlich wechselnden Tiefenverhältnisse des Jurameeres sind der Grund für die Ausbildung von wechselnder Fazies in den einzelnen Horizonten.

An den Randgebieten des alten Festlands sind die Jurasedimente wenig mächtig und durchweg in festlandsnaher, lagunärer Fazies entwickelt. Weiter nach O sind im allgemeinen nur die tiefsten Horizonte in lagunärer Flachwasserbildung vorhanden. Die höheren Horizonte gehen nach O mehr und mehr in Tiefseesedimente mit Ammonitenfauna über, entsprechend der Heraushebung der Schwelle und der Senkung des Meeresbodens in den von der Schwelle entfernteren Teilen des Meeres.

Der hangendste Teil des Jura ist häufig wieder in Lagunenfazies ausgebildet.

Östlich Teluet, etwa 80 km südöstlich Marrakesch, zeigen nach *Moret* (1931) die 150 bis 200 m mächtigen Jurasedimente ungefähr folgendes Profil:

5. Dogger-Kreide: Rote Sandsteine.
4. Ober-Lias: Dickbankiger Kalkstein, z. T. Kalkmergel.
3. Mittel-Lias: Kalkstein mit *Aviculiden.*
2. Unter-Lias: Dolomit und Kalk mit *Terebratula mediterranea und Spiriferina obtusa.*
1. Unter-Lias: Mergel mit Gipslagen; im hangenden Teil Bänke von Kalk und Dolomit, die an Menge nach oben zunehmen; Muscheln und Brachiopoden.

Liegendes: Permo-Trias.

Am 4250 m hohen Djebel Ayaschi besteht bereits der Unterlias aus dunklem Kalk mit *Arietites brooki, A. conybeari, Spiriferina rostrata,* daneben *Rhynchonellen* und *Pecten*-Arten. Der Gipfel des Berges besteht aus Kalkstein- und Mergelbänken in Wechsellagerung, die ebenfalls zum Lias gehören. Sie bilden eine auf Dogger-Mergel überkippte Falte.

Der gesamte Lias und Dogger sind auf der am Djebel Ayaschi vorbeiführenden Straße von Midelt im Norden nach Ksar es Suk im Süden aufgeschlossen. Malm scheint zu fehlen.

Auch der Mittlere Atlas, nordwestlich des oberen Muluya-Tales, besteht größtenteils aus Jurasedimenten. *Bourcart* (1935, S. 186) gibt folgendes Profil:

Hangendes:

Kreide-Sedimente: rote, gipsführende Mergel, Sandsteine, Konglomeratbänke, weiße Kalksteine mit Ammoniten *(Neolobites).*

6. Pisolithischer Kalkstein und Crinoidenkalk (vermutlich oberer Dogger).
5. Blauer Mergel mit in Schwefelkies umgewandelten Ammoniten *(Sphaeroceras polynarum, Cadomites).*
4. In die Mergel schieben sich Bänke von oolithischem eisenschüssigem Kalk ein, der

im liegenden Teil die wenig mächtige Stufe fast allein zusammensetzt und der Ammoniten des unteren Dogger und des oberen Lias enthält *(Lithoceras jurense, Pleydelia aalensis, Harpoceras murchisonae).*

3. Plattenkalk des mittleren Lias in größerer Mächtigkeit mit wenigen Brachiopoden.
2. Dickbankiger blaugrauer Kalkstein.
1. Dolomit (unt. Lias) in erheblicher Mächtigkeit.

Liegendes:

Rot gefärbte Triasschichten (gipsführende Sandsteine und Mergel).

Über Faziesänderungen im Mittleren Atlas in der Gegend von Tadla hat *Bourcart* (1936, S. 17—19) berichtet.

In Nordostmarokko, an der Grenze gegen Algerien, sind ebenfalls Jurasedimente in erheblicher Ausdehnung vorhanden, die in östlicher Richtung weit nach Algerien hineinziehen. Vertreten ist namentlich Lias und Dogger, stellenweise sogar wohl die tiefsten Schichten des Malm.

In Südwestmarokko sind die tieferen Jurastufen, Lias und Dogger, zum großen Teil als Flachwasser-Sedimente ausgebildet.

In der Gegend von Bigudine, nordöstlich Agadir, beginnt die Schichtenfolge mit einem dunkelroten Konglomerat, darüber folgen Sandsteine und Mergel mit Gips, dann Kalksteine mit Muschelbänken und sandige Mergel, die Brachiopoden und Pflanzen führen und die mit roten Mergeln wechsellagern; der hangende Teil besteht aus einer Wechsellagerung von rotem Sandstein und Mergel mit Konglomeratlinsen. Die Juraschichten erreichen hier 80 m Mächtigkeit.

Ähnliche Flachwasserbildungen mit Sandsteinen, Mergeln mit Gipsbänken, Plattenkalken, auch Konglomeratbänken sind an vielen Stellen bekannt. Erst im oberen Jura tritt eine merkliche Senkung des Gebietes ein.

Schichten des Kellaway-Oxford sind beobachtet bei Bigudine, am Djebel Amsitten, bei Kurati und Hadid. Es sind vorwiegend dunkle Kalksteine, auch Sandsteine.

Die Schichten führen *Perisphinctes furcula* (Kellaway); *Peltoceras athleta, Collyrites bicordata (Oxford); Peltoceras annulare, Astarte multiformis, Pleuromya tellina, Pholadomya murchisoni* u. a.

Darüber folgen Nerineen-Kalke und Riffkalke mit Korallen und Seeigeln.

Nach O, gegen die Schwelle von Marrakesch hin, gehen die Riffkalke in dolomitische Kalksteine und dann, nahe dem alten Festlande, in Sandsteine über, und die Schichtmächtigkeit vermindert sich gleichzeitig. Nahe der alten Schwelle verschwinden die Juraschichten zum größten Teil.

Die hangendste Stufe besteht teils aus dunklem Kalk, teils weißen Kalksteinen, die z. T. bis mehr als 100 m mächtige Gipslinsen führen, und roten und weißen Sandsteinen, z. T. mit einem Basiskonglomerat. Die Fossilien weisen teils auf Kimmeridge, z. T. sogar auf die tiefste Kreide (Wealden-Berriasien) hin.

Diese Stufe wurde daher gelegentlich als „Jurassico-Crétacé“ bezeichnet.

12. Kreide

Die in vielen Teilen Marokkos verbreiteten Kreidesedimente sind im allgemeinen in flacheren Meeresteilen, z. T. wohl in Lagunen, gebildet; rote Gesteine sind häufig vorhanden. Nur in Westmarokko, im Hinterland der Küstenzone zwischen Agadir und dem Ued Um er Rbia, südlich Casablanca, tritt fossilreiche Kreide in Tiefseefazies auf.

In Südwestmarokko, zwischen Agadir (Kap Ghir) und Mogador, ist fast die gesamte Kreide vorhanden.

Der tiefste Teil des Neokom, das Berriasien, das sich aus den höchsten Juraschichten entwickelt, führt *Nautilus malbosi, Spiticeras multiforme, S. ducale, S. negreli, Acanthodiscus, Himalayites, Terebratula* (mehrere Formen) u. a.

Valanginien tritt in wechselnder Fazies, teils als Mergel, teils als Kalkstein und Kalkmergel mit Ammoniten und zahlreichen anderen Fossilien auf. Nach O gehen die Schichten in rote Mergel und Sandsteine, also in Flachwassersedimente über.

Dann folgt Hauterivien, das in der Gegend von Agadir und Mogador als grüner Mergel mit *Lytoceras* und *Crioceras*, an anderen Stellen als mergeliger Kalk vorliegt. Weiter im Osten des Gebietes, in größerer Nähe des Landes, treten Mergel und Sandsteine auf, in denen einzelne Horizonte schon rot gefärbt sind, und rote Flachwasserbildungen. Die Fauna ist recht reich.

Das Barrémien läßt im Westen eine mergelig-kalkige Fazies mit *Phylloceras tethys, Desmoceras difficile, Puzosia ligata,* mehrere Arten von *Crioceras, Pulchellia* und *Heteroceras,* ferner *Terebratula praelonga, T. casteroni, T. valdensis* u. a. erkennen. Die Schichten bestehen aus dunkelgrauem oder gelbem Kalk, teils auch aus grünem Mergel; der hangende Teil ist zusammengesetzt aus weißem Knollenkalk.

Nach O gehen die Schichten in bunte sandige Mergel über.

Das Aptien besteht aus Sandstein, untergeordnet auch Kalkstein, und enthält *Douvilleiceras albrechti austriae, Crioceras waageni, Parahoplites, Ancyloceras;* grobe Sandsteine enthalten *Exogyra aquila.*

An anderen Stellen folgen im Hangenden graugrüne Mergel und mergeliger Kalk mit in Schwefelkies umgewandelten Ammoniten: *Phylloceras, Desmoceras, Puzosia, Oppelia, Parahoplites* u. a.

Nach O gehen die kalkigen Schichten in Sandstein über.

Das Albien besteht im wesentlichen aus graugrünem und dunkelgrünem kalkhaltigem Ton und Schieferton, der z. T. in Mergel übergeht und dem Bänke von graugelbem und rötlichem Sandstein eingefügt sind. Im hangendsten Teil treten Bänke von Mergelkalk hinzu; die Schichten führen *Desmoceras beudanti, D. revoili, Puzosia mayoriana, Schlönbachia inflata, S. candolliana, Acanthoceras brottianum, Hamites raulinianus* u. a.

Das Cenoman ist im westlichen Teil aus grünlichen Mergeln mit eingeschalteten Kalkbänken aufgebaut, die u. a. *Schlönbachia inflata* führen. Sie gehen nach O und NO in Sandsteine über, die von bunten Mergeln mit Gipslinsen und -bänken abgelöst werden.

Das Cenoman ist in Südwestmarokko in ziemlich großer Ausdehnung vorhanden, so im Norden von Agadir; ein zweites größeres Gebiet liegt östlich von Mogador und erstreckt sich bis in die Gegend von Chichaua und Imintanut, südwestlich Marrakesch.

Turon tritt als harter heller Kalk mit Hornsteinausscheidungen auf; es bildet eine etwa 20 m mächtige Steilstufe, die sich von Mogador bis in die Gegend südlich Marrakesch verfolgen läßt. Unter den Fossilien sind namentlich zahlreiche Austernarten vertreten, so *Exogyra columba, E. olisiponensis, E. flabellata, Liostrea thevestensis,* ferner *Plicatula fourneli, Venus plana, Astarte sequenzae, Pecten virgatus.*

Vom Senon scheint nur der liegende Teil vorhanden zu sein; der hangende ist vielleicht wieder zerstört.

Im Westen bestehen die Schichten aus hellem Mergel und Sandstein und führen *Mortoniceras texatum, Ostrea nicaisei, O. villei, O. overwegi, O. proboscidea, Exogyra matheroni* u. a.

Sie gehen nach O in fossilarme Flachwassersedimente über, die in einer etwa 100 m mächtigen Folge bei Imintanut folgendes Profil zeigen:

4. Heller Mergel und Kalk mit Austern und mit Gipslagen.
3. Sandstein, z. T. grobkörnig mit roten Bänken.
2. Heller Sandstein mit Muschelbänken.
1. Grüner und roter Mergel mit Gips.

Die Maastricht-Stufe transgrediert über das Unter-Senon. Sie besteht aus Kalk, kieselsäurereichem Mergel, Hornsteinbänken und Phosphatmergel. Fossilien: *Baculites cf. anceps, Cardita beaumonti, Lucina maevusi, Pycnodonta vesicularis, Cucullaea orbignyana.*

Bei Mtugi, südlich der Linie Mogador—Marrakesch, ist folgendes Profil durch die obere Kreide zu beobachten:

Maastricht-Stufe:

5. Phosphat-Mergel mit *Cardita beaumonti.*
4. Kalk mit *Baculites anceps,* Phosphat.
3. Phosphat-Mergel mit Hornstein; Austern.
2. Sandstein mit *Cucullaea* und mit Geröllen.
1. Phosphatmergel mit Hornstein.

Senon:

3. Mergel mit *Ostrea acutirostris.*
2. Weißer Mergel mit Bänken von weißem Sandstein (15 m).
1. Mergel mit Sandsteinbänken (25 m).

Liegendes: Turonkalk.

Ein großer Teil des Meseta-Gebietes besteht aus Gesteinen der Kreideformation, so das Plateau der Landschaft Uled Abdun, nördlich vom Ued Um er Rbia und südlich Sattat; diese Sedimente gehen nach S über Safi, Chinchaua in das Gebiet der Tiefseeablagerungen zwischen Mogador und Agadir über.

Die Kreidebildungen im A t l a s g e b i e t sind großenteils Flachwasser-Sedimente, die vorwiegend rot gefärbt sind und in denen relativ wenig Fossilien auftreten. Im wesentlichen bestehen die Gesteine aus Sandsteinen, Mergeln, die z. T. bunt sind und die öfter Gips führen, sowie aus selteneren Kalksteinen.

Im M i t t e l a t l a s scheint dagegen die Kreide erst vom z. T. kontinental entwickelten Gault (Alb) an aufwärts entwickelt zu sein; d. h. der Gault transgrediert über Jura und alle älteren Stufen; Unterkreide fehlt. Die Schichten sind zumeist rot.

In O s t m a r o k ko nehmen Kreidesedimente dieser Art große Flächen. namentlich in der Zone der Hochplateaus, ein; es ist hier aber nur untere Kreide entwickelt; Oberkreide fehlt, ist auch wohl nicht abgelagert worden.

K r e i d e d e s R i f g e b i e t e s. *Lacoste* (1934) hat auf den häufigen Fazieswechsel in den Sedimenten der Kreide und im Alt-Tertiär Nordmarokkos hingewiesen.

Die „Flysch"-Fazies kann im Streichen, im Hangenden und Liegenden, in Mergelfazies übergehen, ferner können Flysch und Mergel seitlich in sandigen

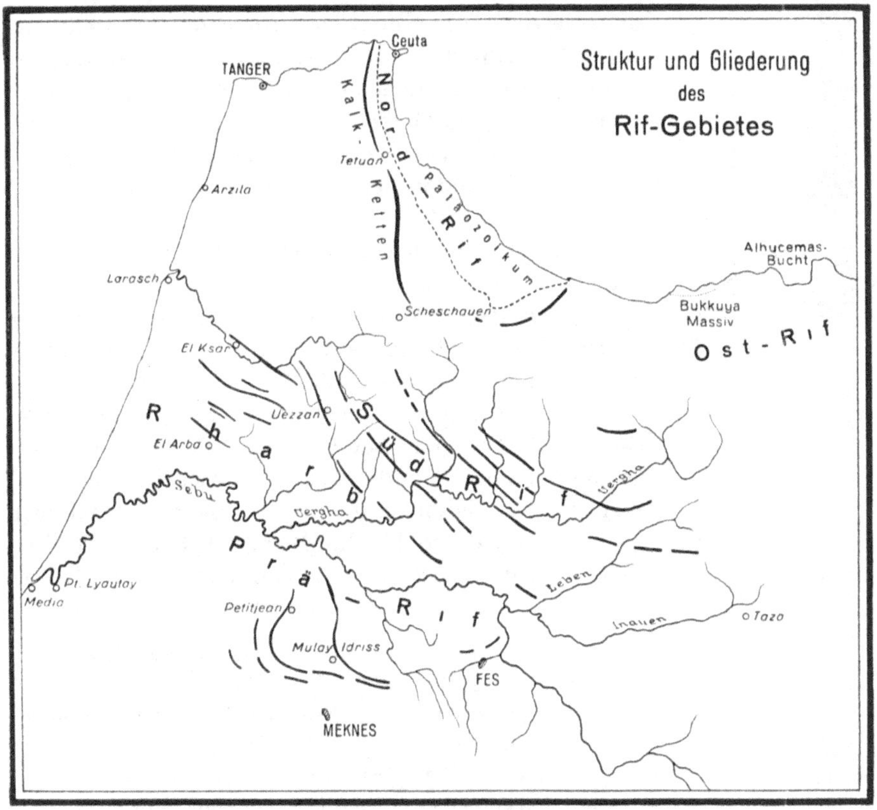

Abb. 24. Struktur und Gliederung des Rif-Gebietes.

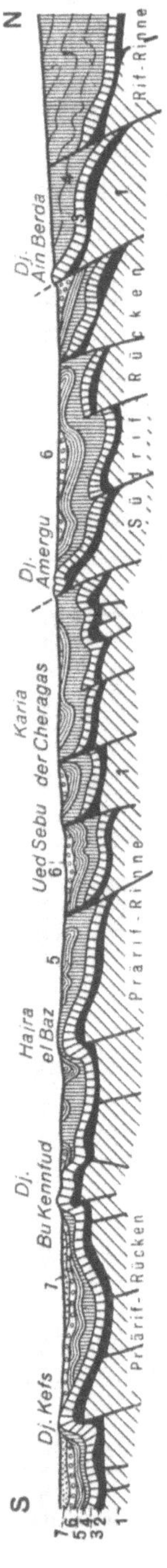

Abb. 25. Süd- und Prärif. Strukturskizze von *Lacoste*, 1934, in der Vereinfachung von *Krenkel*, 1938, S. 1870.
1. Paläozoikum. 2. Trias (schwarz). 3. Jura. 4. Kreide. 5. Alttärtiär. 6. Miozän. 7. Pliozän.

Kalk und kalkigen Sandstein übergehen. So besteht z. B. in der Landschaft Rharb das Ober-Eozän im wesentlichen aus grauem sandigem Mergel, in der Gegend von Uezzan dagegen ist der Horizont in Flysch-Fazies vorhanden, d. h. in einer dauernden Wechsellagerung von Mergel, Ton und dünnen Sandstein- bzw. Kalksandsteinbänken. Am Ued Drader geht sandiger Kalk des Unter-Eozän seitlich schnell in hellen Kalkmergel mit Hornsteinknollen über. Auch der seitliche Übergang von Sandstein in Mergel ist häufig beobachtet.

Diese eigenartige, schnell wechselnde Faziesbildung im Südrif- und im Prärif-Gebiet ist begründet durch das Auftreten mehrerer Sättel und Mulden (Rücken und Rinnen) im Untergrund der Kreide- und Tertiärsedimente, also durch orogenetische Bewegungen vor Beginn des Tertiär, die durch die Faltung hauptsächlich der Juraschichten in dem damaligen Meeresbecken entstanden und die die Verbindung der einzelnen Meeresteile behinderten. Auf den Sätteln setzten sich meist vorwiegend sandige Gesteine ab, in den Mulden dagegen hauptsächlich Ton und Mergel.

In der Prärif-Zone tauchen sogar mehrere lagenförmige Sattelketten jurassischer Gesteine im Norden von Meknes und Fes aus dem Tertiär auf.

Schon in der Kreide macht sich dieser eigenartig schnelle Fazieswechsel deutlich bemerkbar.

In der Prärif-Zone beginnt die Unterkreide mit hellem Mergel und Kalkstein, deren Fauna als Barrémien oder Apt angesprochen wird.

Darüber folgen Mergel und mergelige Kalksteine des Gault (Apt), darüber Cenoman, Turon und Senon in gleicher kalkiger und mergeliger Fazies. Das Cenoman transgrediert deutlich mit einem Basiskonglomerat über die älteren Horizonte. Im Bergland von Mulay Idriss zeigen die Senonschichten nach *Daguin* (1927) folgendes Profil von oben nach unten:

5. Massiger Kalkstein, oben in Eozän übergehend.
4. Phosphatisierter Kalk.
3. Wechsellagerung von Kalk und Mergel mit *Pycnodonta vesicularis*, *Lamna appendiculata*.
2. Kalkmergel mit Orbitoiden.
1. Heller Kalkmergel mit *Inoceramus regularis*, *Parapachydiscus colligatus*.

In der Zone des Südrifs weist namentlich die untere Kreide eine sehr stark wechselnde Faziesausbildung auf.

In der großen Rifmulde sind vorwiegend Tonschiefer und Mergelschiefer zum Absatz gekommen, die große Flächenräume nördlich vom Uergha-Fluß einnehmen und die im allgemeinen nur wenige Fossilien enthalten.

Untergeordnet tritt z. B. östlich Uezzan eine Kalkfazies in Form von ziemlich mächtigen weißlichen Kalk- oder Dolomitbänken in den Mergelschiefern auf. Sie sind den Kalksteinen des Jura recht ähnlich.

Harte Sandsteine mit Ton- und Mergellagen treten ebenfalls stellenweise in größerer Ausdehnung auf; gelegentlich sind die Schichten irrtümlich als Paläozoikum aufgefaßt worden. Die Fossilfunde zeigen, daß die Schichten die ganze untere Kreide bis zum Gault (Albien) hinauf umfassen. Sie treten sowohl mit den Mergelschiefern der Rifmulde als auch mit den Mergelkalken am Südrande der Rifmulde auf. Sie enthalten stellenweise Pflanzenreste.

Am Südrande dieser Schiefer stellt sich eine Fazies von hellem Mergelkalk ein, die als langgestreckte Zone von der Gegend von Uezzan längs des Uergha-Flusses über den Lebene-Fluß nach O zieht. Die mergeligen Kalksteine enthalten z. T. Sandsteinbänke, die oft rot gefärbt sind. Durch Fossilien sind unteres und oberes Valanginien, Hauterivien und Barrémien festgestellt.

Weiterhin treten rote, mehr oder weniger sandige Sedimente mit und ohne Gipsführung gelegentlich in den verschiedenen Horizonten auf, und zwar namentlich in der Nähe der Jurasättel und am Südrande des Rifbogens gegen die Meseta.

Im Hangenden dieser stark wechselnden Sedimente der unteren Kreide folgen in der Rifmulde und in der Prärif-Mulde dickbankige graue Mergelkalke in Wechsellagerung mit dunkelgrauem Mergel.

Die tiefsten, dem Gault (Albien) angehörenden Schichten führen Ammoniten *(Puzosia mayoriana, Mortoniceras inflatum, Acanthoceras cf. aumalense, Turrilites aumalensis, Hamites armatus* u. a.*)*.

Die jüngeren Kreideschichten bestehen vorwiegend aus dunkelgrauen Mergeln, die in der Rifmulde deutlich, in der Prärif-Rinne schwach geschiefert sind; sie führen Inoceramen. In den hangenden Teilen liegen Linsen von rotem Mergel und von Gips, die denen in der unteren Kreide gleichen. Die grauen Mergel sehen denen des Miozän sehr ähnlich und sind, bei ihrer Armut an Fossilien, oft mit ihnen verwechselt worden. Doch führen die Mergel der oberen Kreide Foraminiferen *(Rosalina linnéi, R. stuarti, Flabellina sp., Gümbelina sp.)*, die für obere Kreide charakteristisch sind.

Im südlichen Teil des O s t - R i f s tritt untere Kreide vom Valanginien bis hinauf zum Gault (Aptien) in Form von grünlichen Mergeln auf, die in Schwefelkies umgewandelte Ammoniten enthalten.

Die obere Kreide besteht aus Kalksteinen und grauen Mergeln. Auch graugrüne Kalksteine treten stellenweise auf, die Foraminiferen *(Rosalina)* enthalten, z. B. am Muluya-Fluß.

Im spanischen Rifgebiet steht zweifelhafte untere Kreide am Djebel Musa und am benachbarten Djebel Fahies westlich Ceuta in Form von hellgrauem Mergelkalk mit *Phylloceras cf. serum* und von verquetschten Linsen von weißem und rotem Mergelkalk mit *Aptychus seranonis* an.

Ähnliche Vorkommen treten bei Tetuan, Xauen und am Ued Had auf.

Obere Kreide mit Flysch-Fazies, bestehend aus grünlichen schiefrigen Mergeln mit dünnen Sandlagen und mit Foraminiferen, über denen Sandsteine in Wechsellagerung mit rötlichen Mergellagen und kleinkörnigen Brekzien und mit Oberkreide-Fossilien *(Rosalina linnéi, Lagena orbulinaria* u. a.) folgen, ist gelegentlich am Westfuß der Kalkkette bekannt geworden, z. B. westlich Tetuan, bei Tanger und am Oberlauf des Ued Lau. Auch schwarze Schiefer treten mehrfach in der Flysch-Fazies der Kreide auf.

13. Tertiär

a. Rifgebiet

Das Tertiär des *nördlichen Rifgebietes* läßt im einzelnen folgende Gliederung erkennen:

Am Außenrande der Haupt-Kalkketten liegt eine mächtige einförmige tertiäre Flysch-Zone in Wechsellagerung mit bunten Mergeln aus feinkörnigen Sandsteinen mit sehr geringem Fossilinhalt, die mit dem Mittel-Eozän beginnt und bis ins Oligozän hinaufgeht. Sie beherbergt im hangenden Teil in verschiedenen Horizonten ausgedehnte Linsen von hartem rotem Sandstein, die als Höhenrücken herausmodelliert sind („Arenisca del Aljibe").

Die Transgression des Tertiär, die überall mit einem Transgressionskonglomerat beginnt, setzt in der Haupt-Kalkkette bereits im Mittel-Eozän ein, in der Zone des Grundgebirges erst mit dem Ober-Eozän oder gar Oligozän.

Östlich von Tanger wurde Ober-Eozän mit *Nummulites fabianii* bekannt, bei Ain Djedida bei Tetuan der gleiche, aus Kalk, rötlichen Mergeln und Konglomeraten bestehende Horizont mit *Nummulites fabianii, N. laevigatus, N. biarritzensis, N. planulatus, Operculina subgranulosa.* Dem Oligozän gehören Schichten mit *Nephrolepidina tournoueri* an.

Miozän ist am Rio Martin in der Gegend von Tetuan nachgewiesen; es sind Sandsteine und Konglomerate, die *Ostrea crassissima, O. callifera, Pecten solarium, Turritella turris* u. a. führen und die diskordant über Eozän liegen.

Ähnliche Sandsteine sind bei Tanger bekannt.

Auf der Halbinsel Gelaya bei Melilla, nahe dem Kap Tres Forcas, liegen miozäne Mergel und Kalksteine mit zahlreichen Fossilien.

Pliozän ist bei Melilla in Form von löcherigen Kalksteinen mit *Psamechinus miliaris* bekannt, darüber liegt Ton mit *Ostrea cochlear var. navicularis.* Das Hangende bildet ein Kalk mit Süßwasser-Mollusken.

Bei Tetuan ist Ton mit reicher Pliozänfauna nachgewiesen.

b. Rharb

In der Landschaft Rharb, an der Südgrenze von Spanisch-Marokko, zeigte eine Erdölbohrung bei Suk el Arba (Ain Hamra) folgendes Profil:

0 bis 380 m	Mergel des Ober-Miozän (Vindobon).
380 bis 825 m	Sandige Mergel und Sandsteine des Ober-Eozän mit *Nummulites incrassatus.*
825 bis 1385 m	Mittel-Eozän.
1325 bis 1800 m	Sandiger Flysch des Aquitanien (Unter-Miozän) mit *Lepidocyclinen* und *Miogypsina dehaarti.*
1800 bis 1970 m	Ober-Eozän.
1970 bis 2130 m	Kreidemergel mit Foraminiferen.

Wahrscheinlich handelt es sich um eine liegende Falte mit zwei Ausquetschungsflächen bei 1385 m und bei 1970 m. Das Fehlen des Mittel-Eozän über der Kreide kann durch Transgression erklärt werden.

In der Gegend von Uezzan ist nach *Bourcart* (1927) das Tertiär folgendermaßen vom Hangenden zum Liegenden entwickelt; über dem Eozän folgt eine Flysch-Zone von 400 m Mächtigkeit, die vom Oligozän bis ins Miozän reicht:

11. Braunrote Brekzien und Konglomerate.

M i t t e l - M i o z ä n

10. Gelber plattiger Sandstein mit *Miogypsina.*
9. Mikrobrekzien und Sandsteine. Darin Balaniden, Austern, Lepidocyclinen, Heterosteginen, Amphisteginen, *Miogypsina globulina.* —

U n t e r - M i o z ä n

8. Lithothamnien-Kalk mit *Eulepidina tournoueri, E. dilatata.* — Mikrobrekzien. —
7. Sandsteine und grüne Mergel, Lithothamnien-Kalk, mit *Operculina* und *Amphistegina.* —

O b e r - O l i g o z ä n

6. Sandstein und blauer Mergel; Foraminiferen und Lepidocylinen. — Lithothamnien-Kalk, Mikrobrekzien mit Kalkalgen. Nummuliten fehlen. —

M i t t e l - O l i g o z ä n

5. Mikrobrekzien mit Kalkalgen; gelblicher Sandstein mit Nephrolepidinen. —

U n t e r - O l i g o z ä n

4. Mächtige gelbe Sandsteine mit Mergelbänken mit *Nummulites bouillei.* —

O b e r - E o z ä n

3. Brekzienzone mit Brocken von Lias-Gesteinen und von mittel-eozänen Hornsteinen; Nummuliten-Konglomerat; feinkörnige Brekzien mit *Nummulites fabianii;* Lithothamnien-Kalk. —

U n t e r e s O b e r - E o z ä n

2. Blauer Mergel und Plattenkalk. —

M i t t e l - E o z ä n

1. Weißer Kalkmergel mit Hornsteinlinsen und mit Glaukonit-Sandsteinen mit Foraminiferen. —

Auch P l i o z ä n (S a h é l i e n) in Form von gipsführenden Sanden und Jung-Pliozän in sandiger und konglomeratischer Ausbildung mit zahlreichen Fossilien, z. B. *Pachyelasma gigantea,* ist mehrfach vorhanden.

Am Djebel Mzefrun bei Uezzan liegt über pliozänem (sahelischem) verfestigtem Sand diskordant ein Konglomerat, darüber folgt zu Sandstein verfestigter Dünensand; auf diesem liegt wieder ein Konglomerat („Arbaua-Konglomerat") und gelber Sand mit Fossilien.

Das Pliozän ist an mehreren Stellen leicht gefaltet.

c. Südliches Rif

Im südlichen Rifgebiet sind tertiäre Ablagerungen ziemlich lückenlos vom Paleozän bis zum Jung-Pliozän-Pleistozän entwickelt.

Das Alt-Tertiär beginnt, transgredierend über der Kreide, mit dem Paleozän *(Thanétien)*, das aus glaukonitführendem Sandstein mit Phosphoritkörnern, sandigem Kalkstein und untergeordnet weißen Mergellagen mit Sandsteinbänken und mit *Nummulites globosus, N. aquitanicus, N. girondicus, N. balcensis, N. planulatus* besteht *(Lacoste,* 1934*)*.

Unter-Eozän (Yprésien) folgt darüber mit den gleichen Gesteinen, die *Nummulites lucasi, N. guettardi, N. atacicus* und Fischzähne führen.

Mittel-Eozän (Lutétien). Diese Stufe besteht vorwiegend aus weißlichem Kalkmergel mit Linsen von dunklem Hornstein; dem Mergel sind nach obenhin zahlreiche Bänke von Sandstein, Kalksandstein und sandigem Kalk eingefügt, die mit Mergelbänken wechsellagern. Die eintönige Schichtfolge ist von El Ksar bis nach Taza auf über 300 km zu verfolgen; sie bildet eine licht gefärbte Landschaft.

Die Gesteine sind am Ausgehenden häufig mit einer hellen Kieselrinde überzogen. Auch einzelne Kalkbänke sind verkieselt.

Die Schichten enthalten im liegenden Teil die großen Nummuliten: *Nummulites irregularis, N. uroniensis, N. gizehensis, N. atacicus,* im hangenden Teil: *N. millecaput, N. atacicus.*

Ober-Eozän (Priabonien). Der weiße Kalkmergel des Mittel-Eozän mit seinen eingeschalteten Sandstein- und Kalkbänken geht nach oben in kalkige, tonige und sandige Sedimente über, die typische Flysch-Ausbildung zeigen und die vorwiegend kleine Nummulitenformen führen: *Nummulites bouillei, N. fabianii,* ferner *Asterocyclina* und *Handkenina* sowie Lithothamnien.

Oligozän. Die Bildung der kalkigen, tonigen und sandigen, miteinander wechsellagernden Sedimente dauerte über die Zeit des oberen Eozän hinaus an bis in den älteren Teil des Oligozän; nur die Fauna wechselt zunächst.

Das Unter-Oligozän zeigt zahlreiche Lepidocyclinen und nur wenige kleine Nummulitenformen *(N. incrassatus, N. vascus)*.

Das Ober-Oligozän enthält neben den bisher vorwiegend grauen Ton- und Mergellagen auch rote Mergel mit Lepidocyclinen, Amphisteginen, außerdem Lithothamnien.

In diese Schichten sind ausgedehnte Linsen von hartem rotem oder weißem Sandstein eingeschaltet, die auch im nördlichen Rif häufiger in verschiedenen Horizonten auftreten und die oft als Berge herausmodelliert sind; sie werden als „arenisca del aljibe" bezeichnet.

Das Oligozän transgrediert von S nach N, wo die ziemlich flachliegenden Flysch-Sedimente, bestehend aus tonigem Sandstein, grauem Ton und Mergel und sandigem Kalkstein, diskordant auf braunem Schiefermergel der Kreide liegen (z. B. am Djebel Keitun).

Jung-Tertiär. Unter-Miozän (Aquitanien) besteht aus sandigen Flysch-Sedimenten, die denen des Ober-Oligozän gleichen. Ihnen eingeschaltet sind mehrfach ausgedehnte Linsen von hartem rotem oder weißem Sandstein (are nisca del aljibe). Die Schichten führen Lepidocyclinen, Bryozoen, Lithothamnien.

Ferner sind stellenweise kontinental gebildete Sandsteine und Konglomerate vorhanden.

Mittel-Miozän (Burdigalien). Konglomerate und Sandsteine zeigen den Beginn einer Transgression des Jungtertiär über ein stark modelliertes Gelände an. Die Konglomeratbänke enthalten Gerölle aus Jura-, Kreide- und Alt-Tertiär-Gesteinen.

Statt ihrer sind an anderen Stellen rote, vorwiegend sandige Sedimente entwickelt, die Glaukonitkörner enthalten („Molasse"). In ihnen finden sich zahlreiche Fossilien, so *Pecten corsicanus, P. josslingi, Flabellipecten incrassatus, Schizaster eurynatus, S. parkinsoni, Clypeacter oglei* u. a.

Ober-Miozän (Helvet und Torton). Der tiefere Teil (Helvet) besteht vorwiegend aus Konglomeraten, Sandsteinen und sandigem Mergel mit Fossilien, wie *Pecten fuchsi, P. scabriusculus, Flabellipecten besseri.*

Der obere Teil der Stufe (Torton) besteht aus sandigem oder sandfreiem Mergel und Sandsteinen mit *Arca diluvii, Pecten acabrellus, Ostrea gingensis, Ostrea crassissima.*

Das Ober-Miozän hat im Süd-Rif-Gebiet sehr weite Verbreitung, die Meerestransgression war also in dieser Zeit am ausgedehntesten; an den Sedimenten läßt sich zeigen, daß die Wassertiefe nach O abnahm.

Pliozän (Sahélien). Über miozänem sandigem grauem Mergel mit *Pecten (Amussium) cristutus* folgt z. B. in der Gegend der reichen Fossil-Fundstelle von Dar el Hamri, die namentlich von *Lecointre* (1916) und von *Depéret* (1917) beschrieben wurde, blaugrauer fossilführender Sandstein mit einem Konglomerat an der Basis; die Fauna ist marin.

An anderen Stellen sind sandige Mergel mit Gipsausscheidungen entwickelt, die wohl eine Lagunen-Fazies darstellen und die vom Lande her eingeschwemmte Massen von Verwitterungsschutt, auch Braunkohlenschmitzen enthalten. Außerdem treten wenig verfestigte Schotter auf, die wahrscheinlich terrestrischer Entstehung sind.

In der Saisebene bei Fes tritt Kalkstein gleichen Alters auf, der wohl im Süßwasser gebildet ist; er enthält Landschnecken.

Der Wechsel von Meeressedimenten mit Lagunen-Ablagerungen und terrestrischen Bildungen beweist den Rückzug des Meeres in der Pliozän-Zeit.

Jung-Pliozän (? und Pleistozän). Die jungpliozänen Bildungen umfassen rote Sandsteine und Sande, verfestigte Schotter und Schuttmassen im Rharb-Gebiet und bei Uezzan, längs der damaligen Küstenzone. Die Sedimente können diskordant über allen älteren Schichten liegen.

Stellenweise ist auch das Jung-Pliozän noch gefaltet.

d. Prärif

Im Prärif-Gebiet ist der Wechsel der Sedimentausbildung an den Sätteln des prätertiären Untergrundes („Rücken") und in den Muldengebieten besonders deutlich ausgebildet.

In den Sattelgebieten herrschen die sandigen Gesteine, z. T. mit wechselndem Kalkgehalt, in den Muldengebieten („Rinnen") liegen vorwiegend tonige, mergelige und kalkige Sedimente mit wechselndem Kalkgehalt.

Beide Faziesausbildungen sind durch ziemlich schnelle Übergänge miteinander verbunden.

Die von vielen Geologen früher vertretene Auffassung, daß hier stellenweise auf autochthone Gesteine überschobene Decken vorliegen sollen, hat sich im allgemeinen als falsch erwiesen, wenngleich an einigen Stellen kleinere überschobene Decken auftreten.

Die beiden Fazies sind übrigens bereits z. T. in der Kreide nebeneinander vorhanden.

Alt-Tertiär der Sattelgebiete findet sich z. B. am Djebel Nador in Form von gebänderten harten Sandsteinen und glimmerführendem Kalk, am Kansera mit glimmerführenden Sandsteinen und sandigen Kalksteinen mit Pecten-Arten und Cerithien, ferner am Djebel Utita und Kefs in Form von Sandstein mit Kalkbindemittel.

Im Bergland bei Mulay Idriss, nördlich Meknes, liegt über phosphatisierter Oberkreide bankiger dichter Kalk, dessen hangender Teil dem tiefsten Eozän angehört. Darüber folgt sandiger Kalk und kalkreicher Sandstein mit Körnchen von Glaukonit und Phosphorit und kleinen Nummuliten. Bei Beni Amar zeigt der sandige Kalkstein oolithische Struktur; er führt *Nummulites frasii,* außerdem Algen und Bryozoen.

Das Alt-Tertiär der Muldengebiete besteht meist aus grauen Kalkmergeln mit Hornsteinknollen und aus Kalkstein, aus Flysch-Sandsteinen mit Körnern von Glaukonit und Phosphorit. Die Gesteine werden ins Unter-Eozän gestellt.

Das Mitteleozän der Muldengebiete besteht aus Flysch-Sedimenten, Mergeln und Kalksteinen mit *Nummulites irregularis, N. rollandi, N. distans* und Lithothamnien-Kalken *(Lithothamnium bolcense);* darüber folgt stellenweise kalkiger Sandstein (Djebel Halbui), der z. T. massenhaft Globigerinen führt.

Auch das Oligozän ist in den Muldengebieten meist als kalkiger Sandstein und sandiger Kalk ausgebildet.

Diese früher oft als „Decken" bezeichneten Sedimente liegen nördlich der Sattel („Rücken") -Gebiete des Prärif.

Unter-Miozän mit marinem hellem Kalk und in wahrscheinlich kontinentaler Ausbildung mit roten und weißlichen Kalksteinen, Mergeln und Sandsteinen sind ebenfalls nachgewiesen, letzteres z. B. im Bergland von Mulay Idriss. Die Schichten führen stellenweise (Mulay Jakub) Landschnecken.

Ober-Miozän und Pliozän sind teils als Mergel oder Sandstein, teils als Molasse-Sedimente vorhanden.

e. Ost-Rif

Im Süden des Ost-Rif-Gebietes, in der Gegend von Taza, beginnt das Unter-Eozän (Thanétien) mit glaukonitführendem Sandstein und weißem Mergel mit *Voluta depressa* und *Cuculaea crassatina*. Darüber folgt zunächst graugrüner Mergel mit Kalkbänken, dann Mergel mit z. T. verkieseltem Kalk, der am Ued Larba Phosphatbänke mit Haifischzähnen *(Odotus obliquus, Odontaspis elegangs)* führt. Das Hangende bildet heller Kalk mit Algen, Nummuliten und Foraminiferen *(Orthophragmina)*, der schon ins Oligozän zu stellen ist.

Weiter nördlich beginnt die Tertiär-Transgression erst im Mittel-Eozän mit einem wenig mächtigen Konglomerat; darüber liegen dunkle Kalkmergel mit Hornsteinknollen und -linsen, die Nummuliten führen. Das darüber folgende Oligozän besteht aus schwarzen Mergeln, die im hangenden Teil terrestrisch gebildete Bänke und ausgedehnte Linsen von hartem hellem oder rotem Sandstein (Typ: Arenisca del Aljibe) enthalten. Der hangende Teil der Schichtfolge gehört wohl bereits ins Miozän.

Am Südrand des Bukkuya-Massivs (zwischen Kap Baba und der Alhucemas-Bucht) liegen Kalkmergel und grüne Sandsteine mit Lagen von rötlichem Schieferton, die *Nummulites chavannesi* und *Heterostegina reticulata* führen und die zum Ober-Eozän zu stellen sind.

Bei Villa Sanjurjo, westlich der Alhucemas-Bucht, ist Oligozän bekannt.

Unter-Miozän. Bei Tuahar, westlich Taza, liegt Unter-Miozän mit Konglomeraten und Sandsteinen über paläozoischen Schiefern. Die Schichten führen *Pecten incrassatus, P. joslingi, Flabellipecten fraterculus, Clypeaster scillae.*

Ober-Miozän in Form von grauen Tonen und Mergeln mit *Clypeaster marginatus, Leda fragilis; Arca diluviana* ist ebenfalls bei Taza gefunden.

An anderen Stellen, z. B. bei Bu Suad, sind obermiozäne Sedimente in Form von sandigem Mergelkalk mit *Ostrea gingensis, O. crassissima* vorhanden.

Dem Pliozän (Sahélien) gehören die Sandsteine des Djebel Berkane an, über denen graugrüner Schiefermergel mit Sandsteinlinsen und Linsen von Gipsmergel folgen.

f. Westmarokko

Alt-Tertiär und besonders Eozän tritt in mehreren Komplexen in

Westmarokko auf. Im wesentlichen sind Kalksteine und Mergel entwickelt, die z. T. die wirtschaftlich sehr wichtigen Phosphatlager enthalten.

Nach der Regression des Meeres in der Senonzeit in Marokko erfolgte, wie schon bemerkt, im Maastricht eine neue Transgression von W her; im Rifgebiet verlief die Transgression ungefähr von S nach N. Im Eozän setzte sich nach einer Unterbrechung diese Transgression weiter fort. Im oberen Oligozän trat dann wieder das Meer den Rückzug an; vielfach entstanden in dieser Zeit rotgefärbte Schichten. Im Laufe dieser Transgression bildeten sich die Phosphatlager.

Phosphatlagerstätten treten schon auf der Südseite des Atlas auf; weitere Vorkommen liegen in der Gegend von Agadir, dann bei Chichaua, östlich Mogador. An den Ufern des tief eingeschnittenen Ued Um er Rbia bilden die Phosphatschichten im Süden das Gantur-Plateau. Hier ist das sandig-körnige Phosphatlager in der Umgegend des Ortes Kurigha 1,5 m mächtig und enthält 76 v. H. Trikalziumphosphat.

Die ganze Phosphatzone ist 40 bis 60 m mächtig. Die bauwürdigen Teile sind durch sekundäre Umlagerung und Konzentration des P_2O_5-Gehaltes entstanden.

In der Hauptsache liegen die Phosphatlagerstätten im Eozän, in der Gegend von Agadir, wie oben (S. 204) bemerkt, bereits in der Maastricht-Kreide. Das Alter der Vorkommen östlich Mogador ist umstritten.

Die Sedimente des Eozän gleichen im wesentlichen denen des Maastricht. Dazu treten noch SiO_2-reiche Kalksteine und Mergel sowie Hornsteinbildungen.

Bei Chichaua ist am Tafelberg Raiat das folgende Eozänprofil erschlossen:

6. Weißer Kalk mit massenhaften Exemplaren von *Thersitea;* eingelagert sind Bänke von gipsführendem Mergel.
5. Phosphat-Horizont mit gelblichen Hornsteinbänken.
4. Kalkstein mit Hornstein-Einlagerungen.
3. Phosphat-Lager, 4 m mächtig.
2. Hornsteinbank.
1. Phosphathaltiger Sandstein mit Phosphatlagen, die u. a. *Odontaspis winkleri* führen.

Das Liegende bildet das Cenoman.

Im übrigen transgrediert das Eozän im Südwesten Marokkos sowohl über Maastricht wie über Senon und Cenoman; zwischen der Oberkreide und dem Alt-Tertiär ist also eine Schichtlücke vorhanden.

Die reiche Eozänfauna umfaßt zahlreiche Fische, wie *Odontaspis winkleri, Lamna denticulata, L. raphiodon, Odotus appendiculatus, O. obliquus, Galeus minor, Corax pristodontus.* Ferner *Ostrea multicostata, Thersitea cf. verrucosa, Hemithersitea maroccana, Turritella heluanensis.*

Nummuliten sind nicht sicher bekannt.

g. Kontinentales Oligozän und Miozän

In den Randgebieten um den Hochatlas liegen die ältesten Schuttmassen aus dem sich auffaltenden Gebirgsmassiv; es sind kaum verfestigte Schotter,

z. T. bereits vielleicht als Konglomerate zu bezeichnen, die Gerölle aus Eruptivgesteinen und paläozoischen Sedimenten enthalten, aber auch solche junger Gesteine (Tertiär-Kreide); die Schichten sind im allgemeinen rot gefärbt, ebenso wie die ihnen eingeschalteten Sandstein- und Mergelbänke.

Sie liegen z. T. diskordant über Eozän, sind also jünger, aber von der Atlas-Faltung mit betroffen worden.

Fossilien sind in ihnen nicht vorhanden. Da aber das marine Miozän im Mittel-Atlas-Gebiet nicht mehr gefaltet ist, so werden sie als „Oligo-Miozän" bezeichnet (*Bourcart*, 1933).

Die Schichten sind südlich von Marrakesch am Nordrand des Gebirges zwischen Amismiz und Tamesloht bekannt, dann am Südfuß des Atlas, nördlich vom Sus in der Gegend von Tarudant.

Marines Miozän soll im Küstengebiet südlich vom Kap Ghir vorhanden sein. Die Schichten bestehen aus Konglomeraten, Sandsteinen, Tonen und Kalksteinen. Das Alter scheint nicht ganz gesichert zu sein.

Pliozän. Marines Jungpliozän steht in der Gegend zwischen dem Küstenplatz Safi und dem Tensift-Fluß an. Es besteht aus hellrotem Kalk mit Austern und Pectiniden; darüber folgt gelblicher Kalk mit Austern und feinkörniger Sand. Die bis zu 20 km breite Zone ist längs der Küste mit Unterbrechungen bis in die Gegend von Agadir verfolgt. Sie ist aber nicht überall kalkig, sondern z. T. als Sandsteine ausgebildet, wie in der Gegend von Mogador.

In den küstennahen Teilen der Atlasfalten sollen die Schichten bis in 650 m Seehöhe emporgehoben sein. Offenbar handelt es sich um alte Terrassen, nicht um mitgefaltete Sedimente.

14. Quartär

In der Gegend von Mogador liegen über pliozänem Sandstein Quartärschichten, in denen *Joleaud* (1926) mehrere durch Steinwerkzeuge gekennzeichnete Horizonte unterscheiden konnte, von denen die ältesten dem Chelleo-Moustérien, die jüngeren dem Neolithikum angehören.

Bourcart (zitiert nach *Krenkel*, Geologie Afrikas, Bd. 3, S. 1857) hat sogar den Versuch gemacht, das Quartär Westmarokkos nach Steinwerkzeugen und den Resten großer Säugetiere in eine Anzahl von Perioden zu gliedern.

Im übrigen verweisen wir auf die ausführliche Darstellung von *Krenkel* (a. a. O. S. 1856—1861) über diese wenig erforschte Formation.

Junger Vulkanismus

Im Norden von Marokko sind jungvulkanische Gesteine besonders in der Gegend von Melilla vertreten.

Am Kap Tres Forcas an der Nordspitze der Halbinsel Guelaya treten stark differenzierte Andesite und Trachytandesite zutage, die die dortige Steilküste in einer Breite von etwa 300 m bilden.

Westlich und südwestlich Melilla liegt das ausgedehnte Gurugu-Vulkan-Gebiet, dessen höchste Erhebung der 910 m hohe Tagigirat ist.

An seinem Aufbau nehmen in der Hauptsache Andesite verschiedener Zusammensetzung teil, vor allem grauer Pyroxen-Andesit, untergeordnet Biotit-Andesit; auch Hornblende-Andesit ist an einer Stelle (Sidi Musa) beobachtet. Gänge von Trachytandesit durchsetzen verschiedentlich die Decken. Bei Nador treten mehrfach Trachytkuppen zutage.

Jünger als diese Laven und Ganggesteine sind Basaltströme, die an mehreren Stellen, so bei Atalayon und Suk el Had, ferner bei Ued Oro, auftreten; die ältesten Ströme gehören dem Jung-Miozän (Sahélien) an, die jüngsten sind zweifellos wesentlich jünger, wohl quartär.

Am Djebel Uixan (696 m) werden Schiefer und Kalksteine des oberen Jura und der unteren Kreide von einem als Diorit bezeichneten Stock (mit Hornblende, Biotit, mit und ohne Quarz) durchsetzt, der ins Nebengestein Porphyritgänge entsendet.

Im Kontakt mit den Porphyritgängen sind in den angrenzenden Kalksteinen die Roteisenerzlagerstätten des Melilla-Gebietes, ferner Blei-Zink-Lagerstätten entstanden.

Es wird vermutet, daß der Diorit als Tiefengestein zu den Andesitdecken der weiteren Umgebung von Melilla gehört.

Nördlich Melilla liegt im Mittelmeer die vulkanische Insel Alboran, die dem gleichen jungvulkanischen Komplex angehört.

Der große, etwa 3330 m hohe Sirua-Vulkan, aus Trachyt und Phonolith aufgebaut, mit seinen sehr jungen Kraterbildungen, erhebt sich auf einem mächtigen Granitmassiv. Die vulkanischen Gesteine sollen gegen 1000 m Mächtigkeit erreichen; das jungvulkanische Gebäude bedeckt eine Grundfläche von 20 qkm und liegt auf dem Verbindungsstück zwischen dem Hochatlas und dem Anti-Atlas.

Östlich Meknes beginnt die wichtigste Zone jungvulkanischer Gesteine in Marokko, die in SSO-Richtung über Azru bis nach Timhadit und Berkit am Nordhang des Mittelatlas mit geringen Unterbrechungen hinzieht. In der südlichen Fortsetzung liegt der Larais-Vulkan. Diese Vulkanzone streicht also nahezu rechtwinklig zum Streichen der alten variszischen Falten und der diesen angepaßten jungen Faltengebirge. In der Hauptsache sind jurassische Schichten von den jungvulkanischen Gesteinen durchbrochen und überdeckt.

Die Laven bestehen im wesentlichen aus Olivinbasalt; Basanit, Ankaratrit und Limburgit treten untergeordnet auf; auch Tuffe sind mehrfach vorhanden.

Nach der Erhaltungsform der Krater und der Gesteine sind die Laven nördlich von Azru älter (vielleicht jungpliozän) als die südlich Azru, die dem Quartär angehören.

Auf den Zusammenhang zwischen Vulkanismus und Tektonik wies *Russo* (1921, 1924 und 1930) hin.

B. Tektonik

Marokko ist in der Hauptsache in mindestens drei Epochen von Vorgängen der Gebirgsbildung ergriffen worden: von der huronischen Faltung, der vielleicht eine noch ältere voranging; später hat die hercynische Faltungsperiode das Paläozoikum ergriffen und schließlich hat die alpine Faltung die heute das Landschaftsbild Marokkos entscheidend beeinflussenden Formen geschaffen.

Das stark gefaltete, meist steil aufgerichtete Archaikum zeigt im Norden in der Gegend von Ceuta NNO- bis NS-Streichen.

An der Südostgrenze bei Tazenakht, westlich vom Oberlauf des Ued Draa, dagegen streichen die Gesteine vorherrschend etwa WNW, weiter westlich, im Sektana-Gebiet, südlich vom Oberlauf des Sus (südwestlich vom Djebel Sirua), ist das Streichen mehr NNW gerichtet.

Wenn die Beobachtungen richtig sind, daß das vorwiegend aus Quarziten bestehende Algonkium diskordant über dem Archaikum folgt, so würde bereits eine präalgonkische Faltung vorliegen. Diese Quarzite selbst sind im allgemeinen weniger intensiv gefaltet. Die Streichrichtung der Falten ist erheblichem Wechsel unterworfen. In der Zone von Tazenakht z. B. herrscht NNO- bis NO-Streichen, im Gebiet des Djebel Igigil, südlich vom Sus, streichen die Falten NW, ungefähr dem Archaikum parallel. Um das von einem mächtigen Vulkan gekrönte Granitmassiv des Djebel Sirua legen sich die algonkischen Schichten mantelförmig herum. Sie sind also vermutlich älter als das Granitmassiv.

Das Paläozoikum bis hinauf zum Ober-Karbon ist durch die variskischen Faltungsperioden zu Sätteln und Mulden zusammengeschoben worden.

In der Meseta ist stellenweise eine ältere Faltungsphase des Paläozoikums festzustellen, die etwa an der Wende Ober-Devon—Unter-Karbon stattgefunden hat, die aber kein bedeutendes Ausmaß erreicht. Sie würde also der bretonischen Phase entsprechen.

Die Hauptfaltungsphase liegt, wie unten dargelegt wird, im mittleren Ober-Karbon.

Zwei Streichrichtungen der variskischen Hauptfaltung sind in den verschiedenen Teilen des Landes zu erkennen:

1. In Westmarokko und im größten Teil der Meseta herrscht im Paläozoikum die NS- bis NNO-Richtung, die an einzelnen Stellen, wie auch teilweise im Hochatlas, in direktes NW-Streichen übergehen kann.

Im westlichen Teil, also östlich der Linie Casablanca—Rabat, biegen die Falten aus der NS-Richtung ebenfalls in die NW-Richtung um, so daß anscheinend ein Faltenfächer entsteht.

Die NNO- bzw. NS-Richtung in der Faltung der paläozoischen Sedimente ist im übrigen über den Ued Sus und den westlichen Teil des Anti-Atlas bis südlich des Draa zu verfolgen. Die Falten verlaufen im allgemeinen recht regelmäßig. Die Ausquetschung von Faltenschenkeln ist in der Regel selten und nur örtlich beobachtet.

2. Im östlichen Teil von Marokko streicht das gefaltete Paläozoikum im wesentlichen ONO wie auch die oben erwähnten Karbonmulden im südöstlichen Grenzgebiet gegen Algerien (Gegend von Colomb Bechar). Hier lassen sich auch genauere Feststellungen über das Alter der Faltung in diesem Gebiet treffen: Das Unter-Karbon und der tiefste Teil des Ober-Karbon (Namur-Stufe) sind gefaltet, über die Falten legt sich diskordant der hangendste Teil des Ober-Karbon (Ottweiler Stufe). Nach der Auffassung von *Neltner* (1932) muß daher die Hauptfaltung in die Zeit des mittleren Ober-Karbon (Westfälische Stufe) fallen.

Die alpidische Faltung, die offenbar als Fortsetzung der kimmerischen Faltung anzusehen ist, hat im wesentlichen die heute das Landschaftsbild Marokkos so weitgehend beeinflussenden gewaltigen Gebirgszüge des Atlas und Anti-Atlas geschaffen.

Zweifellos ist die Faltung in mehreren Phasen verlaufen, die sich aber noch nicht überall nachweisen lassen. So sind im wesentlichen Hochatlas, zwischen dem Ued Tensift und dem Ued Sus, Kreide und teilweise auch Eozän steil aufgerichtet; darüber liegt transgredierend Oligo-Miozän, das Fallwinkel von 30° bis zu 45° zeigt, also von einer jüngeren Faltungsphase noch erheblich beeinflußt wurde, vermutlich von einer posthumen Bewegung.

An anderen Stellen, wie am Nordhang des Mittleren Atlas, liegt das Jung-Miozän wenig oder kaum gefaltet über gefalteter Kreide und Eozän. Eine der Hauptphasen der alpidischen Faltung muß also im Zeitraum zwischen dem Eozän und dem Jung-Miozän liegen.

In der Meseta und im Mittleren Atlas hat die alpine Faltung im wesentlichen in gleicher Richtung und im gleichen Sinne wie die Karbon-Faltung gewirkt. Die bestehenden Faltenzüge wurden weiter entwickelt und gelegentlich abgeschnitten.

Ungefähr an der Grenze Jura—Kreide beginnt im Rifgebiet eine Faltung, ungefähr dem jüngeren Teil der kimmerischen Phase entsprechend, die die dortigen Trias- und Juragesteine zu Sätteln („Rücken") und Mulden (Rinnen) zu sammenschob, während die Sedimentation in diesen Gebieten im allgemeinen weiter andauerte. Diese beginnende Faltung veranlaßte den häufigen Fazieswechsel in den Sedimenten der Kreide und des Alt-Tertiär in diesem Teil von Nordmarokko.

Die Falten der Rif-Zone bilden einen weiten, nach NO offenen Bogen, dessen westlicher Teil im wesentlichen NW streicht und der im östlichen Teil nach NO umbiegt. Im Nord-Rif geht die Richtung der Faltenachsen nach NNW, und im westlichen Teil des Prärif-Gebietes nördlich Meknes ist sogar ein östliches Umbiegen der Faltenbögen in die NO-Richtung in der Gegend von Petitjean zu beobachten.

Auch im Mittleren Atlas ist ein Beginn der Faltung an der Jura-Kreide-

Grenze oder in der Zeit der unteren Kreide an mehreren Stellen nachzuweisen, weil örtlich die obere Kreide, mit dem Cenoman beginnend, mit merklicher Diskordanz auf mittleren, vielleicht auch oberen Jura transgrediert.

Schrifttum

Der geologische Bau von Marokko

Auswahl

Ausführliches Literaturverzeichnis in:

Blondel, F., Bibliographie géologique et minière de la France d'outre-mer. Paris 1937, „Maroc", S. 121—210. — Edition définitive, Bd. 1. 1941, S. 243—422.

Abrard, R., La structure du système prérifain au Nord de Meknes. Bull. Soc. géol. France. IV. Bd. 21 (1921), S. 87—93.

Abrard, R., Sur quelques roches éruptives de R'arb (Maroc occidental). Bull. Soc. franç. Minér. Paris. Bd. 44 (1921), S. 57—59.

Abrard, R., Observations sur les nappes de charriage du bassin de Sebou (Maroc). Bull. Soc. Géol. France, Paris. IV. Bd. 22 (1922), S. 145—153. 2 Profiles, 1 tekton. Skizze.

Abrard, R., Sur la tectonique de la région prérifaine. Bull. Soc. géol. France, Paris. (C. R.) 1928, S. 127.

Barthoux, J., Les massivs des Djebilet et des Rehamna (Maroc). C. R. Acad. Sci. Paris. Bd. 179 (1924), S. 504—506.

Barthoux, J., Moyenne, Haute-Moulouya et Grand-Atlas. Bull. Soc. géol. France, Paris. IV. Bd. 24 (1924), S. 233—244.

Barthoux, J., Carte géologique provisoire des Djebilet au 200000 en couleurs. Serv. géogr. Armée. Paris 1926.

Beaugé, A., Le Gothlandien et les „couches rouges" dans le Maroc central et occidental. Bull. Soc. géol. France, Paris IV. Bd. 30 (1930), S. 254—262.

Beaugé, A. und Russo, P., Sur la continuité tectonique des Djebilet et du Moyen-Atlas (Maroc méridional). Bull. Soc. géol. France. IV. Bd. 29 (1929), S. 405—414.

Beaugé, A. und Joleaud, L., Etude tectonique de la région de Meknes. Bull. Soc. géol. France. IV. Bd. 22, S. 254—284.

Berthelot, Ch., Les gisements de graphite du Gomara (Maroc espagnol). Le Génie civil. Paris 1932, S. 285.

Bigot, A. und Dubois, J., Fossiles ordoviciens de la région de Keradid (Maroc). C. R. Soc. géol. France. Paris 1933, S. 68.

Blondel, F. und Bondon, J., La minéralisation du précambrien de l'Anti-Atlas. C. R. Acad. Sci. Paris. Bd. 202 (1936), S. 673—674.

Blondel, F. und Bondon, J., Le manganèse de la région du Siroua (Sud-Marocain). C. R. Acad. Sci. Paris. Bd. 202 (1936), S. 958—959.

Blumenthal, M. und Fallot, P., Sur l'interprétation tectonique du NW du Rif espagnol. C. R. Acad. Sci. Paris. Bd. 191 (1930), S. 1463—1465.

Blumenthal, M., Marin, A. und Fallot, P., Observations géologiques sur le Nord-Ouest du Rif Marocain. Bull. Soc. géol. France. IV. Bd. 30 (1930), S. 659—735.

Blumenthal, M., Les éléments structuraux du Bokoya (Rif espagnol oriental). C. R. Acad. Sci. Paris. Bd. 194 (1932), S. 1669—1671.

Blumenthal, M., Le matérial stratigraphique de la nappe de Bokoya. C. R. Acad. Sci. Paris. Bd. 194 (1932), S. 1969.

Blumenthal, M., Les séries dites lustrées du Rif oriental. C. R. Soc. géol. France. Paris. V. Bd. 2 (1932), S. 89.

Blumenthal, M., Quelques observations stratigraphiques et tectoniques sur le Haut Kert (Rif oriental). Bull. Soc. géol. France. V. Bd. 2 (1932), S. 553—571.

Bondon, J. und Clariond, L., Itinéraire géologique d'Aqqa à Tindouf. C. R. Acad. Sci. Paris. Bd. 199 (1934), S. 1235.

Bondon, J., Clariond, L. und Neltner, L., Une nouvelle coupe du Djebel Sarro. C. R. Acad. Sci. Paris. Bd. 198 (1934), S. 570.

B o n d o n , J., Sur les terrains antécambriens des plateaux du Draa (Sud-Marocain). C. R. Soc. géol. France. V. Bd. 5 (1935), S. 116—118.

B o n d o n , J und Y o v a n o v i t c h , B., Sur les terrains antécarbonifères du Maroc occidental. C. R. Acad. Sci. Paris. Bd. 202 (1936), S. 1380—1382. 1 Kärtchen.

B o n i c h o n , P., D u p o n t , G. und D a g u i n , F., Quelques observations sur les montagnes de sel du Prérif (Maroc septentrional). Notes et Mém. Serv. Mines. Maroc. Rabat 1938. Nr. 50. 9 S., 3 Fig.

B o u r c a r t , J., Sur la stratigraphie du Rharb septentrional. Bull. Soc. géol. France. IV. Bd. 27 (1927). S. 173—193.

B o u r c a r t , J. und L e V i l l a i n , G., Sur la faune des calcaires cambriens de Sidi Mouça d'Aglou, près de Tiznit (Sud-Marocain). C. R. Acad. Sci. Bd. 187 (1928), S. 1066—1068.

B o u r c a r t , J., Le bassin houillier de Djerada (Maroc oriental). C. R. Soc. géol. France. Paris. IV. Bd. 28 (1928), S. 267—269.

B o u r c a r t , J., Sur la stratigraphie de la zone internationale de Tanger. C. R. Acad. Sci.. Paris. Bd. 191 (1930), S. 621—623.

B o u r c a r t , J. und L e V i l l a i n , G., Les Graptolites du Gothlandien de l'oued Akrech, près de Rabat (Maroc). C. R. Soc. géol. France. Paris IV. Bd. 30, S. 214—216.

B o u r c a r t , J., Essai de classification des formations continentales quaternaires du Maroc occidental. C. R. Soc. géol. France. Paris. V. Bd. 1, S. 256—259.

B o u r c a r t , J. und L e V i l l a i n , G., La faune des calcaires cambriens de Sidi-Moussa-d'Aglou (Anti-Atlas marocain). Notes et Mém. Serv. Mines Maroc. Nr. 15. Rabat 1931. 44 S. 10 Taf. 1 geol. Karte 1 : 200000.

B o u r c a r t , J., Notice sur un essai de carte géologique du Quaternaire de la zone atlantique du Maroc. C. R. Congr. internat. Géogr. Paris 1931 (1933), S. 818—821. 1 geol. Karte 1:2 Mill.

B o u r c a r t , J., Les sédiments du type du schlier au Maroc. Essai de réconstitution paléogéographique. C. R. Acad. Sci. Paris. Bd. 195 (1932), S. 736—738.

B o u r c a r t , J., Les dépôts marins du second cycle miocène du Maroc occidental. C. R. Acad. Sci. Paris Bd. 195 (1932), S. 736—738.

B o u r c a r t , J., Le pliocène marin au Maroc. C. R. Acad. Sci. Paris. Bd. 195 (1932), S. 1031—1033.

B o u r c a r t , J., Remarques sur la manière d'être du Trias dans la région d'Ouezzan (Rarb Marocain). C. R. Soc. géol. France. 1932, S. 181.

B o u r c a r t , J., La ride prérifaine d'El Kanséra (Maroc). Bull. Soc. géol. France. Paris V. Bd. 2 (1932). S. 221—236.

B o u r c a r t , J., Carte géologique de reconnaissance des Djebala et du Rarb septentrional au 200000 e (2 Blätter). Notes et Mém. Serv. Mines Maroc. Nr. 21. Rabat 1932.

B o u r c a r t , J., Sur la situation stratigraphique et l'âge probable de la formation détritique subatlasique dans le Haut-Atlas de Marrakech. C. R. Acad. Sci. Paris. Bd. 197 (1933), S. 845—847.

B o u r c a r t , J., Le contact entre la zone des phosphat (Meseta Marocaine) et le Moyen Atlas. C. R. Soc. géol. France. Paris. V. 3 (1933), S. 75—77.

B o u r c a r t , J., Au sujet des formations quaternaires du Maroc atlantique. C. R. Soc. géol. France. V. 3 (1933), S. 119—120.

B o u r c a r t , J. und C h o u b e r t , G., Sur quelques roches éruptives et cristallophyliennes amenées par le Trias d'Ouezzane (Maroc). C. R. Acad. Sci. Paris. Bd. 198 (1934), S. 960—963.

B o u r c a r t , J., La tectonique de l'Atlas central (territoire du Tadla). C. R. Soc. géol. France. Paris. V. 4. (1934), S. 30—31.

B o u r c a r t , J., Sur les principales phases orogéniques dans l'Atlas central (territoaire autonome du Tadla). C. R. Soc. géol. France. Paris. V. 4 (1934), S. 140—141.

B o u r c a r t , J., Reconnaissances géologiques dans les confins autonomes du Draa. Rev. Géogr. phys. Géol. dyn. Paris. Bd. 8 (1935), S. 115—132. 1 geol. Karte 1:1 Mill.

B o u r c a r t , J., Une coupe typique de l'Atlas marocain. C. R. Soc. géol. France. V. Bd. 5 (1935), S. 186—187.

B o u r c a r t , J., Variations de facies et passages latéraux dans le Lias de l'Atlas central (Tadla). C. R. Soc. géol. France. V. Bd. 6 (1936), S. 17—19.

B o u r c a r t , J., Sur la série stratigraphique de l'Atlas central (Territoire du Tadla). C. R. Soc. géol. France. V. Bd. 6 (1936), S. 139—140.

B o u r c a r t , J., Un grand volcan „algoncien" à l'extrémité occidentale de l'Anti-Atlas marocain. C. R. Soc. géol. France. V. Bd. 6 (1936), S. 232—234.

B r i c h a n t , A. und H a r r o y , J., Sur la découverte d'un bassin houillier au Maroc occidental. C. R. Acad. Sci. Paris. Bd. 187 (1928), S. 656—657.

B r i c h a n t , A., Contribution à la connaissance de la stratigraphie et de la tectonique des terrains anté-hercyniens du Maroc oriental. Bull. Soc. géol. France. V. Bd. 5 (1935), S. 541—558.

B r i v e s , A., Sur la constitution géologique du Rif oriental. C. R. Soc. géol. France. IV. Bd. 21 (1921). S. 29—30.

B r i v e s , A., Sur le Trias du Tselfat (Maroc). C. R. Soc. géol. France. IV. 21 (1921), S. 129—130.

B u r r i , C. und P a r g a - P o n d a l , J., Zur Kenntnis der jungen Eruptivgesteine von Spanisch-Marokko. Verhandl. Schweizer Naturf. Gesellsch. Altdorf. Bd. 119 (1938), S. 166.

Carpentier, A., Flore viséenne de la région de Kasba Ben Ahmed. Notes et mém. Serv. Mines du Maroc. Nr. 6. Rabat. 1930. 17 S. 6 Taf.

Carpentier, A., La flore permienne du Bou-Ackouch (Maroc central). Notes et mém. Serv. Mines du Maroc. Nr. 7. Rabat 1930. 43 S., 12 Taf.

Choubert, G., Sur la géologie de la Moyenne Moulouya et de la terminaison orientale du Haut-Atlas. C. R. Acad. Sci. Paris. Bd. 204 (1937), S. 606–608.

Choubert, G., Sur le Crétacé du Maroc oriental. C. R. Acad. Sci. Paris. Bd. 208 (1939), S. 209–211.

Clariond, L., Sur l'extension des mouvements antéviséens au Maroc. C. R. Acad. Sci. Paris. Bd. 195 (1932), S. 717.

Clariond, L., Les terrains primaires et la hammada de Taouz (confins algéro-marocains du Sud). C. R. Soc. géol. France, Paris. V. 3 (1933), S. 47–48.

Clariond, L. und Deleau, P., Sur les faunes continentales et les niveaux marius du Houillier de Kenadsa (Sud-oranais). C. R. Soc. géol. France. Paris. V. Bd. 3 (1933), S. 201–203.

Clariond, L. und Leca, F., Études sur le Stéphanien du versant Nord de l'Atlas de Marrakech. Bull. Soc. géol. France. Paris. V. Bd. 3 (1933), S. 161–172.

Clariond, L., Sur le Devonien du Tafilalet et du Maider. C. R. Soc. géol. France. Paris. V. Bd. 4 (1934). S. 189–190.

Clariond, L. und Gubler, Y., Sur la présence de roches éruptives acadiennes et post-acadiennes au Sud du Djebel Ougnat (Sud maroc). C. R. Acad. Sci. Paris. Bd. 204 (1937), S. 706–708.

Clarjean, B., Pétrole nord-africain et Défense nationale. Bull. Com. Afrique franc. Rens. col. Paris 1939. S. 71–73.

Coutin, M., Sur un gisement de molybdénite du Maroc. C. R. Acad. Sci. Paris. Bd. 182 (1926).

Daguin, F., Contribution à l'étude géologique de la région prérifaine. Serv. Mines, Marocco, Notes et Mém. Nr. 1. 1927 und Geol. Karte 1:200000 ebenda, 1927. Nr. 2.

Daguin, F. und Lacoste, J., Sur l'extension du Crétacé, dans le Prérif et le Rif méridional, et autres observations nouvelles concernant ces régions. C. R. Acad. Sci. Paris. Bd. 197 (1933), S. 169–170

Depéret, Ch. und Gentil, L., Sur une faune miocène supérieure marine (sahélienne) dans le Rharb (Maroc occidental). C. R. Acad. Sci. Bd. 164 (1917), S. 21–25.

Depéret, Ch. und Russo, P., Les phosphates de Melgou (Maroc) et leur faune de Mesosauriens et Crocodiliens. Bull. Soc. géol. France. IV. Bd. 25 (1925), S. 329–346.

Dresch, J. und Roch, E., Esquisse tectonique de la région d'Amismiz. C. R. Soc. géol. France. Paris 1934, S. 58–59.

Dresch, J., Sur l'existence d'un massif paléozoique dans le Haouz au Sud-Ouest de Marrakech. C. R. Soc. géol. France. Paris 1934, S. 113.

Dresch, J., Observations nouvelles sur le Grand-Atlas de Marrakech. Bull. Soc. géol. France. Paris. V. Bd. 5 (1935), S. 377–397.

Dresch, J., Bibliographie des travaux de géologie et géographie physique parus sur le Maroc en 1934. Revue Géogr. marocaine, Rabat. Bd. 19 (1935), S. 309–324.

Dubar, G., Zones d'ammonites du Lias, dans le Haut-Atlas de Midels. Ann. Soc. Géol. du Nord. Lille. Bd. 61 (1936), S. 213–223.

Dupuy de Lome und Milans del Bosch, Estudios relativos à la géologia de Marruecos. Bol. Inst. Geol. de España. 1917.

Duparc, L., Sur le gîte de molybdénite d'Azegour. C. R. Soc. Phys. Hist. nat. Genf. 1930 und C. R. 6. Congr. internat. Min. Métall. Géol. appl. Lüttich 1930, S. 75 ff.

Fallot, P., Sur le massif paléozoique de Talambot (Rif espagnol). C. R. Acad. Sci. Paris. Bd. 193 (1931), S. 424–426.

Fallot, P., Essai de définition des traits permanents de la paléogéographie secondaire dans la Méditerranée occidentale. Bull. Soc. géol. France, Paris. V. Bd. 2 (1932), S. 533–552.

Fallot, P. und Doncieux, L., Le flysch du Rif espagnol. C. R. Acad. Sci. Paris. Bd. 197 (1933), S. 927 bis 929 und Bd. 200 (1935), S. 76–78. 1 geol. Skizze.

Fallot, P. und Marin, A., Sur la répartition des facies dans le Rif espagnol et sur leur cadre particulier. C. R. Acad. Sci. Paris. Bd. 192 (1931). S. 55.

Fallot, P., Maroc Septentrional. In: La Géologie et les mines de la France d'outre-mer. Publ. Bureau Etudes géol. min. colon. Paris 1932, S. 129–151.

Furon, R., Découverte du Gothlandien fossilifère en Mauritanie par M. Th. Monod (Horizon à graptolite dans les schistes de Mauritanie, du Maroc et du nord du Sudan). C. R. Soc. géol. France. Paris 1934. S. 202.

Geijer, P., Origin of the iron ores of Spanish Marocco. Econ. Geol. Bd. 30 (Urbana 1935), S. 92–94.

Gentil, L., Sur la structure et les relations tectoniques du Moyen-Atlas et du Haut-Atlas. Bull. Soc. géol. France. IV. Bd. 20 (1920), S. 86–88.

Gentil, L., L'Anti-Atlas et le djebel Bani. Explorations de 1923. Revue Géogr. phys. Géol. dyn. Bd. 2. Heft 1. Paris 1929. 1 geol. Karte.

Ghica, St. und Clariond, L., Les roches précambriennes du Djebel Sargho. C. R. Soc. géol. France. Paris 1934, S. 208–210.

Gigout, M., La série paléozoique de l'Adrar n'Dgout (Atlas de Marrakech). C. R. Acad. Sci. Bd. 204 (1937), S. 787—788.

Heim, A., Tektonische Beobachtungen im Hohen Atlas. Eclog. geol. Helvetiae. Bd. 25 (Zürich 1932), S. 262—264.

Heim, A., The Molybdenum Mine at Azegour, Marocco. Econ. Geol. Bd. 29 (Urbana 1934), S. 76—83.

Instituto geologico de España, Notice sur la carte géologique de la zone du Protectorat espagnol au Maroc. 13. Internat. geol. Kongr. Bd. 2, Brüssel, 1922, S. 857.

Instituto geologico de España, Excursion A. 1. Gibraltar; Nord-Marokko. 14. Internat. Geol. Kongr. Madrid. 1926.

Jessen, O., Die tektonischen Beziehungen der Gebirge beiderseits der Straße von Gibraltar. N. Jahrb. f. Min. 1926, B, S. 145.

Joleaud, L., Le pétrole dans l'Afrique du Nord. Revue pétrolifère. Bd. 19. Paris 1926, 192 S., 6 Taf.

Joleaud, L., Schema tectonique du Maroc. Revue pétrolifère. Nr. 127. Bd. 19 (1926), S. 96.

Joleaud, L., Contribution à l'étude du Quaternaire dans le Maroc atlantique. C. R. Soc. géol. France. 1926, S. 156—159.

Kober, L., Das Rifproblem. Zentralblatt f. Min. 1932, B. S. 381.

Lacoste, J., Etudes géologiques dans la région rifaine méridionale. Teil 1: Stratigraphie, Sedimentation, Paléogeographie. Teil 2: Tectonique. Notes et mém. Serv. Mines Maroc. Nr. 31. Rabat 1934. Teil 1: 463 S., 53 Fig.; Teil 2: 263 S., 43 Fig., 36 Taf.

Lacoste, J., Les conditions géologiques des recherches de pétrole au Maroc. C. R. Groupe Géol. Pétrol. Strasbourg, 3. Jg., 1935/36, S. 23—27.

Lecointre, G., Sur la géologie du Djebel Outita et des environs de Dal Bel Hamri. C. R. Acad. Sci. Bd. 162 (1916), S. 556—559.

Lecointre, G. und Delépine, G., Etudes géologiques dans la région paléozoique comprise entre Rabat et Tiflet. Notes et Mém. Serv. Mines Maroc. Nr. 28. Rabat 1934. 80 S.

Lis, A. M. B. de, Estudio tectonico del Rif sus consecuencias praticas. Bol. Soc. Géogr. Nac. Bd. 73 (Madrid 1923), S. 597.

Le Maitre, D., Sur quelques gisements fossilières de calcaires dévoniens de Mechra ben Abbou (Maroc occidental). C. R. Soc. géol. France. Paris 1938, S. 363-365.

Marçais, J. und Leckwijck, W. van, Sur la géologie et les gisements de lignite dans la plaine de Guercif (Maroc oriental). C. R. 7. Congr. intern. Mines. Mét. Géol. Appl. Sect. Géol. appl. Bd. 1. Paris 1935 (1936), S. 289—300.

Marçais, J. und Leckwijck, W. van, Sur des affleurements du Jurassique supérieur dans le Rif oriental (Maroc). C. R. Soc. Géol. France. Paris 1936, S. 60—62.

Marçais, J., La composition géologique de la région au Nord de Taza et de Guerzif (Maroc oriental). C. R. Acad. Sci. Paris. Bd. 202 (1936), S. 2003—2005. 1 geol. Skizze.

Marçais, J., Sur l'âge et le style des plissements dans la partie orientale de la chaîne du Rif. C. R. Soc. géol. de France. Paris 1938, S. 330—331.

Marie, P., Sur l'âge et la composition du „Socle antéviséen" de la région de Méridja (Maroc oriental). C. R. Soc. géol. France. 1936, S. 19—21.

Marin, A. und Fallot, P., Sur la géologie de la région de Punta Pescadores (Rif espagnol). C. R. Acad. Sci. Paris. Bd. 194 (1932), S. 189.

Menchikoff, N., Sur le rivage méridional de la Mésogée jurassique dans les confins algéro-marocains. C. R. Acad. Sci. Paris. Bd. 198 (1934), S. 1607.

Menchikoff, N., Esquisse géologique du Nord du Sahara occidental. 1:1 Mill. Publ. Serv. géogr. Armée. Paris 1930.

Monestier, J., Observations nouvelles sur les Ammonites liasiques du Moyen-Atlas marocain. Notes et Mém. Serv. Mines Maroc. Nr. 8. 1930. 36 S., 4 Taf.

Moret, L., Sur l'extension des couches à phosphates dans le Haut-Atlas de Marrakech (Maroc occidental). C. R. Acad. Sci. Paris. Bd. 185 (1927), S. 784—786.

Moret, L., Recherches géologiques dans l'Atlas de Marrakech. Notes et Mém. Serv. Mines. Maroc. Nr. 18. 1931. 262 S., 1 geol. Karte.

Moret, L., Carte géologique de l'Atlas de Marrakech 1:200000; Note explivative. Notes Mém. Serv. Mines Maroc, Nr. 19. 1931.

Moret, L., Sur la non-existence de la „nappe de l'Erdouz" (Atlas de Marrakech) de M. Arnold Heim. C. R. Soc. géol. France. Paris 1934, S. 53—55.

Neltner, L., Sur l'extension du Cambrien dans le Sud marocain et la présence dans cette région de plissements précambriens. C. R. Acad. Sci. Paris. Bd. 188 (1929), S. 871.

Neltner, L., Etat des connaissances actuelles sur la géologie du Maroc. C. R. 15. Internat. Geol. Kongr. Pretoria 1929, S. 550—556.

Neltner, L., Maroc central et méridional. In: La Géologie et les mines de la France d'outre-mer. Publ. Bureau Etudes géol. min. colon. Paris 1932, S. 153—179.

Neltner, L., Les granites du Haut-Atlas et leur rôle dans le métamorphisme. C. R. Soc. géol. France. 1935, S. 70—71.

Neltner, L., Sur le Cambrien du Sud marocain. Essai paléogéographique. C. R. Soc. géol. France. 1935, S. 83—85.

Neltner, L., Etudes géologiques dans le Sud marocain. Notes et Mém. Serv. Mines Maroc. Nr. 42. Rabat 1938. 298 S., 54 Fig., 19 Taf.

Roch, E., Sur l'extension occidentale du massif des Djebilets. C. R. Acad. Sci. Paris. Bd. 185 (1927), S. 137.

Roch, E., Etudes géologiques dans la région méridionale du Maroc occidental. Notes et Mém. Serv. Mines. Maroc. Nr. 9. 1930. 542 S., 26 Taf., 1 bunte geol. Karte 1 : 500000.

Roch, E., Sur la présence du Jurassique rouge au Maroc occidental. C. R. Soc. géol. France. 1927. S. 165—167.

Roch, E., Sur la présence du Stéphanien fossilifère au Maroc occidental. C. R. Soc. géol. France. 1927, S. 187—188.

Roch, E., Nouvelles observations sur le Stéphanien du Maroc occidental. C. R. Acad. Sci. Paris. Bd. 188 (1929), S. 721.

Roch, E., Etudes géologiques dans la région méridionale du Maroc occidental. Notes et Mém. Serv. Mines. Maroc. Nr. 9. Rabat 1930. 542 S., 1 farbige geol. Karte 1 : 500000.

Roch, E., Carte géologique provisoire de la zone synclinale de Mogador, 1 : 200000. Notes et Mém. Serv. Mines, Maroc. Nr. 11. Rabat 1931.

Roch, E., Carte géologique provisoire de l'Atlas occidental 1 : 200000. Notes et Mém. Serv. Mines, Maroc. Nr. 12. Rabat 1931. (Erläuterung zu beiden Karten ebenda Nr. 13. Rabat 1931.)

Roch, E., Carte géologique provisoire du Maroc occidental 1 : 500000. Notes et Mém. Serv. Mines, Maroc. Nr. 14. Rabat 1931.

Roch, E., Sur une zone d'accidents principalement à noyaux de roches éruptives dans le Haut-Atlas, à l'Est de Marrakech. C. R. Acad. Sci. Bd. 203 (1936), S. 463—465.

Roch, E., Les recherches géologiques au Maroc en 1931 et 1932. Chron. Mines colon. Paris 1933. Bd. 2. S 192—206.

Roman, F., Sur des fossiles de facies jurassien dans l'Infra-crétacé du Maroc. C. R. Soc. géol. France. 1934. S. 167—168.

Russo, P., La situation géologique des volcans d'Oujda (Mar. oriental). C. R. Acad. Sci. Paris. Bd. 172 (1921), S. 989.

Russo, P., Sur le Trias du Maroc occidental et septentrional. C. R. Soc. géol. France. 1921, S. 170.

Russo, P., Etude sur les plissements antétriasiques du pays Zaian. C. R. Soc. géol. France. 1922, S. 20.

Russo, P., Sur la présence d'un axe éruptif N—S dans les hauts plataux marocains (basaltes et phonolites). C. R. Soc. géol. France. Paris 1924, S. 78—79.

Russo, P., Sur la présence de trois nappes de charriage dans le Rif méridional. C. R. Acad. Sci. Paris. Bd. 182 (1926), S. 1477.

Russo, P., Géologie de l'Atlas marocain. Soc. géol. Belgique. Livre jubilaire. 1926, S. 106—109.

Russo, P., Constitution et rôle tectonique du Rif. C. R. Soc. géol. France. 1928, S. 232—234.

Russo, P., Sur la signification tectonique du Rif. C. R. Soc. géol. France. 1929, S. 43—44.

Russo, P., Observations sur la signification tectonique des volcans marocains. Bull. Soc. géol. France. IV. 30 (1930), S. 133—140.

Russo, P., Au sujet de la tectonique du Rif. C. R. Soc. géol. France. 1931, S. 71—73.

Russo, P., Sur la position du bord nord de la Meseta marocaine et du continent africain par rapport au bord sud de la région rifaine et de l'Eurasie. C. R. Acad. Sci. Paris. Bd. 194 (1932), S. 1253—1255.

Russo, P., Au sujet du Paléozoique des Hauts-Plateaux septentrionaux (Maroc oriental). C. R. Soc. géol. France. 1933, S. 172.

Russo, P., Le sillon de l'Oued El Abid. (Maroc central.) C. R. Soc. géol. France. 1934, S. 70—71.

Russo, P. und L., Le grand accident du Sud atlasien. Bull. Soc. géol. France. V. Bd. 4 (1934), S. 375—384.

Russo, P., Présence de dépôts à facies rifain dans les gorges du Kiss (Maroc Nord-Est). Bull. Soc. géol. France. V. Bd. 5 (1935), S. 111—115.

Russo, P., Hydrogéologie du Chiker (Maroc). C. R. 7. Congr. internat. Mines, Métall., Géol. appl. Sect. Géol. appl. Bd. 2 (Paris 1935), S. 779—782.

Russo, P., Sur le Lias de l'extrémité septentrionale du Moyen-Atlas. C. R. Acad. Sci. Paris. Bd. 202 (1936), S. 1866—1867.

Savornin, J., Observations sur le Paléozoique de Rabat (Maroc). C. R. Acad. Sci. Paris. Bd. 172 (1921), S. 1587—1589.

Savornin, J., Extension de l'Aquitanien continental au Maroc. C. R. Acad. Sci. Paris. Bd. 173 (1921), S. 164—166 und C. R. Soc. géol. France. 1921, S. 130.

Savornin, J., Le Moyen Atlas marocain. C. R. Acad. Sci. Paris. Bd. 173 (1921), S. 322—324.

Savornin, J., Sur l'âge des phosphates marocains. C. R. Soc. géol. France. 1922, S. 46—48.

Savornin, J., Le problème tectonique prérifain. C. R. Soc. géol. France. 1923, S. 81—86.

Savornin, J., Le Trias et son rôle tectonique dans la région prérifaine. C. R. Soc. géol. France. 1923, S. 91—93.

Savornin, J., Sur la nappe nummulitique prérifaine (Maroc). C. R. Soc. géol. France. 1923, S. 200—202.

Savornin, J., Le bassin crétacé de la Haute-Moulouja. C. R. Acad. Sci. Paris. Bd. 180 (1925), S. 527—529

Savornin, J. und Gauthier, E., Les couches rouges d'Ouaouizert (Maroc central). C. R. Acad. Sci. Paris. Bd. 180 (1925), (25. April).

Savornin, J., Le bassin houillier de Djerada (Maroc oriental). C. R. Acad. Sci. Paris Bd. 187 (1928). S. 462—463.

Savornin, J., Roman, F. und Dareste de la Chavanne, ., La région de Oujda. Esquisse géologique et paléontologique. Notes et Mém. Serv. Mines Maroc. Nr. 16. Rabat 1931. 98 S., 1 Karte.

Segaud, E., Le synclinal de Tiznit (Maroc. Sud-occidental). Chron. Mines colon. Paris. Nr. 14. 1933. S. 248—258, 8 Fig.

Segaud, E. und Termier, H., Sur l'Ordovicien du Djebel Tachilia (Maroc Sud-Ouest). C. R. Soc. géol. France. 1933, S. 33.

Staub, R., Über Gliederung und Deutung der Gebirge Marokkos. Eclog. geol. Helvetiae. Bd. 20 (Zürich 1926), S. 275—288.

Termier, H., Les discordances dans la série paléozoique du Maroc central. C. R. Acad. Sci. Paris. Bd. 192 (1931), S. 570.

Termier, H., Les discordances de la série méso-et cénozoique dans le Maroc central et le Moyen Atlas. C. R. Acad. Sci. Paris. Bd. 192 (1931), S. 688.

Termier, H., Carte géologique provisoire du Maroc central 1 : 200000. Notes et Mém. Serv. Mines. Maroc. Nr. 22. 1932.

Termier, H. und Dubar, G., Carte géologique provisoire du Moyen-Atlas septentrional 1 : 200000. Notes et Mém. Serv. Mines. Maroc. Nr. 23. Rabat 1935.

Termier, H., Etudes géologiques sur le Maroc central et le Moyen-Atlas septentrional. Notes et Mém. Serv. Mines. Maroc. Nr. 33. Rabat 1936. 1556 S., 67 Taf. in Atlas.

Valle, A. del, La zone orientale du Maroc; Région de la Guelaya. 14. Internat. Geol. Kongr. Madrid 1936. Exkursion A. S. 191.

Valle, A. del und Yruegas, P., La zona de Melilla. Bol. Inst. Geol. España. Bd. 18 (1917), S. 159.

Valle, A. del und Yruegas, P., Bosquejo geologico de la cobila de Beni Said. Bol. Inst. Geol. España. Bd. 22 (1921), S. 396.

Yovanovitch, B., Sur l'existence de plissements calédoniens dans la Meseta marocaine occidentale. C. R. Soc. géol. France. Paris 1938. S. 335—337.

Yovanovitch, B., Sur l'aire d'extension probable du système calédonien marocané. C. R. Soc. géol. France. Paris 1938, S. 356—358.

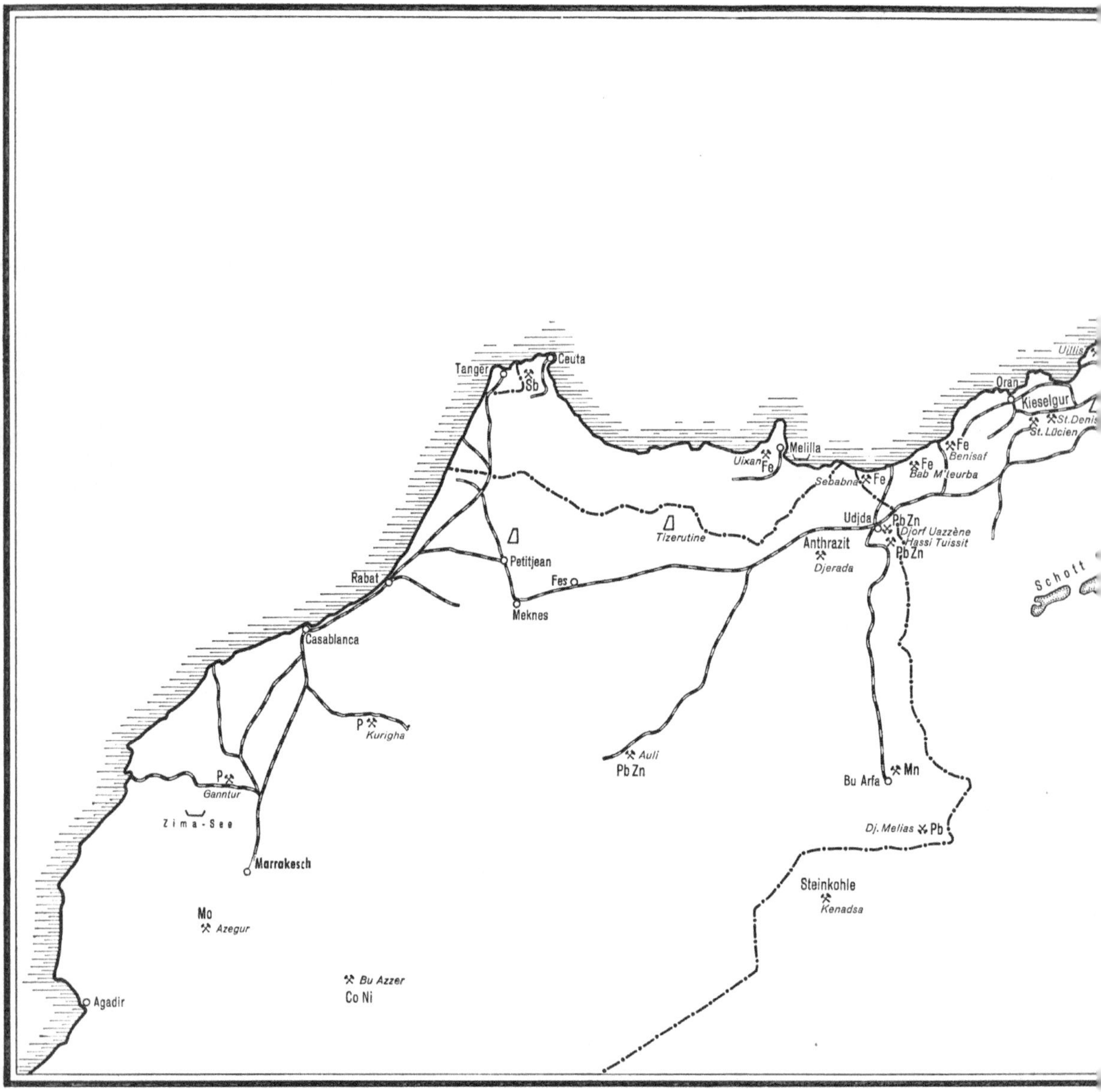

Tanger
Ceuta
Sb
Oran
Kieselgur
St. Lucien
Fe
Benisaf
Fe
Bab M'teurba
Melilla
Uixan
Fe
Sebabna
Fe
Udjda
Pb Zn
Djorf Uazzène
Hassi Tuissit
Pb Zn
Anthrazit
Djerada
Tizerutine
Petitjean
Rabat
Fes
Meknes
Casablanca
Schott
P
Kurigha
Auli
Pb Zn
Bu Arfa
Mn
P
Ganntur
Zima-See
Dj. Melias
Pb
Marrakesch
Steinkohle
Kenadsa
Mo
Azegur
Bu Azzer
Co Ni
Agadir

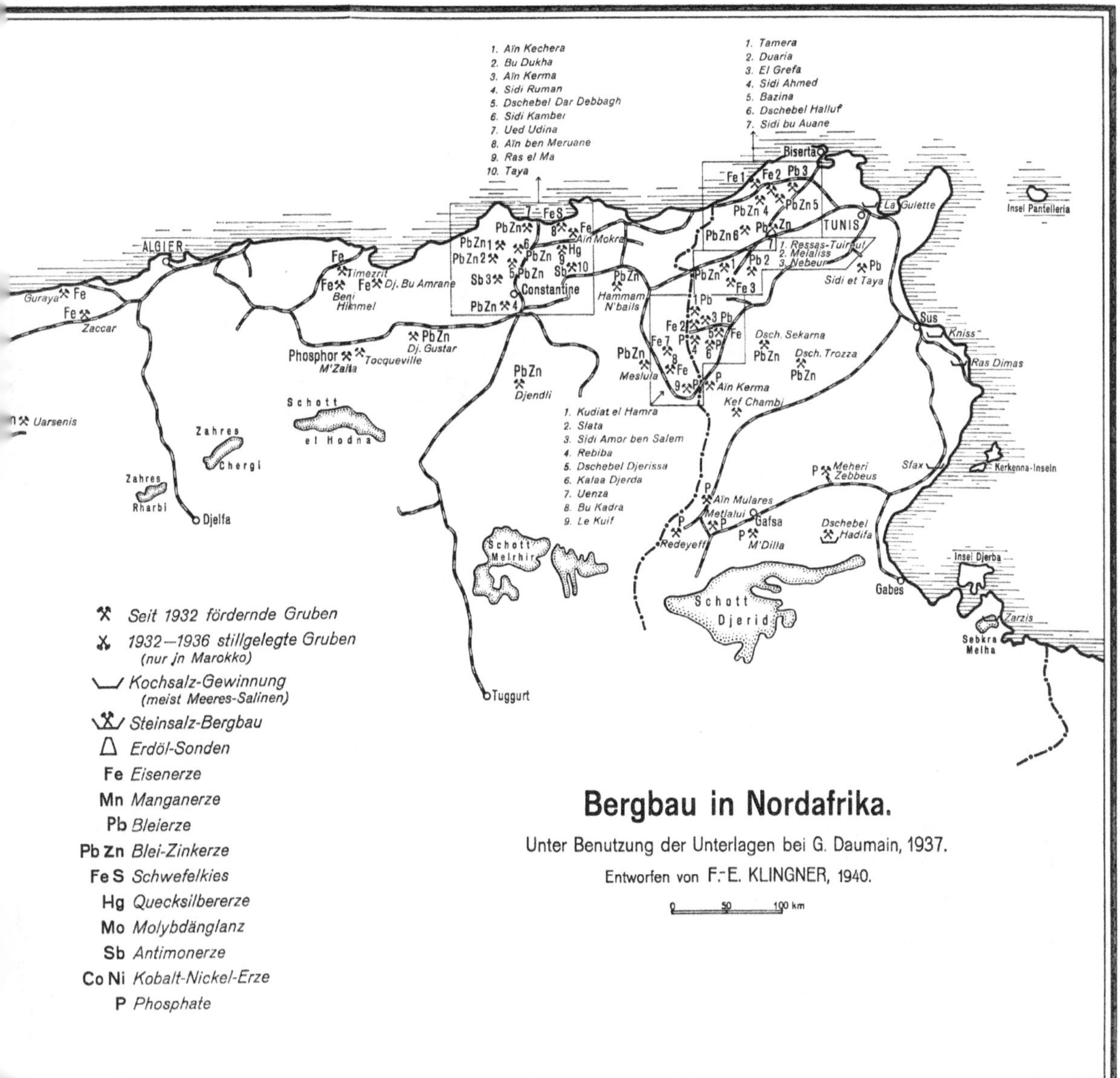

Seit 1932 fördernde Gruben
1932—1936 stillgelegte Gruben (nur in Marokko)
Kochsalz-Gewinnung (meist Meeres-Salinen)
Steinsalz-Bergbau
Erdöl-Sonden
Fe Eisenerze
Mn Manganerze
Pb Bleierze
Pb Zn Blei-Zinkerze
Fe S Schwefelkies
Hg Quecksilbererze
Mo Molybdänglanz
Sb Antimonerze
Co Ni Kobalt-Nickel-Erze
P Phosphate

Bergbau in Nordafrika.

Unter Benutzung der Unterlagen bei G. Daumain, 1937.

Entworfen von F.-E. KLINGNER, 1940.

0 50 100 km

Verlag Walter de Gruyter & Co., Berlin

VII. DIE NUTZBAREN LAGERSTÄTTEN IN FRANZÖSISCH-NORDAFRIKA

(Marokko, Algerien, Tunesien)

Von Fritz-Erdmann Klingner

Vom afrikanischen Morgenlande gehört der westliche Teil von der marokkanischen Küste des Atlantischen Ozeans mit den Atlas-Ländern und dem südlich anschließenden Tafellande der Sahara zu Frankreich, und zwar steht Tunesien als Regentschaft seit 1881, das Sultanat Marokko mit Ausnahme des spanischen Teils und des unabhängigen Gebietes von Tanger seit 1912 unter französischem Schutz, während Algerien schon seit 1830 französischer Besitz ist. Dieser geschichtlichen Zeitfolge entspricht auch, daß Algerien und Tunesien geologisch und lagerstättenkundlich am besten bekannt sind, während Marokko eigentlich erst nach dem Weltkriege genauer geologisch durchforscht und bergbaulich erschlossen wurde. Über die seit 1932 fördernden Bergbaue gibt die Bergbaukarte (Taf. I) Auskunft; aus Raummangel konnten die zahlreichen, 1932 bis 1936 stillgelegten Gruben von Algerien und Tunesien nicht eingetragen werden. Diese drei französischen Kolonialländer fördern zusammen 30 v. H. der Weltphosphatproduktion, Marokko ist mit etwa 20 v. H. an der Kobaltförderung der Welt beteiligt, auch die Eisenerz- und Manganerz-Förderung ist nicht unbedeutend. Das auch dem Europäer zuträgliche Klima hat die bergbauliche Erschließung dieser Länder sehr erleichtert.

A. Erze

1. Eisen

Marokko. Die bedeutendste Eisenerz-Lagerstätte liegt einige Kilometer südlich Khenifra an den Hängen des Djebel Bu Uzel, des Djebel Bu Guergur und des Djebel Hadid; sie wurde erst 1930 näher untersucht. Die Erzvorräte werden auf 60 Millionen t geschätzt. Kalke des oberen Visé, gelegentlich auch Konglomeratschiefer im Liegenden, sind durch Spateisenstein und Schwerspat metasomatisch verdrängt; über dem Grundwasserspiegel findet man meistens Roteisen, das größtenteils in Brauneisen umgewandelt ist, darin Gänge von Roteisen oder reinem Schwerspat. Das nicht sehr harte Erz enthält:

Fe	50,00 v. H.
Mn	2,00 v. H.
SiO_2	9,00 v. H.
$BaSO_4$	4,80 v. H.
S	0,03 v. H.
P	0,04 v. H.

Der in großen Mengen beibrechende Schwerspat entwertet das Erz ziemlich stark. Die Hauptlagerstätte liegt im östlichen Teil des Djebel Bu Uzel, wo das Erz 50 m, stellenweise sogar 100 m mächtig ist. Am Djebel Bu Guergur, wo nur der liegende Teil der Kalke vererzt ist, findet sich nur ein 10 m mächtiges Eisenerz, das wegen seiner Widerstandsfähigkeit gegen Verwitterungseinflüsse die Bergrücken bildet. Die Vererzung am Djebel Hadid ist noch nicht näher untersucht.

Bei Tiflet-Kralua östlich von Rabat, bei Bulhaut, 20 km vom Hafen Fedhala entfernt, sowie bei Keradid, westlich von Settat, kommen Lagerstätten oolithischer Eisenerze vor. Die größte Lagerstätte ist Keradid mit 20 bis 25 Millionen t Erz; das oolithische Eisenerz findet sich auf den Flanken eines Sattels, mit Kambrium im Kern, in linsenförmigen Bänken den schiefrig-sandigen Schichten des Gotlandium eingelagert. Die Erzmächtigkeit beträgt 2,50 bis 3 m, das Erz enthält durchschnittlich im Westen 33 v. H. Fe, im Osten 45 v. H. Fe sowie 12 bis 30 v. H. SiO_2 und weniger als 1 v. H. P. Das sehr kieselsäurereiche Erz ist schwer zu verhütten. In Bulhaut findet sich am Rande einer Silur-Mulde ein tonig-kieseliges oolithisches Eisenerz in mehreren Flözen; das Hauptflöz ist 3 bis 13 m mächtig und enthält eine etwa 3 m mächtige eisenreiche Zone mit 48 bis 50 v. H. Fe. Proben von der Oberfläche ergaben 9 bis 15 v. H. SiO_2 und 0,3 bis 0,7 v. H. P, nach der Tiefe zu scheint das Erz besser zu werden. Die Vorräte werden auf einige Millionen Tonnen geschätzt.

Bei Tiflet kommt in Sandsteinen an der Basis des Dinant ein linsenförmiges Flöz karbonatischen bis oxydischen Eisenoolithes vor. Zwischen den Eisenooiden, die bisweilen um ein Quarzkorn abgeschieden wurden, ist stellenweise sekundär Kieselsäure abgelagert. Örtlich sind 6 m Roteisenoolith mit 48 v. H. Fe nachgewiesen; nach der Tiefe zu scheint das Erz schlechter zu werden. Die Erzvorräte betragen kaum 300000 t.

Weitere Eisenerzvorkommen, die aber größtenteils noch nicht näher untersucht sind, liegen nördlich von Mnizla in Idau Zal, wohl auch im Silur; am Djebel Chiker, am Djebel Uarzemine und in Tachilla, nordöstlich Tiznit, schließlich in Tanguerfa und in Tidzi (Ued Titsis), nordwestlich Tarudant, sind ebenfalls Eisenerzvorkommen bekannt geworden. 1935 wurde noch eine Eisenerzlagerstätte 26 km nordwestlich Ued Zem, anscheinend ebenfalls im Silur, entdeckt, deren Erz 47% Fe, 14% SiO_2 und 0,8% P enthält.

Algerien. Die einzige sedimentäre Eisenerzlagerstätte liegt bei Aïn-Babuch, einige 60 km südwestlich Tebessa, wo in Mergeln des mittleren Eozän einige Bänke eines oolithähnlichen Erzes vorkommen, das aus gerundeten Brauneisen- und Quarzkörnern mit limonitischem Bindemittel besteht. Die Erzmächtigkeit beträgt 8 bis 15 m, der Eisengehalt ist 52 bis 54 v. H., das Erz ist ziemlich phosphorhaltig.

Die augenblicklich bedeutendsten Eisenerzlagerstätten liegen in Westalgerien an der Bucht von Beni-Saf, wo Kalke unbestimmten Alters (anscheinend Lias oder Kreide) metasomatisch in Roteisenerz mit 45—60% Fe und 1,5—2% Mn umgewandelt sind (Abb. 26). Zur Auffin-

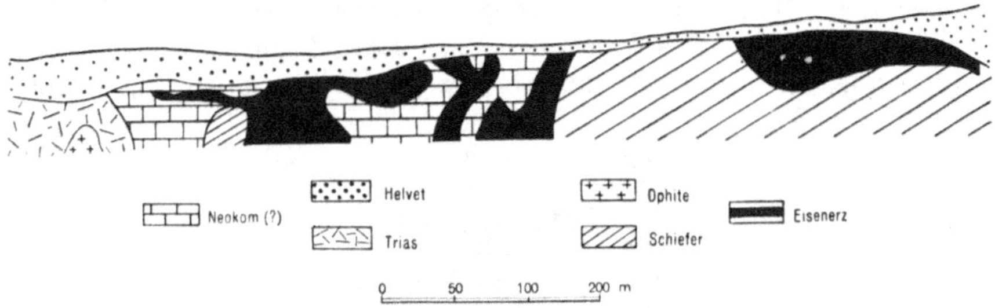

Abb. 26. Schnitt durch die Eisenerzlagerstätte von Bu Hamedi und Sidi Brahim (Beni-Saf). Nach *Bétier*, 1934.

dung der unter Miozänüberdeckung liegenden Erzkörper wurden mit gutem Erfolg geophysikalische Methoden angewandt. Die Hauptabbaue liegen bei Barud, Bu Hamedi, Sidi Brahim, Dar Rih, Sidi Safi, Camerata und Melkimen, wo das Erz im Tagebau gefördert wird. Die Förderung dieses Bezirkes betrug:

1928	563 479 t
1929	540 781 t
1930	498 737 t
1931	353 750 t
1932	166 550 t
1933	219 300 t
1934	265 000 t
1935	276 550 t
1936	294 300 t
1937	335 400 t
1938	318 000 t

Südwestlich von diesem Bezirk liegt, 25 km nordwestlich Montagnac, die Lagerstätte von Rar el Maden (oder Bab M'Teurba), die aber seit Ende 1932 nicht mehr fördert. Hier tritt am Kontakt von vermutlich liassischen Kalken mit Schiefern unbestimmten Alters Spateisenstein auf, der stellenweise in Roteisen umgewandelt ist. An der Oberfläche findet sich ein Erzgemenge von Roteisen und Brauneisen mit 51,4 v. H. Eisen und oft sehr hohem (3—7 v. H.) Mangangehalt. Der Spateisenstein konnte stellenweise bis einige 50 m unter dem Ausbiß verfolgt werden. In der Nähe der Schiefer sind im Spateisenstein oft große Pyritblöcke bis 1 m Durchmesser eingeschlossen. Die Förderung betrug:

1929	13 800 t
1930	20 600 t
1931	23 000 t
1932	3 300 t

Insgesamt wurden von 1898 bis 1932 etwas über 850000 t Erz gefördert, davon 250000 t im Tagebau.

Noch weiter westlich, unmittelbar an der marokkanischen Grenze, etwa 11 km südlich Port Say, liegt die Lagerstätte von S e b a b n a, auf der in massigen, steilstehenden Kalken des mittleren Lias im Kontakt mit Biotitandesit an- und abschwellende Linsen von manganhaltigem (3—8 v. H. Mn) Roteisenerz vorkommen. Stellenweise wird das Eisen durch Mangankarbonat ersetzt. Die Förderung, die auch in den letzten Jahren zeitweise ausgesetzt hatte, betrug:

1929	31 300 t
1930	42 000 t
1931	32 000 t
1932—1934	keine Förderung
1935	1 550 t
1936—1937	keine Förderung
1938	39 820 t

Ein ähnliches Vorkommen scheint das von K r i s t e l gewesen zu sein, das von 1905 bis 1914 rund 555000 t Eisenerz geliefert hat.

In Mittelalgerien liegen n ö r d l i c h d e s T e l l - A t l a s i m C h e l i f f - T a l, östlich von Orléansville, mehrere Eisenerzlagerstätten, die z. T. ebenfalls nicht mehr abgebaut werden. Es handelt sich um metasomatische Spateisen- und Roteisenerz-Lagerstätten in Kalksteinen von Barrême- bis Apt-Alter. Das Erz, das im Ausgehenden in Brauneisen umgewandelt ist, ist manganarm. Die Hauptvorkommen liegen um R u ï n a, wo bis zur Einstellung des Abbaues 1931 über 2 Millionen t Erz gefördert wurden, und weiter östlich in der Gegend von Z a c c a r (Erz mit 54 v. H. Fe, 1,4 v. H. Mn, 5 v. H. SiO_2 und 0,02 v. H. P). Die Förderung betrug:

	Ruïna (einschl. Beni Aquil, Filfila, Fendeck u. Aïn ben Meruane)	Zaccar
1929	251 000 t	172 800 t
1930	165 000 t	213 000 t
1931	43 000 t	122 600 t
1932	—	62 900 t
1933	—	74 000 t
1934	—	151 900 t
1935	—	244 400 t
1936	2 100 t	283 380 t
1937	64 200 t	324 200 t
1938	84 290 t	218 260 t

Nördlich hiervon liegen in der Küstenregion zwischen Cherchell und Ténès eine Anzahl bauwürdiger Spateisensteingänge, die Verwerfungen in den Kreideschichten ausfüllen. Die Mächtigkeit der S—SW streichenden Gänge schwankt zwischen einigen Dezimetern und 12 bis 15 m. Die Gangfüllung der meistens brekziösen Gänge besteht aus Spateisenstein, der von Pyrit, Kupferkies und Fahlerz begleitet wird, in der Tiefe überwiegt Spateisen; in der Oxydationszone ist das Spateisenerz in Roteisen umgewandelt. Wo die Gänge Kreidekalksteine durchsetzen, sind diese metasomatisch in Eisenerz umgewandelt. Von den sechs bauwürdigen Vorkommen sind die bedeutendsten Beni Aquil und Guraya. Die Förderung von Beni Aquil ist oben zusammen mit Ruïna angegeben, die von Guraya betrug:

1929	8 500 t
1930	14 700 t
1931	5 000 t
1932	1 300 t
1933	500 t
1934—1936	keine Förderung
1937	3 050 t
1938	13 710 t

Südsüdwestlich der Stadt Algier wurden früher im Tell-Atlas, und zwar im Massiv von Blida bei Muzaïa, kiesige Spateisensteingänge auf Kupferkies gebaut.

Zwischen dem Kreidegebirge der Kleinen Kabylei bei Babor und dem Djurdjura-Gebirge (der Großen Kabylei) tauchen zwischen den Kreidesedimenten gelbe Kalke des mittleren Lias auf, die zum größten Teil metasomatisch in Roteisenerz umgewandelt sind. Das Erz wird — gewöhnlich im Tagebau — an verschiedenen Stellen gewonnen. Timezrit liefert ein sehr reines, kieselsäurearmes Erz mit 59 v. H. Fe und 3 v. H. SiO_2. Bei Sidi Maruf und Tissimiran sind die Liaskalke unmittelbar am Kontakt mit Schiefertonen der unteren Kreide, der bei Tissimiran eine Verwerfung ist, vererzt. Bei Sidi Maruf wurden 1937 erstmalig 1950 t, 1938 zusammen mit Tissimiran 61 090 t Eisenerz gefördert. Die Gruben bei Timezrit förderten:

1929	49 700 t
1930	64 000 t
1931	30 700 t
1932	25 400 t
1933	88 400 t
1934	113 900 t
1935	120 500 t
1936	119 320 t
1937	123 250 t
1938	116 000 t

Südlich der Kleinen Kabylei sind am Djebel Anini Turon-Cenoman-Kalke vererzt. Bergbau scheint noch nicht stattzufinden.

Im östlichen Teil des Massivs von Collo treten am Kontakt von serpentinisierten Peridotiten und nacheozänen Rhyolithen kleine Erzkörper von titanhaltigem Magnetit und Eisenglanz mit 65 bis 70 v. H. Eisen (Ain-Sedma) auf; das Erz enthält auch stets etwas Phosphor und bisweilen 2 bis 5 v. H. Kieselsäure. Um 1880 wurden einige 20 000 t Erz gefördert, der Abbau aber eingestellt, als das Erz in größerer Teufe in Pyrit überging.

17 km östlich des Hafens Philippeville kommen im Kontakthof des Granits bei Filfila und Fendeck unregelmäßig verteilte, linsenförmige Erzkörper von Eisenglanz, bisweilen mit Pyrit durchsetzt, in vermutlich eozänen Schiefern vor. Unmittelbar daneben tritt bei Aïn ben Meruane in von lockeren Sandsteinen überdeckten Kalken unbestimmten Alters vorwiegend Pyrit, örtlich mit etwas Kupferkies, auf. Die Förderung dieser drei Vorkommen s. o. u. Ruïna.

Westlich Bône liegt bei Aïn-Mokra eine Magnetit-Roteisenerz-Lagerstätte in einer kontaktmetamorph umgewandelten talk- und glimmerreichen Kalksteinlinse im Glimmerschiefer; wahrscheinlich waren es ursprünglich pyritreiche Kalklinsen, stellenweise von Roteisenerzgängen durchsetzt, die dann durch die Kontaktmetamorphose in Magnetit umgewandelt wurden. Als mit zunehmender Teufe auch der Pyrit immer mehr zunahm, wurde der Abbau eingestellt. Bis Ende 1936 wurden von hier rd. 7 Millionen t Eisenerz gefördert. In der Nähe von Bône kommen noch kleine, gangartige Magnetit-Vorkommen vor, anscheinend Lagergänge im Gneis und Glimmerschiefer.

Am Südosthang des Medjerda-Gebirges sind bei Chabet Ballut, hart an der tunesischen Grenze, Kalke des Unter-Eozän gegen salinare Trias verworfen, metasomatisch in Spateisenstein umgewandelt. Seit 1932 findet kein Abbau mehr statt. Die Förderung betrug:

1929	45 100 t
1930	47 300 t
1931	15 000 t

Ebenfalls nicht weit von der tunesischen Grenze, aber noch weiter im Innern Algeriens, liegt die wichtige Lagerstätte des Djebel Uenza. Das Apt besteht hier aus zwei Kalkbänken, getrennt durch grüne, grünliche oder gelbe, am Ausgehenden oft blättrige Terebratelmergel. Die Kalke sind metasomatisch in Roteisen umgewandelt, während die Mergel von verschiedenen Mineralien, wie Gips, Kalkspat, Flußspat, Roteisen und Schwerspat, durchsetzt werden. Der Abbau ist im Tagebau möglich, die einzelnen Abbaustufen sind 15 m hoch. Das Erz hat 55 v. H. Fe, 2 v. H. Mn, 3 v. H. SiO_2 und 0,01 v. H. P. Südlich von Uenza, 11 km nordöstlich Morsott, tauchen im Djebel Bu Khadra metasomatisch in Roteisen umgewandelte Apt-Kalke im Sattelkern unter Cenoman auf. Der 1 km lange, linsenförmige Erzkörper mit Rot- und Brauneisenerz enthält 65—70 v. H. Fe, 2—3 v. H. Mn, 1,5 v. H. SiO_2 und 0,02—2,0 v. H. S. Auch hier werden die Erze abgebaut. Die Förderung von Uenza und Bu-Khadra zusammen betrug:

1929	882 000 t
1930	1 040 000 t
1931	321 200 t
1932	206 900 t
1933	362 200 t
1934	748 200 t
1935	975 300 t
1936	1 111 872 t
1937	1 358 600 t
1938	1 864 250 t

16 km östlich Tebessa, also noch weiter südöstlich, sind in der Gegend von Khanguet-el-Muhad am Kontakt mit Trias-Mergeln Apt- und Cenoman-Kalke vererzt.

Tunesien. Die bedeutendste Eisenerzlagerstätte der Regentschaft Tunis ist die des Djebel Djerissa in Südwesttunesien, wo von der 1908 bis 1936 rd. 14 500 000 t betragenden tunesischen Gesamteisenerzförderung fast 10 500 000 t gefördert wurden. Hier wurden in einem Unterkreidesattel, der von einer Anzahl Verwerfungen durchschnitten wird, Apt-Kalke metasomatisch in Roteisenerz umgewandelt. Die Hauptvererzung ging von einer Spalte aus und hat nur eine einzige Kalkbank betroffen. Das Erz ist ein sehr reines Roteisen; eine Durchschnittsanalyse von 215 000 t, die 1921 gefördert wurden, ergab:

Fe	53,200 v. H.
Mn	2,260 v. H.
Si	1,450 v. H.
S	0,016 v. H.
P	0,015 v. H.

Die Gesamtvorräte werden auf 4 Millionen t geschätzt, die bei anhaltend starker Förderung aber bald erschöpft sein dürften. Am Djebel Djerissa wurden gefördert:

1929	645 767 t
1930	511 000 t
1931	308 000 t
1932	144 000 t
1933	215 000 t
1934	420 000 t
1935	419 000 t
1936	603 000 t
1937	717 978 t

Etwas mehr noch nach der algerischen Grenze zu liegt die Eisenerzlagerstätte des Djebel Slata, wo ebenfalls Apt-Kalke entweder am Kontakt mit den liegenden Kreidemergeln oder mit undurchlässigen Trias-Schichten in der Nähe von Verwerfungen in Roteisen umgewandelt sind. Eine Analyse ergab 51 bis 53 v. H. Fe, 3 bis 4 v. H. SiO_2 und kaum 0,01 v. H. P. Ein Gehalt von 0,54 bis 0,95 v. H. Pb hängt mit Bleiglanzgängen zusammen, die unweit dieser Lagerstätte bei Sidi Amor ben Salem (s. u.) abgebaut werden. Die Eisenerzförderung am Slata betrug:

1929	52 567 t
1930	72 000 t
1931	55 000 t
1932	15 000 t
1933	30 000 t
1934	26 000 t
1935	5 000 t
1936	35 000 t
1937	57 170 t

Dieselbe Bergbaugesellschaft, die Slata abbaut, fördert auch am Djebel Hameima, wo metasomatische Erzkörper und Roteisenerzgänge vorkommen, die aber erst zu einem kleinen Teil abgebaut werden. In der Kreide von Nebeur kommen ebenfalls metasomatische Eisenerze vor, von denen bisher gefördert wurden:

1935	500 t
1936	700 t
1937	426 t

In Nordtunesien liegen eozäne Trümmererz-Lagerstätten bei Duaria und Tamera, die durch eine Bahnlinie mit Biserta verbunden sind. Es handelt sich um linsenförmige, mehr oder weniger unregelmäßige Lager eines manganhaltigen Gemenges von Rot- und Brauneisen mit gelegentlich etwas Eisenglanz; oft liegen große Roteisen-Blöcke in Tonen oder eisenschüssigen erdigen Massen. Das Hangende setzt sich aus sandigem Ober-Eozän zusammen, während das Liegende aus grauen oder blauen Mergeln mit Gipsschnüren, gelben Kalkknollen und Roteisenerzknollen gebildet wird. Das Erz enthält durchschnittlich 40—50 v. H. Fe, 0,6 v. H. As, aber keinen Schwefel. Da das Deckgebirge selten mächtiger als 6 oder 7 m wird, ist Tagebau möglich. Die Erzvorräte von Duaria betragen 6 Mill. t. Die Eisenerzförderung betrug:

	Duaria in t	Tamera in t
1929	218 186	37 858
1930	166 000	54 000
1931	15 000	52 000
1932	keine Förderung	49 000
1933	,, ,,	44 000
1934	71 000	27 000
1935	78 500	keine Förderung
1936	84 000	35 854
1937	108 693	?

Im südlichen Tunesien liegt noch am Djebel Ank, 20 km ostsüdöstlich Gafsa, eine sedimentäre Eisenerzlagerstätte, und zwar ein oolithisches Erz von 2,50 bis 7 m Mächtigkeit, das auf ungefähr 3½ km Länge nachgewiesen wurde. Der Erzvorrat wird auf rd. 4 Millionen t geschätzt. Die Analyse ergab:

Fe	52,70 v. H.
Mn	1,50 v. H.
SiO_2	4,45 v. H.
S	0,20 v. H.
P	0,85 v. H.

Abbau findet anscheinend noch nicht statt.

Die gesamte Eisenerzförderung in Französisch-Nordafrika betrug in den letzten zwölf Jahren (in 1000 t, bis 1936 nach *W. Meisner,* Weltmontanstatistik, Bd. 4, Stuttgart 1939):

	Marokko	Algerien	Tunesien
1927	—	2004	922
1928	—	1986	909
1929	—	2170	977
1930	—	2205	828
1931	—	899	447
1932	—	467	208
1933	—	763	291
1934	—	1327	547
1935	—	1675	503
1936	—	2173	722
1937	67	2336	944
1938	266	3033	822

Die Eisenerzgruben Französisch-Nordafrikas sind im wesentlichen im Besitz folgender Gesellschaften [in ( ) Konzessionen oder Bergbaubesitz]:

Name	Sitz	Gründungsjahr	Kapital fr
Marokko			
1. Société d'études minières de l'Ouarzemine (Djebel Uarzemine, Gegend von Tiznit)	Rabat	1933	1 500 000
2. Société d'études et d'exploitations minières du Tadla (Khénifra)	Rabat	1930	4 000 000
Algerien			
3. Compagnie des minerais de fer magnétique de Mokta el Hadid (Barud, Camerata, Dar Rih, Sidi Safi)	Paris	1865	60 000 000
4. Société de l' Ouenza (Uenza, Bu Khadra)	Uenza	1914	85 750 000
5. Société anonyme des mines du Zaccar (Zaccar)	Miliana	1904	6 000 000
6. Société civile des mines de Timezrit (Timezrit)	Timezrit	1909	?
7. Compagnie des hauts fourneaux de Chassel (Isère) (Djebel Bu Amrane)	Lyon	1873	8 000 000
8. Société des mines de la Kabylie (Azuar, Beni Felkai)	Bougie	1930	6 000 000
9. Société des mines de Duaria (Duaria)	Biserta	1910	5 718 100
Tunesien			
10. Société du Djebel Djerissa (Djebel Djerissa)	Paris	1899	13 200 000

2. Mangan

Von der gesamten Manganerzeinfuhr Frankreichs (1937 fast 500 000 t) können knapp 10 v. H. aus seinem Kolonialreich gedeckt werden, woran Marokko mit einem Anteil von 97 v. H. beteiligt ist, nur 3 v. H. kommen aus Indochina.

Marokko. Es gibt drei Gruppen von Manganerzlagerstätten in Marokko:

1. im Kambrium und Cenoman südlich von Marrakesch,
2. in der Permo-Trias Ostmarokkos,
3. im Silur von Rabat.

Die letztgenannte ist auch die unbedeutendste; sie liegt etliche 10 km von Rabat entfernt am rechten Ufer des Bu Regreg. Hier ist auf 2 km Länge ein mit 65° einfallender Lagergang mit Diabasporphyrit zwischen silurischen Schiefern zu beobachten, und zwar sind die hangenden Schiefer in eisenschüssige Tone umgewandelt und in einer 3 bis 4 m breiten Zone mit erdigem Psilomelan (Wad) imprägniert. Am Ausgehenden ist der Mangangehalt etwa 10 v. H. Der Erzvorrat scheint nur gering zu sein.

Südlich von Marrakesch kommen Manganerze vor;

1. in kambrischen Ergußgesteinen,
2. in kambrischen Sedimenten,
3. in cenomanen dolomitischen Kalken.

a. Manganerze in kambrischen Ergußgesteinen

Südöstlich Marrakesch findet man in Porphyriten und Quarzporphyren des Unterkambrium Manganerz-Gänge oder Manganerz-Anreicherungen, die unter dem Mikroskop als schwarze, manganreiche Masse erscheinen; die Quarzkristalle sind korrodiert und z. T. verdrängt. So findet sich im Khela Tiffernine ein Porphyrit mit 1,4 bis 1,6 v. H. Mn und im Djebel Bu Ideghriun, 10 km südlich Tikirt, ein manganerzreicher Quarzporphyr mit 32 v. H. Mn und 45 v. H. SiO_2. Bauwürdige Vorkommen finden sich bei Tindaf unweit Tiuiine, bei Tausdremt unweit Enzel, bei Tizi n'Bachkun nördlich Tazenakht, bei El Bordj sowie Taguenzalt am Assif n'Ait Duchchene sowie kleine Vorkommen nördlich von Paliuine (Sektana) in der Gegend des Imirguene-Tales.

Bei Tindaf ist Manganerz auf Gesteinsspalten ausgeschieden, und zwar enthalten diese Erzkörper 50 bis 60 v. H. Mn. Meistens ist ein Salband scharf, das andere nicht ausgebildet, da sich die Vererzung als unregelmäßige Imprägnation in das Gestein fortsetzt. Eine Gangart fehlt, bisweilen findet sich allerdings etwas Schwerspat im Erz eingeschlossen, mitunter ist das Manganerz auch Bindemittel einer brekziösen Gangfüllung. Die Vererzung verschwindet in einigen Meter Tiefe. Bei Tausdremt finden sich drei ganz unregelmäßig vererzte Spalten. Ein 20 bis 30 cm mächtiger Gang löst sich in einzelne Trümer auf, dann ist nur noch das Gestein mit Manganerz imprägniert, und schließlich verschwindet die Vererzung ganz. Bei Tizi n'Bachkun verschwindet die Vererzung ganz plötzlich schon in 1 bis 2 m Tiefe, in einem anderen Fall erst bei 10 m Tiefe.

Das Erz ist anscheinend Psilomelan; da die an sich ganz reichen Vorkommen nicht sehr tief gehen, dürften auch die Vorräte nicht sehr erheblich sein. Hydrothermale Entstehung ist wenig wahrscheinlich, eher dürften diese Lagerstätten durch Auslaugung des Mangangehaltes bald nach der Erstarrung der Ergußgesteine gebildet worden sein, denn man findet Psilomelangerölle in den fast gleichaltrigen Tuffen und Konglomeraten. Vielleicht handelt es sich um echte Lateralsekretion.

b. Manganerze in kambrischen Sedimenten

Am Westhang des Djebel Sirua treten nördlich von Tausdremt in kambrischen Sandsteinen linsenförmige Manganerzlager auf, die seitlich in manganhaltige Sandsteine übergehen, so daß der Mangangehalt innerhalb weniger Meter von 50 v. H. auf 20 bis 30 v. H. und noch weniger zurückgehen kann. Im Hangenden der Sandsteine abgelagerte Konglomerate führen Manganerzgerölle. Die Lagerstätten dürften syngenetisch sein. Die erzführenden Sedimente sind auf insgesamt 7½ km Länge zu verfolgen. Von den drei Erzvorkommen, von denen jedes einige hundert Meter lang ist und zwischen denen nur einzelne kleine, unregelmäßige Erzlinsen liegen, scheint nur Tiuiine wirtschaftliche Bedeutung zu haben. Hier treten in Konglomeraten und Sandsteinen 6 bauwürdige Flöze von insgesamt 2 m Mächtigkeit auf, außerdem noch einige Flöze mit niedrigerem Mangangehalt. Auf eine Länge von 800 m bleibt der Gehalt ziemlich gleichmäßig bei 40 bis 42 v. H. Mn, 10 v. H. SiO_2 und 10 v. H. $BaSO_4$; im Einfallen der schwach geneigten Schichten scheint die Erzführung nicht weit zu reichen, jedenfalls hat eine einige 100 m vom Ausgehenden entfernt angesetzte Bohrung das Flöz nicht mehr angetroffen. Die Vorkommen von Migudad und Tindaf scheinen nicht bauwürdig zu sein. Hier liegen in einer Folge von Tuff und Konglomeratschichten vier Manganerzbänke, und zwar enthält die eisenreiche untere Bank ein Gemenge von Mangan- und Eisenoxyden, während die anderen drei 30 bis 70 cm mächtigen Bänke zwar einen höheren Mangangehalt haben, der aber sehr unregelmäßig verteilt ist und innerhalb weniger Meter sprunghaft wechselt (z. B. von 30 auf 50 v. H. und umgekehrt); außerdem ist das Erz sehr kieselsäurereich. Die durchschnittliche Zusammensetzung des Erzes auf 400 m Länge betrug 30 bis 35 v. H. Mn und 20 bis 30 v. H. SiO_2.

c. Manganerze in cenomanen Dolomiten

An zwei Stellen, an denen der Imini-Fluß einen Sattel von alten Schiefern durchschneidet, über die sich einige Meter rote, permotriassische Sandsteine und darüber 10 m Dolomite des Cenoman legen, führen die Dolomite zwei oder drei manganerzreiche Horizonte mit Pyrolusit und Psilomelan. Das eine Vorkommen liegt auf dem rechten Ufer des Imini bei St. Barbe auf der Südseite des Sattels, das andere 20 km westlich davon, nach dem Tidili-Fluß zu, bei Bu Tazult.

Bei St. Barbe sind drei Erzhorizonte vorhanden, von denen der oberste, etwa 8 m über dem mittleren, nur 0,20 m mächtig und deshalb nicht bauwürdig ist. Die beiden unteren Horizonte von 0,40 und 0,80 m (der mittlere) sind im allgemeinen durch ein 0,50 m mächtiges taubes Mittel getrennt; nach Süden zu vereinigen sie sich zu einer einzigen Bank von 1 m Mächtigkeit; dieser Erzhorizont ist auf 200 m Länge zu verfolgen, seine Mächtigkeit nimmt dann aber rasch ab bis auf 0,20 m, bis er dann vollständig verschwindet und durch rote, manganhaltige Sandsteine ersetzt wird, die wiederum nach 600 bis 800 m durch dolomitische Kalke vertreten werden. Bei Bu Tazult findet sich in der Mitte der Kalkbank eine unregelmäßige Manganerzanreicherung. Auch bei Bu Tazult ist die Vererzung sehr unregelmäßig und kann von 0,80 bis 1 m sprunghaft auf 0,10 m Mächtigkeit herabgehen. Öfters finden sich im Innern der vererzten Zone graue Mergel und rötliche Sandsteine, seltener Dolomitlinsen als Reste des ursprünglichen Gesteins, die von der Metasomatose verschont geblieben sind. Wie in St. Barbe sind auch hier zwei untere Erzhorizonte von zusammen 0,70 m Mächtigkeit vorhanden, die von dem oberen, 0,35 m mächtigen Horizont durch 6 m tauben Dolomit getrennt sind. Im Hangenden liegt wiederum Dolomit. Die Erzzone ist auf 1500 m Länge zu verfolgen. — Das Erz ist eine lockere, kristalline Masse, die hauptsächlich aus Körnchen und zerbrechlichen Nadeln von Polianit besteht; kleine Spalten in der Erzmasse werden durch derben Psilomelan mit gelegentlich etwas Romanechit* ausgefüllt; auch Coronadit** kommt vor. Überhaupt fällt ein ziemlich hoher Bleigehalt auf, wie aus den Analysen zu ersehen ist:

	Psilomelan	Polianit
Mn	49,8	59,35
Cu	0,175	0,365
Pb	8,2	1,15
BaO	6,45	1,44

Die Durchschnittsanalyse eines reichen Erzes ergab:

MnO_2	85—90 v. H. (=56—57 v. H. Mn)
Pb	1 v. H.
Cu	0,15—0,20 v. H.
SiO_2	4—5 v. H.
BaO	0,3 v. H.
Fe_2O_3	1,0 v. H.,

und zwar ist der Kieselsäuregehalt in den manganreichen Erzen am niedrigsten. Das Fördererz enthält durchschnittlich 50 bis 55 v. H. Mn und etwas über

* Romanechit oder Hollandit: $\times(R_2Mn_2)O_5 + y(Fe, Mn_4)\ MnO_3$, wobei $R = Mn, Ba, K_2$ oder H_2 ist.

** Coronadit: (Pb, Mn) MnO_3, gewöhnlich schwarz, feinfaserig.

5 v. H. SiO_2. Der vorhandene Erzvorrat wird auf 1½ Millionen t geschätzt. Für die Verschiffung der Erze liegt das Vorkommen sehr ungünstig.

Etwa 180 km von Agadir entfernt liegt auf dem Westhang des Djebel Sirua eine ähnliche Lagerstätte bei Auluz in der Nähe von Tausdremt in den westlichen Ausläufern des Hohen Atlas, östlich des Sus-Tales. An der Basis der hier über kambrischen Kalken transgredierenden Kreide liegen drei Manganerzhorizonte. Der oberste, sehr manganarme Horizont ist gewöhnlich durch die Denudation beseitigt. Sehr regelmäßig ist dagegen der mittlere, 0,35 bis 0,40 m mächtige Horizont entwickelt, der 41 bis 42 v. H. Mn in Form von Psilomelan enthält; im Hangenden treten Kalke auf, im Liegenden rote, oft durch Manganoxyde schwarz gefärbte Sandsteine und Sande. 5 m darunter liegt innerhalb von Kalksteinen der untere, sehr unregelmäßig vererzte Horizont mit 42 bis 43 v. H. Mn, der aber sehr rasch auskeilt. Drei Analysen des Erzes ergaben:

Mn	44,53	44,31	40,14
Pb	4,12	4,62	7,95
Fe	0,78	1,12	0,88
SiO_2	4,77	9,52	11,28

Die Erzvorräte werden auf 800000 t Fördererz mit durchschnittlich 42 v. H. Mn und 5 bis 8 v. H. Pb geschätzt; Blei könnte u. U. als Nebenerzeugnis gewonnen werden.

Der Mangangehalt der Lagerstätten von Imini und Tasdremt dürfte aus den kambrischen Gesteinen stammen (s. o.); die Mangansalzlösungen haben dann den Dolomit metasomatisch verdrängt; für diese Art der Entstehung sprechen auch die im Manganerz vorkommenden Muschelschalen.

Ein regelrechter Abbau findet auf den Lagerstätten am Djebel Sirua noch nicht statt, es wurde lediglich für Untersuchungszwecke etwas Erz gefördert.

Größere Bedeutung kommt augenblicklich den Manganerzlagerstätten in der Permo-Trias von Ostmarokko zu. Im Norden liegen bei Ujda auf einer 90 km langen Strecke eine Anzahl Manganerzlagerstätten am Djebel Narguechum, bei Tiguelauen, Metsila, Aurir, Mahsseur u. a. O. Das Manganerz findet sich in losen Blöcken, linsenförmigen Anreicherungen und als Ausfüllung kleiner Spalten zusammen mit Roteisenerz in 5 bis 15 m mächtig werdenden roten Tonen an der Grenze permotriassischer Diorite und Diabase im Liegenden und dolomitischer Liaskalke im Hangenden. Auch in den zersetzten Massengesteinen finden sich einzelne Manganerzblöcke. Das Erzlager, das bisweilen durch Tonlagen unterbrochen ist, wird 0,40 bis 0,80 m, ausnahmsweise auch 1,50 m mächtig. Das arme Erz mit 40 v. H. Mn zeigt mattes Aussehen und ist hart und kieselig, das reiche, 50 v. H. Mn enthaltende Erz hingegen ist faserig und glänzend. Die Entstehung dieses Vorkommens ist wohl so zu denken, daß der Mangangehalt ursprünglich in den Massengesteinen enthalten war, sich aber bei der Verwitterung dieser Gesteine vor der Lias-Transgression in den Verwitterungszonen angereichert hat. Von jeder Lagerstätte werden jährlich nur einige 1000 t gefördert.

Die wichtigste Manganerz-Lagerstätte liegt südlich davon am Djebel Bu Arfa, einem östlichen Ausläufer des Hohen Atlas, wo in einer kalkigen Gesteinsfolge der Permo-Trias Manganerze vorkommen, deren Gesamtvorräte auf 1 Million t geschätzt werden. Am weitesten östlich liegt Aïn Beida, 2 bis 3 km westlich davon Hamaraumet und noch 10 bis 15 km weiter westlich Hassi Fallet. Seit 1928, dem Beginn der Förderung, bis 1936 wurden von diesen Lagerstätten 109000 t Manganerz gefördert. Die Schichtfolge der anscheinend fossilleeren Permo-Trias ist hier (vom Hangenden zum Liegenden):

400 m Arkosen, örtlich mit Konglomeratbänken.

200 m rötliche oder graue, dolomitische Kalke in 1 bis 2 m dicken Bänken, zu unterst eine 10 bis 20 m mächtige Kalkbank.

150 m rote Sandsteine (bisweilen mit Manganoxyden) mit Gipsmergeln und einer dünnen Kalkbank.

In Hassi Fallet erschweren zahlreiche Störungen die Erkenntnis des geologischen Baues; hier sollen die Arkosen diskordant über den 250 m mächtigen Kalken lagern. Der Vorrat des hier in einer Anzahl kleiner Linsen vorkommenden Erzes wird auf 20000 t geschätzt. In Hamaraumet sind die tiefsten Kalke unmittelbar über dem Sandstein vererzt. Infolge der Klüftigkeit des Kalksteins haben die Tageswässer den Erzinhalt beträchtlich umgelagert, besonders im Liegenden. Roter Residualton auf Spalten und Schichtfugen sowie die Trennung der Eisen- und Manganmineralien bezeugen diese Umwandlungen. Im äußersten Westen des Vorkommens, wo die Kalkbank nur noch 2 bis 3 m mächtig ist, steigt der Kieselsäuregehalt des Erzes über den Sandsteinen bis zu 15 v. H. an. Das Erz zeigt häufig eine Schichtung in Roteisenerz, MnO (Manganosit z. T.?), und MnO_2 (Polianit und Pyrolusit); häufig bilden die getrennt ausgeschiedenen Eisen- und Manganmineralien auch große Blöcke und Konkretionen, die durch Handscheidung voneinander getrennt werden. Die eisenarmen Erze mit 90 bis 95 v. H. MnO_2 und weniger als 1 v. H. Fe bilden gewöhnlich glänzende, körnige Massen, während das eisenreiche Manganerz mit 40 bis 45 v. H. Mn und 10 v. H. Fe gewöhnlich mattes Aussehen zeigt, außerdem tritt noch fast reiner Eisenglanz (mit weniger als 1 v. H. Mn) in derben, strahlig-fasrigen Massen auf. Die erzführende Schicht, in der auch etwas Schwerspat vorkommt, ist in der Mitte der Lagerstätte etwa 1 m mächtig und ungefähr auf 1 km Länge zu verfolgen; bei der Unregelmäßigkeit des Vorkommens ist eine Schätzung des Erzvorrates von Hamaraumet vorläufig noch nicht möglich. Bei Aïn Beida liegen in der Kalkserie, auf ungefähr 700 m Länge zu verfolgen, eine Anzahl flacher Erzlinsen, die 10 bis 15 cm dick mit rotem Residualton überzogen sind, der sich als verbindendes Band von Linse zu Linse zieht. Das Erz ist ein Gemenge von Pyrolusit, oft in kleinen Geoden, gut kristallisiertem Kalkspat und Roteisenerz; die Trennung von Eisen- und Manganmineralien ist hier nicht sehr scharf. Bisweilen finden sich im Innern der Erzlinsen auch noch von rotem Ton umhüllte Kalksteinbrocken (mit erhaltener

Schichtung), die von der metasomatischen Umwandlung nicht betroffen wurden. Eine Durchschnittsanalyse des Erzes von Aïn Beida ergab:

$MnO_2 + Mn_2O_3$	45	v. H. (32 v. H. Mn)
Fe_2O_3	15	v. H. (11 v. H. Fe)
$Ca\,CO_3$	20	v. H.
SiO_2	10	v. H.
MgO	4	v. H.
Al_2O_3	0,7	v. H.
S	0,3	v. H.
P		Sp
Wasser	5	v. H.

Durch Magnetaufbereitung und Rösten hofft man den Mn-Gehalt des Erzes auf 50 v. H. steigern zu können.

Die Entstehung dieser Manganerz-Lagerstätten am Djebel Bu Arfa ist noch nicht ganz geklärt. Wahrscheinlich handelt es sich um sedimentäre Ablagerungen, wofür die Linsenform spricht, die durch auf Klüften und Schichtfugen eindringende Tageswässer nachträglich umgewandelt sind, wodurch die metasomatischen Verdrängungserscheinungen im Kalkstein erklärt würden.

Zum Schluß mag noch das Manganerzvorkommen bei Bu Denib erwähnt werden, das aber kaum bauwürdig ist. Hier finden sich Knollen von Wad in 1 bis 1,50 m mächtigen Schichten roter, rezenter Sande. Offenbar handelt es sich um eine durch das aride Klima bedingte oberflächliche Konzentration. Die Erzschicht ist nur 10 bis 15 cm mächtig.

Die gesamte Manganerzförderung Marokkos betrug (in t):

	Bu Arfa	Sirua
1928	2 100	
1929	12 500	650
1930	16 165	—
1931	11 510	—
1932	970	3 010
1933	4 565	11 225
1934	7 280	150
1935	24 900	—
1936	30 390	8 970
1937	76 470	
1938	84 332	
1939	75 389	

Die Untersuchungsarbeiten und die Manganerzförderung in Marokko liegen im wesentlichen in den Händen von drei Gesellschaften:

1. Société anonyme des mines de Bu Arfa in Paris, gegründet 1912, Kapital: 15 600 000 fr.; Grubenbesitz: Bu Arfa.

2. Société anonyme chérifienne d'études minières, Sitz in Rabat, 1929 gegründet; Kapital: 10 000 000 fr.; Aufschlußarbeiten in der Gegend von Imini und Marrakesch.

Compagnie de Tifnout-Tiranimine, Sitz in Casablanca, 1930 gegründet, Kapital: 10 000 000 fr.; Gruben in Auluz.

Aus Algerien sind keine Manganerzlagerstätten bekannt. Nur die Eisenerze enthalten, wie schon erwähnt, im allgemeinen 1 bis 3 v. H. Mn, seltener 6 bis 8 v. H. Auf manchen Eisenerzlagerstätten finden sich auch manganreichere Erze, so in Ain Djerua (Prov. Oran), wo das Roteisenerz bis 25 v. H. Mn enthält. Etwa 1 km östlich des Bu Zareah hat man vor dem Weltkriege versuchsweise einen Quarzgang mit Rhodonit abgebaut, der oberflächlich in Pyrolusit umgewandelt war. Kleine Gängchen von Manganit setzen im Gneis von La Voile Noire, nordwestlich Bône, auf, die aber ohne wirtschaftliche Bedeutung sind. Bei Sebabna wurden zeitweise an andesitische Gesteine gebundene Manganerze mit 50% Mn mit Schwerspat oder Kalkspat als Gangart abgebaut. Am Kap Bu Garune bei Collo kommt auch grüner Rhodonit (Bustamit) zusammen mit Ilvait auf einem Eisenglanz-Gang vor.

Tunesien hat nur einige kleinere Manganerzvorkommen. Das einzige größere Pyrolusit-Vorkommen von Thuburnic bei Ghardimau wird wegen Erschöpfung der Lagerstätte seit 1929 nicht mehr gebaut. Die Förderung begann 1908 mit 815 t Manganerz, dann aber wird erst wieder 1915 eine Förderung angegeben, seitdem wurden gewonnen:

1915	1 460 t	1920	1 300 t	1925	1 600 t
1916	2 030 t	1921	—	1926	1 600 t
1917	5 790 t	1922	190 t	1927	2 000 t
1918	830 t	1923	1 500 t	1928	2 500 t
1919	1 260 t	1924	2 000 t	1929	1 400 t

Ein kleines Pyrolusitvorkommen ist am Djebel Batum und ein manganhaltiger Kalkstein am Djebel Aziza, 40 km westlich Gabes, beschürft worden. Ein Abbau hat noch nicht stattgefunden.

3. Blei und Zink

Marokko. Der Blei-Zinkerz-Bergbau, der erst 1922 (Blei) und 1925 (Zink) aufgenommen wurde, war durch die Weltwirtschaftskrise fast ganz zum Erliegen gekommen. Da jetzt die Erze im Mutterlande Zollvergünstigung genießen, beginnt er sich wieder zu erholen. Im Paläozoikum kommen besonders Blei-Zinkerz-Gänge vor, z. T. sind es Lagergänge, in den mesozoischen Schichten treten neben den Gängen auch Imprägnationslagerstätten und metasomatische Lagerstätten auf. Die Hauptvorkommen liegen südlich Ujda bei Hassi Tuissit an der algerischen Grenze und bei Auli zwischen dem Mittleren und dem Hohen Atlas.

Die Lagerstätte von Hassi Tuissit, auf der 1928 mit der Förderung begonnen wurde, ist eine metasomatische Bleiglanzlagerstätte in dolomitischen Lias-Kalken, sie ist an die Nähe eines tertiären Andesites gebunden. Die etwa 4 bis 5 m mächtige erzführende Bank mit etwa 10 v. H. Bleiglanz bedeckt ein Gebiet von mehreren 10 qkm. Man kann vier vererzte Bänke unterscheiden, von denen die beiden unteren am reichsten sind. Die Vererzung ist jedoch nicht gleichmäßig verteilt, sondern an ostwestlich streichende Züge von 50 bis 60 m Breite und 300 m Länge gebunden, die allmählich in das taube Nebengestein übergehen. Der Bleiglanz ist silberfrei. Hier wurden von 1928 bis 1936 6550 t Bleierz gefördert, davon allein 2570 t im Jahre 1936. Nordwestlich dieses Vorkommens wurde bei Djorf Uazzene silberhaltiger Bleiglanz (130 g/t Ag) und Cerussit auf ebenfalls metasomatischer Lagerstätte in dolomitischen Kalken an der Basis des Lias, der hier auf anscheinend silurischen Schiefern transgrediert, gefunden. Bei den Prospektierungsarbeiten wurden rd. 2000 t Bleierz gefördert. Dicht östlich von Hassi Tuissit wurden bei Bu Beker versuchsweise 3000 t silberhaltiger Bleiglanz (360 g/t Ag) gewonnen; der Bleiglanz, der im Hangenden in Cerussit umgewandelt ist, kommt hier ebenfalls auf metasomatischer Lagerstätte in drei Bänken von 1 bis 2,50 m Mächtigkeit in dolomitisiertem Lias-Kalk vor; der Bleiglanzgehalt beträgt 5 bis 20 v. H. Die sichtbaren Vorräte an bauwürdigem Bleierz werden in der Gegend von Ujda auf 50000 t geschätzt. Südwestlich dieser Lagerstätten setzen bei Sidi Lahssen (oder Lahsène), 70 km westlich Berguent, in anscheinend silurischen Schiefern steilstehende Bleiglanzgänge mit Quarz und Schwerspat als Gangart auf. Die Gänge scheinen tertiäres Alter zu haben. Der Hauptgang von 1 bis 3 m Mächtigkeit hat ostwestliches Streichen. Der Bleiglanz enthält 1500 bis 1800 g/t Ag; die reichsten Erzfälle über dem Grundwasserspiegel sind schon vor Jahren abgebaut. Neuerdings ist wieder eine Erzanreicherung von 800 m Länge und 30 bis 55 m Tiefe festgestellt. Der wahrscheinliche Erzvorrat wird auf 7000 bis 8000 t geschätzt; während der Aufschlußarbeiten wurden 3700 t gefördert. Noch etwas weiter westlich wurde am Djebel Chiker südlich von Taza ein anscheinend metasomatisches Vorkommen von Bleiglanz, Cerussit und Galmei von im Höchstfalle 8 m Mächtigkeit festgestellt, wo bei den Aufschlußarbeiten 1600 t silberhaltiger Bleiglanz und Galmei gewonnen wurden.

Die erste größere Bleiglanzlagerstätte Marokkos, die 1922 aufgeschlossen wurde, ist Auli, 25 km nordöstlich Midelt; hier wurden von 1928 bis 1936 fast 7000 t silberhaltiger Bleiglanz gewonnen, davon allein 4755 t im Jahre 1936. Bei Auli setzen in Schiefern, die durch einen vor-permotriassischen Granit kontaktmetamorphosiert wurden, fünf nordöstlich streichende Gänge von 1,20 bis 1,50 m Mächtigkeit steil einfallend auf; bei Sidi Ayad verläuft einer der Gänge im Granit-Schiefer-Kontakt. Gangarten sind Schwerspat, Flußspat und Quarz; das Erz ist silberhaltiger Bleiglanz mit 250 bis 350 g/t Ag und Kupferkies, an der Oberfläche in Malachit umgewandelt. Anscheinend wurde erst die Quarz-Bleiglanz-Füllung abgesetzt und dann erst der Schwerspat, der Pseudomorphosen nach Quarz bildet und auf Spalten in den Quarz eingedrungen ist. Die Erzvorräte werden auf 55000 bis 66000 t geschätzt. 10 km südlich davon liegt die Lagerstätte Mibladen (oder Bu Sellum), eine metasomatische Verdrängungslagerstätte in mittelliassischen Kalksteinen, die auf etwa 10 km Länge zu verfolgen ist. Die Erzlösungen sind auf Schichtfugen eingedrungen und haben diese und auch kleine Spältchen vererzt; unter der undurchlässigen Decke der Kreidetone haben sich die Lösungen gestaut. Der Bleiglanz enthält 300 g/t Ag und ist teilweise in Cerussit umgewandelt; stellenweise wird er von Schwerspat begleitet. Die Erzvorräte betragen schätzungsweise 45 000 bis 50 000 t. Gänge und metasomatische Bleiglanzvorkommen liegen auch weiter südlich in der Gegend von Ksar es Suk in den östlichen Ausläufern des Anti-Atlas.

Auf den Lagerstätten Westmarokkos sind stellenweise Zinkerze häufiger als Bleiglanz. Die Landschaft Rehamna in der Meseta hat allerdings noch ausgesprochene Bleiglanz-Lagerstätten; hier setzen mehrere ostwestlich streichende, nahezu saiger stehende Gänge in paläozoischen Schiefern auf. Die Vererzung ist sehr unregelmäßig. Der Bleiglanz kommt zusammen mit spätiger oder quarziger Gangart vor, Schwerspat findet sich nur gelegentlich, dagegen stellt sich in der Tiefe Pyrit ein. Bei den Aufschlußarbeiten wurden 3000 t Bleierz gefördert. Auf den Gängen von Ulad Hassine, 25 km nordöstlich von Ben Guerir, hat man ein Reicherwerden der Gänge nach der Tiefe zu festgestellt. In den Djebilet-Bergen liegen zahlreiche Bleiglanz-Vorkommen; es seien nur genannt die von Bramrane und vom Djebel Salrhef, wo in kambro-silurischen Schiefern Bleierzgänge mit Quarz, Roteisenerz und Schwerspat als Gangart aufsetzen, sowie die von Sidi Bu Othman, wo ein Zinkblendegang in einer bauwürdigen Mächtigkeit von 0,60 m vorkommt. In den oberen Teufen über dem Grundwasser-Spiegel ist die Zinkblende oft herausgelöst, so daß nur ein zerfressener Quarz übriggeblieben ist. Weiter in der Tiefe lag ein reiches Zinkblendelager mit Pyrit und etwas Bleiglanz in vorherrschend quarziger Gangart. Die Erzvorräte werden auf 10 000 bis 15 000 t geschätzt.

Südlich von Marrakesch liegen ebenfalls mehrere Bleiglanz-Lagerstätten. Eine liegt 60 km südwestlich Marrakesch im Assif el Mal, wo ein nordsüdlich streichender, steiler Lagergang mit Zinkblende und Galmei in silurischen Schiefern aufsetzt. Der sichtbare Erzvorrat beträgt schätzungsweise 15 000 t; Bleiglanz findet sich nur untergeordnet. Bei den Aufschließungsarbeiten wurden etwa 1500 t Erz gefördert. Am Nord- und Südhang des Djebel Erduz wurde ebenfalls ein Lagergang beschürft, dessen Gangfüllung im Norden vorwiegend aus silberhaltigem Bleiglanz, im Süden aus Galmei bestand. Die Grube am Djebel Uichedden, auf der Südseite des Agundis-Tales, baut auf 75° nordwärts einfallenden Gängen, die vorherrschend Zinkblende führen und in kambrischen Kalksteinen aufsetzen. Der Hauptgang besteht aus einer Kalksteinbrekzie mit kieseligem oder Erzbindemittel. Sehr häufig besteht die Gangfüllung im Liegenden aus einem Gemenge von Zinkblende, Bleiglanz und Galmei*, darüber folgt eine Lage Quarz und schließlich

* Unter Galmei wird hier wie überhaupt bei der Besprechung der nordafrikanischen Blei-Zinkerz-Lagerstätten das Kieselzinkerz verstanden.

ein grobes Zinkblende-Bleiglanz-Gemenge. Man kennt drei solcher Gänge mit Erzfällen von 80 m Höhe und durchschnittlich 80 m Breite; ein solcher Gang enthielt rd. 20 000 t Erz, davon 2500 t Galmei, 9000 t Zinkblende und 8000 t Bleiglanz. Ein anderer abgebauter Gang enthielt 3400 t Zinkblende und 2800 t Bleiglanz.

Ganz abseits von diesen Lagerstätten liegt, etwa zwischen dem Hohen Atlas und dem Sahara-Atlas, im Gebiet des Oberlaufes des Guir, die Lagerstätte von B u D a h a r, wo zahlreiche mit Galmei erfüllte Spalten auftreten; im oberen Teil enthalten die Gänge daneben Bleiglanz und bleihaltigen Galmei. Die für die Förderung bestimmten Erze enthalten bisweilen 60 v. H. Galmei und 80 v. H. Bleiglanz. Die wahrscheinlichen Vorräte werden auf 30 000 bis 40 000 t Galmei und 8000 bis 10 000 t Bleiglanz geschätzt.

Nördlich Khenifra wurde am D j e b e l A u a m ein 4 km langer Bleiglanzgang bis zu 70 m Tiefe festgestellt, dessen Mächtigkeit an einzelnen Stellen 1 m erreichte. Der in Schiefern aufsetzende Gang zerschlägt sich. Auf Nebengängen hat man neben Bleiglanz auch Eisenerze und Arsenkies festgestellt.

A l g e r i e n

Die Blei-Zinkerz-Lagerstätten folgen in Algerien an dritter Stelle hinter den Phosphat- und Eisenerz-Lagerstätten. Förderte Marokko 1937 etwa dreimal soviel Blei als Zink, so förderte Algerien doppelt soviel Zink wie Blei, Tunesien wiederum zehnmal soviel Blei als Zink. 1900 noch war die Bleiproduktion unbedeutend und betrug jährlich nur einige 100 t, stieg bis 1916 auf rd. 23 000 t, fiel dann bis 1919 auf rd. 9000 t, erholte sich aber bis 1929 (jährlich etwa 1800 t), sank dann aber bis 1933 ständig (1933: 160 t), um allmählich wieder anzusteigen. Beim Zink ist der Verlauf der Förderkurve ähnlich, nur daß sie nie so tief abgesunken ist (s. Förderstatistik am Schluß).

Bei der unendlich hohen Zahl größerer und kleinerer Lagerstätten können nur einige wichtige, nach Provinzen geordnet, besprochen werden.

In der P r o v i n z O r a n liegen in den Bergen von T l e m c e n eine Anzahl Blei-Zinkerz-Lagerstätten, die als die Fortsetzung der entsprechenden Lagerstätten um Ujda in Marokko anzusehen sind, so S i d i A r a m o n, A b l a, D j o r f D e g l e m, T l e t a, S i d i Y a h i a und als bedeutendste G a r r u b a n (oder Ghar Rouban), die ununterbrochen nur bis 1930 gefördert hat (1929: 530 t Bleimetall, 1930: 600 t Bleierz); nach mehrjähriger Stillegung wurde 1937 die Förderung wieder aufgenommen und in diesem Jahre 1170 t Bleierz gefördert. Abgebaut werden nordwestlich streichende, steil einfallende, 1,50 bis 6 m mächtige Quarzgänge in stark gefalteten altpaläozoischen Schiefern, die von Porphyrgängen durchsetzt werden. Das Erz ist silberhaltiger Bleiglanz (750—1000 g/t Ag) mit gelegentlich etwas Pyrit und Kupferkies, als Gangart findet sich neben Quarz auch etwas Schwerspat und Flußspat. Nördlich davon kommen im T r a r a s - M a s s i v bei A r y, M a a z i s, M a s s e r und F i l l a u c e n Bleiglanz-Gänge vor.

In der P r o v i n z A l g e r i e n liegt eine der größten nordafrikanischen

Zinklagerstätten nördlich Djahamama im Massiv von Uarsenis des Tell-Atlas. Die metasomatischen Erzkörper, von Verwerfungen begrenzt, bilden mehr oder weniger unregelmäßige, rundliche oder auch säulenförmige Massen, die in langen Zügen im Liaskalk liegen und nach der Tiefe zu auskeilen. Das Haupterz ist stark mit Eisenoxyd vermischter Smithsonit (Zinkspat $ZnCO_3$) in einer tonig-limonitischen, spätigen oder barytischen Grundmasse zusammen mit erdigem Galmei (18 bis 33 v. H. Zn), der oft 40 v. H. des Fördergutes ausmacht; der Smithsonit enthält nach dem Rösten 34 bis 55 v. H. Zn. Bleiglanz (mit 900 g/t Ag) findet sich nur wenig, Zinkblende ist selten. Bis 1936 hat Uarsenis fast 240000 t Smithsonit geliefert. Die Förderung betrug in den letzten Jahren — bis 1930 zusammen mit Hammam N'Bails (Prov. Constantine):

1929	4 320 t	Zinkmetall
1930	7 200 t	Zinkerz
1931	6 800 t	„
1932	3 675 t	„
1933	2 200 t	„
1934	1 520 t	„
1935	1 880 t	„
1936	5 490 t	„
1937	5 945 t	„

Im nordöstlichen Fortstreichen des Tell-Atlas liegen im Massiv von Blida die Lagerstätten von Sakamody, Tizi N'Taga, R'arbu, Guerruma und Nador Chair, von denen aber nur R'arbu, Sakamody und Guerruma größere Bedeutung haben. Bei R'arbu und Sakamody handelt es sich um Zinkblende-Gänge in Senon-Mergeln; der Hauptgang erreicht 10 bis 15 m Mächtigkeit. Die Förderung, die nach 1930 eingestellt wurde, betrug 1929 rd. 890 t Zinkmetall und 25 t Bleimetall, 1930 1500 t Zinkblende; insgesamt wurden 132000 t Zinkblende mit etwas Bleiglanz gefördert. Auch bei Guerruma sind es Schwerspat-Gänge mit honiggelber Zinkblende und Bleiglanz in Senon-Mergeln. Kleine Lagerstätten kommen noch im Massiv von Miliana, etwa 50 km nordwestlich Uarsenis, vor sowie im Djurdjura.

In der Provinz Constantine häufen sich die Lagerstätten, weil hier im Gebiet der Scharung des Tell-Atlas mit dem Sahara-Atlas eine Zone stärkster Zerrüttung der Erdkruste das Eindringen von Erzlösungen begünstigte. Es läßt sich eine nördliche, mittlere und südliche Lagerstättengruppe unterscheiden. In der nördlichen Gruppe liegen nur wenige größere Vorkommen, darunter Kef-um-Thebul, dicht an der tunesischen Grenze in der Nordostecke Algeriens, eine Blei-Zink-Lagerstätte mit etwas Kupfererz. Größer ist Ued Udina, wo Schwerspat-Gänge im Gneis und Glimmerschiefer aufsetzen; reiche Erzfälle von 400 m Länge und 120 m Höhe konnten abgebaut werden. Das Erz ist silberhaltiger Bleiglanz, der von etwas Pyrit begleitet wird; nach der Tiefe zu stellt sich mehr und mehr Zinkblende ein. Die Förderung betrug:

1930	1 400 t Bleiglanz	
1931	1 400 t „	
1932	100 t „	
1933—1935	keine Förderung	
1936	90 t Bleiglanz,	180 t Zinkblende
1937	660 t „	1 460 t „

Bei Sidi Kamber setzen ebenfalls in Glimmerschiefern und Gneisen Schwerspat-Gänge auf, die gleichmäßig Zinkblende und Bleiglanz führen; ein Gang enthielt außerdem noch Cerussit, Zinnober und Pyrit. Die Förderung (bei Bleiglanz einschließlich der Förderung vom Djebel Dar Debbagh südwestlich davon) betrug:

1929	660 t Bleimetall,	30 t Zinkmetall
1930	400 t Bleierze	
1931—1934	keine Förderung	
1935	355 t Bleierze,	60 t Zinkblende
1936	1 045 t „	170 t „
1937	780 t „	305 t „

Die benachbarten, ganz ähnlichen Blei-Zink-Lagerstätten Kudiat Tagma und Ued Rabbah haben in den letzten Jahren, wenigstens bis 1937, nicht mehr gefördert.

In der mittleren und südlichen Zone liegen nördlich der Bahnlinie St. Arnaud—Setif—Beni Mansur die Zinklagerstätten von Kef Semmah und in der Nähe Aïn Rua, die zusammen 1929 rd. 4950 t Zinkmetall und 1930 rd. 4500 t Zinkerze gewonnen hatten, für die folgenden Jahre wird keine Förderung angegeben, erst 1937 wieder von Kef Semmah 2125 t Zinkerze; Kef Semmah hat insgesamt 207 000 t Zinkspat gefördert, der auf metasomatischer Lagerstätte, bisweilen mit Galmei zusammen, an der Grenze von Senon-Mergeln und Kalksteinen des oberen Cenoman vorkommt. Bleiglanz und Cerussit sind nur in geringen Mengen vorhanden. Südlich der erwähnten Bahnlinie liegen eine Anzahl kleinerer Blei-Zinkerz-Lagerstätten, u. a. Djebel Zdim (1929: 60 t Zinkmetall, 30 t Bleimetall) und Djebel Gustar mit folgender Förderung:

1929	210 t Bleimetall
1930	400 t Bleierze
1931	340 t „
1932	30 t „
1933	10 t „
1934	10 t „
1937	4 690 t Zinkerze

Hierher gehört noch Bu Thaleb mit den Vorkommen von Bu Iche, Bu Rieche und Djebel Subella (1929: 700 t Bleimetall, 1930: 600 t Bleierz, 1937: 185 t Bleierz und 695 t Zinkerz), und weiter im Osten, ziemlich abgelegen, Afura, das 1929 etwa 70 t Zinkmetall und 10 t Bleimetall lieferte. Südwestlich von Constantine liegen die beiden Lagerstätten des Djebel Felten und von Sidi Ruman, unregelmäßig linsenförmige Erzkörper in der Ruschelzone von Kreidekalken; das Erz ist ein Gemenge von Galmei und nach der Tiefe zu mehr und mehr zurücktretendem Cerussit. Die Förderung beider Gruben betrug:

1929	320 t Bleimetall	35 t Zinkmetall
1930	600 t Bleierze	
1933	150 t „	
1934	80 t „	
1935	120 t „	
1936	49 t „	
1937	500 t „	

Von Beginn der Förderung an bis 1936 wurden am Djebel Felten 117 600 t Galmei und etwas Cerussit gefördert. Noch weiter östlich liegen in den niedriger werdenden Ausläufern des Tell-Atlas zwischen Guelma und Suk-Ahras die Lagerstätten von Hammam N'Bails, die einmal die größte Lagerstätte Nordafrikas war, bis sie 1930 infolge Erschöpfung der Erzvorräte den Betrieb einstellte, und ganz in der Nähe Aïn Achur. Anscheinend handelt es sich um Galmei-Lager in miozänen Kalken (Deb-Deb-Lager), zu dem im Hauptlager noch Nadorit* und Flajolotit**, von dem über 40 000 t gewonnen wurden, kommen; bis 1930 hatte Hammam N'Bails eine Förderung von 348 000 t Galmei, Nadorit und Flajolotit. Das Haupterz von Aïn Achur war ein Gemenge von Cerussit und Mimetisit; die Förderung s. o. bei Uarsenis.

Ganz im Südwesten Algeriens liegen in den Ausläufern des Sahara-Atlas die Lagerstätten von Meslula, nördlich Tebessa die von Hammimate el Gueblia (von der nur 1931 eine Förderung von 40 t Bleierz angegeben wird) sowie dicht an der tunesischen Grenze Bu Jaber. Meslula ist eine metasomatische Lagerstätte in Apt-Kalken, ein 300 m langer und 50 bis 70 m breiter linsenförmiger Erzkörper. Das Haupterz ist Bleiglanz in Äderchen und Einsprengungen zusammen mit etwas Cerussit, Pyrit und Bournonit sowie mit Quarz und Schwerspat; der Silbergehalt des Bleiglanzes ist 300 g/t. Die reichsten Erzgehalte finden sich in der Nähe der bunten, gipsführenden Trias-Mergel, die durch eine Störung vom erzführenden Kalk getrennt sind; das Erz mit 30 bis 50 v. H. Pb bildet hier dünne Adern von 5 bis 20 cm Dicke, ausnahmsweise 2 bis 3 m mächtige Bleiglanzlinsen. Die Förderung von Meslula betrug:

1929	4 980 t Bleimetall
1930	7 300 t Bleierze
1932	4 020 t „
1933	keine Förderung
1934	680 t Bleierze
1935	1 220 t „
1936	2 845 t „
1937	3 880 t „

Bis 1936 wurden von Meslula insgesamt 226 000 t silberhaltiger Bleiglanz

* Nadorit: gelbbraunes Bleiantimoniat mit Chlorblei $(PbCl)SbO_2$.

** Flajolotit: zitronengelbes Eisenantimoniat $Fe_2Sb_2O_8 : 1\frac{1}{2} H_2O$.

gefördert. — B u J a b e r ist ebenfalls eine metasomatische Lagerstätte in Apt-Kalken, jedoch ist hier das Haupterz Galmei und Bleiglanz mit Schwerspat, nach der Tiefe zu wird der Galmei durch Zinkblende ersetzt. Im Mittel hat das Erz 10 v. H. Pb und 6 v. H. Zn; es wird nur für 1929 eine Gewinnung von 200 t Bleimetall angegeben.

Zusammenfassend ist von den Blei-Zinkerz-Lagerstätten Algeriens und z. T. auch von denen Tunesiens zu sagen, daß sie häufig an die Aufpressungssättel der salinaren Trias gebunden sind, was z. T. wohl auf die stauende Wirkung der tonigen Triasgesteine zurückzuführen ist (Permeabilitätsgrenze). Nach *Glangeaud* kommt noch hinzu, da auch Erzkörper in der Trias vorkommen, daß die Salzlösungen einmal reduzierend wirken, dann aber auch positive Kolloide ausflocken (Bildung von Kupferglanz, Covellin, Zinkblende, Pyrit). Das Alter der Lagerstätten ist jungtertiär, sie stehen als apomagmatische Bildungen mit tertiären Intrusionen von Graniten, Granodioriten, Quarzmonzoniten usw. in Zusammenhang, die in verhältnismäßig geringer Tiefe erstarrt sein müssen; man kennt auch einzelne höher temperierte Vorkommen in der Nähe der Intrusionen, sie haben aber keine wirtschaftliche Bedeutung. So sind im A m i z u r t a l (Prov. Constantine) in obereozänen Sandsteinen durch pneumatolytische Einwirkungen eines granitischen und quarzmonzonitischen Magmas Turmalin, Strahlstein, Pyrit und Kupferkies gebildet worden, erst in einiger Entfernung stellen sich Bleiglanz, Cerussit, etwas Kupferglanz und Kupferlasur ein. Bei C a v a l l o , 16 km südwestlich Djidjelli, sind durch eine Diorit-Intrusion Eozän-Mergel kontaktmetamorph umgewandelt; damit zusammenhängende Gänge führen ziemlich komplexe Erze (Analyse: 8,9 v. H. Cu, 13,2 v. H. Pb, 1,65 v. H. Zn, 750 g/t Ag und 10 g/t Au), wie Silberglanz, Antimonfahlerz und Sulfantimoniate von Ag und Pb. Schließlich wurde auch der Granit durch heiße, saure Lösungen alunitisiert und kaolinisiert.

T u n e s i e n. Wie schon erwähnt, werden in Tunesien hauptsächlich Bleierze gefördert. Es gibt eine ganze Anzahl von Lagerstätten, die in zwei ostwestlich gerichteten Zügen angeordnet sind. Der n ö r d l i c h e Z u g umfaßt etwa von W nach O die nördlich des Medjerda-Flusses liegenden Lagerstätten: U e d e l M a d è n e (Blei- und Quecksilbererze, 1929: 540 t Bleimetall, 1930: 1050 t Bleierze), etwas weiter östlich die ziemlich bedeutende Bleiglanzlagerstätte des D j e b e l H a l l u f. Hier setzen in Senonkalken Gänge mit einer Erzmächtigkeit von wenigen Zentimetern bis über einen Meter auf; gefördert wird in der Hauptsache Cerussit, ausnahmsweise auch Bleiglanz, Galmei ist selten. Ganz in der Nähe liegt das Vorkommen von E l H u a r i a (1930: 920 t, 1937: 675 t Bleierze), wo am Kontakt mit Mergeln in Sandsteinen des oberen Eozän Imprägnationen, Trümer und Nester von Bleiglanz und Cerussit auftreten. Ganz in der Nachbarschaft liegen B e j a (nur 1929: Erze mit 47 t Bleiinhalt) und S i d i B u A u a n e; in letzterer treten zwei Bleiglanz-Imprägnationen von bisweilen 10 bis 15 m Mächtigkeit in Mergeln und Kalken des Senon auf. Nördlich dieser Gruppe liegt im Küstengebiet die kleine Lagerstätte A ï n A l l e g a , die in kalkig-mergeligen Schichten der oberen Kreide am Triaskontakt Galmei und Cerussit führt; in der Teufe stellen sich Zinkblende und Bleiglanz mit Schwerspat ein. Südöstlich davon liegen die Lagerstätten von T a b u n a (1929: Erze mit 54 t Bleiinhalt, 1930: 600 t, 1937: 302 t Bleierze) und B a z i n a; hier finden sich Bleiglanz und hauptsächlich feinkörniger Cerussit, begleitet von Schwerspat und Strontianit in Klüften, z. T. wohl auch metasomatisch, und als Krusten auf zerrüttetem graublauem Kalk am Kontakt mit Trias, in der grünliche Ophite (Diabase z. T.) auftreten. Die Förderung betrug:

1930	1 620 t	Bleierze
1931	5 000 t	„
1932	2 130 t	„
1933	450 t	„
1937	1 643 t	„

In unmittelbarer Nähe liegt K h a n g u e t K e f T u t, die die zweitgrößte Bleizinklagerstätte von Tunesien ist. Hier wurde ein in Senon-Kalken aufsetzender 2 km langer Gang mit Galmei und Bleiglanz gebaut. Bis Ende 1936 wurden 42 000 t Blei und 90 000 t Zink (Metallinhalt) gewonnen, 1937 wurden 133 t Bleierze und 531 t Zinkerze gefördert. Nach O zu schließt sich die Lagerstätte von S i d i A h m e d an, die am Ausgehenden Galmei, in der Teufe ein Bleiglanz-Zinkblende-Gemenge in untersenonen Kalken im Liegenden von Eozän-Mergeln führt, ein sehr bezeichnendes Beispiel für eine metasomatische

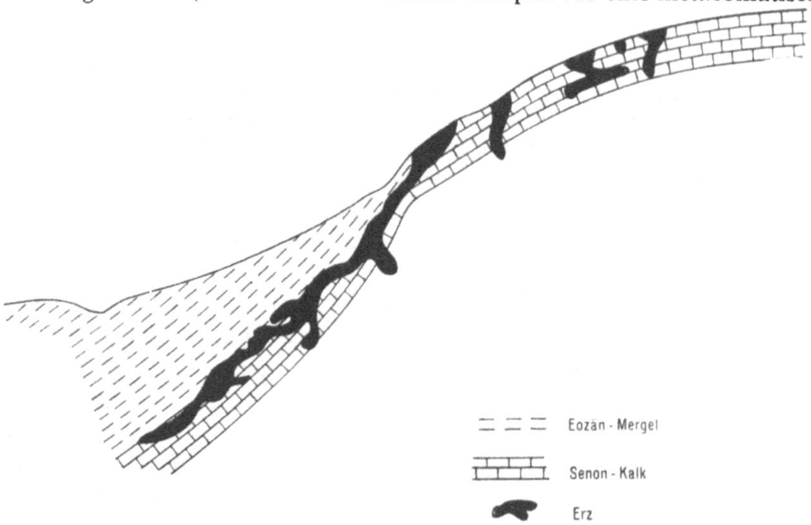

Abb. 27. Geolog. Schnitt durch die Blei-Zink-Lagerstätte von Sidi Ahmed (Tunesien). Nach *Berthon*.

Lagerstätte: die Erzlösungen wurden unter der undurchlässigen Mergeldecke gestaut (Abb. 27). Noch weiter im O liegt die Bleierzlagerstätte von E l G r e f a. Diese und S i d i A h m e d hatten folgende Produktion (Zinkerze von S i d i A h m e d zusammen mit D j e b e l A z e r e d, s. u.):

	Bleierze	Zinkerze
1929	192 t	409 t (Metallinhalt!)
1930	450 t	430 t (Erz!)
1931	3 250 t	390 t „
1932	2 020 t	—
1937	1 657 t (El Grefa allein)	

Von Beginn an bis Ende 1936 förderte Sidi Ahmed Erze mit einem Metallinhalt von 23000 t Blei und 60000 t Zink.

Südlich des Medjerda liegen die Blei-Zinkerz-Lagerstätten von Kucha (nur 1930: rd. 90 t Bleiglanz) und Sakiet Sidi Yussef, die 1929 Erze mit 1078 t Blei- und 100 t Zinkinhalt, 1930: 800 t Bleiglanz und 350 t Zinkblende lieferte. Hier setzen in Senon-Kalken und -Mergeln Gänge mit Schalenblende, Bleiglanz und Pyrit mit Kalkspat als Gangart auf; am Kontakt mit der Trias sind die Senon-Kalke metasomatisch in Bleiglanz umgewandelt, Zinkblende tritt nur untergeordnet auf. Etwas nordöstlich davon liegen auf dem westlichen Ufer des Mellègue, eines Nebenflusses des Medjerda, die Bleizinkerz-Lagerstätten der Djebels Tuireuf, von denen die des Tuireuf selbst nur 1929 zusammen mit Bu Krim Erze mit 108 t Zinkinhalt lieferte. Am Er Ressas, einem der Djebels, setzen Gänge mit Galmei, Cerussit und Bleiglanz in Senon-Kalken auf. Die Förderung betrug:

1922	90 t Galmei, 1 120 t Bleierz
1929	1 075 t Bleimetall
1930	2 470 t Bleierz
1931	60 t „
1932—1934	keine Förderung
1935	850 t Bleierz
1936	2 983 t „
1937	1 818 t „

Auf der östlichen Talseite liegt die Bleierzlagerstätte Ued el Kohol, von der nur 1930 eine Förderung von 180 t Bleierz angegeben wird. Hier sind Spalten in einer Schichtfolge von abwechselnd Kalken und Mergeln des Senon mit erdigem Galmei und Bleiglanz gefüllt; im Kalk sind die Spalten besonders erzreich, im Mergel verarmen sie. Das weiter östlich gelegene Bleiglanzvorkommen von Melalis förderte:

1929	396 t Bleimetall
1935	110 t Bleierz
1936	576 t „
1937	351 t „

Südlich dieser Lagerstättengruppe liegt die Bleizinkerz-Lagerstätte des Djebel Kebuch, die nur 1929 eine Metallgewinnung von 6 t Blei und — zusammen mit Bu Grine — 213 t Zink hatte. Auf dem Djebel Kebuch liegen Kalke und Mergel des Senon auf Trias (s. Abb. 28). In der Nähe des Auflagers sind die Kalke aufgelöst und in ein Gemenge von Zinkblende, Bleiglanz und Pyrit umgewandelt. Dieses Erzlager, das unmittelbar auf den Gipsmergeln der Trias liegt, wird nach der Teufe zu 7 bis 8 m mächtig, besteht hier aber fast ausschließlich aus Pyrit mit nur wenig Bleiglanz. Im Hangenden dieses Lagers bildet Cerussit in den Rückstandstonen der aufgelösten Kalke ein Netzwerk von dünnen Gängchen und Erztaschen, und in einer eisenschüssigen tonigen Masse tritt manganhaltiger Galmei (mit bis 69 v. H. Mn) in Gestalt linsenförmiger Erzkörper, die teilweise im Tagebau gewonnen wurden, auf. Am Djebel Bu Grine grenzen ebenfalls an die Trias ziemlich steil einfallende Senonkalke, in denen ein Schwerspatgang mit etwas Bleiglanz aufsetzt, während fast lagergangförmig in den Kalken und Mergeln des Senon eine 2 bis 4 m mächtige Bank von Galmei liegt. An der Südostseite

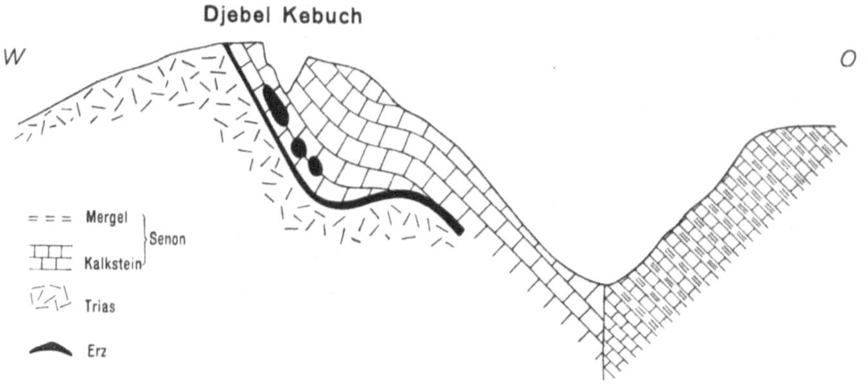

Abb. 28. Geologischer Schnitt durch die Blei-Zinkerz-Lagerstätte des Djebel Kebuch, Tunesien. Nach *Berthon*.

des unmittelbar benachbarten Djebel Lorbeus findet sich Galmei nesterweise mit etwas Cerussit in Tonmergeln. Die Förderung war 1929: 55 t Blei und 170 t Zink (Metallinhalt!), 1937 nur 30 t Zinkerz. Nordöstlich davon liegt auf der Nordostflanke des Djebel Ghorra die Blei-Zinkerz-Lagerstätte von Djebba. Geologisch gesprochen liegt hier eine Eozänmulde mit einer Wechsellagerung von grauen Kalken und Mergeln des Senon im Liegenden vor. Auf Gängen findet sich Bleiglanz allein oder mit Zinkblende zusammen im Senon, während in den hangenden Nummulitenkalken des Eozän Galmei-Nester auftreten. Die Förderung am Djebel Ghorra betrug in Djebba:

1929	702 t Bleimetall
1930	440 t Bleierze
1931	900 t „
1937	696 t „

Die benachbarte Lagerstätte Nefate baut auf einem 1 m mächtigen Bleiglanzgang, außerdem finden sich metasomatische Lager von eisenhaltigem Galmei. Es wird nur für 1930 eine Förderung von 10 t Bleierz angegeben. Ganz in der Nähe liegt Fedj el Adum, wo Cenomankalke an abdichtender Trias metasomatisch in Galmei und Bleiglanz umgewandelt sind. Die Förderung betrug 1929: 77 t Bleimetall und 60 t Zinkmetall, 1930: 140 t Bleierz. Abseits von diesen Lagerstätten liegt weiter östlich die Bleilagerstätte Kudiat es Sefra, von der nur 1929 eine Metallerzeugung von 890 t Blei und 1930 eine Bleierzförderung von 660 t angegeben wird.

Der südliche Lagerstättenzug dehnt sich nordwestlich Tebessa aus. Zu ihm gehören die Lagerstätten von Kudiat el Hamra und Sidi

Amor ben Salem. In Kudiat el Hamra setzt ein 0,30 bis 0,80 m mächtiger, 180 m langer Gang mit Bleiglanz und Galmei in Cenoman-Kalken auf. Die Förderung betrug:

1929	454 t Bleimetall
1930	2 750 t Bleierze
1931	2 200 t „
1932	650 t „
1935	550 t „
1936	2 297 t „
1937	2 065 t „

Auf der Bleierzlagerstätte von Sidi Amor ben Salem tritt silberhaltiger Bleiglanz (380 g/t Ag) in 8 bis 10 m mächtigen Linsen zusammen mit Schwerspat und Kalkspat zwischen Mergeln und Kalken des Apt auf, durch eine Verwerfungsbrekzie von der Trias getrennt. Das Haufwerk enthält 20 bis 30 v. H. Pb. Bis Ende 1936 wurden hier Erze mit 128 000 t Bleiinhalt gefördert. Im einzelnen betrug die Förderung:

1929	3 325 t Bleimetall
1930	3 900 t Bleierze
1931	3 500 t „
1932	120 t „
1933	—
1934	200 t „
1935	430 t „
1936	1 284 t „
1937	2 019 t „

Drei Kilometer nordöstlich davon setzen in Apt-Kalken bei Charren Bleiglanzgänge mit Schwerspat und Kalkspat als Gangart auf, von denen etwa fünfzehn untersucht sind. Südöstlich Tebessa liegt die Zinkerzlagerstätte des Djebel Azered, deren Förderung schon oben (S. 248) zusammen mit der von Sidi Ahmed angegeben wurde. Am Djebel Azered finden sich am Kontakt mit Quarziten in roten Tonen innerhalb der Apt-Kalke Nester von Galmei. Ihr schließt sich noch etwas weiter südlich die Bleiglanzlagerstätte von Kef Chambi an, auf der in zerklüfteten Apt-Kalken (anscheinend metasomatische) Schwerspatzonen mit Nestern und Trümern von Bleiglanz abgebaut werden. Die Förderung betrug:

1930	70 t Bleierze
1932	30 t „
1937	111 t „

Ihr benachbart ist das Blei-Zinkerz-Vorkommen von Aïn Nuba (1929: 27 t Bleimetall, 1930: 30 t Bleierze), wo in der dolomitischen Zone des Alb, dicht unter dem Cenoman, eine Kalkbank in 0,1 bis 0,6 m Mächtigkeit metasomatisch in Galmei und Bleiglanz umgewandelt ist.

Ganz abseits von diesen Lagerstätten liegt südlich der Stadt Tunis die größte Lagerstätte dieses Landes, Djebel Ressas, ein ziemlich horizontbeständiges, metasomatisch entstandenes Lager in Lias-Kalken, das an die Nähe von Verwerfungen gebunden ist. Das Erz ist in den oberen Teufen ein Gemenge von Cerussit, Galmei und Bleiglanz, in größeren Teufen ein inniges Gemenge von Bleiglanz und Zinkblende. Hier wurden bis zur Einstellung des Betriebes 1931 Erze mit einem Metallinhalt von 99 000 t Blei und 148 000 t Zink gefördert. Südlich schließen sich bei Zaghuan die Bleierzlagerstätten von Sidi et Tava (Kleiner Zaghuan) an, die folgende Förderung hatten:

1929	490 t Bleimetall
1930	810 t Bleierze
1931	500 t „
1932	475 t „
1933	410 t „
1934	660 t „
1935	670 t „
1936	469 t „
1937	625 t „

Hier findet sich Bleiglanz, z. T. metasomatisch entstanden, z. T. auf Gängen mit großen Kristallen von Kalkspat und Schwerspat, gelegentlich auch Flußspat in Tithon-Kalken. Die Zinklagerstätte des Djebel Zaghuan (Großer Zaghouan) gewinnt Galmei, der in zerklüfteten Kalken Nester, Trümer und Krusten bildet (1929: 246 t Zinkmetall).

Südwestlich Kaiuan liegen die Blei-Zinkerz-Lagerstätten des Djebel Trozza und des Djebel Tuila. Am Djebel Trozza treten mehrere nordöstlich streichende, z. T. mit 45° südöstlich einfallende Gänge in Apt-Kalken mit Cerussit, Bleiglanz und Galmei in kalkiger und toniger Gangart auf; durch Blattverschiebungen ist der Gang treppenförmig abgesetzt. Ein Gang konnte auf 300 m Länge und 200 m im Einfallen nachgewiesen werden; er wird in seinem südlichen Verlauf unregelmäßig und geht anscheinend in einen Lagergang über. Die Förderung betrug:

1929	1 071 t Blei, 70 t Zink (Metallinhalt!)
1930	1 720 t Bleierze
1931	1 400 t „
1932	1 200 t „
1933/34	keine Förderung
1935	200 t Bleierze
1936	1 309 t „
1937	1 008 t „

Südöstlich davon liegt die Blei-Zinkerz-Lagerstätte des Djebel Tuila, deren Förderung betrug:

1929	417 t Blei,	781 t Zink (Metallinhalt!)
1930	130 t Bleierze,	360 t Zinkerze
1936	850 t „	2 630 t „
1937	240 t „	1 516 t „

Sie bildet Lagergänge in Kalken und Mergeln des oberen Apt. Am Ausgehenden wird Galmei mit Bleiglanz-Trümern gefunden, der in der Teufe schnell in ein Bleiglanz-Zinkblende-Gemenge übergeht.

In den letzten Jahren betrug die gesamte Blei-Zinkerz-Förderung in diesen nordafrikanischen Ländern in t:

	Marokko		Algerien		Tunesien	
	Blei	Zink	Blei	Zink	Blei	Zink
1929	—	—	9 000	13 800	17 400	3 800
1932	2 550	—	4 150	3 675	11 000	700
1933	35	195	160	5 100	5 800	—
1934	260	920	760	5 270	7 870	—
1935	195	—	1 700	4 150	7 925	400
1936	10 300	2 120	4 400	5 650	16 700	2 885
1937	21 700	9 670	8 280	23 100	21 545	2 570
1938	27 740	5 630	7 850	15 520	28 800	1 414
1939	35 412	5 314	—	—	—	—

Die wichtigsten Gesellschaften, in deren Händen sich die Blei-Zink-Gruben befinden, sind nach dem Annuaire 1938/39 des Bureau d'études géologiques et minières coloniales in Paris folgende (in [] Gruben u. a.):

Name	Sitz	Gründungsjahr	Kapital fr
Marokko, Algerien, Tunesien			
1. Société anonyme des mines et fonderie de zinc de la Vieille-Montagne (Algerien: Hammam N'Bails, Chabet Mazeli, M'Cid-Aïcha, Uarsenis; Tunesien: Djebba)	Lüttich	1837	24 000 000
2. Compagnie royale asturienne des mines (Marokko: Hassi-Tuisset, Djebel Mahsseur, Sidi Aïssa, Djebel Auam, Berkine: Algerien: Kef Rekma, Hadjar Mekuch [Prov. Constantine]; Tunesien: Konzessionen Sidi Ahmed, Djebel Azered, El Grefa, Abbauerlaubnis Djedaria, Kebbuch, Tbaga, Djebel Semene)	Brüssel	1853	279 000 000
3. Société minière et métallurgie de Penarroya (Marokko: Djerf Uazzene (Ujda); Algerien: Kef um Thebul, Cap Tenès; Tunesien: Djebel Ressas [gepachtet], Ain Allega, Bleihütte in Megrine)	Paris	1881	309 375 000
Marokko			
4. Société minière du Haut-Guir (Djebel Bu Dahar b. Ujda)	El Biar (Algerien)	1911	3 080 000
5. Compagnie métallurgique et minière franco-marocaine (Sidi Lahsen, Debdu)	Paris	1912	20 000 000
6. Mines d'Aouli (Auli, Medelt Haute-Moulouya)	Casablanca	1926	37 500 000
7. Société minière de Rehamna (Rehamna, Djerf Uazzene)	Casablanca	1926	6 000 000
8. Société des mines de l'Erdouz (Gegend von Marrakesch)	Marrakesch	1927	6 000 000
9. Société nouvelle des mines de Zellidja (Zellidja, Bu Beker, Sidi Amar, Tiuli)	Bu Beker	1928	10 000 000

Name	Sitz	Gründungsjahr	Kapital fr
Algerien			
10. Compagnie des mines d'Ouasta et de Mesloula (Meslula)	Paris	1903	3 000 000
11. Société des mines de Zinc du Guergur (Kef Semmah, Bukedema, Aïn Rua, Djebel Anini)	Paris	1906	5 750 000
12. Compagnie minière du Djendli (Djendli, Djebel Gustar)	Paris	1906	3 200 000
13. Société des mines de Palestro (Guerruma)	Algier	1922	120 000
14. Société des mines de Sidi Kamber (Sidi Kamber, Dar Debbagh, Bir Beni Salah)	Constantine	1922	600 000
15. Société des mines de Boudoukha (Ued Budukha, Aïn Kechera)	Budukha	1924	6 200 000
16. Compagnie des mines de Ghar Rouban (Ghar Ruban)	Paris	1926	8 000 000
17. Société des mines de l'Oued Oudina (Ued Udina, Schürferlaubnis in der Gegend von Collo)	Paris	1927	9 000 000
Tunesien			
18. Société des mines de Garn-Alfaya (Garn-Alfaya, Kudiat el Hamra, Majembia, Kudiat Um de Ba)	Paris	1908	4 200 000
19. Société anonyme française du Djebel Hallouf Djebel Halluf, Djebel Abeid, Blei-Hütte)	Tunis	1911	16 250 000
20. Société d'exploitations et des recherches minières dans l'Afrique du Nord (Fedj Assene, Kef Lasfar, Sidi et Taya)	Tunis	1923	3 000 000
21. Société anonyme d'exploitations minières Sidi Bou Aouane (Sidi Bu Auane, Suk el Khemis)	Tunis	1925	5 112 500
22. Exploitations minières en Tunisie (Djebel Tuireuf, Ressas-Tuireuf, Sidi Bu Krim)	Paris	1926	26 000 000
23. Société nouvelle du Kanguet (Kanguet Kef Tut)	Paris	1931	1 200 000
24. Amalgamated oxydes Ltd. (Bechateur, Zinkhütte)	London	1935	£ 360 000

4. Kobalt und Nickel

Das einzige bauwürdige Kobalt-Vorkommen Nordafrikas wurde erst 1930 entdeckt und liegt in Marokko, 180 km südöstlich Marrakesch, in der Nähe von Bu Azzer und El Graara, 1370 m hoch im Anti-Atlas. In vorkambrischen Gneisen, Graniten und Glimmerschiefern, die von gefalteten kambro-silurischen Gesteinen überlagert werden, setzen zahlreiche ostwestlich streichende Quarz-, Kalkspat- und Dolomit-Gänge auf, die oft einige hundert Meter lang sind. Außerdem finden sich noch Serpentine und Gabbros, die auch noch vorkambrisch zu sein scheinen. Die Gänge führen Kobalt- und Nickelerze nur, soweit sie im Granit oder Serpentin bzw. Gabbro verlaufen. Durchschnittlich sind die Gänge 1 bis 2 m mächtig, sie können aber auch 10 und sogar 15 m mächtig werden. Das Ausgehende der Lagerstätte ist durch reichliches Auftreten von Kobaltblüte* kenntlich, deren nadelförmige Kriställchen pfirsichblütenfarbene Überzüge oder kleine Kristallrosetten bilden; die Eingeborenen haben sie schon lange als Rattengift verwandt. Zusammen mit der Kobaltblüte findet sich schwarzer, erdiger, kobalthaltiger Asbolan und grüne Krusten, die man bald dem Annabergit (Nickelblüte)**, bald dem Garnierit† zugerechnet hat. Primäre Erze in der Tiefe sind vor allem Speiskobalt (Smallin), dann Weißnickelerz (Rammelsbergit), Safflorit und Chloanthit††. Skutterudit ($CoAs_3$) und gelegentlich Löllingit ($FeAs_2$) und Rotnickelkies (NiAs). Diese Mineralien bilden zusammen die Gangfüllung, das Erz ist gewöhnlich metallischgrau mit rötlichen Flecken von Rotnickelkies. Das Erz von Bu Azzer ist stellenweise reich an Gold, das als gediegenes Gold im Skutterudit, seltener im Quarz vorkommt. Das Erz enthält im Durchschnitt 13,25 v. H. Co, 3 v. H. Ni und 21 v. H. As. Die 4160 t Erz, die 1935 gefördert wurden, ergaben 445 t Kobalt, 208 t Nickel und 36 kg Gold. Analysen:

	Speis-kobalt	Kobalt-blüte	Fördererz, mit der Hand von Gangart getrennt		
Co	13,25	25	14,10	8,20	6,30
Ni	3,5	3	3,7	0,4	Sp.
Fe	3,5	0,5	3,22	3,32	12,55
As	64,5	21	44,06	18,19	48,20
Cu	Sp.	2,5	—	—	—
Au	—	—	17 g/t	0,8 g/t	Sp.
S	1	Sp.	1,6	0,28	0,30
O, H_2O	14,25	48	—	—	—

Bis jetzt wurde die Erzführung bis 40 m Tiefe festgestellt. Weitere Schürfarbeiten werden von der Société minière de Bou Azzer et du Graara in Casablanca (1931 gegründet; Kapital 5 Mill. fr) außer bei Bu Azzer östlich und westlich El Graara durchgeführt. Die Kobalterzförderung, die 1932 aufgenommen wurde, betrug:

1932	566 t
1933	600 t
1934	1 620 t
1935	4 160 t
1936	3 370 t
1937	5 280 t
1938	6 540 t
1939	5 212 t

Algerien. Westlich von Collo findet sich bei Euchel Bez im Serpentin nickelführender Magnesit.

* Kobaltblüte oder Erythrin $Co_3(AsO_4)_2 \cdot 8\ H_2O$.

** Nickelblüte oder Annabergit $Ni_3(AsO_4)_2 \cdot 8\ H_2O$.

† Garnierit (Ni,Mg) $SiO_3 \cdot 3\ H_2O$.

†† $CoAs_2$: regulär Speiskobalt; rhombisch Safflorit. — $NiAs_2$: regulär Weißnickelerz oder Rammelsbergit, rhombisch Chloanthit (Arsennickelkies).

5. Antimon

Marokko, Seit 1934 sind Schürfarbeiten auf Antimonglanz in der Gegend von Ued Zem im Gange, und seit 1935 untersucht man ähnliche Lagerstätten bei Tafudeit, 30 km südwestlich Meknes. Bei diesen Schürfarbeiten wurden gewonnen:

	Ued Zem	Tafudeit
1934	60 t	—
1935	335 t	60 t
1936	106 t	46 t
1937	45 t	
1938	260 t	
1939	832 t	

Algerien. In der Provinz Constantine liegen mehrere Antimonerzvorkommen. Während des Weltkrieges wurde auf der Blei-Zinkerz-Lagerstätte von Hammam N'Baïl etwas Flajolotit gewonnen; in Hamminate Senza, 70 km südöstlich Constantine, hat man rund 4000 t Senarmontit und Valentinit* mit etwa 1800 t Antimonmetall gewonnen. Am Djebel Hamimat kommt Senarmontit mit wenig Antimonglanz und antimonhaltiger Galmei mit etwas Bleiglanz und Zinnober in unregelmäßigen Massen in einer Wechsellagerung mit bituminösen Mergelschiefern, die wahrscheinlich dem Gault angehören, vor. Das Antimonerz, meist Senarmontit, findet sich entweder derb oder kristallisiert (in Kristallen von 3 cm Durchmesser) oder fein eingesprengt im Mergel. In Aïn Kerma, der größten Lagerstätte überhaupt (Société des mines d'Aïn Kerma, Paris, 1922 gegründet, 2 Mill. fr Kapital), ist mit dem Abbau von Cervantit** begonnen worden. In Taya und Le Kheneg wird von der Société nouvelle des mines de la Lucette, Paris (Kapital 4 Mill. fr) Antimonglanz und Stiblith† gewonnen. Die unterkretazischen Kalksteine des Djebel Taya werden von steilstehenden Gängen sulfidischer Erze mit 58,28% Antimon, 4,56% Quecksilber und 2,34% Arsen durchsetzt. An der Oberfläche ist der Antimonglanz völlig oxydiert und ist bisweilen auf Höhlenwänden im Gestein aufgewachsen. Die Gangart ist meist quarzig, bisweilen auch spätig. Im Kontakt mit Senon-Mergeln findet man strahlige Knollen von Antimonglanz bis 200 kg Gewicht, auch die Mergel sind mit Antimonglanz imprägniert (*Dalloni*, 1939). Ähnlich wie das Vorkommen von Djebel Hamimat ist die Lagerstätte von Sidi Rgheiss, 23 km nordwestlich Aïn Beida, wahrscheinlich metasomatischen Ursprungs, in der nicht sulfidisches, sondern oxydisches Antimonerz vorkommt. Nester und freischwebende Einzelkristalle von Senarmontit durchschwärmen den Kalkstein, besonders in der Nähe undurchlässiger Tonlagen sind sie angereichert. Daneben findet sich antimonreicher Galmei. Wahrscheinlich war die Lagerstätte ursprünglich als Antimonglanz-Lagerstätte ge-

* Valentinit Sb_2O_3, rhombisch, auch Weißspießglanzerz oder Antimonblüte genannt

** Cervantit Sb_2O_4, schwefelgelb.

† Stiblith $Sb_2O_4 \cdot H_2O$, gelblichweiß.

bildet worden, die erst nachträglich unter Umkristallisationserscheinungen in eine Antimonoxyd-Lagerstätte umgewandelt wurde. Seit 1923 wurden in Algerien gefördert:

	Antimonerz in t	Metallinhalt in t
1923	4 000	600
1924	3 000	900
1925	4 000	1 700
1926	1 000	500
1927	300	100
1928 bis 1930 keine Förderung		
1931	230	70
1932	610	?
1933	1 200	100
1934	1 430	720
1935	2 210	?
1936	4 515	?
1937	2 160	?
1938	2 066	1 090

Davon entfielen von 1935 bis 1938 auf die einzelnen Lagerstätten:

	1935	1936	1937	1938	
Taya	35 t	135 t	92 t	40 t	Antimonerz
Kheneg	250 t	266 t	84 t	117 t	„
Hamminate	—	28 t	97 t	12 t	„
Aîn Kerma	1920 t	2 321 t	1 889 t	1 897 t	„

6. Kupfer

Marokko. Es sind zahlreiche Anzeichen von Kupfervorkommen bekannt, es sind auch, besonders von der 1933 in Paris mit einem Kapital von 5 Mill. fr gegründeten Société des mines de cuivre de Djebilet, Schürfarbeiten durchgeführt worden am Djebel Djuz, in Debdu und in Bigudine, aber zu einer Förderung von Kupfererzen ist es bisher nicht gekommen. 1929 hatte man in Ghar Djadj am Djebel Aguénane, 6 km westlich Debdu, bei Schürfarbeiten 2070 t Erz mit einem Kupferinhalt von 78 t gefördert. Hier finden sich Kupfererze als unregelmäßige Massen lagergangförmig in Schiefern; sie stehen in genetischem Zusammenhang mit einer Granitintrusion. Man kann in den Pyroxen- und Hornblendeschiefern mehrere Zonen mit 1 bis 6 v. H. Cu und 0 bis 12 v. H. Zn unterscheiden; anscheinend handelt es sich um kontaktmetasomatische Fahlbänder. Man schätzt den Erzvorrat auf einige 10000 t mit 2,2 v. H. Cu.

Algerien. Kleine Kupfererzvorkommen finden sich vor allem im nördlichen Teil der Provinz Constantine. Im allgemeinen handelt es sich um Gänge mit Kupfer-, Blei- und Zinkerzen. Während des Weltkrieges hatte man 600 t metallisches Kupfer gewonnen. An folgenden Orten wurde etwas Kupfererz gefördert:

Achaïches: 9000 t 1906 bis 1908.

Budjudun: bis 1927 rund 1500 t Konzentrat, danach wurde der Bergbau eingestellt; es handelte sich um linsenförmige Imprägnationen mit Antimonfahlerz (Tetraedrit) * in Kalksteinen des Lias und um Kupferkies am Kontakt von oberem Lias und Kreideschiefern. Manche Erzmassen hatten über 20% Cu und 4 bis 8 kg/t Silber.

El Khanga bei Suk Ahras: 460 t.

Tadergunt: 3500 t, Gänge mit Tetraedrit* und Kupferkies in mesozoischen schiefrigen Mergeln.

Brademah: 6000 t.

Aïn Barbar: 40 000 t 1913 bis 1923, Quarzgänge im Obereozän mit Kupferkies, Zinkblende und Bleiglanz.

Kef um Thebul: ebenfalls Quarzgänge mit Kupferkies, Zinkblende und Bleiglanz, in größerer Tiefe Pyrit, förderte:

1849 bis 1893: 285 000 t Bleiglanz, Zinkblende und Kupferkies

1899 bis 1903: 6780 t Kupferkies

1907 bis 1914: 13 000 t Erze mit 5 v. H. Cu.

Aïn Séfra: Malachit, Kupferlasur und Rotkupfererz als Imprägnation in kieseligen Sedimenten; 1935 wurden 100 t und 1936 22 t Kupferkarbonate mit einem mittleren Gehalt von 8 v. H. Cu gefördert.

Von 1920 ab wurden folgende Mengen Kupfererze und metallisches Kupfer gewonnen:

	Erz in t	Kupfer-Inhalt in t
1913	—	500
1920	4 200	60
1921	9 200	290
1922	10 800	440
1923	12 000	400
1924	16 000	675
1925	23 000	1 300
1926	2 600	480
1927	1 500	260
1928	2 000	230
1929	500	25
1930	2	1
1931	—	—
1932	125	?
1933	25	?
1934	10	?
1935	100	?
1936	200	20

ab 1937 keine Förderung mehr

* frz. cuivre gris.

Dazu kommen noch die paar hundert Tonnen Kupfer, die als Nebenerzeugnis bei der Verarbeitung des Schwefelkieses (s. u.) gewonnen werden.

Tunesien. Im nördlichen Tunesien kommen Kupfererze (Karbonate, Tetraedrit, Kupferkies) an verschiedenen Stellen vor. Zu einem kleinen Abbau kam es jedoch nur in den Jahren 1903 bis 1909 am Djebel Chuichia, wo in eisenschüssigen Kalken kleine Kupfererzgänge mit linsenförmigen Erzfällen auftreten; die Erze sind Antimon- und Arsenfahlerz mit 3 bis 7 v. H. Cu, 1 bis 2 v. H. As und Sb und 20 bis 40 g/t Ag. Von 1903 bis 1909 wurden hier 4412 t Kupfermatte gewonnen.

7. *Molybdän*

Marokko. Die kontaktpneumatolytische Molybdänglanz-Lagerstätte von Azegur, 10 km südwestlich Amismiz, gehört zu einem nachvariszischen Granitmassiv des Hohen Atlas. Im Kontakthof dieses Granites sind 50 bis 150 m mächtige kambrische Kalksteine in Kalksilikatfels (cipolin) mit Granatlinsen umgewandelt. Im Kalkstein und in den Granatlinsen ist der Molybdänglanz eingesprengt in Gestalt von Blättchen, rosettenförmigen Aggregaten, die bis zu 2 cm Durchmesser erreichen können, und dünnen Adern. Das Gestein enthält 0,5 bis 1 v. H. Molybdänglanz. Bis 1 oder 2 m unter Tage ist der Molybdänglanz in Powellit* umgewandelt. Auch in den Roteisenerz- und Porphyritgängen, die den Kalkstein durchsetzen, findet sich Molybdänglanz. 1937 hat man den Erzvorrat mit 0,5 v. H. Molybdänglanz auf 600 t Molybdäninhalt geschätzt. Südöstlich Azegur sind bei Tichka am Rande dieses selben Granitmassivs auf 30 km Länge zahlreiche Molybdänglanz-Vorkommen nachgewiesen. Bei Azegur wurde 1932 mit der Förderung begonnen. Das Roherz hat 3,75 v. H. MoS_2, das Exporterz 80 bis 90 v. H. Die Förderung betrug:

	Erz in t	Molybdänglanz-Inhalt in t
1932	12,5	11
1933	132	113
1934	163	82
1935	162,5	120
1936	205	160
1937	196	95
1938	205	?
1939	175	?

Besitzerin der Grube ist die Gesellschaft Le Molybdène in Paris bzw. Casablanca, die 1930 mit einem Kapital von 16½ Mill. fr gegründet wurde.

8. *Vanadium*

Vanadium-Mineralien begleiten die Bleizink-Erze, werden aber nicht besonders gewonnen.

* Powellit $CaMoO_4$, grünlichgelb.

Marokko. Vanadinit* findet sich bei Ujda am Djebel Mahseur.

Algerien. Bei Saida (Prov. Oran) kommt Vanadinit zusammen mit Endlichit*, Descloizit und Cerussit vor; am Djebel Gruz (Prov. Constantine) findet sich Vanadinit zusammen mit Descloizit, Mimetisit und Pyromorphit.

Tunesien. Bei Djebba wird in Cenomankalken und besonders in den unteren Nummulitenkalken, deren liegender Teil phosphatisiert ist, Zinkblende und eisenreicher Galmei gefunden, auf dessen Spalten Vanadinit ausgeschieden wurde. Ein anderes tunesisches Vanadinit-Vorkommen ist Suk el Khemis.

9. Chrom und Wolfram

Marokko. Im östlichen Anti-Atlas kommen in der Gegend von Graara im Serpentin des Djebel Inguischen Chromitschlieren als langgestreckte, gangähnliche, steilstehende Massen von 1 bis 2 m Mächtigkeit vor.

Für 1938 gibt Marokko eine Förderung von 4 t, für 1939 von 3 t Wolframit an. Über die Lagerstätte ist nichts Näheres bekannt, vielleicht liegt sie bei Ulmès (s. u. Zinn).

Algerien. Vor wenigen Jahren wurden in der Provinz Constantine im Serpentin westlich von Collo zwei Vorkommen von derbem Chromit entdeckt. Der versuchsweise eingeleitete Abbau wurde wieder eingestellt.

10. Titan

Die Dünensande am Um R'bia in Marokko enthalten neben Spuren von seltenen Erden und Zirkon auch viel Ilmenit.

11. Quecksilber

Algerien. Das Quecksilber-Vorkommen von Ras el Ma im Djebel Maksen in der nördlichen Provinz Constantine, 25 km von Philippeville entfernt, ist schon seit 1853 bekannt und wird von der „Minière française du mercure" ausgebeutet. Es sind unregelmäßige Zinnober-Imprägnationen sowie schwerspatführende Gänge von 0,50—1,80 m Mächtigkeit mit erdigem, bisweilen kristallinem Zinnober in Kalksandsteinen, Mergeln. Schiefertonen und brekziösen Kalken des Ober-Eozän. 1930 wurden 11 kg, 1932 noch 41 kg Quecksilber gewonnen, 1933 wurde der Abbau eingestellt. Bei Beni Salah kommt Zinnober mit etwas gediegenem Quecksilber im Gneis des Massivs von Collo am Kontakt mit Eozän vor; das Vorkommen steht in Zusammenhang mit Fahlerzen, die an tertiäre Intrusiva gebunden sind. Von 1886 bis 1895 wurden hier jährlich durchschnittlich 77 t Quecksilbererz gewonnen. Die Zinnober-Gänge von Taghit im Djebel Aures wurden im Jahre 1859 entdeckt. Es sind im

* Vanadinit $ClPb_5(VO_4)_3$, Mimetisit $ClPb_5(AsO_4)_3$, Endlichit: isomorphe Mischung von Mimetisit und Vanadinit. Descloizit: Blei-Zink-Vanadinat.

Neokom aufsetzende Gänge, meist steilstehend, mit Zinkblende, Zinkspat, Bleiglanz und Zinnober. Der Hauptgang ist 300 m lang und 100 m hoch und enthält 0,5 v. H. Quecksilber. Von 1902 bis 1908 wurde das Vorkommen abgebaut; die Höchstförderung wurde 1907 mit 15 t Zinnober erreicht. Gediegen Quecksilber wird bei Arzeu in rötlichem Ton auf Spalten tertiären Kalksteins gefunden. Auf den Antimonglanzlagerstätten von Uled Ali, bei Sanza und Hamimat sowie am Djebel Taya kommt nach *De Launay* (Gîtes minéraux. Paris/Lüttich 1913) Zinnober in dunkelroten, derben, feinkörnigen Massen vor, oft als Überzug auf den Antimonglanzkristallen.

Tunesien. Die Grube Ued el Madène, 17 km von der Bahnstation Ghardimau entfernt, die auf Gängen baut, fördert Erze mit durchschnittlich

4 v. H.	Hg
20 v. H.	Pb
7 v. H.	Zn
15 v. H.	Sb
1333 g/t	Ag

Der Quecksilbergehalt schwankt zwischen 2,4 und 6,7 v. H. Im Jahre 1935 wurden erstmalig 845 kg metallische Quecksilber gewonnen. 15 km nördlich von diesem Vorkommen fördert seit April 1936 eine zweite Grube. — In jurassischen Kalken des Djebel Ust kommt Zinnober zusammen mit Fahlerz und Kupferlasur auf Flußspat-Gängen vor.

Die Quecksilber- bzw. Zinnober-Produktion betrug:

	Algerien		Tunesien
1895	85 t Quecksilbererz		—
1896	8 t Quecksilbererz		—
1932	13 180 t Zinnober	41 kg Quecksilber	—
1935	—	—	8,45 kg Quecksilber
1936	—	4,0 kg Quecksilber	2,50 kg Quecksilber
1937	2 640 t Zinnober	4,8 kg Quecksilber	8,67 kg Quecksilber
1938	7 125 t Zinnober	6,6 kg Quecksilber	9,325 t Zinnober

12. Zinn

Die paläozoischen Schichten der Meseta zwischen der Küste und dem Mittleren Atlas werden von mehreren Granitmassiven durchbrochen, von denen der kleine 8 bis 10 km lange und 5 bis 6 km breite Granitstock 10 km östlich der Stadt Ulmès wegen seines Zinnsteinvorkommens bekannt ist. Der Granit wird hier von Pegmatitgängen durchschnitten, die selten mächtiger als einige Dezimeter werden und in der Nähe des Granit-Schiefer-Kontaktes Zinnstein, begleitet von Turmalin, Lepidolith und Spuren von Molybdänglanz führen. Der Zinnsteingehalt beträgt 5 kg/t im Durchschnitt, doch kommen auch reichere Stellen vor mit 10 bis 20 kg/t und darüber. Die eluvialen und alluvialen Seifen wurden eingehend untersucht; die Zinnstein-Vorräte der Eluvionen in einem 120 ha großen Gebiet am Westrande des Massivs werden auf etwa 1000 t geschätzt; die Sande sind durchschnittlich 0,65 m mächtig und enthalten 700 bis 2000 g/t Zinnstein. Bei der Prospektierung der Alluvionen des Ued Afessaït (0,5 kg/t) am Fuße des Massivs wurden 1933 etwa 120 t Zinnstein gewonnen. Die Alluvionen des Ued Aguennur führen bis 15 oder 20 km flußabwärts Zinnstein. Seit 1934 wird bei El Karit etwas Zinnstein abgebaut; die Förderung betrug:

1934	57 t
1935	55 t
1936	32 t
1937	20 t
1938	40 t
1939	44 t

Auch im Süden des westlich hiervon gelegenen größeren Granitmassivs von Christian hat man Zinnstein gefunden; ob es sich um größere Vorkommen handelt, ist noch nicht bekannt.

13. Gold

Unbedeutende Goldfunde sind lediglich in Marokko gemacht worden. An Sulfide gebunden ist das Gold von Gundafa (Arsenkies und Pyrit), Mulay-Buazza (Arsenkies) und Bu Azzer (Skutterudit 1939 mit 46 g/t Au). In der Gegend von Tazenakht kommen goldverdächtige Quarzgänge vor, und östlich Sirua hat man Goldquarzgänge mit Freigold gefunden. Seifengold findet sich im Nfis-Tal. 1936 hat man vor allem im Anti-Atlas mit dem Prospektieren auf Goldquarzgänge begonnen. 1939 wurden aus den Kobalterzen von Bu Azzer 239,8 kg Gold gewonnen, 1937: 120 kg und 1936: 50 kg.

In Sidi Bussaib, nordöstlich Tunis (in der Nähe des alten Karthago), hat man in Küstensanden neben Magnetit und Titaneisen etwas Gold gefunden.

14. Arsen

Algerien. Arsenerze werden an verschiedenen Stellen auf Gängen gewonnen. In der Provinz Constantine setzen bei Aïn Achur, 8 km von Nador entfernt, Gänge mit Cerussit und Mimetisit* im Kalkstein auf; Ende 1930 wurden 27000 t Erz mit 18 bis 25 v. H. As und 12 bis 23 v. H. Pb gewonnen. Am Djebel Debar — die Natur der Lagerstätte ist noch ziemlich unbekannt — werden Arsenerze abgebaut, die in die Nähe des Skorodits** gehören; hier wurden 1923 bis 1927 3600 t Erz mit 20 bis 25 v. H. As gefördert. Bei Belelieta (oder Karezas), 12 km südöstlich Bône, kommt Löllingit linsenförmig in

* Mimetisit $Pb_{10}Cl_2(AsO_4)_6$, wachsgelb.

** Skorodit (Ferriarsenat) $Fe_2(AsO_4)_2 \cdot 4\,H_2O$.

Amphiboliten mit 40 v. H. As vor, ebenso in Kef um Thebul, hier zusammen mit gediegen Silber. In Chabet Gudi finden sich bei Saint Charles kleine Arsenkiesgänge in obereozänen Konglomeraten. In Chabet Kechrida kommen Realgar und Auripigment anscheinend in Knollen und Konkretionen in Mergeln des unteren Eozän vor. Die Arsenerzförderung wurde 1931 wegen des zu niedrigen Arsenpreises eingestellt. Sie betrug in Algerien:

1923	3 300 t mit	400 t Arsenik
1924	9 300 t mit	1 600 t Arsenik
1925	6 800 t mit	1 200 t Arsenik
1926	3 700 t mit	700 t Arsenik
1927	4 000 t mit	500 t Arsenik
1928	1 200 t mit	300 t Arsenik
1929	2 500 t mit	800 t Arsenik
1930	1 200 t mit	400 t Arsenik

Tunesien. Realgar und Auripigment finden sich 3 km südlich der Bahnstation Ghardimau in oligozänen Sandsteinen, die gegen Trias verworfen sind. Das Roteisenerz von Tabarca ist arsenhaltig.

15. Schwefelkies

Algerien. Schwefelkiesvorkommen sind in der Provinz Constantine sehr verbreitet, besonders bei Azuar und Aïn ben Méruane, 17 km östlich Philippeville. In Azuar wurden während des Weltkrieges 5500 t Schwefelkies gefördert. Hier trat mitten zwischen lockeren Trias-Gesteinen eine Pyritlinse im Kalkstein mit einem mächtigen Eisernen Hut auf. Aïn ben Méruane scheint eine metasomatische Schwefelkieslagerstätte in Kalksteinen unbestimmten Alters zu sein, örtlich kommt auch Kupferkies vor. Bis Anfang 1937 wurden hier insgesamt 200 000 t Schwefelkies gefördert, die in der Hauptsache auf Schwefel und neuerdings auch auf Kupfer verarbeitet wurden. Das Schwefelkiesvorkommen von Aïn Sedma hat bisher 20 000 t Pyrit geliefert. Die Schwefelkiesförderung von Algerien betrug:

1920	8 300 t	1930	16 600 t	
1921	19 000 t	1931	21 300 t	
1922	7 500 t	1932	21 600 t mit	9 960 t Schwefel
1923	21 000 t	1933	16 200 t mit	7 480 t Schwefel
1924	18 000 t	1934	13 600 t mit	6 270 t Schwefel
1925	13 000 t	1935	12 320 t mit	5 728 t Schwefel und 20 t Kupfer
1926	11 500 t	1936	19 970 t mit	9 185 t Schwefel und 200 t Kupfer
1927	13 000 t	1937	38 760 t mit	17 055 t Schwefel und 390 t Kupfer
1928	14 000 t	1938	44 750 t mit	19 430 t Schwefel und 440 t Kupfer
1929	16 800 t			

Aïn ben Méruane gehört der Société des mines de fer de Miliano in Paris (1910 gegründet; Kapital 1,9 Mill. fr.).

B. Nichterze

1. Phosphate

Über die nordafrikanischen Phosphatlagerstätten, die 1873 bei Boghari in Algerien entdeckt wurden, liegt ein ausführliches Schrifttum vor, das auszugsweise im Schriftenverzeichnis aufgeführt ist. Neuere zusammenfassende Darstellungen sind die von *Stutzer* (1932), die von *Beaugé* über Marokko und *Reufflet* über Algerien und Tunesien in den Ressources minérales de la France d'outre mer (1935) sowie von *Berthon* (Tunesien) und *Despujols* (Marokko) in den Réserves mondiales (1928), an die ich mich bei meiner Darstellung im wesentlichen halte. Bei der Unzahl von Lagerstätten konnten auch nur die wichtigsten besprochen werden.

Man unterscheidet sedimentäre Phosphate, d. h. als Meeresablagerungen gebildete Phosphatlagerstätten, und Höhlenphosphate, die freilich nur geringe wirtschaftliche Bedeutung haben.

a. Sedimentäre Phosphate

Algerien und Tunesien. Zur Kreidezeit war das nordwestliche Afrika vom Meere überflutet; die obersten Kreideschichten waren die Inoceramen-Kalke des Campan. Über diesen Kalken lagerten sich eozäne Mergel und Muschelschalenbrekzien ab, die die Phosphate führen. Eine Bucht des Meeres, der Sahara-Golf, reichte bis zu den großen tunesischen Schotts. Die Meerestiefe wurde nach N zu immer größer, so daß im heutigen nördlichen Tunesien die Fazies der Globigerinen-Kalke ohne bauwürdige Phosphatlagerstätten sedimentiert wurde. In mittleren Meerestiefen, so in der Gegend von Tebessa, wurden Nummulitenkalke mit hartem Phosphat gebildet, während in der Gegend von Gafsa, M'Dilla u. a. O. als neritische Fazies Austern- und Seeigel-Kalke abgelagert wurden, die große Mengen von weichem Phosphat umschließen. In diesen mehr oder weniger seichten Meeresbecken wurde die Phosphorsäure in Gestalt von Knochen und Zähnen bereits als Trikalziumphosphat abgelagert. Durch Koprolithen und Weichteile der Tiere ging sie auch als Ammoniumphosphat in Lösung, bildete mit Kalk erst das lösliche Bikalziumphosphat, das dann in das unlösliche Trikalziumphosphat umgewandelt wurde. Inzwischen machten sich auch alpidische Schollenbewegungen bemerkbar. Jedenfalls finden wir zwischen den Phosphatlagerstätten der Gegend von Tebessa und der Gegend um Gafsa etwa im heutigen Feriana eine Insel (Abb. 29), die die etwas verschiedene Ausbildung der beiden Lagerstätten zur Folge hatte. Auch die Lagerung der Phosphate im südlichen und mittleren Tunesien ist verschieden. Im Süden (Gafsa) treten langgestreckte, etwas unsymmetrische Sättel auf, deren Kern durch die Denudation der Kreide freigelegt ist, während die Phosphate auf den Flanken der Sättel liegen (Abb. 30). Im mittleren Tunesien (Tebessa) finden sich die Phosphate nur im Innern von Mulden (Abb. 32),

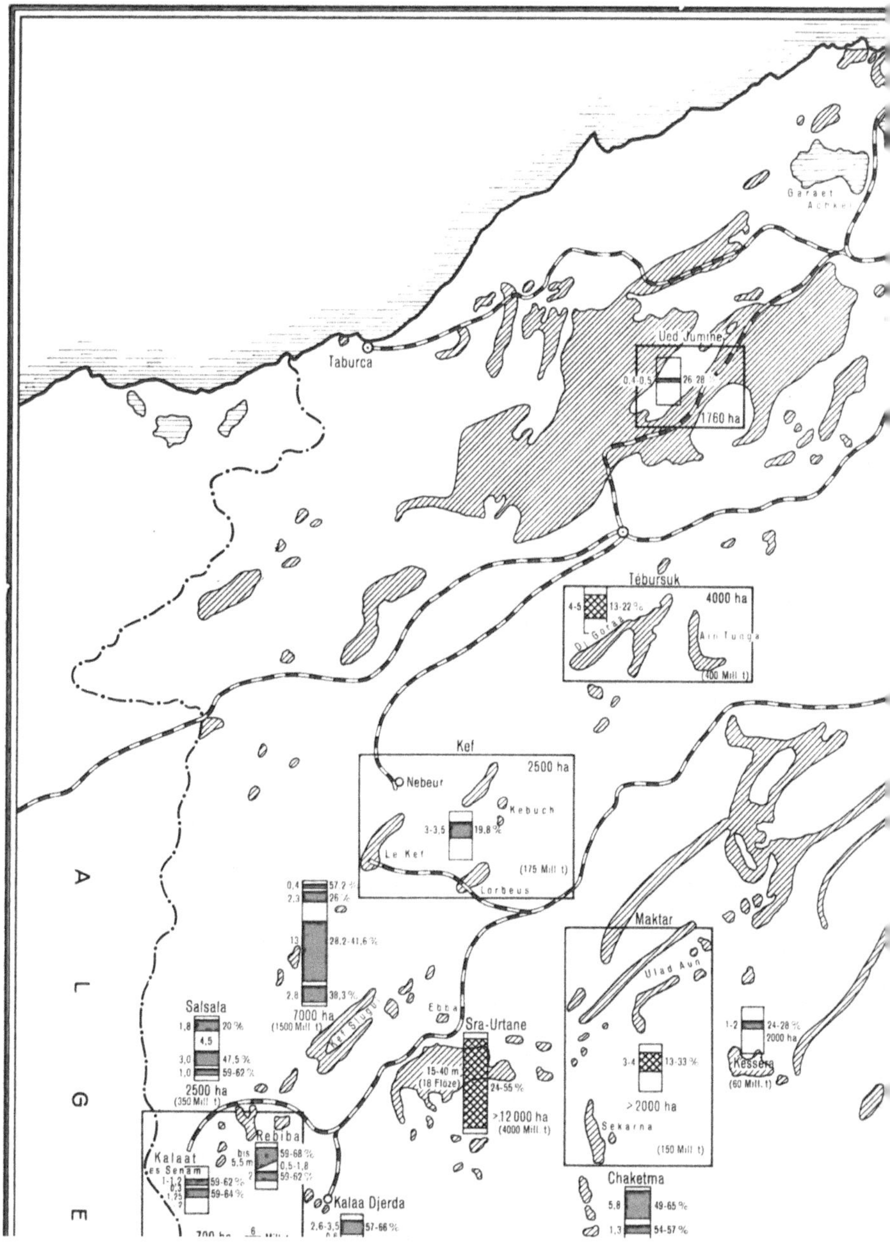
Garaet Achkel
Ued Jumine
0,4-0,5
26-28
1760 ha
Taburca
Tébursuk
4000 ha
4-5
13-22 %
Dj Gorâa
Ain Tunga
(400 Mill. t)
Kef
2500 ha
Nebeur
Kebuch
3-3,5
19,8 %
Le Kef
(175 Mill. t)
Lorbeus
0,4
57,2 %
2,3
26 %
13
28,2-41,6 %
2,8
38,3 %
7000 ha
(1500 Mill. t)
Salsala
1,8
20 %
4,5
3,0
47,5 %
1,0
59-62 %
2500 ha
(350 Mill. t)
Ebba
Sra-Urtane
15-40 m
(18 Flöze)
24-55 %
>12 000 ha
(4000 Mill. t)
Maktar
Ulad Aun
3-4
13-33 %
>2000 ha
Sekarna
(150 Mill. t)
1-2
24-28 %
2000 ha
Kessera
(60 Mill. t)
Rebiba
bis 5,5 m
59-68 %
0,5-1,8
2
59-62 %
Kalaat es Senam
1-1,2
59-62 %
1,25
59-64 %
Kalaa Djerda
2,6-3,5
57-66 %
Chaketma
5,8
49-65 %
1,3
54-57 %
A
L
G
E

Zembra
TUNIS
Menzel Heurr
Nabeul
Birbu Rekba
Hammamet
Zaghuan
Enfidaville
Sebkra Kelbia
SUS
KAIRUAN
Sebkra de Sidi el Hani
Mahdia

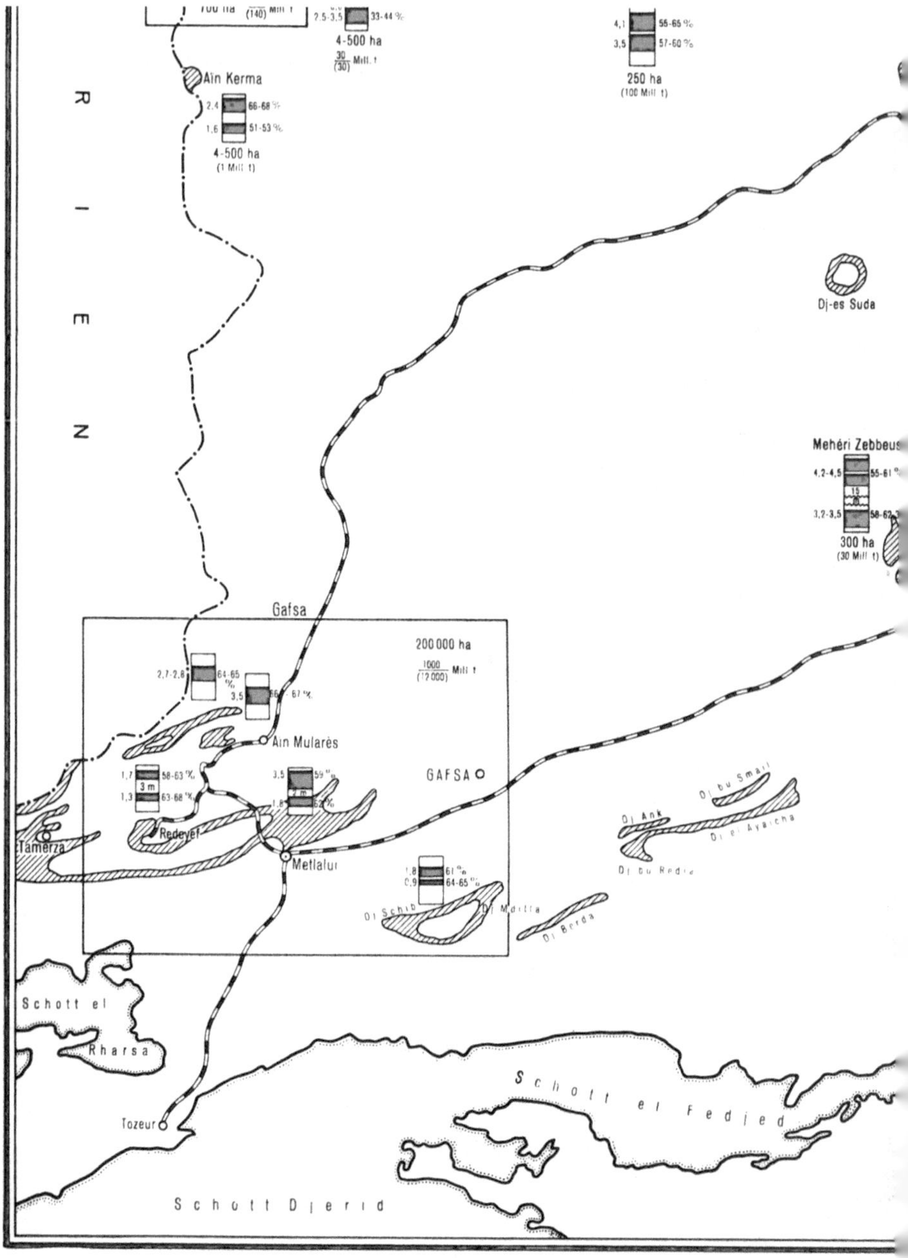

R I E N
4-500 ha
Aïn Kerma
4-500 ha
(1 Mill t)
250 ha
(100 Mill t)
Dj-es Suda
Mehéri Zebbeus
300 ha
(30 Mill t)
Gafsa
200 000 ha
Aïn Mularès
GAFSA
Redeyef
Tamerza
Metlaui
Dj Schib
Dj Mditta
Dj Berda
Dj Ank
Dj bu Smail
Dj el Ayaicha
Dj bu Redia
Schott el Rharsa
Tozeur
Schott el Fedjed
Schott Djerid

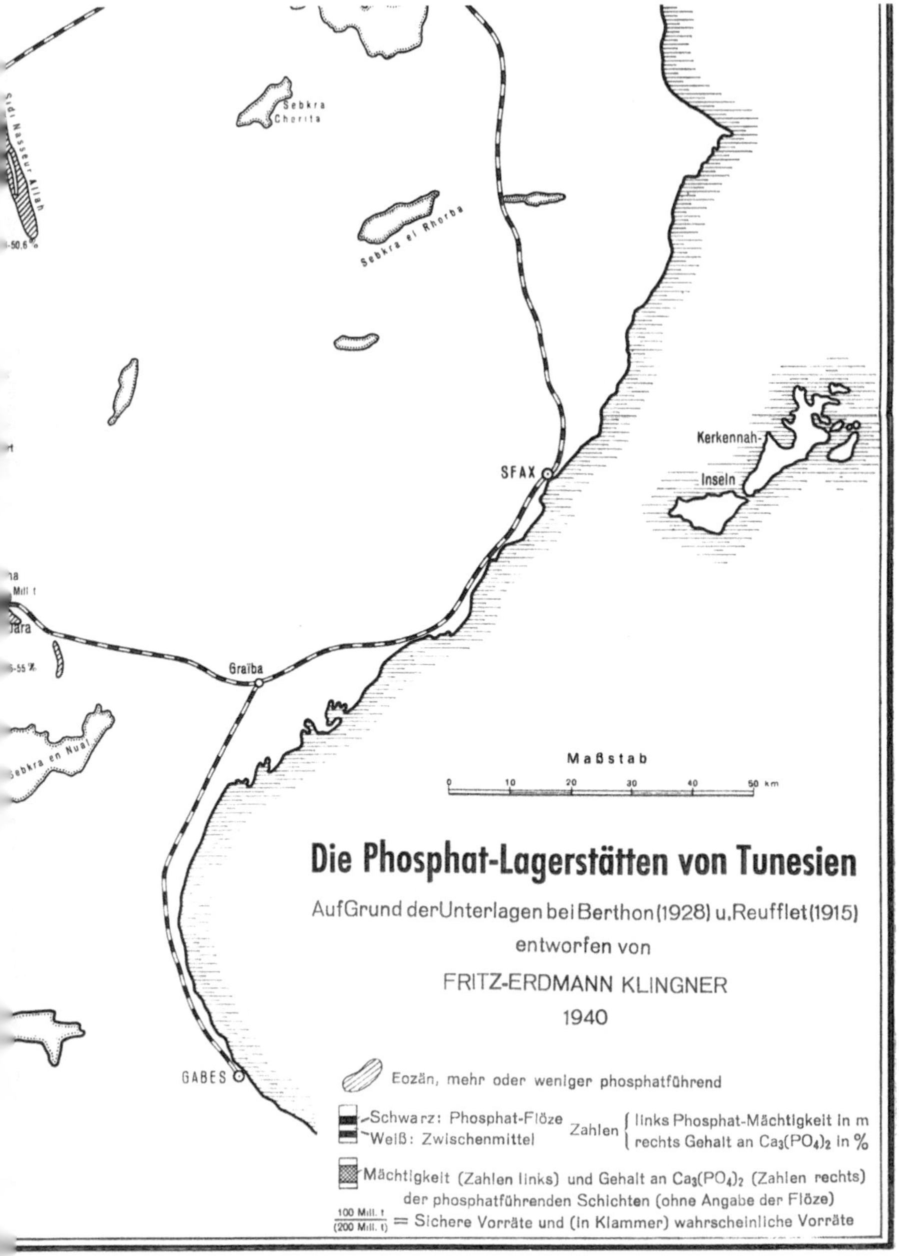

Verlag Walter de Gruyter & Co., Berlin

deren Geländeform aber Berge sind, auf deren Gipfel unter dem eozänen Nummulitenkalkstein die Phosphatflöze liegen (umgekehrtes Relief). Infolgedessen ist auch der Wert der Lagerstätten verschieden. Die mitteltunesischen

Faziesbeziehungen der Phosphatlagerstätten
(etwas schematisch)

		Fazies im mittleren Tunesien		Fazies im südlichen Tunesien
Eozän	mittl.	Lutet:	Nummulitenkalkstein	Kalke und Muschelbrekzie
	unt.	London-Stufe:	merglige Kalksteine mit Phosphatbänken	Kalkmergel mit Phosphatbänken
Paleozän: (Suesson)		Globigerinenkalke		Thanet-Stufe: Merglige Kalke Montium: Muschelbrekzie
Obere Kreide:		Schwarze Mergel		Kalksteine und Mergel

Lagerstätten sind nur die Reste einer einstmals viel ausgedehnteren Ablagerung, die nur durch Erosion und Denudation zerstört wurde. Die Phos-

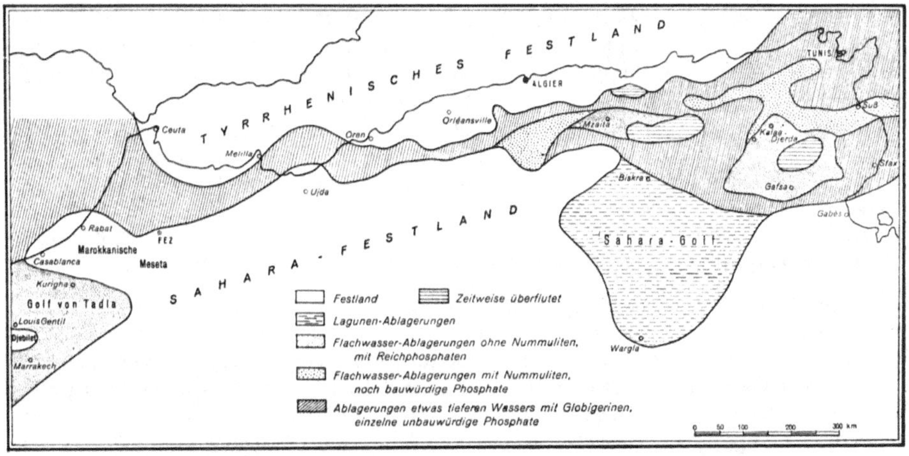

Abb. 29. Fazieskarte des Unter-Eozän in Marokko, Algerien und Tunesien. Nach *Joleaud*, 1932, etwas vereinfacht.

phat-Vorräte betragen deshalb nur etliche Millionen Tonnen. In Südtunesien dagegen sind die Lagerstätten weitgehend von der Zerstörung verschont geblieben, so daß deren Vorräte nach Milliarden Tonnen rechnen.

Das gewöhnlich vorkommende Phosphat ist oolithisch-körnig und von graubrauner bis dunkelgrauer, sogar fast schwarzer Farbe, die durch Beimischung bituminöser Stoffe hervorgerufen wird. Die Ooide sind rund oder eiförmig und $^1/_{20}$ bis $^1/_2$ mm groß, sie enthalten etwa 70 v. H. Trikalziumphosphat. Man unterscheidet zwei Arten von Ooiden: die einen bestehen ganz aus kolloidem Phosphat, aus Kollophanit [$x Ca_3 (PO_4)_2 \cdot y CaF_2 \cdot 2 H_2O$, wobei CaF_2 teilweise ersetzt werden kann durch $Ca(OH)_2$, $CaCO_3$ oder CaO], die anderen weniger häufigen Ooide haben einen Kern aus Kollophanit und eine äußere Schale aus faserig-kristallinem Frankolit (ähnlich wie Staffelit: $3\,Ca_3(PO_4)_2 \cdot CaCO_3 \cdot CaF_2 \cdot H_2O$). Diese Ooide liegen in einer kalkigen Grundmasse mit Foraminiferen, Radiolarien usw., die gewöhnlich nur 25 v. H. Trikalziumphosphat enthält. Für die Aufbereitung ist wichtig, daß in den südtunesischen Lagerstätten diese Grundmasse ziemlich weich, in den mitteltunesischen dagegen ziemlich hart ist. Die Mächtigkeit der reichen, bauwürdigen Phosphatflöze schwankt zwischen 1,0 und 3,5 m.

Phosphat-Analysen (nach *Reufflet* und *Stutzer;* letzte Analyse nach *Despujols*).

	Süd-tunesien		Mittel-tunesien		Algerien			Marokko	
	Gafsa		Kaala	Djerda	Kuif	Tocqueville	Dyr	Kurigha	
P_2O_5	30,20	28,98	29,69	29,43	32,91	28,22	26,99	35,11	33,39
CO_2	4,21	4,14	8,80	6,50	6,31	6,70	9,75	2,50	2,93
SO_3	3,31	3,72	2,16	2,23	2,21	2,00	2,01	1,21	1,74
CaO	48,65	47,10	47,93	50,90	52,26	45,14	48,33	52,60	51,40
MgO	1,06	1,16	0,50	0,75	0,50	1,38	0,72	0,40	0,76
Al_2O_3	0,82	1,02	0,60	0,40	0,38	0,54	0,43	0,50	0,24
Fe_2O_3	0,55	0,60	0,70	0,50	0,41	0,73	0,57	0,30	0,25
F	0,94	0,79	3,07	2,75	3,06	2,52	2,35	2,43	2,73
Cl	0,14	0,12	Sp.	0,05	0,06	0,02	0,024	0,01	0,19
unlösl. kieslig. Rückst.	4,02	5,27	6,46	3,68	0,31	11,66	6,68	2,32	3,74
Kombinat.-Wasser u. organ. Subst.	4,85	5,68	0,60	3,60	1,60	1,58	2,08	2,78	3,37
Trikalziumphosphat	65,49	62,84	64,72	64,25	71,74	61,60	58,92	76,66	72,89

Ein Teil des CaO ist an SO_3 gebunden als Gips, der rund 6 v. H. ausmacht. Trotz der Bindung des übrigen Ca als Karbonat und Fluorkalzium enthalten die Analysen mehr Kalk als durch Säuren gebunden sein kann; dieser überschüssige Kalk ist möglicherweise in fester Lösung im Trikalziumphosphat enthalten. Der hohe Kalziumkarbonatgehalt der dritten Analyse bedingt die Härte des Phosphates.

Die meisten nordafrikanischen Gruben fördern nur 58prozentiges Phosphat, nur die Phosphate von Kuif erreichen durch Ausklauben 65 v. H., die von Aïn Mularès, Redeyef (2. Bank) und Kalaa Djerda 63 v. H. Da ein Phosphat mit 58 v. H. Trikalziumphosphat nur halb so wertvoll ist wie eins mit 75 v. H., versucht man eine Anreicherung des Trikalziumphosphat-Gehaltes durch Aufbereitung zu erreichen. Bei den südtunesischen Weichphosphaten mit weichem Bindemittel geht das ohne weiteres, indem man die phosphatreichen Ooide von der armen Grundmasse trennt; auf den Gruben Aïn Mularès, M'Dilla und Redeyeff wird dieses Verfahren angewandt. Bei den mitteltunesischen und algerischen Hartphosphaten ist eine Aufbereitung wegen der Schwierigkeit, die Ooide vom Bindemittel zu trennen, ohne sie auch zu zerbrechen, nicht möglich. Dagegen sind sie sehr geeignet als Zuschlag bei der Eisenverhüttung im Thomas-Verfahren, besonders die Phosphate von Kalaa Djerda und Kalaat es Senam.

Es seien nun einige der wichtigsten Lagerstätten beschrieben (vgl. Taf. II).

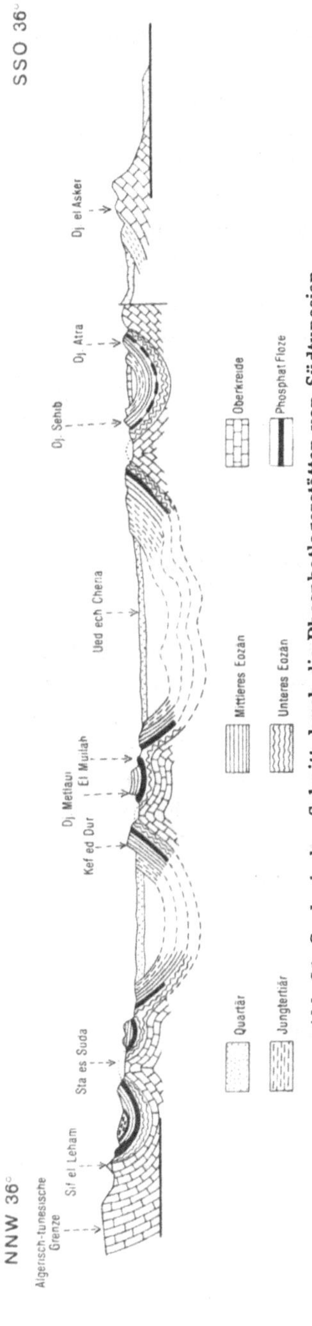

Abb. 30. Geologischer Schnitt durch die Phosphatlagerstätten von Südtunesien. Nach *Reufflet*, 1935.

In der Gegend von Gafsa geht der Hauptabbau auf dem Südflügel eines 60 km langen, sattelförmig gewölbten Gebirgszuges um, wo die Lagerstätten von Metlalui und Redeyeff gebaut werden (s. Abb. 30). Bei Metlalui, etwa 50 km westsüdwestlich von Gafsa entfernt, werden zwei durch eine 2 m mächtige Mergelbank voneinander getrennte Phosphatflöze gewonnen, von denen das obere 2 m mächtige Flöz 59 v. H. Phosphat, das untere 1,60 bis 1,80 m mächtige 62 v. H. Phosphat enthält; das Fördergut beider Flöze, miteinander gemischt, ergibt einen durchschnittlichen Phosphatgehalt von 60 v. H. Sie ist die erste, schon 1899 in Betrieb genommene Grube. Die 12 km westlich davon gelegene Grube Redeyeff baut auf zwei 1,30 bis 1,70 m mächtigen Flözen, die durch eine bis 3 m mächtig werdende Mergelbank voneinander getrennt sind. Das obere Flöz hat 58 bis 63 v. H., das untere 63 bis 68 v. H. Trikalziumphosphat. Sie begann 1907 mit der Förderung und überflügelte bereits 1921 Metlalui (s. Statistik am Schluß dieses Abschnitts). Nordnordwestlich davon liegt am Djebel Stah es Suda (s. Abb. 30) die Lagerstätte von Aïn Mularès. Hier ist einem 3 bis 4 m mächtigen Phosphatflöz eine Kalkknollen führende Mergelbank eingeschaltet, die nach O zu allmählich auskeilt, so daß das Flöz entsprechend mächtiger wird; der Phosphatgehalt nimmt in derselben Richtung zu. Im W ist das Flöz 2,70 bis 2,80 m mächtig mit einem Phosphatgehalt von 64 bis 65 v. H., die Mergelbank 0,25 bis 0,30 m, nach O zu ist die Mergelbank nur noch ein dünnes Band, während das Flöz 3,25 bis 3,50 m mächtig ist und mit 66 bis 67 v. H. Trikalziumphosphat den höchsten in Tunesien je erreichten Phosphatgehalt hat. — Das 1906 entdeckte Vorkommen des Djebel Onk, etwa 50 km nördlich von Redeyeff, liegt geographischpolitisch zwar schon in Algerien, gehört seiner ganzen Ausbildung nach aber noch zu den südtunesischen Lagerstätten. Es ist eines der bedeutendsten nordafrikanischen Vorkommen. Nach *Reufflet* (S. 92) wird hier ein Phosphatflöz von 5 bis 10 m Mächtigkeit an der Basis feuersteinführender Kalke und 40 bis 50 m darüber ein 25 bis 30 m mächtiges Hangendflöz abgebaut. Der mittlere Phosphatgehalt beträgt 58 bis 60 v. H. Die Vorräte werden auf 300 Millionen Tonnen geschätzt, von denen 40 Millionen Tonnen im Tagebau gewonnen werden können. Das 48 km südöstlich hiervon liegende Vorkommen von Bledel Habda ist nicht so wertvoll. Südwestlich von Metlalui liegt auf dem Djebel Sehib (s. Abb. 30) die Phosphatlagerstätte von M'Dilla, die zwei

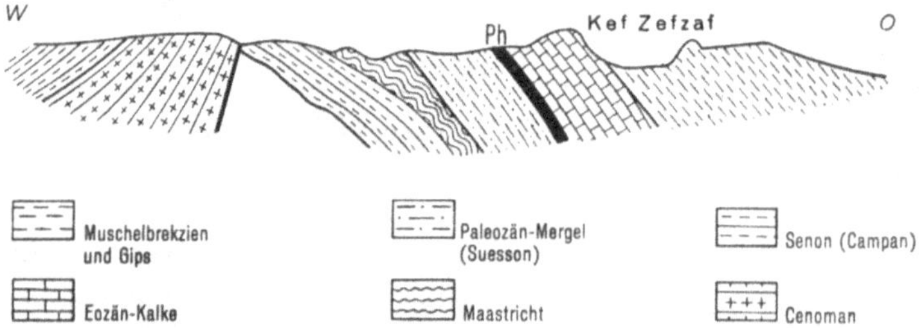

Abb. 31. Geologischer Schnitt durch die Phosphatlagerstätte von Meheri-Zebbeus, Südtunesien. Nach *Reufflet*, 1935.

durch 0,40 m Mergel voneinander getrennte Flöze abbaut. Das hangende Flöz ist 1,80 bis 2 m mächtig und hat 61 v. H. Phosphat, das Liegendflöz ist 0,90 m mächtig mit 64 bis 65 v. H. Phosphat. 100 km nordöstlich Gafsa liegt die Phosphatlagerstätte von Meheri-Zebbeus, die auf dem Ostflügel eines Sattels (Abb. 31) zwei durch 15 m Mergel voneinander getrennte, mit 45° ostwärts einfallende Phosphatflöze von 4,20 bis 4,50 m und 3,25 bis 3,50 m enthält (Taf. II). Der Phosphatgehalt beträgt 58 bis 63 v. H. Die ihm südlich benachbarte Lagerstätte Djebel Abdallah enthält zwei bauwürdige Phosphatflöze von 4 bis 5 m Mächtigkeit und ist auf 2½ km Länge zu verfolgen. Mit dem Abbau wurde 1920 begonnen; bis 1928 hat sie 280 000 t Phosphat mit 59 bis 64 v. H. $Ca_3(PO_4)_2$ geliefert. Die Schichtfolge ist (vom Hangenden zum Liegenden):

Mergel
1,70 m Phosphatflöz mit 66 v. H. $Ca_3(PO_4)_2$
dünne Mergelbank
1,70 m Phosphatflöz mit 60,5 v. H. $Ca_3(PO_4)_2$
dünne Mergelbank
0,60 m Phosphatflöz mit 56 v. H. $Ca_3(PO_4)_2$
15 m Mergel
0,60 m Phosphatflöz mit 55 bis 57 v. H. $Ca_3(PO_4)_2$
dünne Mergelbank
0,60 m Phosphatflöz mit 55 bis 57 v. H. $Ca_3(PO_4)_2$
dünne Mergelbank
1,90 m Phosphatflöz mit 60,5 v. H. $Ca_3(PO_4)_2$
Mergel.

Auf der sich nach Süden anschließenden Lagerstätte von G u r g u i b a wurden 2000000 t Phosphat mit 59 bis 64 v. H. $Ca_3(PO_4)_2$ gefördert. Die östlich anschließende Mulde von Z e b b e u s D u a r a enthält ein z. Z. nicht bauwürdiges Phosphatvorkommen.

Der mitteltunesische Lagerstättenbezirk umfaßt die Phosphatlagerstätten nordöstlich von T e b e s s a in Ostalgerien, die, wie schon erwähnt, muldenförmig gelagert sind. 1892 wurde das Vorkommen am D j e b e l K u i f in Ostalgerien (Abb. 32) entdeckt, von dessen fünf Phosphatflözen drei bauwürdig sind. Das Hangendflöz ist 0,60 bis 1,20 m mächtig, darunter folgt eins mit 0,80 bis

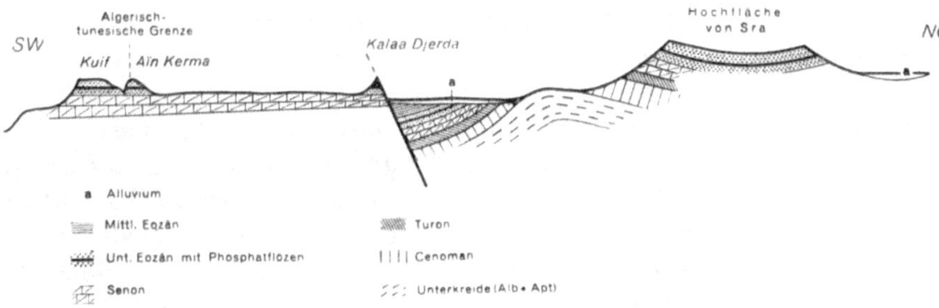

Abb. 32. Geologischer Schnitt durch die Phosphat-Lagerstätten Djebel Kuif und Sra Kalaa Djerda. Vereinfacht nach *Berthon,* 1922 und 1928.

2 m und schließlich ein drittes mit 0,40 bis 0,70 m Mächtigkeit. Die tauben Zwischenmittel sind 0,30 bis 1,10 m mächtig. Im ganzen sind ungefähr 3 m 65prozentiges Phosphat bauwürdig, dessen Vorräte auf 17 Millionen Tonnen geschätzt werden. A ï n K e r m a bildet einen Teil dieser Lagerstätte, hat aber nur ein 2 m mächtiges bauwürdiges Flöz und 300000 t Vorräte. Mit der Förderung wurde erst 1934 begonnen. Knapp 20 km nordwestlich vom Djebel Kuif liegt das Vorkommen vom D j e b e l e d D y r (Abb. 32), das von 1893 bis 1908 über 1 Million Tonnen Phosphat geliefert hat. Der 1077 m hohe D j e b e l e d D y r ist eine langovale Hochfläche von 50 km Umfang. Das abgebaute Hauptflöz ist 3 m mächtig, allerdings wurden die oberen 70 cm mit nur 52 v. H. Phosphat und viel Kieselsäure nicht abgebaut, sondern nur die etwa 63 v. H. phosphatführenden Teile. Auf der Nord- und Westseite ist der Phosphatgehalt geringer. Über diesem Hauptflöz lagern noch zwei unbauwürdige kleine Flöze, die sich nach Westen zu scharen und dann auskeilen, wobei nach *Tietze* das feinere Material verschwindet und nur noch ein gröberes Gemenge von zylindrischen Koprolithen und Knochenresten übrigbleibt. Der Abbau wurde 1908 wegen zu geringen Phosphatgehaltes eingestellt, da dieser sich mit wachsender Entfernung vom Ausgehenden immer mehr verringerte. Bei den in der Nähe liegenden Vorkommen von A ï n K i s s a und A ï n D i d a erschwerten zahlreiche Verwerfungen und Wasserzuflüsse den Abbau, der 1912 eingestellt wurde, nachdem insgesamt 647966 t Phosphat gefördert waren. Im nordöstlichen Fortstreichen

der Mulde von Kuif liegt die Phosphatlagerstätte des Kalaa Djerda [Tunesien] (Taf. II). Sie bildet eine durch eine Querstörung gestörte Mulde, und zwar ist der stehengebliebene höhere Muldenteil mit dem 2,50 bis 3 m mächtigen, flachlagernden Flöz (mit 60prozentigem Phosphat) bereits abgebaut; in dem abgesunkenen Muldenteil wurde im Tiefbau auf dem Nordwestflügel in Sif ein 2,50 bis 3,50 m mächtiges, mit 18° einfallendes Flöz mit 62 bis 63 v. H. Phosphat, auf dem Südostflügel in Kef Suetir das mit 13° einfallende Flöz mit 58 bis 60 v. H. Phosphat abgebaut. 1933 wurde die Förderung in Sif zugunsten der in Kef Suetir eingestellt. Die Vorräte werden auf 30 bis 60 Millionen Tonnen geschätzt. Das Phosphat ist wie alle mitteltunesischen Phosphate ein Hartphosphat. Nordwestlich davon liegen die Lagerstätten von Kalaat es Senam (Flöz von 2 bis 3 m Mächtigkeit mit 58 bis 63 v. H. Phosphat) und von Rebiba. Bei letztgenanntem Vorkommen treten zwei Flöze auf, von denen das oberste stellenweise ganz dünn ist, aber bis zu 5,50 m anschwellen kann, während das untere Flöz nicht mächtiger als 1,80 m wird. Das untere Flöz wird von N nach S ärmer, das obere reicher, das anfangs auch mächtiger wird, aber dann wieder an Mächtigkeit abnimmt. Der Phosphatgehalt des oberen Flözes beträgt 60 bis 68 v. H., der des unteren 58 bis 62 v. H. Infolge der ungleichmäßigen Lagerung und des stark wechselnden Phosphatgehaltes ist der Abbau ziemlich schwierig. Das nördlich davon gelegene Vorkommen Bir Lafu hat 93 000 t Phosphat geliefert. Weiter im Nordosten liegt das Phosphatvorkommen von Salsala, das z. T. durch Alluvionen verhüllt ist; 1906 bis 1912 wurde ein Flöz mit 59 bis 61,5 v. H. $Ca_3(PO_4)_2$ abgebaut und etwa 100 000 t Phosphat gefördert. Die Schichtfolge ist:

Hangend-Kalkstein
20,0 m Kalkstein mit Phosphatgängchen
1,8 m Phosphat mit 20 v. H. $Ca_3(PO_4)_2$
4,5 m Kalkstein
3,0 m Phosphat mit 47,5 v. H. $Ca_3(PO_4)_2$
1,0 m Phosphat mit 59 bis 61,5 v. H. $Ca_3(PO_4)_2$
0,8 m Mergel
0,6 m Phosphat mit 35,5 v. H. $Ca_3(PO_4)_2$
Mergel.

Das Phosphatvorkommen der nördlich davon gelegenen Mulde von Kef Slugui (Taf. II) hat folgendes Profil:

Hangendes: Kalkstein
0,40 m Phosphatflöz mit 57,2 v. H. $Ca_3(PO_4)_2$
0,20 m Kalkstein
2,30 m Phosphatflöz mit 26 v. H. $Ca_3(PO_4)_2$
4,00 m Phosphathaltiger Mergel
13,00 m Phosphatflöz mit 28,2 bis 41,6 v. H. $Ca_3(PO_4)_2$
1,00 m Phosphathaltiger Mergel
2,80 m Phosphatflöz mit 38,3 v. H. $Ca_3(PO_4)_2$
2,10 m Phosphathaltiger Mergel
1,70 m Phosphatflöz mit 25,2 v. H. $Ca_3(PO_4)_2$
Mergel.

Der wahrscheinliche Phosphatvorrat wird auf 1500 Millionen Tonnen geschätzt.

Etwas weiter nach Osten zu folgt das ausgedehnte Vorkommen der Hochfläche von Sra-Urtane, dessen Phosphatgehalt sehr ungleichmäßig verteilt ist. In der über 40 m mächtigen phosphatführenden Schichtfolge wechseln achtzehn Phosphatflöze mit 24 bis 55 v. H. $Ca_3(PO_4)_2$ mit Mergeln ab. Vor längerer Zeit wurden versuchshalber 50 000 t Phosphat gewonnen. — Südöstlich hiervon liegen die Phosphatvorkommen der Hochfläche von Chaketma (Taf. II). Die Phosphatflöze werden 10 bis 40 m mächtig und liefern ein sehr hartes, schwarzes Phosphat. Der durchschnittliche Trikalziumphosphatgehalt liegt zwischen 44 und 48 v. H.; einzelne Flözteile haben ein Phosphat mit 59 bis 64 v. H $Ca_3(PO_4)_2$, aber diese Anreicherungen sind zu unregelmäßig verteilt, um derzeit einen lohnenden Abbau zu ermöglichen. Das sehr ausgedehnte Vorkommen weiter im Südosten bei Sidi Nasseur Allah, Djebel Sidi Kralif und Djebel Suda (Taf. II) ist vorläufig nicht bauwürdig. Die im südlichen Fortstreichen gelegene Lagerstätte von Aïn Rebau enthält zwar bauwürdige Phosphate, ist aber tektonisch zu sehr zerstückelt.

Auf der Hochfläche von Sétif (Algerien) liegen noch vier bauwürdige Vorkommen. Die Phosphatflöze von M'Zaïta sind durch Tageswässer entkalkt, wodurch der Phosphatgehalt angereichert wurde. Von den vier Flözen wird nur eines mit 50 bis 55 v. H. Phosphat abgebaut. Das Phosphat ist sehr hart, von fast schwarzer Farbe und weiß und dunkelgrau gesprenkelt. Am Bordj-Redir sind die Lagerungsverhältnisse ganz ähnlich. Es sollen 7 oder 11 Flöze vorhanden sein, die von zahlreichen Verwerfungen durchsetzt werden. Bauwürdig sind nur zwei Flöze, das dünnere Flöz ist um so phosphatreicher, je dünner es ist: im Norden und Nordosten ist es nur 0,40 m mächtig und enthält 68 v. H. Phosphat, im Südosten, wo es 0,70 m mächtig ist, nur 58 v. H. Phosphat. Das andere Flöz ist 2,50 bis 3 m mächtig, wird aber von kalkigen Zwischenmitteln durchsetzt, die seine bauwürdige Mächtigkeit auf 0,60 bis 1 m herabsetzen, sein Phosphatgehalt beträgt 55 bis 66 v. H.; auch dieses Phosphat ist sehr hart. Bei Tocqueville kommen 4 Flöze von 0,40 bis 0,80 m Mächtigkeit vor, von denen nur das hangende bauwürdig ist. Die Lagerstätte vom Djebel Maadid, deren Vorrat auf 20 Millionen t geschätzt wird, wird noch nicht gebaut.

Weit im Süden hat *de Lapparent* bei Hassi el Krenig im Botha-Tal Phosphatgerölle gesammelt, die wahrscheinlich einem Horizont des Ober-Devon angehören.

Bis 1933 wurden nach *Reufflet* in Algerien und Tunesien 68 Millionen t Phosphat gefördert:

			Beginn bzw. Ende der Förderung
Gegend von Gafsa	Gafsa (1. Metlalui, 2. Redeyeff, 3. Aïn Mulares)	36 300 000 t	1. 1899; 2. 1907; 3. nach dem Weltkriege
	M'Dilla	3 100 000 t	Juni 1921
	Meheri Zebbeus	800 000 t	1926—1932
		40 200 000 t	
Gegend von Tebessa — Algerien	Kuif	12 800 000 t	1843—1911, 1928?
	Dyr	1 100 000 t	1893—1908
	Kissa, Diba	600 000 t	—1912
Gegend von Tebessa — Tunesien	Kalaat es Senam	2 500 000 t	1906—1932
	Kalaa Djerda	6 900 000 t	1906—1933
	Rebiba	1 000 000 t	?
	Aïn Taga, Bir Lafu, Guraïa, Salsala	200 000 t	?
		25 100 000 t	
Gegend von Sétif	M'Zaïta	1 300 000 t	1913
	Tocqueville	700 000 t	1902
	Bordj Redir	700 000 t	1906 ?
		2 700 000 t	

Marokko. 1912 wurden südlich von Casablanca bei El Boroudj und Kurigha große Phosphatvorkommen entdeckt. Sie sind etwas älter als die dem Unter-Eozän zuzurechnenden südtunesischen Lagerstätten und gehören in die Schichten mit *Exogyra overwegi,* also ins Maastricht. Das Hangende bilden Kalksteine des Lutet mit Thersitiden (s. Taf. III). Die marokkanischen Phosphate wären also eher mit den ägyptischen zu vergleichen, die Campan-Alter haben. Das allgemeine Profil der marokkanischen Phosphatlagerstätten ist (vom Hangenden zum Liegenden):

20 m harte bisweilen kristalline Kalke mit Hornsteinbänken mit *Thersitea marocana Savorn.* und *Thersitea ponderosa Cop.*, bisweilen Muschelbrekzien.

Kalkmergel mit Einlagerungen von kieseligen Mergeln und Phosphatbänken mit Zähnen und Wirbeln von *Otodus obliquus* AG., *Odontaspis cuspidata* AG., *Lamna aschersoni Strom.*, *Myliobatis dixoni* AG., *Dryosaurus phosphaticus Thom.* u. a.

Bis 50 bis 60 m Mergel mit Hornsteinlagen und einigen Phosphatbänken mit Zähnen von *Lamna* und *Carcharodon.*

Bräunliche oder dunkle Tone mit Leitformen des Suesson.

(Carcharodon, Lamna, Odontaspis und *Otodus* gehören zur Familie der Riesenhaie; *Myliobatis* ist der Meerrochen; *Dryosaurus:* eine Reptilgattung.)

Die Phosphate bestehen aus Phosphoritknöllchen, Bruchstücken von Knochen und Zähnen sowie aus Koprolithen. Ob auch das kalkige Bindemittel phosphatisiert ist, ist noch nicht untersucht. Die Reichphosphate sind infolge Herauslösung des kalkigen Bindemittels sandig ausgebildet.

Nördlich und nordöstlich des Umer Rebia-Tales, bei den Ortschaf-

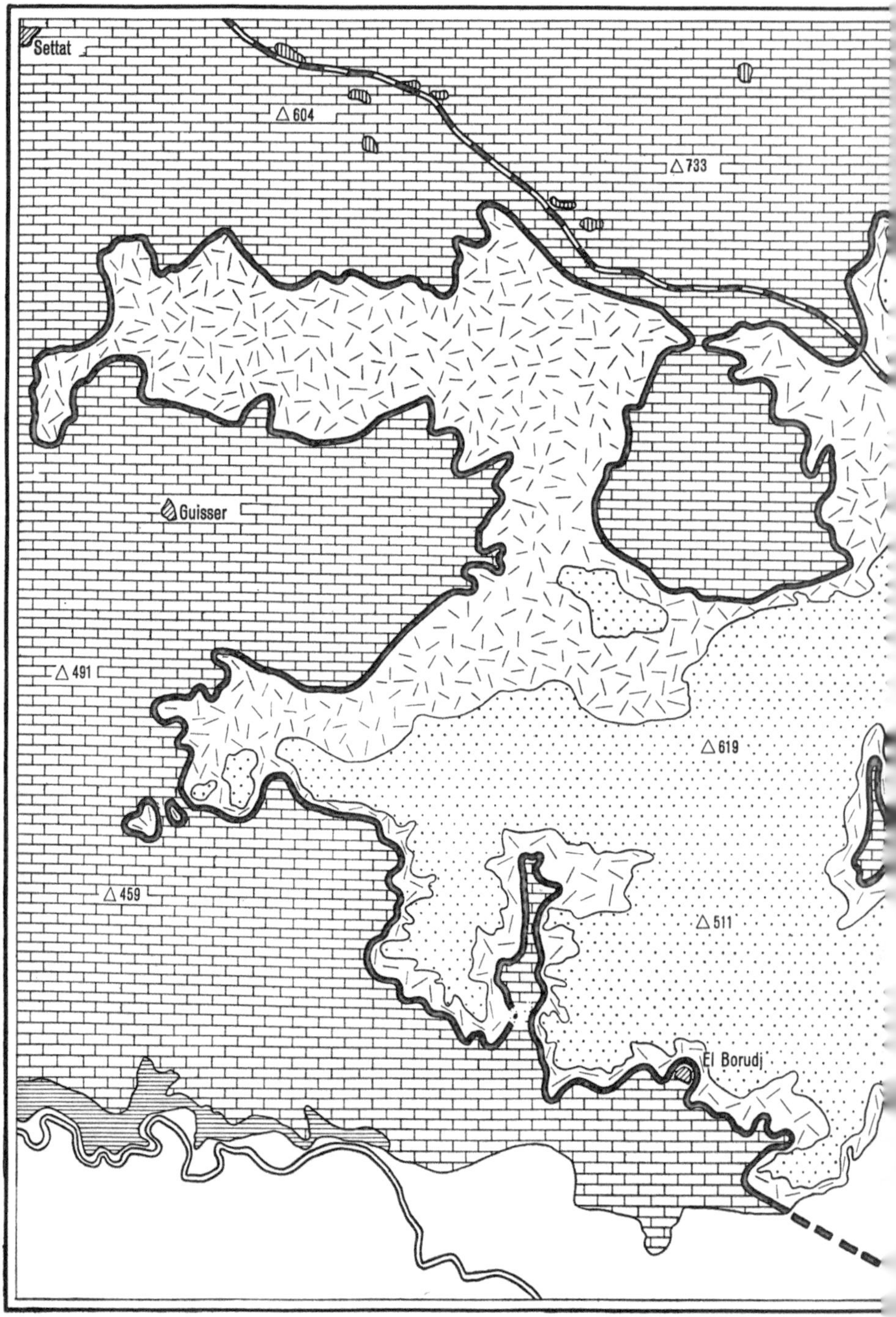
Settat
△ 604
△ 733
Guisser
△ 491
△ 619
△ 459
△ 511
El Borudj

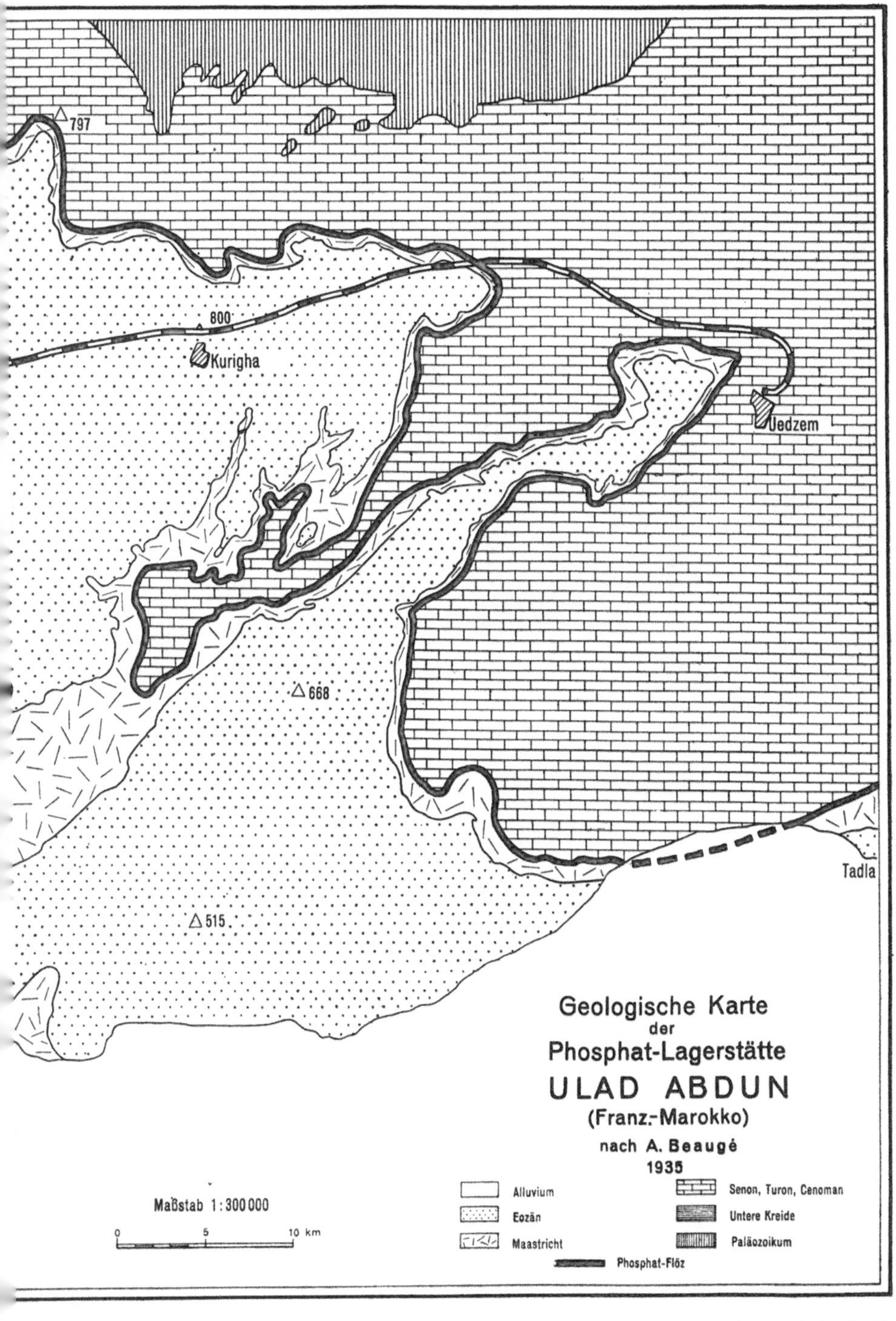

Verlag Walter de Gruyter & Co., Berlin

ten Kurigha und El Borudj, liegen die Lagerstätten von Uled Abdun und etwas weiter östlich bei Tadla (s. Taf. III). Von den 3 bis 6 Phosphatflözen sind nur die drei obersten bauwürdig, das Hangende enthält 72 bis 76,25 v. H. Trikalziumphosphat. Wie aus den beiden Profilen hervorgeht, ist die phosphatführende Schichtfolge im Süden mächtiger (48 m) als im Norden (20 bis 25 m).

Schichtfolge nach *Beaugé*, 1935.
Im

Norden
im Schacht Guefaf II

9,70 m	Kieselkalke mit Thersiteen
7,45 m	Wechsellagerung von harten Mergeln, mergeligen Kalken usw. und Phosphatgängchen
0,45 m	Hornstein und rote Mergel
2,20 m	Phosphatflöz (76,25 v. H.)
2,75 m	Phosphatkalk
2,30 m	Phosphatflöz (69 v. H.)
1,20 m	Phosphatkalk
2,05 m	Phosphatflöz (69 v. H.)
1,20 m	Phosphatkalk
0,60 m	Mergel
1,20 m	gelbes, erdiges Phosphat
0,40 m	Phosphatkalk und gelbes Phosphat harte, gelbe Senonmergel

Süden
bei Kef Abdu

20—25 m	Kieselkalke mit dicken Theresiteen
15,30 m	Wechsellagerung von harten Mergeln, mergeligen Kalken usw. und Phosphatgängchen
1,50 m	Phosphatflöz (72,75 v. H.)
4,20 m	Mergel
1,00 m	Phosphatflöz (65 v. H.)
8,90 m	Phosphatkalk, Mergel, mergeliges Phosphat (eine 1,80 m mächtige Bank mit 46,90 v. H.)
1,60 m	Phosphatflöz (66,2 v. H.)
1,00 m	gelbe Mergel
1,80 m	Phosphatflöz (48 v. H.)
4,40 m	gelbe Mergel
1,20 m	Phosphatflöz (49,7 v. H.)
6,90 m	Wechsellagerung von Mergeln und Hornsteinbänken, Phosphatgängchen
0,95 m	Phosphatflöz (49,15 v. H.), gelbe Senonmergel

Die von den vorigen nur durch eine Schwelle getrennte Lagerstätte von Tadla (s. Taf. III) ist nicht recht bauwürdig. Phosphat findet sich nur in Taschen des Phosphatkalkes, hier allerdings bisweilen mit 73,5 v. H. Trikalziumphosphat, oder in armen Flözen.

Südlich des Erosionstales des Umer Rebia liegt im Süden des Rehamna-Massivs die Phosphatlagerstätte von Ganntur, die weiter südlich unter den Alluvionen der Bahira-Senke verschwindet. Im allgemeinen kommen 3 bis 4 Flöze mit 60 bis 70prozentigem Phosphat vor. Bei Louis-Gentil, im westlichen Teil des Vorkommens, wird das mittlere Flöz mit über 70 v. H. Trikalziumphosphat abgebaut. Im äußersten Osten dieser Lagerstätte, bei Si Mohamed Abd el Kader, kommen 6 Flöze übereinander vor, die phosphatreicher sind als die 6 Flöze des 29 km nordöstlich davon gelegenen El Borudj.

Noch weiter südlich, im Norden des Sattels von Bu Zergun-Ibaïl, liegen die Phosphathügel von Chichaua; die Flöze sind durch die tertiäre

Faltung sehr in Mitleidenschaft gezogen. Der Phosphatgehalt ist sehr ungleichmäßig verteilt und beträgt im Durchschnitt 67 v. H.

An der Südflanke des eben genannten Sattels liegt die Phosphat-Lagerstätte von Imintanut, deren beide 1,10 und 0,85 m mächtige Flöze, die stellenweise steil nach Norden einfallen, bis 74 v. H. Phosphat haben.

60 km nordwestlich davon liegen noch zwei kleine phosphatführende Maastricht-Eozän-Mulden in Les Meskala, die aber ohne wirtschaftliche Bedeutung sind. 1934 wurde noch ein Phosphatvorkommen im Hohen Atlas östlich des Hochtales Ansegmir entdeckt; das 63prozentige Phosphat ist kalkigsandig.

Die Vorräte an Phosphat mit über 75 v. H. $Ca_3(PO_4)_2$ werden auf 110 bis 130 Millionen t geschätzt.

b. Höhlenphosphate

Algerien. Die Höhlenphosphate haben wirtschaftlich keine besonders große Bedeutung. Sie sind aber die ersten Phosphate, die man überhaupt in Nordafrika fand, und am Djebel Tumai ging der erste Phosphatbergbau auf solchen Höhlenphosphaten um. Die Höhlenphosphate finden sich in Höhlen, Taschen und Spalten von Kalksteinen verschiedenen Alters. In Lias-Kalken kommen Höhlenphosphate vor in der Umgebung von Nedromah sowie zwischen Nemurs und Lalla Marnia (Maghnia) bei Aïn Kebira und Rio Salado, am Djebel Kebir, Djebel Tumai, Djebel Sfian u. a. O. In Kalken des oberen Jura liegt die Knochenbrekzie des Djebel Tudjera (Traras), ein fast fluorfreies Phosphat; Höhlenphosphate in Kalken des Miozän finden sich im Bezirk Tlemcen und besonders im Schelif-Tal, über 30 bis 40 km westlich von Orléansville, wo Höhlen bei Retaïmia, Inkermann, Djorfel Amar und Nedromah bekannt sind. Das Phosphat aller dieser Höhlen ist ein Kalkphosphat von halbopalähnlichem (nach *Stutzer* achatähnlichem) Aussehen mit muscheligem Bruch. Das am Höhlenboden bisweilen als Stalagmiten auftretende konkretionäre Phosphat enthält 70 bis 80 v. H. Trikalziumphosphat, das darüber liegende erdige Phosphat nur 30 bis 40 v. H. Darüber legt sich eine wahrscheinlich quartäre (nach *Stutzer* rötliche, harte) brekziöse Deckschicht mit Kalkstein- und Phosphatbrocken, in der örtlich Helixaspera u. a. vorkommen. In dem in den Höhlen von Sebdu gewonnenen Phosphat fand man pulverigen Brushit ($HCAPO_4 \cdot 2\,H_2O$).

Eine eigenartige Aluminiumphosphat-Lagerstätte wurde 10 km nördlich von Oran in Misserghin bei Tur Combes als Düngemittel abgebaut. Hier war der Boden einer Höhle in miozänem Massenkalk mit einer Schicht von Kalkspat-Stalagmiten bedeckt, darüber lagerte 1 bis 3 m braunrote Phosphaterde, die von kleinen Adern und Knollen einer schwammigen, weißen oder gelben, rot oder schwarz gefleckten Masse durchsetzt war. Die Knollen können faustgroß werden, kleben an der Zunge und fühlen sich in feuchtem Zustande fettig an. Die schwarze Farbe rührt von etwas kobalthaltigem Manganoxyd her. Eine Analyse von *A. Carnot* ergab im wesentlichen:

P_2O_5	35,17 v. H.
Al_2O_3	18,18 v. H.
K_2O	5,80 v. H.
$(NH_4)_2O$	0,48 v. H.
CaO	0,30 v. H.
H_2O^-	13,40 v. H.
H_2O^+	14,80 v. H.
SiO_2	11,60 v. H.
	99,73

Allerdings ergab jede Analyse eine etwas andere Zusammensetzung, so kann z. B. die Kieselsäure bis 84 v. H. ansteigen. Es handelt sich wohl um ein amorphes Gemenge von Minervit ($AlPO_4 : 3\frac{1}{2}\ H_2O$) und Opal. Da man keine Knochen gefunden hat, nimmt man an, daß sich außerhalb der Höhle durch Zersetzung organischer Stoffe entstandene lösliche Phosphate erst in der Höhle angereichert haben.

T u n e s i e n. Am D j e b e l e s S k i r a, 6 km nordwestlich T e s t u r, sind Klüfte im Nummulitenkalk mit Krusten von bis 78prozentigem Phosphat ausgekleidet. Eine durch Phosphat verkittete Knochenbrekzie (mit Pikermi-Fauna, also pliozän) wurde zeitweise abgebaut.

Die Phosphat-Förderung Französisch-Nordafrikas betrug (in t):

	Marokko	Algerien	Tunesien
1932	1 004 000	569 600	1 678 000
1933	1 065 000	597 800	1 810 000
1934	1 200 000	532 200	1 766 000
1935	1 292 000	603 900	1 500 000
1936	1 341 500	531 600	1 488 000
1937	1 478 500	630 100	1 771 439
1938	1 487 500	584 440	1 934 200
1939	1 702 973		

In Algerien und Tunesien verteilt sich die Förderung bzw. Ausfuhr auf die einzelnen Reviere wie folgt:

	1935	1936	1937	1938
	T u n e s i e n			(Ausfuhr)
Gafsa	994 000	931 000	1 190 910	1 096 970
Kalaa Djerda	163 000	224 000	212 857	172 680
M'Dilla	272 000	256 000	289 286	286 480
Rebiba	54 000	66 000	57 450	57 470
Aïn Kerma	17 000	11 000	20 936	25 800
	1 500 000	1 488 000	1 771 439	1 639 400
	A l g e r i e n			
Le Kuif	553 200	488 300	566 700	539 470
M'Zaïta	50 700	42 700	64 500	44 250
	603 900	531 000	631 200	583 720

Die wichtigsten phosphatfördernden Gesellschaften sind — in () Grubenbesitz:

Name	Sitz	Gründungsjahr	Kapital fr
Marokko			
1. Office chérifien des phosphates (Kurigha, Louis Gentil)	Rabat	1921	36 000 000
Algerien			
2. Compagnie minière du M'Zaïta (M'Zaïta)	Paris	1910	50 000 000
3. Compagnie des phosphates de Constantine (Djebel Kuif)	Le Kuif	1912	45 000 000
Tunesien			
4. Compagnie des phosphates et du chemin de fer de Gafsa (Gafsa, Ain Mulares)	Paris	1897	55 560 000
5. Compagnie des phosphates du Dyr (Kalaat es Senam)	Paris	1899	2 500 000
6. Société des phosphates tunisiens (Kalaa Djerda, Meheri Zebbeus)	Kalaa Djerda	1904	81 750 000
7. Compagnie tunisienne des phosphates du Djebel M'Dilla (Djebel M'Dilla)	Tunis	1920	44 000 000

2. *Kohle*

a. Steinkohle

Marokko. Die Steinkohlen Marokkos sind durch die starke tektonische Beanspruchung zu Anthrazit veredelt. Die bedeutendste Anthrazit-Lagerstätte liegt in Nordostmarokko südlich von Oujda, es ist das „Kohlenbecken“ von Djerada, das 1908 von *Gentil* entdeckt und 1928 von einer belgischen Gesellschaft planmäßig untersucht wurde und seit 1930 abgebaut wird. Das Massiv von Djerada ist eine Bergkette, die den Mittleren Atlas mit dem algerischen Tell-Atlas verbindet. Inmitten mesozoischer Schichten erscheint hier in einem etwa 300 qkm großen „Fenster“ das gefaltete Karbon, das eine fast ostwestlich streichende, unsymmetrische, spezialgefaltete Mulde bildet. Die Schichtfolge ist vom Hangenden zum Liegenden:

Obere Westfälische Stufe		Schiefer, gelblichgraue bis olivgrüne Sandsteine und Konglomerate mit etwa acht 0,20 bis 0,70 m mächtigen Anthrazitflözen
		2 Konglomeratbänke (asturische Faltung)
Untere Westfälische Stufe	200 bis 300 m	glimmerhaltiger Sandstein mit 0,80 m mächtigem Anthrazitflöz
	10 bis 15 m	schwarze Schiefer mit vier bis fünf 0,20 bis 0,25 m mächtigen, unreinen, oft schwefelhaltigen Kohlenschmitzen
Namurische Stufe		Sandsteine und Konglomerate mit Pflanzenresten und bisweilen dünnen Kohlenschmitzen (erzgebirgische Faltung?)
		Konglomerate (sudetische Faltung)
Dinant	400 m	Pflanzen und Brachiopoden führende Sandsteine und Schiefer (Kulmfazies)
	300 m	marine Kalke (Kohlenkalkfazies) mit Einlagerungen von Sandsteinen, Schiefern, Tuffen und Laven
	1 000 m	Ergußgesteine (Porphyrite und Quarzporphyre)

Die Diskordanzen zwischen den einzelnen Phasen der variszischen Faltung sind nicht überall sehr scharf. Die Flöze der oberen westfälischen Stufe fallen mit 22° ein. Der produktiven Serie vor allem des oberen Westfals sind marine Horizonte (fossilführende Kalke) sowie Süßwasserschichten mit *Ostrakoden, Anthracomya* und *Limulus* eingeschaltet. Im ganzen sind 1,50 m bauwürdiger Anthrazit in vier Flözen vorhanden:

Flöz A	20 bis 25 cm Anthrazit 6 bis 8 cm taubes Mittel 20 bis 25 cm Anthrazit
	30 cm harter Schieferton
Flöz B	40 bis 60 cm Anthrazit
	15 bis 20 cm schwarzer Schieferton
Flöz C	10 bis 15 cm Anthrazit 5 bis 6 cm taubes Mittel 25 bis 30 cm Anthrazit
	Schieferton
Flöz D	30 bis 45 cm Anthrazit

Durch Bohrungen hat man unter der Jura-Bedeckung noch zwei Flöze von 0,70 und 1,10 m Mächtigkeit festgestellt. Weitere Untersuchungen dürften eine noch größere Ausdehnung des Kohlenbeckens ergeben.

Die Kohle ist ein ausgezeichneter Anthrazit, der dem besten englischen Anthrazit gleichwertig sein soll. An der Oberfläche ist die Kohle durch Oxydation mulmig geworden. Die Zusammensetzung der Kohle ist:

80 bis 90 v. H. Kohlenstoff
4 bis 5 v. H. flüchtige Bestandteile
2 bis 10 v. H. Asche
3 bis 5 v. H. Wasser

Die Vorräte werden auf mindestens 15 Millionen t, wahrscheinlich 100 bis 200 Millionen t, geschätzt. Abbau findet augenblicklich nur im Nordteil der Mulde statt. Die Kohle der Flöze A und C muß wegen des mit anfallenden tauben Mittels aufbereitet werden. Die Gruben von Djerada können nach dem heutigen Stand der Anlagen (Anfang 1940) jährlich 240000 t fördern; sie gehören der 1929 gegründeten „Société chérifienne des charbonnages de Djerada“ in Rabat (Kapital 54 Mill. fr).

Im südlichen Marokko liegt am Unterlauf des Ziz noch ein größeres Kohlenbecken, das noch kaum untersucht ist, aber dem von Kenadsa in Algerien (s. u.) ganz ähnlich zu sein scheint.

In Westmarokko tritt im Hohen Atlas südöstlich Marrakesch Karbon auf. Im Gebiet von Amerzuacht, El Tnine und Urika werden schwarze und bläuliche Schiefer, die stratigraphisch zwischen Dinant und Westfal liegen, mit schwacher Diskordanz von Permotrias überlagert. Hier und weiter östlich bei Aïd Ziffa sind jedoch nur dünne Anthrazitflözchen vorhanden.

Etwa 80 km nordöstlich Agadir liegen bei Tirku zwei Kohlenbecken, auf die man ursprünglich große Hoffnungen gesetzt hatte, die sich aber keineswegs erfüllt haben, so daß im August 1932 die Untersuchungsarbeiten eingestellt wurden. Das kleinere, 12 qkm große Bekken unmittelbar bei Tirku enthielt etwas Kohle im Stefan; es verschwindet gen Norden unter roten, permotriadischen Sandsteinen, die anscheinend konkordant darüber liegen, im Süden wird es durch die Agadir-Störung abgeschnitten. Das zweite, 102 qkm große Becken bei El Mnzila in der Landschaft Ida u Zal liegt am Nordrande des Sustales und hört im Norden an der Agadirstörung auf. Die kohlenführenden Schichten liegen auf den Flanken eines Silur-Devon-Sattels, und zwar liegt 1200 m mächtiges mittleres und oberes Stefan mit leichter Diskordanz über dem Devon; im Stefan treten in zwei 0,50 bis 1 m mächtigen Schieferhorizonten perlschnurartig aneinandergereiht einige dünne, höchstens wenige Zentimeter starke Anthrazitlinsen auf. Die ungleichmäßige Lagerung, die geringe Mächtigkeit der Flözchen sowie die schwierigen tektonischen Verhältnisse machen einen Abbau unmöglich.

Algerien. Das größte Steinkohlenbecken Algeriens, das 1907 von *Flamand* entdeckt wurde, liegt im Südwesten unweit der marokkanischen Grenze südwestlich von Colomb Bechar. Das anstehende Karbon bedeckt hier ein Gebiet von 8600 qkm. Westlich des Bergzuges des Djebel Bechar liegt das Guir-Kohlenbecken, das durch drei etwa N 70° O streichende Sättel in vier Mulden aufgeteilt ist: im Norden die Mulde von Kenadsa, südlich davon die Mulden von Abadla Sfaïa und von Ghorassa und schließlich ganz im Süden die Mulde von Abadla-Igli; die drei südlichen Mulden sind geologisch noch sehr wenig bekannt, in einer dieser Mulden hat man 1908 in einem Schächtchen 10 bis 20 cm Kohle gefunden. Bergbau geht seit 1916 nur in der Kohlenmulde von Kenadsa um, wo die Kohle für die Staatsbahn gewonnen wird. Die marinen Schichten unter dem Flözführenden, Brachiopodenkalke mit Schiefer- und Sandstein-Einlagerungen, die nach oben zu immer häufiger werden, dürften entweder dem Dinant oder der namurischen Stufe angehören; über diesen folgt eine terrestre Schichtfolge mit Sandsteinen, pflanzenführenden Schiefertonen und Kohlenflözen, die ins obere Westfal gestellt wird. Von den 8 bis 9 Flözen mit einer Kohlenmächtigkeit von 3 bis 4 m wird z. Z. nur das 40 bis 45 cm mächtige Flöz Rouzaud, das mit 23° nach N einfällt, abgebaut; es liefert eine Fettkohle mit 22 v. H. flüchtiger Substanz und 3 v. H. Asche, 0,7 v. H. Schwefel und 8280 Kalorien. Die Gruben gehören der Staatsbahn. Südlich von Kenadsa sind noch etwa 15, am Ausgehenden unbauwürdige Flöze festgestellt. Im Norden taucht das Karbon mit 25° nördlichem Einfallen unter das diskordant darüber liegende Cenoman unter.

Bei Aït Uabane im Djurdjura-Massiv ist im Karbon ein dünnes, höchstens 30 cm mächtiges Steinkohlenflözchen 8 km weit zu verfolgen, es ist aber nicht bauwürdig. Am Kap Lindless und am Kap Falcon finden sich im Liegenden permischer Konglomerate schwarze Schiefer mit Anthrazitlinsen. Das Vorkommen ist tektonisch sehr stark gestört. Das Karbon von Sidna Yucha, eine ortsfremde Deckscholle, führt in wohlgeschichteten schwarzen Schiefern eine 40 cm mächtige Anthrazitlinse, die aber ebenfalls nicht bauwürdig ist.

Die Steinkohlen- bzw. Anthrazit-Förderung von Marokko und Algerien betrug:

Kohle

	Marokko t	Algerien t
1918		4 400
1919		7 000
1920		7 000
1921		9 000
1922		9 000
1923		4 000
1924		9 000
1925		10 000
1926		14 000
1927		21 000
1928		16 000
1929		16 000
1930	980	17 000
1931	5 670	26 000
1932	15 000	25 000
1933	27 300	30 400
1934	36 000	34 000
1935	52 700	37 900
1936	49 500	6 550
1937	107 150	13 600
1938	123 200	12 130
1939	115 600	?

Für 1940 hatte man geplant, die Lagerstätten von Kenadsa (Algerien) und Djerada (Marokko) durch eine Bahn zu verbinden, um die Kohlen beider Gebiete mischen und brikettieren zu können.

b. Braunkohle

M a r o k k o. Größere bauwürdige Braunkohlenvorkommen sind nicht bekannt. In Westmarokko kennt man kleine Braunkohlenflözchen aus der Trias des U n i l a - T a l e s bei Teluet, Ikis, Aït Khantula bei Skura und bei Khenifra. Man kennt auch Braunkohlen aus Liasschichten, die aber keinerlei wirtschaftliche Bedeutung haben. Auch im Perm von K h e n i f r a kommen einige dünne, höchstens 6 cm starke Braunkohlenflözchen vor. Im mittleren Marokko finden sich im Rif bei R a f s a i in sandig-mergeligen Schichten des untersten Pliozän (oder obersten Miozän, Sahélien) linsenförmige Braunkohlenflözchen von höchstens 40 cm Mächtigkeit und 1 bis 1,5 m Durchmesser, die aber auch nicht bauwürdig sind. Zwischen dem Mittleren Atlas und dem Rif wurden in der Ebene von G u e r c i f zur mittleren Miozänzeit in sumpfigen Niederungen Braunkohlen abgelagert, die randlich in eine mergelig-sandige Fazies übergehen. Die Braunkohlenflözchen werden höchstens 20 bis 25 cm mächtig. Die Braunkohle umschließt häufig schneckenführende Süßwasserkalke. Zwei Analysen dieser Kohle:

	Von der Oberfläche	Aus größerer Tiefe
Fixer Kohlenstoff	22,0 v. H.	27,22 v. H.
Flüchtige Bestandteile	27,8 v. H.	27,21 v. H.
Asche	28,1 v. H.	16,08 v. H.
Feuchtigkeit	22,1 v. H.	29,49 v. H.

Algerien. Um die Jahrhundertwende und dann wieder gegen Ende des Weltkrieges förderte man für den örtlichen Bedarf bei El Gurine (Marceau) (Prov. Algier) und Smendu (Prov. Constantine) mittelmiozäne Braunkohlen. Smendu baute auf drei 40, 18 und 12 cm mächtigen Flözen mit schiefrigem Zwischenmittel, El Gurine auf drei bis 3,3 m mächtigen Flözen mit tonigem Zwischenmittel. Die Kohlenvorräte von El Gurine werden auf mindestens 2 Mill. t geschätzt. Die Kohle ist sehr aschenreich. Dasselbe gilt von der Braunkohle von Smendu; die Analyse 1 stammt von dem zuerst bekanntgewordenen Flöz von 80 cm Mächtigkeit:

	El Gurine	Smendu		Ruached
		1	2	
Kohlenstoff	18,90–47,50	16,5	33,1	44,0
Flücht. Bestandteile	12,65—32,90	46,9	22,3	52,2
Asche	15,00—68,00	36,6	26,9	1,2
Heizwert	2315—2830 Kal,	?	?	Feuchtigkeit 2,6

Zur Zeit ist die Förderung wieder eingestellt. Es wurden gefördert:

	Smendu t	El Gurine t
1898 bis 1905		1 600
1917	170	2 000
1918	600	1 400
1919	1 200	
1920	1 700	
1921	250	

In den Burdigalschichten von Ruached bei Constantine und von Bed Bufur zwischen Ténès und Orléansville kommen kleine Braunkohlenlinsen vor, die aber ohne wirtschaftliche Bedeutung sind. Dasselbe gilt von den Braunkohlenflözen im Neokom-Sandstein von El Aricha und Bu Saada (nähere Angaben und Analysen bei *Dalloni,* 1939, S. 179 ff.).

Tunesien. Die wichtigsten Braunkohlenvorkommen liegen am Kap Bon und östlich vom Golf von Hammamet bei Djebibina, die im Weltkriege abgebaut wurden. Am Kap Bon sind den sandig-mergeligen und tonigen Mittelmiozänschichten mit *Ostrea crassissima* auf der Ostflanke des Eozän-Sattels des Djebel Abd er Rhamane 3 bis 4 Braunkohlenflöze eingelagert. Beim Dorfe Um Duil wurden drei regelmäßig gelagerte, um 20 bis 30° geneigte Flöze mit einer Kohlenmächtigkeit von 0,50 bis 0,70 cm abgebaut. Die Zusammensetzung der Braunkohle ist:

	Durchschnitt von 5 Analysen	Auf bei 100° getrocknete Substanz umgerechnet	
Feuchtigkeit	5,31	5,20	5,20
Flüchtige Bestandteile	34,63	38,82	39,45
Asche	17,32	17,40	15,60
Fixer Kohlenstoff	42,72	43,77	44,95
Heizwert		6 169	6 721 Kal.

2 bis 3 v. H. Schwefel

Von hier kamen neun Zehntel der gesamten Braunkohlenförderung Tunesiens; der Rest stammte von Djebibina, wo in Tonen, Mergeln und Sandsteinen des Miozän 0,20 bis 0,40 m mächtige, durch zahlreiche Verwerfungen zerstükkelte Flöze abgebaut wurden.

Die Schichtfolge vom Hangenden zum Liegenden ist:

0,40 m kalkige Mergel
0,35 m Braunkohle
0,25 m Mergel mit Kohlenschmitzen
0,40 m Braunkohle
0,30 m kohlige Mergel
Liegendes: Mergel

Eine Analyse der Kohle ergab:

Feuchtigkeit	13 v. H.
Asche	13,6 v. H.
Flüchtige Bestandteile	32,5 v. H.
Fixer Kohlenstoff	40,16 v. H.
Schwefel	3 bis 4 v. H.

Die Förderung betrug:

	Kap Bon t	Djebibina t
1916	10 620	
1917	32 020	670
1918	40 840	720
1919	35 960	250
1920	31 330	
1921	22 200	
1922	340	
1923	620	
1924	300	

Heute findet kein Abbau mehr statt. Weitere Braunkohlenvorkommen liegen bei Monastir, Djemmal und Kef Chambi.

3. Erdöl

Marokko. Bitumenaustritte waren schon im Altertum bekannt, so erwähnt der römische Ingenieur und Baumeister *Vitruv* (z. Z. des Augustus) schon das Erdöl von Karthago und *Strabo* das Bitumen von Dohra.

Die heute bekannten Vorkommen liegen östlich der Linie Larasch (an der Küste) — Petitjean und reichen bis in die Gegend von Tizerutine. Vor allem wurde Erdöl im Gebiete des mittleren Sebu und in dem Raume zwischen seinen Nebenflüssen Uergha und Inauène erbohrt. Das Erdöl ist hier an Störungszonen gebunden, in denen es verruschelte Mergel imprägniert. Erst um 1912, nach der Besetzung Marokkos durch französische Truppen, konnte mit der planmäßigen Aufschließung der Erdöllagerstätten begonnen werden. 1913/14 wurden zwischen dem Sebu und dem Uergha die ersten Flachbohrungen niedergebracht. Nach 1918 setzten auch geophysikalische, besonders seismische Untersuchungen ein. Südöstlich Larasch wurde 1880 von dem französischen Ingenieur *Condé* nordöstlich Aïn el Hamra im Helvet das Erdölvorkommen von Fokra entdeckt, die von ihm errichteten Förderanlagen wurden jedoch von aufrührerischen Eingeborenen zerstört. In dem Durchspießungssattel der salinaren Trias nordöstlich von Suk el Arba du Rharb wird gefaltetes Eozän, Oligozän und Aquitan diskordant von Helvet überlagert (ältere Phase der steirischen Faltung). Eine 1929 in Aïn el Hamra niedergebrachte, 482 m tiefe Bohrung traf vollkommen verruscheltes, mergeliges, gänzlich mit Erdöl imprägniertes Helvet an, wurde aber nicht produktiv. Bald darauf erbohrte man etwas weiter nördlich in 160 m Tiefe helvetische Ölsande, die anfangs täglich 5000 l Erdöl gaben. Eine im Februar 1931 für eine verunglückte Bohrung niedergebrachte Ersatzbohrung erreichte nach einjähriger Bohrzeit eine Teufe von 1398 m; sie durchsank 450 m mergeliges Helvet und kam unter Ausfall des Burdigals in den sandigen „Flysch" des oberen und mittleren Eozän, in dem jedoch nur Salzwasser und Erdöl angetroffen wurden. Eine etwa 1930 bei Sidi Mussa ben Zered niedergebrachte, nur 500 m tiefe Bohrung traf in verruschelten Eozän-Mergeln ölgefüllte Klüfte und Erdgas an, das Helvet bildete eine abdichtende Kappe. Die Sonde lieferte täglich einige 100 l Erdöl. In kleinen Schächtchen hatte man schon früher einige 10 t Leichtöl (spez. Gew. 0,82) gewonnen.

Zwischen dem Sebu und Petitjean hatte man in der Gegend von Tselfat auf den Randspalten einer sehr verwickelt gebauten Antiklinale Erdölaustritte beobachtet. Eine 1931 niedergebrachte Bohrung erreichte bei 60 m mächtige klüftige Kalke des Lias ε mit Erdölspuren und darunter sandig-glimmrige Mergel, den eigentlichen Erdölhorizont; eine Erdöleruption lieferte täglich bis zu 2400 l Erdöl, ließ dann aber sehr rasch nach. Dieser Erfolg ermutigte zu weiteren Bohrungen, die fast sämtlich produktiv wurden; vier davon lieferten täglich bis zu 2000 bis 8000 l Erdöl, andere nur 100 bis 500 l. Eine 1932 noch weiter im Westen niedergebrachte Bohrung durchsank Mergel und Kalkbänke des Lias ε und erreichte bei etwa 400 m die klüftigen Kalke des Lias δ, in denen sich neben Ölspuren nur Salzwasser fand. Als eine etwas östlich hiervon abgeteufte Bohrung denselben Horizont erreichte, erfolgte eine heftige Eruption, das Erdöl entzündete sich, und erst nach zwei Wochen konnte die brennende Sonde unter größten Schwierigkeiten gelöscht werden. Schätzungsweise wurden täglich 250 t Erdöl mit schwefelhaltigem Wasser gemischt ausgeschleudert. Nachdem der Brand gelöscht war, wurden nach *Migaux* täglich noch etwa 70 t Erdöl gefördert; es war ein Leichtöl mit dem spez. Gew. 0,806.

Südlich von diesem Feld hat man zwei kleine Antiklinalen durch Bohrungen aufgeschlossen. Auf der östlichen Flanke der südlichen Antiklinale erbohrte man 1931 bei Bu Kennfud in 513,7 m Tiefe steilstehenden Lias ε, der aber nur einige 10 t Öl geliefert hat. In der nördlichen Antiklinale traf man

1932 in etwa 120 m Tiefe nur Erdölspuren im oberen Lias ε. Östlich Petitjean förderte eine Sonde bei B u D r â a aus 175 m zeitweise täglich etwa 20 t Erdöl.

Im östlichen Marokko hat man bei T i z e r u t i n e eine Anzahl kleiner Bohrungen niedergebracht, um den sehr verwickelten geologischen Bau aufzuklären. Die Bohrungen haben bis 1935 etwa 100 t Leichtöl aus dem Liegenden der Kreide geliefert.

A l g e r i e n. Schon lange sucht man in Algerien und Tunesien, vor allem am Rande des Tell-Atlas, nach Erdöl. Der größte Erfolg blieb aber bisher die Entdeckung des kleinen Erdölfeldes im Tliuanet-Tal in der Gegend von R e l i - z a n e (Prov. Oran). Der Untergrund besteht aus gefalteten Kreide- und Eozän-Schichten, über denen das Helvet transgrediert, bisweilen ist auch noch etwas festländisches Aquitan eingeschaltet. Die tieferen Sande und Konglomerate des Miozän haben nur beschränkte Verbreitung, meist liegen die Hangendmergel unmittelbar über dem vormiozänen Untergrund, bisweilen fällt auch das ganze untere und mittlere Miozän aus, so daß das Torton unmittelbar auf den älteren Sedimenten liegt. Es haben also lebhafte alpidische Krustenbewegungen stattgefunden, die auch dann die Miozänschichten domförmig aufgewölbt haben. Erdölträger sind Sandlinsen in den bei Tliuanet 700 m mächtig werdenden Miozän-Mergeln. Nachdem man in dieser Gegend schon 1896 Erdölaustritte gefunden hatte, brachte man 1893 bis 1902 eine Anzahl, teilweise bis 400 m tiefe Bohrungen nieder, die z. T. die Kreide erreichten, aber nur Erdölspuren antrafen. Eine 1911 bis 1913 abgeteufte, 902 m tiefe Bohrung bei A b d e r R a h i m, 4 km südlich Tliuanet, traf in den Basissanden des Torton (35 m) nur Gasspuren, im Helvet bei 570 m nur Erdölspuren an. 1914 erfolgte bei M e s s i l a bei 167 m eine Eruption. Insgesamt waren von 47 vor 1921 niedergebrachten Bohrungen 20 produktiv, von 53 Bohrungen nach 1921 kamen 16 in Förderung.

Nordöstlich dieses Erdölfeldes hat man a m N o r d r a n d e d e s S c h e - l i f - T a l e s schon seit 1892 Untersuchungsarbeiten durchgeführt. Gas-Ausströmungen und Erdöl-Aussickerungen waren hier schon seit langem bekannt. Durch Bohrungen hat man Erdöl in einigen Miozän-Sätteln und in Störungszonen im Miozän festgestellt. An dem kleinen Dom von A ï n Z e f t, der aus grauen und weißen, gipsführenden Mergeln, die von grauen Mergeln überlagert werden, besteht, war Erdöl schon aus dem Altertum bekannt. 1875 wurde das Vorkommen zum erstenmal untersucht. Durch kleine Stollen versuchte man 1874 bis 1890 die Ergiebigkeit der Ölsickerstellen zu erhöhen; einer dieser Stollen lieferte täglich bis zu 700 l Erdöl. 1891 begann man mit Tiefbohrungen, von denen zwei fündig wurden. Eine englische Gesellschaft hatte 1903 die Konzession übernommen und eine größere Anzahl von Bohrungen abgeteuft, die aber kaum mehr als Erdölspuren antrafen, bis auf eine, die bis zur Endteufe (416 m) in den Gipsmergeln des oberen Miozän blieb, unter denen eine sandige Zone mit kalkigen Einlagerungen folgte. Diese Bohrung hat eine kleine, nur anfangs 200 t jährlich übersteigende Erdölförderung:

	t
1904	221,8
1905	204,5
1906	56,5
1907	135,5
1908	121,0
1909	190,1
1910	68,5
1911	120,0
1912	186,0
1913	43,6

1913 wurde die Förderung eingestellt. Weitere 1911, 1912 und 1913 niedergebrachte Bohrungen, die z. T. die Basis des Miozän, z. T. auch terrestres Aquitan erreichten, waren erfolglos.

Östlich und westlich Aïn Zeft in den 90er Jahren des vorigen Jahrhunderts abgeteufte Bohrungen, die aber die miozänen Gipsmergel nicht durchsanken, erbrachten nur Öl- und Gasspuren. Noch weiter im Westen erbohrte man in einer 1179 m tiefen Bohrung sandige Einlagerungen in den obermiozänen Mergeln, die 210 l Erdöl lieferten.

T u n e s i e n. Im Hinterlande des Golfs von Tunis fand man an verschiedenen Stellen in den Ausläufern des Tell-Atlas Erdölaustritte. Seit 1932 bei S l u g h i a niedergebrachte Bohrungen zeigten, daß das Erdöl in von Miozän überlagerten Triassätteln vorkommt, aber weniger an bestimmte stratigraphische Horizonte als an Störungszonen gebunden ist. Bei Slughia und Aïn Rhelal wurde Erdöl in miozänen Sandsteinen und Mergeln erbohrt. Eine Förderung findet nicht statt.

Die Aufschlußarbeiten und die Erdölförderung liegen im wesentlichen bei folgenden Gesellschaften:

Name	Sitz	Gründungsjahr	Kapital fr
1. Société algérienne de pétroles de Tliouanet	Paris	1916	4 500 000
2. Compagnie française des pétroles du Maroc	Paris	1920	6 000 000
3. Bureau de recherches et de participations minières	Rabat	1928	—
4. Société financière franco-belge de colonisation	Brüssel	1928	100 000 000
5. Société chérifienne des pétroles	Rabat	1929	144 800 000
6. Société chérifienne d'études minières de Tizeroutine	Rabat	1929	8 000 000
7. Syndicat d'études et de recherches pétrolières en Tunisie	Paris	1931	7 200 000

Die Erdölförderung von Marokko und Algerien betrug:

	Marokko t	Algerien t
1915		651
1916		1 186
1917		867
1918		1 026
1919		833
1920		609
1921		418
1922		1 390
1923		1 382
1924		1 337
1925		1 737
1926		1 822
1927		1 427
1928		1 204
1929	49	3 048
1930	19	1 666
1931	200	1 079
1932	275	891
1933	559	550
1934	557	375
1935	109	343
1936	140	295
1937	2 480	279
1938	3 200	259
1939	4 656	

4. *Schwefel*

Marokko. Gediegener Schwefel wurde im Tertiärbecken des Sus bei Tarudant zeitweise abgebaut und zur Herstellung von Schießpulver verwendet.

Algerien. In der Provinz Constantine lagern bei Heliopolis in der Mulde von Guelma auf eozänen Schichten obermiozäne oder unterpliozäne Mergel mit Gips und Bänken und Nestern von gediegenem Schwefel. Darüber liegen pliozäne Travertine und Schotter. Innerhalb gipsführender mergeliger Kalksteine findet sich der Schwefel in fünf je 0,20 bis 0,25 m mächtigen Bänken, die jeweils durch 0,75 m bläulichen, stark bituminösen Schieferton voneinander getrennt sind. Anscheinend wurde der Schwefel in einer Lagune gebildet (Süßwasserfische und Cypris-Schalen im Schiefer), in die schwefelhaltige Quellen einmündeten. Besonders im Westteil der Mulde wurde bis 1923 der Schwefel abgebaut, seitdem findet keine Gewinnung mehr statt. Im ganzen wurden 2600 t schwefelhaltiges Gestein mit 15 v. H. Schwefel gefördert.

Über die Schwefelgewinnung aus Schwefelkies s. S. 263.

5. *Kieselgur*

Algerien hat eine ziemlich bedeutende Kieselgurförderung von jährlich etwa 10000 t. Die Kieselgur-Gruben liegen bei verschiedenen Orten der Provinz Oran, so bei Oran, Saint Lucien, Saint Denis du Sig, Dahra, Cassaigne, Uillis, Pont de Chéliff u. a. O. Die Kieselgur-Lager finden sich im obersten Miozän (Sahélien). Die Kieselgur enthält 65 bis 90 v. H. Kieselsäure. Die sehr reine Kieselgur von Uillis, dem derzeitigen Mittelpunkt der Förderung, hat folgende Zusammensetzung:

SiO_2	88,30 v. H.
Al_2O_3	0,99 v. H.
Fe_2O_3	1,01 v. H.
CaO	0,30 v. H.
MgO	0,07 v. H.
SO_3	0,27 v. H.
CO_2	0,25 v. H.
H_2O	8,80 v. H.

Mit der Förderung wurde 1910 begonnen, sie erreichte 1913 etwa 6800 t. In den letzten Jahren betrug die Kieselgur-Gewinnung:

	t
1932	10 450
1933	11 000
1934	9 900
1935	11 400
1936	12 120
1937	12 960

Auf die einzelnen Lagerstätten verteilte sich die Förderung der letzten drei Jahre wie folgt:

	1935 t	1936 t	1937 t
Oran	480	460	110
St. Lucien	1 800	2 290	2 900
Uillis	1 320	1 220	1 350
St. Denis du Sig	7 800	8 150	8 600
	11 400	12 120	12 960

Die Gruben sind in den Händen von vier Gesellschaften:

1. Société d'exploitation et d'exportation du kieselguhr, 1912 gegründet, Kapital 750000 fr.
2. Ancienne Société d'exploitation du kieselguhr algérien, Sitz in Oran, 1922 gegründet, Kapital: 400000 fr. Grubenbesitz: Pont du Chélif, Cassaigne und St. Denis du Sig.
3. Société des mines africaines de silice, Sitz in St. Denis du Sig, 1933 mit einem Kapital von 900000 fr. gegründet; Gruben von St. Lucien.
4. La Silice algérienne in Paris, 1931 gegründet, Kapital: 700000 fr.; Gruben von Uillis.

6. Schwerspat

Marokko. Schwerspat findet sich auf der Eisenerzlagerstätte von Khenifra, das Erz enthält im Durchschnitt 4,8 v. H. Schwerspat. Für die Gewinnung sind besondere Aufbereitungsanlagen nötig.

Algerien. In der Provinz Algier kommt in Bu Mhani bei Dral el Mizan nahezu reiner Schwerspat in linsenförmigen Gängen im Schiefer vor. Mit der Gewinnung wurde 1929 von der 1927 gegründeten Société des mines et carrières de Bou Mahni in Algier (Kapital 3½ Mill. Fr.) begonnen. Ab 1934 scheint keine Förderung mehr stattgefunden zu haben. Es wurden gewonnen:

1930	1200 t
1932	890 t
1933	10 t

7. Flußspat

Tunesien. Von anscheinend gangförmigen Lagerstätten wurden bei Zaghuan

1937	1 676 t
1938	2 060 t

Flußspat gefördert.

8. Graphit

Marokko. Die einzige, schon seit 1924 zeitweise abgebaute Graphitlagerstätte liegt im Djebilet, 30 km nördlich von Marrakesch, südlich von Sidi bu Othmane. Hier kommt feinkristalliner Graphit feinverteilt in granatführenden Kalken und kristallinen Schiefern vor; es finden sich auch gangförmige Anreicherungen, die nach der Scheidung vom tauben Gestein 45 bis 50 v. H. Graphit ergaben. Die Förderung betrug:

1932	200 t
1936	400 t
1937	336 t
1938	335 t
1939	886 t

Der Bergbau gehört der Mines et graphites du Maroc in Casablanca (1928 gegründet; Kapital 1 Mill. fr.).

9. Asbest

Marokko. Im Ued Draa kommt ein Hornblendeasbest vor, der brauchbar sein soll.

10. Amethyst

Marokko. In der Provinz Mesfina wurde 35 km östlich von Marrakesch anscheinend auf Pegmatitgängen ein größeres Amethystvorkommen festgestellt. Vor dem Weltkriege wurden schon von einer Obersteiner Firma Probeschliffe hergestellt, die die Brauchbarkeit des Amethystes als schleifwürdigen Schmuckstein ergeben haben sollen.

11. Steinsalz (Kochsalz)

Marokko. Zeitweise wurde Steinsalz in Miozänschichten nördlich und nordwestlich von Fes gewonnen; es handelt sich um durch tektonischen Druck hochgepreßte Salzstöcke, deren Steinsalz ähnlich wie das Haselgebirge in den nördlichen Ostalpen ausgebildet ist. Aus den etwa 2 m mächtigen reinen Steinsalzlagen werden in großen Tagebauen einfach Salzblöcke herausgehauen. Im Hohen Atlas und in seinen nördlichen Vorketten werden Steinsalzlager bei Imaghène, 60 km östlich Marrakesch, und südöstlich Mogador ausgebeutet. In den Landschaften Geraya und Urika südlich Marrakesch sind in den Tälern Salzstöcke angeschnitten; die Salzgewinnung erfolgt einfach in der Weise (nach *Springer*), daß in dem Steinsalz 4 bis 6 m tiefe Brunnenschächte gegraben werden, in denen sich mit Salz gesättigtes Wasser sammelt; die Sole wird dann in eine Anzahl, meist acht bis zwölf 20 bis 30 cm tiefe, 1½ bis 2 qm große, schüsselförmige Gruben mit tonigem Boden eingefüllt, wo man sie durch die Sonnenwärme eindampfen läßt. Das hieraus gewonnene Salz ist gewöhnlich durch Tonbeimengungen rötlich gefärbt.

Seit 1929 wird auch das salzreiche Wasser des Zima-Sees, 70 bis 80 km südöstlich der Küstenstadt Safi, auf Kochsalz verarbeitet. Der Salzgehalt stammt aus den roten, gips- und salzhaltigen Kreidetonen der Umgebung; im Sommer bildet sich beim Eintrocknen eine 10 cm dicke Salzkruste. 1929 bis 1934 wurden hier jährlich etwa 8000 t, 1935 noch 3000 t Kochsalz gewonnen; 1939 fand keine Salzgewinnung mehr statt.

Wo salzhaltige Quellen zutage treten, leiten die Eingeborenen diese in Becken ab, aus denen sie das Kochsalz durch Eindampfen in der Sonnenwärme gewinnen.

Algerien. Im Tell-Atlas werden nahe der marokkanischen Grenze bei Chabet ed Dira von den Arabern Steinsalzlager — vermutlich triassischen Alters — ausgebeutet, ebenso bei Ain Tellut zwischen Tlemcen und Sidi bel Abbes. In den Ksur-Bergen im westlichen Sahara-Atlas werden bei Ain Uarka (40 km östlich Ain Sefra) und bei Wed Cheria (40 km südlich Gergville) seit langem zahlreiche Salzlager von den Eingeborenen abgebaut. Die Salzberge bei Djelfa, El Utaya und Uled Kebbeh in der südlichen Provinz Constantine gehören dem Keuper an, an dessen Mergel das Steinsalz gebunden ist. Die obersten hundert Meter des 1022 m hohen Djelfa, südlich des Schotts Zahres Gharbi, am Nordrande des Sahara-Atlas, bestehen völlig aus Steinsalz mit Mergelbänken, das hier ein 19 qkm großes Gebiet bedeckt. Der Salzstock des 300 m hohen Djebel Gharribu bei El Utaya zwischen Batna und Biskra am Westrande des Massivs von Aures wird von einer mächtigen Gipsdecke umhüllt; das Steinsalz ist nur in Schluchten und Steilabstürzen im Gipfelgebiet aufgeschlossen. *Coquand* (zitiert bei *Dalloni,* 1939) gibt folgendes Profil von Utaya vom Hangenden zum Liegenden:

Gips mit Mergeln	schwarzer Zellendolomit
Steinsalz, über 20 m	sehr reines Steinsalz, 0,30 m
bunte Gipsmergel mit Anhydrit	gefleckte Mergel.

Die Zusammensetzung des Steinsalzes ist:

NaCl	88 v. H.
$CaSO_4$	7 v. H.
KCl	1 v. H.
$CaCl_2$	1 v. H.
Ton	2 v. H.

Am Fuße des Berges entspringen eine Anzahl Solquellen, von denen eine, die sehr reines Kochsalz mit 98 v. H. NaCl ausscheidet, 260 g/l NaCl und 9 g/l Sulfate von Na, Ca und Mg enthält.

Eine der ältesten Salzgewinnungsstellen ist die S e b k a v o n M e l a h in den Südterritorien Algeriens, eine in nordwest-südöstlicher Richtung sich erstreckende Salzpfanne, in der nach *Niemann* mehrere Zentimeter dicke Salzschollen auftreten und gewonnen werden. Ihr Salz dürfte von dem Salzberg Golb el Melah westlich von Kerzas, einem anscheinend innerhalb devonischer Schichten auftretenden (triassischen?) Salzstock stammen. Auch in einigen Sebkhen der benachbarten Tuat-Oasen, besonders in der Sebkha von Tamentit, kommen dicke Salzschollen vor, die wohl auch zeitweise gewonnen wurden. In der Sebkha des Ulad Mahmud findet sich unter einer mehrere Zentimeter dikken, durch Salz und Salpeter verkitteten Sandkruste eine 0,5—0,6 m mächtige Steinsalzbank.

Im Regenschatten des Tell-Atlas, zwischen diesem und dem Sahara-Atlas, liegt das 800 bis 1400 m hohe Tafelhochland der Schotts, dessen Oberfläche durch Bergrücken und Kuppen in eine Anzahl von Senken und Becken, die Schotts, gegliedert ist, die keinen Abfluß zum Meere haben. Die Schotts liegen teils zwischen den Faltenzügen, teils quer zu ihnen (z. B. die Schotts El Hodna und Gharbi); die Falten der tunesischen Schottregion bei Gafsa deutet man als Anfang des Syrischen Bogens. Die Schotts dürften Reste großer Seen sein, zu denen der pliozän-altdiluviale Bergent-See im Westen gehörte, der anfangs wahrscheinlich abflußlos war, wie die 100 m über dem Seeboden liegenden Hochterrassen der Schotts Chergui und Gharbi erkennen lassen. Schotts mit flach ansteigenden Ufern, wie El Hodna und die beiden Zahres, lassen keine Terrassen erkennen. Die ursprüngliche Entstehung der Schotts ist noch nicht ganz geklärt; Einbruchsgräben sind es jedenfalls nicht. Wahrscheinlich sind es vom Winde ausgeblasene Hohlformen. Das große südtunesische Schott El Djerid scheint eine ehemalige Meeresbucht zu sein. In einem Teil dieser Schotts wird in mehr oder minder großem Umfange Salz gewonnen. Sie verdanken ihren Salzgehalt den salzführenden Trias-Mergeln und -Tonen der benachbarten Gebirge. Am weitesten westlich liegt das S c h o t t e l C h e r g u i, das von Wadis und salzhaltigen Quellen gespeist wird; beim Eintrocknen im Sommer hinterläßt es eine weiße Salzschicht. Hier finden sich auch ausgedehnte Ausblühungen von Glaubersalz, die durch chemische Umsetzungen zwischen NaCl und Ca_2SO_4 (Gips) entstanden sind; die Glaubersalzkruste hat die Zusammensetzung:

Na_2SO_4	91,00 v. H.
$MgSO_4$	2,80 v. H.
NaOl	4,30 v. H.

Westlich davon liegen die Schotts Zahres Gharbi und Zahres Chergui, in denen sich im Sommer eine über ½ m dicke Salzkruste bildet; sie erhalten ihren Salzgehalt von dem vom Salzberge Djelfa kommenden Wed Melh. Die Salzkruste hat folgende Zusammensetzung:

NaCl	93,79 v. H.
$MgCl_2$	1,68 v. H.
$CaCl_2$	1,08 v. H.
$CaSO_4$	1,77 v. H.
SiO_2	0,50 v. H.
H_2O	1.20 v. H.

Zahres Chergui dürfte das reichste Salzvorkommen Algeriens sein. Der Salzgehalt des Wassers des Zahres Gharbi ist zehnmal größer als der von Meerwasser. Der Salzinhalt des Zahres Gharbi wird auf mehr als 250 Mill. t, der des Zahres Chergui auf 132 Millionen t geschätzt. Einer der größten algerischen Salzseen ist das Schott el Hodna, an dessen Südufer Salz schon im Altertum gewonnen wurde, wie die an seinem Südwestrande gelegene römische Siedlung Salinae Nubonenses bezeugt (das heutige Bu Saada); das erdfarbene Salz ist durch Ton verunreinigt. Das Schott Mzuri (zwischen Constantine und Batna) wird nur von Regenwasser gespeist, das beim Abfließen über Salzmergel Salz aufgenommen hat *(Springer);* es bildet darum im Sommer nur eine 0,5 bis 4 cm dünne Salzschicht, die von den Beduinen wegen der Reinheit des Salzes als Speisesalz gewonnen wird; seine Zusammensetzung ist:

NaCl	96,0 v. H.
$CaSO_4$	0,7 v. H.
$MgCl_2$	0,5 v. H.
$MgSO_4$	0,2 v. H.
$CaCO_3$	0,1 v. H.,

dazu noch etwas sandige Beimengungen. Nach der tunesischen Grenze zu liegt das Schott Melrhir 30 m unter dem Meeresspiegel, das im Sommer nicht vollständig eintrocknet, sondern nur eine 15 bis 20 cm dicke, oberflächliche Salzkruste bildet, unter der ein flüssiger Salzschlamm liegt. Das Salz hat folgende Zusammensetzung:

NaCl	21,0 v. H.
$CaSO_4$	25,0 v. H.
$CaCO_3$	7,0 v. H.
KCl	2,5 v. H.
Fe_2O_3	2,0 v. H.
$MgSO_4$	1,0 v. H.
Sand	32,0 v. H.
Wasser	10,0 v. H.

Da dieses sehr unreine Salz nicht unmittelbar als Speisesalz verwendet werden kann, wird es von den Eingeborenen erst in Wasser aufgelöst und in kleinen Becken eingedampft, so daß sich das schwerlösliche Kalziumsulfat zuerst ausscheidet und aus der Restlauge ein brauchbares Speisesalz gewonnen werden kann. — Nördlich des Tell-Atlas liegt östlich von Oran der kleine Salzsee El Melaha, aus dem ebenfalls Salz gewonnen wird.

Tunesien. Als östlichster Ausläufer sozusagen des Schotts Melrhir ist das kleine Schott el Rharsa anzusehen, das sich durch schöne große Salzplatten auszeichnet. Das große, 16 m über dem Meeresspiegel gelegene Schott el Djerid („Palmen-Salzpfanne"), dem ebenso wie dem algerischen Schott Melrhir von den nördlichen Randbergen ständig Wasser zugeführt wird, trocknet gleichfalls im Sommer nicht gänzlich ein. Unter einer trügerischen, bis 20 cm dicken, höckerigen Salzkruste liegt ein Gemisch aus Sand und Salzwasser, so daß das Schott nur auf bestimmten Wegen ohne Lebensgefahr durchquert werden kann; ein solcher Weg führt von Kriz bei Tozeur im Norden zu der von Südosten her in das Schott vorspringenden Landzunge nach Kebili am Südostufer. Während früher die Eingeborenen das sehr unreine Salz auf dieselbe Weise reinigten wie das des Schotts Melrhir, wird es heute anders gewonnen. Die Araber, die das Salz im Auftrage der französischen Regierung gewinnen, ziehen bis zu der Salzkruste des Schotts Gräben, die sich schnell mit Salzwasser füllen und auf denen sich durch Verdunstung eine lockere Schicht von ziemlich reinen Kochsalzkristallen bildet, die mit Rechen und Salzkrücken an den Rand der Gräben gezogen und hier aufgestapelt wird. Das nach dem Trocknen verkaufsfertige Salz schmeckt schwach bitter *(Springer)*.

Das einzige bedeutende Steinsalzlager ist das am Djebel Hadifa, 65 km östlich vom Golf von Gabes, am Nordufer des Schotts von Fedjedj (eines Seitenarmes des Schotts el Djerid). Das dem Keuper mit Gips und bunten Tonen angehörende Steinsalz bildet zwei 60 bis 80 m mächtige Bänke, die durch 10 m gipsführenden Ton und Dolomit voneinander getrennt sind. Das Steinsalz, durch feine Tonflöckchen rosa gefärbt, wird abgebaut. Die Vorräte an Steinsalz werden auf 15 bis 20 Millionen t geschätzt. Die Zusammensetzung des Steinsalzes ist (Durchschnitt von 20 Analysen):

NaCl	95,770 v. H.
$CaSO_4$	1,625 v. H.
$MgCl_2$	0,080 v. H.
KCl	Sp.
H_2O	0,230 v. H.
Unlösl.	2,200 v. H.
Verlust	0,095 v. H.

Von den zahlreichen Solquellen wird die von Lorbeus in der Gegend von Kef vom Tunesischen Salzmonopol ausgebeutet und jährlich etwa 12 000 t Kochsalz gewonnen. Die 15 bis 18° warme Sole hat folgende Zusammensetzung:

	Natürliche Quelle	Bohrloch 25 m Teufe	Bohrloch 30 m Teufe
Spez. Gew.	0,9655	0,9091	0,9091
$CaSO_4$	0,42	0,17	0,18
$MgSO_4$	0,63	0,92	0,90
K_2SO_4	0,12	0,37	0,35
NaCl	14,87	25,82	24,88
H_2O	83,96	72,72	73,89

An der flachen tunesischen Ostküste sind zahlreiche Meerwassersalinen in Betrieb, von denen die staatliche Saline Gulette bei Tunis den örtlichen Bedarf an Kochsalz vollkommen deckt; 1929 gewann sie 12 100 t Siedesalz. Die übrigen Salinen Sidi Salem bei Sfax am Nordrande des Golfes von Gabes, Ras Dimas bei Tunis, Ben Rayada bei Monastir am Golf von Hammamet (dessen Nordende das Ras el Melha [Salzkap] bildet) und Kniss, nördlich davon bei Sus, sind Privatunternehmen, die Siedesalz für die Ausfuhr gewinnen. Auch am Strande der Kerkennah-Inseln und der Insel Djerba, die bedeutende Ausfuhr von Salzfischen hat, wird Seesalz gewonnen.

Während des Weltkrieges wurden auch zahlreiche Lagunen, Sebkhas und Schotts zur Kochsalz-, Kali- und Magnesiumsalz- sowie zur Brom-Gewinnung (s. u.) ausgebeutet.

Die von den Eingeborenen im Kleinbetrieb gewonnenen Kochsalzmengen entziehen sich naturgemäß der Statistik, so daß in der folgenden Zusammenstellung nur die von der Steuerbehörde kontrollierte Förderung von Stein- bzw. Kochsalz enthalten ist. Die Salzgewinnung von Tunesien begann 1903 mit 1300 t und erreichte 1914 rd. 79 000 t; während des Weltkrieges sank sie sehr rasch auf 6500 t im Jahre 1919.

	Algerien t	Tunesien t	Marokko t
1920	28 000	22 000	—
1921	18 000	22 000	—
1922	20 000	36 000	—
1923	25 000	41 000	—
1924	24 000	119 000	—
1925	27 000	139 000	—
1926	43 000	87 000	—
1927	37 000	105 000	—
1928	11 000	105 000	—
1929	12 000	120 000	—
1930	58 000	120 000	—
1931	59 600	121 000	—
1932	59 700	92 300	—
1933	79 700	86 500	—
1934	42 800	87 000	—
1935	66 700	80 000	—
1936	62 400	129 700	10 800
1937	63 130	91 000	11 210
1938	?	?	?
1939	—	—	1 400

12. *Brom*

Tunesien. Während des Weltkrieges wurde im Auftrage des französischen Staates an dem Salzsee Sebk el Melah, südwestlich Zarzis, bei El Hanèche am Südufer und bei Aïn es Serab am Nordufer des Sees, eine Brom-Gewinnungsanlage eingerichtet. Der Sebka el Melah ist ein 156 qkm großes, 17 bis 24 m tiefes Salzwasserbecken, das vom Meere nur durch eine kleine Barre getrennt ist, aber dauernd, da 1 m unter dem Meeresspiegel gelegen, durch Meerwasser gespeist wird. Das Wasser dieses Salzwasserbeckens enthält durchschnittlich:

Br	0,195 v. H.
NaCl	12,5 v. H.
$MgSO_4$	2,62 v. H.

Dieses Salzwasser ließ man durch die im Schatten bis zu 52° heißen Winde der Sahara auf 27 bis 28° Bé (spez. Gew. 1,231—1,241) eindampfen. Die so erhaltene Sole — 1 cbm aus 40 cbm Meerwasser — enthält dann bei 21° C:

NaBr	2,6 g/l
KCl	13,0 g/l
$MgCl_2$	141,0 g/l
$MgSO_4$	32,0 g/l
NaCl	158,0 g/l

Beim Eindampfen bis zu einem spez. Gew. von etwa 1,335 (36,3° Bé) erhielt man sogar 6,79 g/l Brom. Seit April 1916 wurden täglich 2,5 t Brom mit weniger als 1 v. H. Cl gewonnen. Während des Weltkrieges wurden insgesamt 1133 t Brom, davon 1056 t in Zarzis, erzeugt, die vorwiegend auf Blaukreuz-Kampfstoffe (Brombenzylcyanid) für den Gaskrieg verarbeitet wurden. Im Jahre 1938 wurden die Anlagen wieder in Betrieb genommen.

13. Kalisalz

Tunesien. In Aïn es Serab am Nordufer der Sebka el Melah wurde während des Weltkrieges außer Brom beim Eindampfen des Salzwassers auf 34° Bé (spez. Gew. 1,308) ein als Sebkainit bezeichnetes Salzgemisch gewonnen, das etwa dieselbe Zusammensetzung wie das Staßfurter Carnallit-Gestein hat. Analyse des Sebkainits:

KCl	16,1
NaCl	4,0
$MgCl_2$	28,0
$MgSO_4$	17,6
Unlösl.	34,0
und H_2O	

Dieser Sebkainit wurde auf KCl-reichere Salze verarbeitet. Während des Weltkrieges wurden 1917 bis 1919 2144 t Kaliumchlorid mit insgesamt 733 t K_2O gewonnen.

1918 wurde die Kaligewinnung eingestellt, da, nachdem die elsässischen Kalilager an Frankreich gefallen waren, eine Gewinnung in Südtunesien wirtschaftlich nicht mehr vertretbar war.

Auch in der Sebka Areg el Makhsen, östlich Kirchau, kommen Kalisalze vor. Nach *Joleaud* (1930) verdankt die Sebka el Melah, die bei Flut mit dem Meere in Verbindung steht, ihren Kalium- und Magnesium-Gehalt nicht dem Meerwasser, sondern bunten Gipsmergeln entweder der unteren Trias (Werfener Schichten) oder des Perm der Gegend von Kirchau.

14. Salpeter

In den Süd-Territorien Algeriens finden sich einige Salpeter-Vorkommen, deren wirtschaftliche Bedeutung freilich nur recht bedingt ist. In der Sebka Ulad Mamud im Tuat-Gebiet zeigt der salzverkrustete Sand folgendes Profil (nach *Wetzel* in *Stutzer,* 1932):

5 cm Sand mit 53—55 v. H. KNO_3, 31—35 v. H. $NaNO_3$ und andere Salze,
50—60 cm Kochsalz und Sand.
Liegendes: Sand mit verschiedenen Salzen.

Das Vorkommen wurde während des Weltkrieges versuchsweise abgebaut. Die Vorräte werden auf 900 t geschätzt. In der Oase Feggagira, östlich Timminum, kommt vorwiegend Kalisalpeter vor, daneben auch Natronsalpeter. In der Sebka von Timminum findet sich lediglich Kalisalpeter. Der Salzschlamm des Sees Gurara-Tuat, an dem Timminum liegt, enthält 45% Kochsalz und 6,45% Kali- und Natronsalpeter. Ähnliche Vorkommen liegen bei Sba Tuat. Bei Sba besteht die „Caliche“, das nitratreiche Gestein, zu 33,59% aus weißem, nadelförmigem rhombischem Kalisalpeter und zu 54,26% aus rhomboedrischen, dem Kalkspat sehr ähnlichen Natronsalpeter - Kristallen. Die Kruste ist durchschnittlich 5 cm dick, der Gehalt an Salpetersäure übersteigt kaum 4%, hat also kaum wirtschaftliche Bedeutung *(Dalloni,* 1939*)*.

15. Gips

Gips ist in der salinaren Trias sehr verbreitet (vgl. Karte bei *Dalloni,* 1939), er wird z. B. bei Suk-el-Tenine gewonnen. Im Djebel Amur wurden bei Tuat 1 m und mehr mächtige Gipslager im Cenoman abgebaut. Im Tertiär, vor allem im Miozän, finden sich oft sehr reine Gipslager, die bisweilen nur 0,6% (Sig) und 1,5% (Muley-Ismael) Verunreinigungen, meist in Form von Karbonaten, aufweisen. Die Gipsförderung betrug 1930 in Algerien 100 000 t.

16. Kaolin

Aus Algerien sind mehrere, z. T. bauwürdige Kaolinvorkommen bekannt. Hierher gehören die Vorkommen des Djebel Tamazert und der Gegend zwischen El Milia und Collo, wo Pegmatite kaolinisiert sind. Seit 1852 sind Kaolinvorkommen aus dem Tafna-Tal bekannt; hier ist ein Rhyolith in ziemlich reinen Kaolin umgewandelt:

SiO_2	56,70 v. H.
Al_2O_3	24,73 v. H.
MgO	1,21 v. H.
H_2O	9,00 v. H.

Am Djebel Debar findet sich als Spaltenfüllung in Kreidekalken ein kaolinähnliches Gestein, das aus einem Gemenge von Halloysit und einem anderen Aluminiumsilikat besteht. Das Vorkommen dürfte hydrothermaler Entstehung sein.

Die Kaolinförderung Algeriens, die 1930 etwa 2700 t betrug, hat sich in den letzten Jahren auf etwa 2500 t gehalten.

Schrifttum

Die nutzbaren Lagerstätten in Französisch-Nordafrika Marokko, Algerien, Tunesien

Anten, J., Sur la présence de cassitérite sur la bordure du massif granitique d'Oulmés, au Maroc. Annales Soc. géol. Belg. 45. Bullet. Lüttich 1923.

Beaugé, A., Le phosphate: Maroc. In: Les ressources minérales de la France d'outre-mer. Bd. 4. Paris 1935.

Bernard, A., Afrique septentrionale et occidentale (S. 263—269: Les mines et l'industrie). Géographie universelle, Bd. 11. Paris 1937.

Berthon, M. L., L'industrie minérale en Tunisie. Tunis 1922.

Berthon, M. L., Les réserves de la Tunisie en acide phosphorique. Les réserves mondiales en phosphates. Bd. 2. XIV. Int. Geol. Kongr. Madrid 1928.

Bétier, G., Les gisements de fer nord-africains. In: Les ressources minérales de la France d'outre-mer. Bd. 2. Paris 1934.

Blondel, F., Bibliographie géologique et minière de la France d'Outre-Mer). Bd. 1. Paris 1937 (Publ. du Bureau d'études géol. et min. coloniales).

Blondel, F. und Bondon, J., Remarques sur la répartition des principales minéralisations au Maroc. C. R. Acad. Sci. Paris. Bd. 202 (1936) A.

Bondon, J., Molybdène marocain et marché mondial du molybdène. Bull. écon. Maroc. Rabat 1937.

Bourguignon, R., L'extraction du brome et de la potasse en Tunisie. Bull. Soc. Encouragement. Ind. Nat. Bd. 131 (1919).

Brives, A., Contributions à l'étude des gîtes metallifères de l'Algérie. C. R. Acad. Sci. Paris Bd. 162 (1916).

Brives, A., Sur un gisement de phosphate pliocène dans les environs de Rabat (Maroc). Bull. Soc. Géol. France. C. R. Bd. 19 (1919).

Burghelle, J., Les minéraux oxydés du gisement de cobalt de Bou-Azzer (Anti-Atlas). Notes et mémoires Serv. des Mines. Bd. 36 (1935).

Buttgenbach, H., Sur un nouveau minéral provenant de Tunisie. Annales Soc. Géol. Belg. 46. Bull. (Lüttich 1923).

Cizancourt. H. de, Les recherches de pétrole en Algérie et en Tunisie. In: Les ressources minérales de la France d'outre-mer. Bd. 5 (Paris 1937).

Clariond, L., Le charbon: Afrique du nord. In: Les ressources minérales de la France d'outre-mer. Bd. 1, S. 9—55.

Cornand, G., Note sur la découverte de fer natif dans les injections granitiques des micaschistes à Oulmés (Maroc). Ann. Soc. Géol. Belg. 48. Bull. (Brüssel 1925).

Dalloni, M., L'existence du terrain houiller sur le littoral de la province de l'Oran. C. R. Soc. Géol. France. 1920.

Dalloni, M., Géologie appliquée de l'Algérie. (Coll. du Centenaire de l'Algérie 1830—1930). Algier 1939.

Daumain, G., L'industrie minérale dans les colonies françaises. I. Algérie. II. Tunisie. III. Maroc. Chronique des mines coloniales. Bd. 6. Nr. 61, 62 u. 63 (1937).

Depéret, Ch. und Russo, P., Les phosphates de Melgou (Maroc) et leur faune de Mosasauriens et de Crocodiliens. Bull. Soc. Géol. France. Sér. 25 (1925).

Despujols, P., Les gisements de phosphate du Maroc. Les réserves mondiales en phosphates. Bd. 2. XIV. Int. Geol. Kongr. Madrid 1928.

Despujols, P., Note sur l'industrie minière au Maroc. Notes et mémoires Serv. Mines Protect. Républ. Franç. au Maroc. Nr. 5 (Rabat 1930).

Despujols, P., Historique des recherches minières au Maroc (zone française) des origines à 1930. Notes et mémoires Serv. des Mines. Bd. 37 (Rabat 1936).

Duparc, L., Les gisements des environs d'Oujda (Maroc). C. R. Soc. de phys., d'hist. nat. de Génève. Bd. 41 (1924).

Duparc, L., Contribution à la connaissance de la pétrographie et des gîtes minéraux du Maroc. Ann. Soc. Géol. Belg. 49. Bull. (Lüttich 1926).

Duparc, L., Rapport sur la gîte de molybdénite d'Azegour (Maroc). Paris 1930 (Bericht der Gesellschaft „Le Molybdène").

Duparc, L. und Favre, G., Sedimentary iron ore deposits in Northern Africa and the oolitic minerals of Aïn Barbouche. Abh. Min. u. petrogr. Ges. d. Schweiz. 1920.

Duparc, L. und Favre, G., Le gisement de fer oolithique d'Aïn Barbouche (Algérie). C. R. hebdomadaires des Séances Acad. Sc. Bd. 171 (Paris 1920).

Friedensburg, F., Der Bergbau in den französischen Kolonien und Mandatsländern. Kolon. Rundschau Bd. 30 (1939).

Galopin, R., Esquisse d'étude sur les minéraux opaques du gisement d'Azegour (Maroc). C. R. Soc. de phys. etc. de Génève. Bd. 50 (1933).

Geijer, P., Geological relations of the north african iron ores. Econ. Geol. Bd. 22 (1927).

Gentil, L., Sur un prétendu gisement de phosphate pliocène dans les environs de Rabat (Maroc). C. R. Soc. Géol. France. 1920.

Glangeaud, L., Origine des gîtes métallifères du nord de l'Algérie entre Tenès et Djidjelli (provinces d'Alger et de Constantine), leurs rélations avec les roches éruptives de l'âge secondaire et tertiaire Congr. int. des mines etc. VII. Sess. Paris 1935. Bd. 1.

Goldmann, B., Das Vorkommen von Erdöl in Marokko. Z. Petroleum. Bd. 33 (1937).

Graefe, E., Die Bitumenlager von Sidi Messaoud in Algier. Z. Petroleum. Bd. 10 (1915).

Granigg, B., Bemerkungen über einige Erz- und Phosphatbergbaue im zentralen Tunis und im Küstengebiet Algeriens. Österr. Zs. f. Berg- u. Hüttenwesen. 1909.

Greigov, E. M., Marokkanische Kohle und algerischer Lignit. Mines carrières etc. 1939 (Ref. i. Jahrb. f. Min. usw. Ref. II. 1939).

Heim, A., The molybdenum mine at Azegour, Morocco. Econ. Geol. Bd. 29 (1934).

Joleaud, L., Les phosphates du Maroc. I. Stratigraphie et pétrographie de la région des Oulad Abdoun (Maroc central). Bull. Soc. Géol. France. Sér. 23 (1923).

Joleaud, L., La potasse dans le Sud Tunisien. Congr. Internat. des Mines etc. VI. Sess. Lüttich 1930.

Joleaud, L., La structure géologique et les gîtes minéraux de l'Afrique du Nord. Ass. Franç. Avanc. Sc. Bd. 45. Rouen 1921.

Joleaud, L., La géologie et les mines de la Tunisie. Les Annales coloniales. Bd. 30 (1929).

Joleaud, L., La géologie et les gîtes minéraux de la Tunisie. Rev. Scient. Bd. 61 (1923).

Joleaud, L., Algérie et Tunisie. In: La géologie et les mines de la France d'outre-mer. Paris 1932.

Ladame, G. Ch., Le minerai de molybdénite d'Azegour (Maroc), son gisement, son traitement. Mines et carrières. Paris 1935.

Lapparent, J. de, Sur un phosphate graveleux de la région pré-tassilienne aux confins de Tidikelt et du Mouydir (Sahara). C. R. Soc. géol. France. Bd. 9 (Paris 1937).

Lapparent, J. de, Mode d'imprégnation par les hydrocarbures de phosphates algériens. Bull. Soc. Géol. France. Sér. 25 (1925).

Leckwijck, W. van und Marçais, J., Sur la géologie et les gisements de lignite de la plaine de Guercif (Maroc oriental). Congr. int. des Mines etc. VII. Sess. Paris 1935.

Migaux, L., Les recherches de pétrole au Maroc. In: Les ressources minérales de la France d'outre-mer. Bd. 5 (Paris 1937).

Négris, Ph., Les chotts tunisiens et la régression quaternaire. Bull. Soc. Géol. France. C. R. Bd. 19 (1919).

Neltner, L., Le manganèse au Maroc. In: Les ressources minérales de la France d'outre-mer. Bd. 2 (Paris 1934).

Nicou, M. P., Gisements de minerais de fer algériens et tunisiens. The iron ore ressources of the world. IX. Int. Geol. Congr. Stockholm 1910.

Niemann, W., Die Salzvorräte der Sahara. Diss. Leipzig 1914.

Orgel, J., Etude métallographique du minerai cuprifère complexe d'un gîte pyriteux d'El Azouar (Constantine). Congr. Soc. Sav. Toulouse 1933.

Petunnikov, G., Beiträge zur Kenntnis der erdölhöffigen Gebiete von Marokko. Z. Petroleum. Bd. 33 (1937).

Rabichon, A., Die Erdölzonen im westlichen Algerien. Z. Petroleum. Bd. 16 (1920).

Rabichon, A., Das Erdöl in Algerien. Z. Petroleum. Bd. 17 (1921).

... Les ressources minérales de la France d'outre-mer. Bd. 2. Paris 1934; Bd. 3. Paris 1935 (die anderen Teile s. u. den Verfassern).

Reufflet, P., Le phosphate: Algérie-Tunisie. In: Les ressources minérales de la France d'outre-mer Bd. 4 (Paris 1935).

Schulte, E., Die Lagerungsverhältnisse einiger algerischer Zink- und Bleierzgruben (Bergreferendar-Meldearbeit. Berlin 1921).

Solignac, M., Les minerais de zinc et de vanadium du gîte plombo-zincifère de Djebba (Tunisie). Congr. Int. des Mines etc. VII. Sess. Bd. 1 (Paris 1935).

Springer, A., Die Salzversorgung der Eingeborenen Afrikas vor der neuzeitlichen europäischen Kolonisation. Diss. Jena 1918.

Stutzer, O., Die wichtigsten Lagerstätten der Nichterze, Bd. Phosphat-Nitrat. Berlin 1932.

Tietze, O., Die Phosphatlagerstätten von Algier und Tunis. Zs. f. prakt. Geol. 1907.

Vacherot, P., Note technique sur l'exploitation des phosphates à Khourigha. Notes et mém. Serv. des Mines. Bd. 45 (Rabat 1937).

Yovanovitch, B., La géologie du pétrole au Maroc. Bull. Soc. Géol. France. Bd. 22 (1922).

VIII. DIE NUTZBAREN LAGERSTÄTTEN IN SPANISCH-MAROKKO

Von Fritz-Erdmann Klingner

1904 war von den europäischen Mächten das Rifgebiet des nördlichen Marokko als spanische Interessensphäre anerkannt, und als 1912 wegen der dauernden Eingeborenen-Aufstände die französische Schutzherrschaft über Marokko errichtet wurde, wurden durch einen spanisch-französischen Vertrag auch die Grenzen des unter spanische Schutzherrschaft zu stellenden Teiles des Sultanats Marokko festgelegt. Erst nach dem spanischen Rifkrieg gegen die unter Abd el Krim kämpfenden aufständischen Rifkabylen, die erst 1926 völlig niedergeworfen werden konnten, gelang es, das Hinterland von Melilla mit seinen reichen Eisenerzlagerstätten, neben denen auch noch Blei-Zinkerze vorkommen, bergbaulich zu erschließen. Zweifellos gibt es auch noch andere Minerallagerstätten, doch ist man darüber noch sehr wenig unterrichtet.

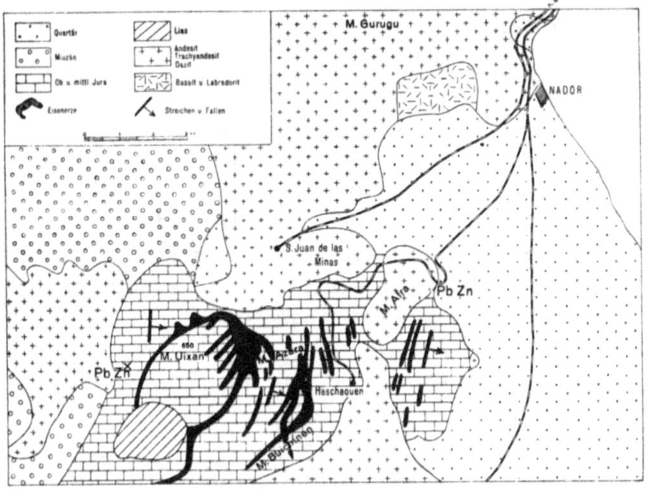

Abb. 33. Geologische Skizze des Erzberges Uixan.
Nach *Bétier*.

A. Erze

1. Eisen

a. Die Eisenerzlagerstätte im Uixan-Gebirge

Die Halbinsel Guelaya (Tres Forcas), die wahrscheinlich den östlichen Bogen des von Melilla bis nach Ceuta sich erstreckenden Faltengebirges Er Rif bildet, besteht in ihrem Kern aus kristallinen Schiefern und Paläozoikum des Massivs von Melilla, auf das sich gefaltete Jura- und Kreideschichten legen, die diskordant von marinem Miozän und Pliozän überlagert werden. Bei der jungtertiären Schollenzerstückelung drangen, hauptsächlich erst nach dem Burdigal, intrusive Massengesteine ein, die von Ergußgesteinen begleitet wurden; diese letzteren bauen den dem Jungtertiär aufgesetzten Gurugu-Vulkan, die erstgenannten den Diorit-Lakkolithen in dem Faltengebirge von Beni bu Ifrur auf. An dieses Gebiet sind auch die Eisenerzlagerstätten des Uixan-Gebirges gebunden. Es sind drei große Lagerstättengruppen bekannt: die erste im Gebiet des Djebel Uixan und etwa 1 km östlich davon am Djebel Axara, die mittlere Gruppe mit den Lagerstätten bei Iberkanen, östlich davon im Bocoya-Tal (an der Bahn nach Melilla), weiter südlich Mauricio, südlich davon Rogelio, südöstlich von dieser Buichmen und schließlich eine östliche Gruppe mit dem Grubengebiet der Compania de los Valencianos, südlich des Andesitstockes des Afra-Berges westlich Haschauen. Über den Aufbau und die Entstehung der Lagerstätten gehen die Meinungen der Geologen noch etwas auseinander. Nach den Arbeiten von *Bétier, Brumder, Dieckmann* und *Heim* ergibt sich etwa folgendes Bild:

In eine Schichtfolge von hellgrauen bis grünlichen Tonschiefern, Phylliten und Kalkschiefern, die vielleicht liassisch, nach anderen silurisch sind, und Kalkbänken mit Dolomiten, untergeordnet auch Quarziten, die zum oberen Jura gestellt werden, sind zwischen die Kalke und ihr Schieferdach in dünnen Bändern und mächtigen Bänken Roteisenerzlager eingeschaltet, die nach der Tiefe zu in Magnetit übergehen. In diese Schichten ist ein Lakkolith aus vorherrschend quarzfreiem Diorit, bisweilen auch Quarzdiorit, begleitet von zahlreichen meist quarzfreien Porphyritgängen, intrudiert. Das Magma dieses Uixan-Lakkolithen ist vielleicht im Alttertiär eingedrungen und verwandt mit den etwas jüngeren Andesiten des Gurugu-Massivs; im Norden des Gurugu sind es vorwiegend dunkelgraue Pyroxen-Andesite, auf dem Gurugu-Gipfel und südlich davon auch Biotit-Andesite. Sie sind teilweise stark propylitisiert und kaolinisiert, vor allem, wo sie die Eisenerzlager durchsetzen. Die Schiefer und Kalksteine sind durch die Diorit-Intrusion kräftig kontaktmetamorph umgewandelt, die Kalksteine z. T. zu skapolithführendem Marmor.

Die Hauptlagerstätte liegt im Uixan-Gebirge, und zwar auf der Ostseite des 696 m hohen Uixan selbst, wo zwischen den mit 70° nach SW einfallenden Kalkbänken und einem feinkörnigen Granodiorit eine 20 m mächtige Eisenerzbank liegt. Eine größere Erzmasse streicht auf dem ½ km nordöstlich davon liegenden 542 m hohen Berge zutage (Abb. 32), und zwar lagert auf seinem Westhang in mit 45° nach N einfallenden grauen Kieselschiefern eine nur 2 m mächtige Bank von unreinem Roteisenerz. Der Haupterzkörper jedoch steht auf dem Berggipfel an, wo zwischen Schiefern und Kalken eine 150 bis 300 m breite, 350 m lange und 30 bis 70 m mächtige Roteisenerzlinse ausstreicht. *Heim* schätzt ihren Erzinhalt auf 15 Millionen t. An der Ost- und Südseite beobachtet man im Liegenden des Erzkörpers 10 bis 20 m mächtige Bänke von gelbem, feinkörnigem Eisenspat, der z. T. in Brauneisen umgewandelt ist, und Ankerit. An anderen Stellen ist zu sehen, daß die Vererzung im Streichen abnimmt, so daß man Übergänge von Roteisenerz (bzw. in der Teufe von Magnetit) zu eisenschüssigem Dolomit und von diesem in kalkige Schiefer beobachten kann. In etwa 1 km Entfernung, gegenüber dem Uixan, finden sich am

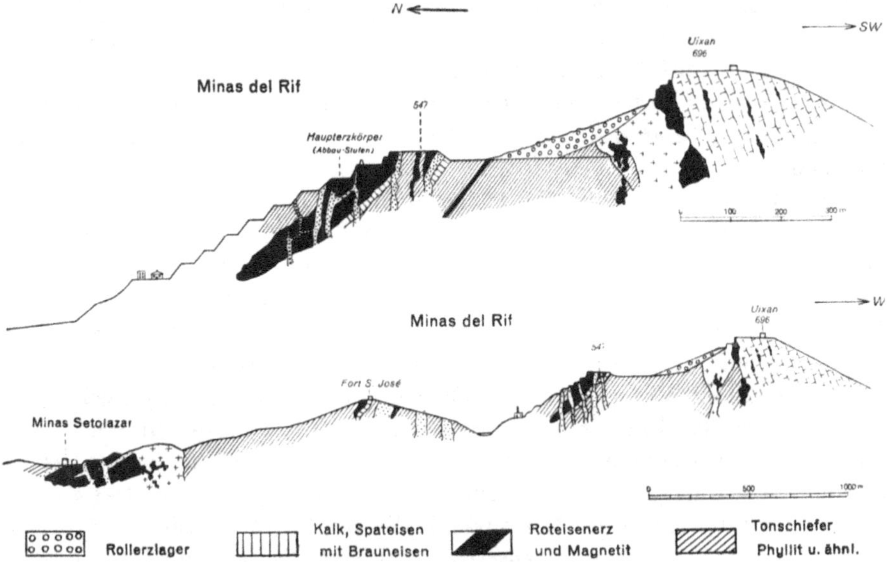

Abb. 34. Geologischer Schnitt durch die Eisenerzlagerstätte des Uixan.
Nach *Heim*.

Axara-Berg sechs ähnliche, aber kleinere Erzkörper in Schiefern mit eingelagerten Kalkbänken, auch ist das Erz nicht so reich wie das des Uixan. Die erzführende Schichtfolge wird sowohl hier als auch auf dem Uixan von Gängen und Lagergängen von porphyrischem Diorit durchsetzt. Das Vorkommen am Axara ist durch Bohrungen genau untersucht und wird auch schon abgebaut.

Das Erz der Lagerstätten der mittleren Gruppe, die z. T. der Minas de

Setolazar gehören, ist im allgemeinen schiefriger und streifiger ausgebildet. Bei Iberkanen liegen in einer über 50 m mächtigen Schichtfolge von Chlorit-Sericit-Schiefern, die mit 30° nach O einfallen, Hunderte von Roteisenerzbändern und Bänkchen, deren Mächtigkeit zwischen 1 mm und weniger und 1 oder 2 m schwankt. Das Erz ist leicht vom Schiefer zu trennen, aber stellenweise pyritreich, so daß es geröstet werden muß. Das Erz von Mauricio ist am Ausbiß dichtes Roteisen, das nach der Teufe zu in pyrithaltiges Roteisen mit Magnetit und dann in pyritreichen, mit Schiefermitteln durchsetzten Magnetit übergeht. Infolge zahlreicher Gänge und Apophysen von zersetztem Andesit ist das Erz häufig drusig und brekziös. Am Andesit- bzw. Dioritkontakt finden sich häufig Kontaktmineralien, wie Kalkeisengranat und Epidot. Auch das Rogelio-Vorkommen zeigt ein vorwiegend schiefrig-streifiges Erz, häufig mit schöner Fältelung. Es setzt sich aus einem gestreiften Gemenge von Chloriten, Kalkspat, Epidot, Quarzkörnern und Bytownittafeln zusammen, in das die Magnetitoktaeder schichtenweise eingelagert sind.

Ganz im Osten liegt in den Bergen von Haschauen die Lagerstätte Valenciana, auf der das Erz zwischen dolomitischen Kalken im Liegenden und Schiefern im Hangenden auftritt. Hier kommt manganhaltiges Roteisen vor, das poröser und erdiger ist als das der westlich davon gelegenen Vorkommen.

90 v. H. der Lagerstätten des Uixan-Gebirges ist oxydisches Eisenerz. Das Erz, das sowohl in dünnen Lagen als auch in mächtigen Bänken auftritt, ist in der Teufe ein Magnetit mit scharfen, etwas gerundeten Oktaedern, der bisweilen von Apatit begleitet wird. Am Ausbiß ist der Magnetit in festes, dichtes, bläuliches Roteisenerz (Martit) umgewandelt. Dort, wo Kalkspat oder Schiefermittel aus dem Roteisenerz herausgelöst sind, ist es porös. Stellenweise ist das Erz von Pyrit in Nestern und Kristallen durchsetzt; wo der Pyritgehalt zu hoch ist, wird das Erz vor dem Versand geröstet, so daß es nur noch etwa 0,1 v. H. Schwefel enthält. Stellenweise ist auch Eisenglanz häufig, der besonders im Diorit-Kalk-Kontakt in schönen Eisenrosen ausgebildet ist. Das Uixan-Erz enthält durchschnittlich 60 bis 64 v. H. Fe, 6 v. H. SiO_2, 1 bis 3 v. H. S und unter 0,03 v. H. P. Die Zusammensetzung des Erzes der verschiedenen Lagerstätten zeigt folgende Analysen-Zusammenstellung (nach *Bétier* und *Brumder*):

	1	2	3	4	5	6	7	8	9	10	11	12
Fe	67,00	60,00	63,62	60,92	62,02	61,67	62,19	65,42	57,24	47,29	55,02	50 bis 60
P	0,02	0,016	0,023	0,018	0,016	0,022	0,016	0,006	?	?	0,016	0,012
S	0,11	0,052	0,06	0,05	4,035	2,88	4,35	0,16	0,14	3,64	0,012	0,05 bis 0,1
Mn	?	0,02	?	?	0,012	?	?	?	?	?	5,004	?
SiO_2	?	9,28	?	?	3,09	?	?	?	?	?	3,09	?

? in der Analyse nicht angegeben.

1. Dichtes, feinkörniges Roteisen vom Ausbiß am Uixan. 2. bis 4. Iberkanen. 5. Bocoya. 6. Mauricio, pyritreicher Magnetit. 7. Ebenda, sehr pyritreicher Magnetit. 8. Ebenda, pyritarmer Magnetit mit Spuren von Kupfer. 9. Rogelio, derbes Roteisenerz mit Pyritnestern. 10. Ebenda, Magnetit mit viel Pyrit. 11. Valenciana. 12. Ebenda, mit 0,8 bis 0,9 v. H. Cu.

Eine vollständige Bauschanalyse des Erzes vom Uixan und von Valenciana (Afra-Erz, nach der Bahnstation Afra) zeigt folgende Zusammenstellung:

	Uixan		Valenciana	
Fe_2O_3	89,920 %	64,29 % Fe	67,450 %	47,21 % Fe
FeO	1,740 %		— %	
MnO	0,280 %	0,18 % Mn	1,730 %	1,34 % Mn
SiO_2	4,253 %		4,200 %	
Al_2O_3	0,680 %		0,520 %	
MgO	0,180 %		3,225 %	
CaO	0,200 %		7,730 %	
S	0,095 %	SO_3	0,225 %	0,09 % S
P_2O_5	0,066 %	0,029% P	0,069 %	0,03 % P
Cu	0,030 %	As_2O_5	0,010 %	0,007 % As
gebund. H_2O	2,575 %		14,400 %	
	100,019 %		99,559 %	
Wasser	1 bis 3 %		4 bis 7 %	

Über die Entstehung dieser Lagerstätte gehen die Ansichten noch recht auseinander. *Dieckmann* ist der Ansicht, es handele sich um magmatische Intrusionen eines magnetitreichen, mittelsauren Andesites, eines Magnetit-Andesites, wofür Feldspäte mit Einschlüssen von kristallinem Magnetit und das Auftreten gebänderter Erze sprechen sollen; das magnetische Teilmagma soll erst nach dem Erstarren des normalen Andesites zum Durchbruch gekommen sein. *Heim* spricht allgemein von der Intrusion eines Erzmagmas in flüssigem Zustand, das die Sedimente kontaktmetamorph umgewandelt habe; allerdings hält auch er die dünnen Erzbänder z. B. auf der Lagerstätte von Iberkanen für sedimentär und später metamorphosiert. Nach den neueren Aufschlüssen trifft am ehesten die Deutung *Brumders* zu, der die Lagerstätten entweder für ein sedimentäres Spateisen-, Brauneisen- oder Roteisenlager oder aber für ein metasomatisch entstandenes Spateisenlager hält, das durch den Diorit-Lakkolithen kontaktpneumatolytisch in Magnetit umgewandelt ist; für letzteres spricht auch der allmähliche Übergang in Dolomite und Kalksteine. *Geijer* hält auch kontaktmetasomatische Entstehung mit Zufuhr von Eisen für möglich. Im Zusammenhang mit der Andesit-Intrusion wurde dann später der Pyrit zugeführt, der in derben und grobkristallinen Trümmern quer zur Schichtung im Magnetit und Schiefer sowie in einzelnen großen Kristallen und Nestern im Erz, im Schiefer und im Andesit auftritt. Ähnlich ist auch die Entstehung des Eisenglanzes, der wohl pneumatolytisch durch die Einwirkung flüchtiger Eisenverbindungen auf den Kalkstein gebildet worden ist. Er ist besonders häufig dort, wo das Erz durch zahlreiche Andesit-Durchbrüche gestört ist. Ganze Erdmassen, z. B. des Rogelio-Vorkommens im Bocoyatal sowie im Liegenden des Vorkommens von Iberkanen, bestehen im Kontakt mit dem Andesit aus schuppigem Eisenglanz. Vielfach, so im nördlichen Teil der Lagerstätte von Valenciana, ist mit dem Eisenglanz zusammen auch blättriger Schwerspat gebildet, der im Uixanerz nur sehr selten auftritt.

Unterhalb der höher gelegenen Erzausbisse finden sich in verwittertem Schieferschutt ausgedehnte Trümmererzlager (Rollerzlager), die z. T. ebenfalls bauwürdig sind. Und im Küstengebiet südlich von Melilla treten schwarze Magnetitsande auf, deren Abbau ebenfalls schon erwogen wurde; sie sind durch die Verwitterung magnetithaltiger Andesitgerölle des Gurugu-Massivs entstanden.

Die Erzvorräte des Uixan-Gebirges werden sehr verschieden geschätzt. Nach manchen Angaben sollen 50 bis 200 Millionen t Erz mit 40 Millionen t Eisenmetall-Inhalt vorhanden sein. Die sehr vorsichtigen Schätzungen *Brumders* geben 5 bis 6 Millionen t guten, schwefelarmen Roteisenerzes an, die unmittelbar versandfähig sind, wozu dann noch rd. 15 Millionen t Erz kommen, das aber zerkleinert, magnetisch aufbereitet und dann brikettiert werden müßte. Seitdem sind aber viele neue Aufschlüsse entstanden, so daß die Angaben *Geijers* richtiger sein dürften, der den Erzvorrat auf 30 bis 75 Millionen t schätzt.

Die Besitzverhältnisse im Gebiet der Uixan-Lagerstätten sind nicht ganz klar zu übersehen. 1914 besaß die Sociedad Española de Minas del Rif die Eisenerzvorkommen am Uixan und Axara (jährliche Förderung etwa 1,1 Millionen t), während die deutsche Gesellschaft Netter die Grubenfelder der mittleren Lagerstättengruppe besaß (von Norden nach Süden: Iberkanen, Mauricio und Rogelio), während die östlich gelegenen Lagerstätten südlich des Afra-Massivs der Compania de los Valencianos gehörten. Nach dem Weltkriege ist der Besitz der Netter-Gesellschaft zum größten Teil in die Hände der Compania Minera Setolazar übergegangen, die eine jährliche Eisenerzförderung von 200000 t hat. Die Compania del Norte Africano baut die Lagerstätte Valenciana ab, außerdem die Bleizinkerze von Afra.

b. *Die übrigen Eisenerzlagerstätten*

In den paläozoischen Schiefern eingelagerten Kalkbänken der Halbinsel Tres Forcas treten Roteisenerznester auf, ebenso setzen unregelmäßige Erztrümer quer durch die Schichten hindurch. Diese Erzvorkommen dürften metasomatischer Entstehung sein. Die Hauptvorkommen liegen bei Casablanca und Peñon hundido an der Ostküste und weiter im Innern bei Aguilman. Die Vorkommen sind ohne große wirtschaftliche Bedeutung. Den Erzvorrat schätzt *Brumder* auf einige 1000 t mittelmäßigen Roteisenerzes. Die Lagerstätten gehörten 1914 z. T. der Firma W. Müller & Co. in Rotterdam; augenblicklich gehören die Felder bei Rosita der Mauretania Soc. anon., die mit deutschem Gelde arbeitet.

Südlich der Bucht von Alhucemas sollen im Quellgebiet des Ued Nekur innerhalb einer aus Gneisen, Glimmerschiefer und Kalken bestehenden Schichtfolge bis zu 20 m mächtige Eisenerzgänge und metasomatische Eisenerzlager auftreten, hauptsächlich Roteisenerz und Eisenglanz mit 56 bis 62 v. H. Fe, sehr niedrigem Phosphor- und Schwefelgehalt und wenig Kieselsäure. Im Beni Saïd, nördlich davon, soll ebenfalls schon vor dem Weltkriege ein 12 m mächtiger Eisenerzgang festgestellt worden sein.

Zwischen dem Vorgebirge Afrau und dem Salah-Fluß streichen vordevonische, stark geschieferte, dunkle, glimmrige Tonschiefer, helle Quarzschiefer und helle, bankige, kristalline Kalksteine aus. Im Streichen (SW—NO) und Fallen der Schieferung (20—50° nordwestlich) setzen drei fast parallel zueinander streichende Gangzüge von Roteisenerz (Eisenglanz) auf (*Quiring*, 1940). Die Gangzüge sind nicht in ihrer ganzen Länge bauwürdig, sondern die einzelnen Gangmittel wechseln ab mit Vertaubungszonen. Im allgemeinen sind die Gänge nur dort bauwürdig, wo sie Kalkbänke durchsetzen, in den reinen Schiefern sind sie unbauwürdig. Die Analyse des Erzes ergab (nach *Quiring*, 1940):

Fe_2O_3	63,57—70,71 v. H.	(44,50—49,51 v. H. Fe)
MnO	1,37— 2,02 v. H.	(1,06— 1,48 v. H. Mn)
SiO_2	0,91— 2,74 v. H.	
Al_2O_3	0,77— 0,78 v. H.	
CaO	6,28—13,44 v. H.	
MgO	3,74— 4,80 v. H.	
S	0,04— 0,60 v. H.	
P	0,008— 0,029 v. H.	
As	0,006 v. H.	
CO_2	8,50 —14,40 v. H.	
H_2O (gebunden)	3,90 v. H.	

Die Roteisensteingänge sind hydrothermaler Entstehung, sie sind in den Kalksteinen durch „äußere Gangmetasomatose" (Auflösung von Kalkkarbonat) breiter geworden. Die Lagerstätte wird von der Compañia Minera Hispano Africana in Tazaguin (Beni-Said) in mehreren Gruben (Sidi Kandil, Ikuzkuhan I und II, Ifrauivern, Taurert, El Maden [Romana], Ifraubarra, Ifrauifis, Biyob, Rio Salah) abgebaut. Die Grube El Maden baute schon zur Zeit des zweiten Punischen Krieges (um 200 v. Zw.) einen 2 m mächtigen Roteisenerzgang ab.

Die E i s e n e r z f ö r d e r u n g von Spanisch-Marokko, in der Hauptsache aus den Lagerstätten des Uixan-Gebirges, betrug:

	t
1924	390 000
1925	800 000
1926	910 000
1927	952 000
1928	1 069 000
1929	1 061 000
1930	753 000
1931	546 000
1932	360 000
1933	515 838
1934	824 812
1935	1 167 606
1936	1 052 988
1937	1 420 000
1938	1 300 000

Während des Weltkrieges sollen von Melilla aus über ½ Million t Eisenerz verschifft worden sein.

2. *Blei und Zink*

Östlich des Muluya-Flusses sind im B e n i - S n a s s e n - G e b i r g e in wahrscheinlich liassischen Kalken metasomatisch entstandene Blei-Zinkerz-

Lagerstätten in Form von unregelmäßigen Nestern erschürft worden. Sie scheinen nicht bauwürdig zu sein.

Am Ost- und Westsaum des Uixan-Gebirges liegen ebenfalls Blei-Zinkerz-Lagerstätten, die genetisch mit dem andesitischen Magmaherd in Verbindung stehen. Nordwestlich vom Uixan liegt das Vorkommen von Beni Sidel, wo in einer Wechsellagerung von Dolomitbänken und Schiefern Trümer und Putzen von grobspätigem Schwerspat auftreten, in die Bleiglanz und Zinkblende, teilweise in Cerussit und Galmei umgewandelt, eingesprengt sind. Östlich vom Uixan-Berg liegt, an das kleine Andesit-Massiv des Afra-Berges gebunden (Abb. 33), eine bauwürdige Blei-Zinkerz-Lagerstätte. Am Ostabhang des Berges setzen in stark metamorphosierten Schiefern drei durchschnittlich 5 bis 7 m mächtige Schwerspatlagergänge mit nördlichem, nordöstlichem und östlichem Streichen auf, die mit 25 bis 40° nach Westen bzw. Nordwesten und Norden einfallen. Einer der Gänge setzt vollständig im Schiefer auf und zeigt kein deutliches Salband, der andere Gang liegt zwischen Schiefer und Andesit und der dritte ganz im Andesit, wo er ein regelrechtes Salband entwickelt. Gangart ist Kalkspat, Aragonit und Schwerspat; Wollastonit fand sich nur in dem zwischen Schiefer und Andesit aufsetzenden Gang. Das Erz ist in der Teufe reiner, derber, grobblättriger, silberhaltiger Bleiglanz, vor allem im Liegenden der Gangmasse, aber auch als Trümer und Putzen in der Gangmasse selbst. Am Ausgehenden findet sich Weißbleierz mit Bleiglanzputzen, Galmei in Taschen und Nestern dort, wo der Gang zwischen Schiefer und Andesit liegt. Bereits 1912 hatte die Grube Afra einige 1000 t reiche Derberze und einige 10 000 t mittlere Wascherze vorgerichtet, die 1914 abgebaut wurden. Um 1927 wurden 13 000 t hochwertiger Bleiglanz und einige 5000 t Galmei mit 30 bis 35 v. H. Zn gefördert bzw. ausgeführt. Die Gruben gehören jetzt der Compania del Norte Africano.

12 km westlich des Ortes Villa Sanjurjo liegt die Blei-Zinkerz-Lagerstätte Casualidad, die an die Gesellschaft Mauretania verpachtet ist.

In Glimmerschiefern und Phylliten von Ramara im Gebiet der Beni Zedjel (anscheinend nordöstlich Xauen, auf französischen Karten Chechaouene) sollen am Oberlauf des Uad Tikisas 0,15 bis 0,60 m mächtige Gänge mit silberhaltigem Bleiglanz anstehen.

Neuerdings hat *Quiring* (1937, nach frdl. mündl. Mitteilung) einige Blei-Zinkerz-Lagerstätten etwa 65 km südlich Tetuan bei Xauen und zwischen Xauen und Talambot untersucht, die zum Konzessionsgebiet des Sindicato de Exploration Minera in Madrid gehören.

6 km nordöstlich Xauen liegen bei Yzilan am Osthang der Sierra de Taslama in dolomitischen Kalksteinen der Oberkreide (Turon-Senon) metasomatische Blei-Zinkerz-Lager, die vor allem an die kalkigen Bänke gebunden sind. Eine nach der Metasomatose erfolgte teilweise Verkieselung hat die Lagerstätten etwas entwertet. Die Lager fallen flach mit 5 bis 30° ein. Es wurden drei solcher Lager festgestellt. Das bis zu 2 m (durchschnittlich 1,4 m) mächtige obere Lager besteht aus einem Banderz mit Lagen von Dolomit,

Quarz, gelber Zinkblende (Honigblende), untergeordnet Galmei und stellenweise Bleiglanz. Die Zinkblendebänder sind im allgemeinen nur 2 bis 3 cm, ausnahmsweise bis 10 cm stark; der Zinkblendegehalt des Erzes ist durchschnittlich 14 v. H. Zinkblende und Bleiglanz finden sich auch eingesprengt im Dolomit und Kalk. Das bis 18 m (durchschnittlich 3 bis 4 m) mächtige mittlere Lager zeigt nur stellenweise Lagentextur, meist ist das Erz körnig bis brekziös: zinkblendeführende Dolomitbruchstücke sind durch Kalkspat und Quarz verkittet. Stellenweise enthält das Erz bis zu 20 v. H. Zinkblende. Das untere Lager ist 0,5 m mächtig und enthält in Dolomit eingesprengte Zinkblende. Eine Gesamtanalyse des Erzes aller drei Lager (mit Bleiglanz durchwachsenes Zinkerz) ergab 55,62 v. H. Zn, 0,98 v. H. Pb und 0,88 v. H. Cd. Im Durchschnitt enthält das Fördererz 13,39 v. H. Zn und 2,03 v. H. Pb. Der Gesamtvorrat beträgt rd. 11 000 t Zinkblende. Unter gewissen Voraussetzungen kann die Lagerstätte bauwürdig sein.

20 km östlich von Xauen liegt am Nordosthang des M. Agorod bei Adaldal in einer etwas unsymmetrischen Mulde in ebenfalls wahrscheinlich turonen Kalken und Dolomiten ein metasomatisch entstandenes Blei-Zinkerz-Lager, an einer Stelle kommt auch ein Zinkblendegang vor. Auf dem Südflügel der Mulde ist ein N 30° W streichendes, 0,40 m mächtiges Lager einer mit Bleiglanz und Zinkblende durchsetzten Dolomit-Brekzie aufgeschlossen. Am Ausgehenden ist die Zinkblende z. T. in Galmei umgewandelt. Auf dem Nordflügel ist ein 2 bis 2½ m mächtiges Lager mit 3 bis 4 zusammen 50 cm dicken Zinkblendelagen aufgeschlossen. Durchschnittlich enthält das Erz 12 v. H. Zinkblende. Analysen haben einen Durchschnittsgehalt von 10,2 v. H. Zn und 1,1 v. H. Pb ergeben. Auf dem Nordflügel ist auch ein 0,50 bis 0,60 m mächtiger Zinkblendegang (Streichen N 25° W bis N 45° W, 50 bis 60° südwestliches Einfallen) im Kalkstein aufgefunden. Das Erz enthält 25 v. H. Zinkblende und 2 v. H. Bleiglanz. Der Erzvorrat der Lager wird auf 20 720 t Zinkblende und 1030 t Bleiglanz geschätzt. Wegen der schwierigen Transportverhältnisse ist die Lagerstätte z. Z. nicht bauwürdig.

Zwischen Xauen und Talambot sind bei Trahertabt und am Nordhang des M. Menyera Blei-Zinkerz-Vorkommen bekannt geworden. Bei Trahertabt, am Nordhang des M. Krar, finden sich in mergeligen Kalken der Oberkreide etwa parallel der Schichtung durchschnittlich 3 cm dicke Bleiglanzschnüre und ein bis zu 0,80 m mächtiges Zinkblendelager. Am Nordhang des M. Menyera setzt in mesozoischen Kalken ein 0,5 bis 1 m mächtiger Galmeigang auf, der N 45° O streicht und steil nach Westen einfällt. Er wird von etwa 3 cm starken Bleiglanzschnüren durchzogen und führt auch etwas Pyrit eingesprengt. Das Erz enthält 40,2 v. H. Zn, 10 v. H. Pb, 0,001 v. H. Ag und 0,13 v. H. Bi. Beide Vorkommen sind noch nicht genügend aufgeschlossen, um die Bauwürdigkeit beurteilen zu können.

3. Antimon

Einige Kilometer von Ceuta entfernt liegen drei kleine Antimonerzgruben bei Beni Messala, die 1937 etwa 158 t Antimon-Metall erzeugten. Es setzen hier 5 bis 50 cm mächtige Gänge mit Antimonglanz mit etwas Kobalterz in paläozoischen Schiefern und Kalkbänken auf. Der Erzvorrat soll ziemlich bedeutend sein. Ein anderes kleines Antimonglanzvorkommen liegt bei Khemisset, nordöstlich Settat.

4. Kupfer

25 bis 30 km südlich Alhucemas sollen im Gebiet des Oberlaufes des Wadi Nekur in silurischen Schiefern linsenförmige Gänge mit Kupferkies mit 7 bis 10 v. H. Cu aufsetzen.

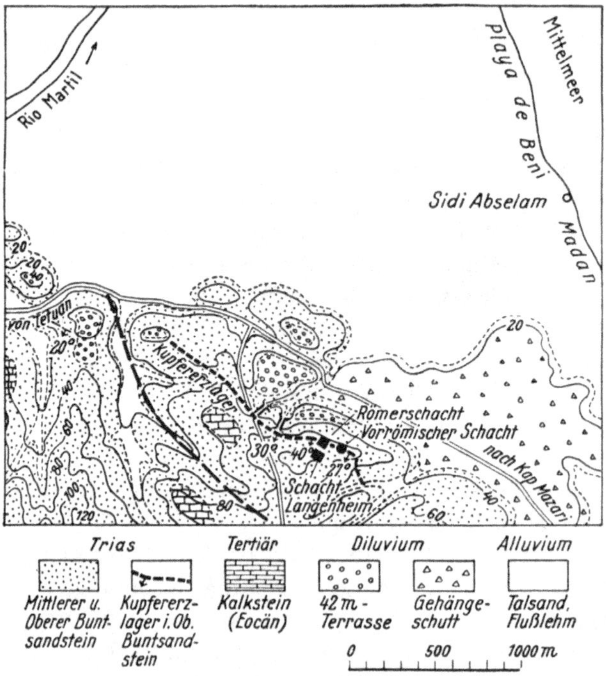

Abb. 35. Das Kupfererzvorkommen im Buntsandstein von Beni Maden bei Tetuan. Nach *Quiring*, 1940.

Zwischen Tetuan und dem Kap Mazari ist in Beni Maden eine etwa 1—2 m mächtige Sandsteinzone im oberen Buntsandstein (Voltziensandstein), der mit 20—45° nach SW einfällt (Abb. 35), mit Malachit und Kupferlasur imprägniert, ganz ähnlich dem Kupferknottenerz-Vorkommen von Wallerfangen (St. Barbara) bei Saarlautern. Nach *Quiring* (1940) durchziehen die Kupferkarbonate schlierenartig in Form von grünen, seltener blauen Bändern den gelblichen und weißen Sandstein, dessen Quarzkörner sie verkitten. Die kupfererzführende Zone ist auf etwa 700 m Länge zu verfolgen. Der Kupfergehalt des Sandsteins ist 4—20 v. H. (durchschnittlich 6 v. H.), ferner kommt ein Silbergehalt von 49,2 g/t vor. Es finden sich auch Bleiglanzgraupen, die zu Bleikarbonat umgewandelt sind. Die Kupferkarbonate sind aus Kupferglanz und silberhaltigem Kupferfahlerz entstanden. Während der Bronzezeit und später in römischer Zeit wurden hier Malachit und Kupferlasur gewonnen *(Quiring, 1940).*

Über die ebenfalls an den oberen Buntsandstein gebundene Kupferglanzlagerstätte von H a r r a k a bei Ceuta verdanke ich Herrn Prof. Dr. *Quiring,* Berlin, einige Einzelheiten, die er mir hier zu bringen gestattet hat. Die archäischen und altpaläozoischen Schichten von Ceuta werden in nordsüdlicher Richtung von einem bis 3 km breiten und etwa 12 km langen Streifen von Buntsandstein, anscheinend einer Mulde mit überkipptem Westflügel, der von vordevonischen Schichten überschoben ist, durchzogen. Etwa 25 km über dem Hauptkonglomerat des Buntsandsteins liegt eine 2—6 m mächtige erzführende Zone, in der die Sandsteinbänke grau gefärbt sind. Das Haupterz ist Kupferglanz, der in Nestern, Graupen und Lagen in der Schichtung liegt und stellenweise in Malachit und Kupferlasur umgewandelt ist. Die erzmikroskopische Untersuchung ergab, daß der weiße Sandstein von 2—4 mm großen Erznestchen rhombischen Kupferglanzes (Zementationserz) durchsetzt ist, die die Zwischenräume zwischen den Sandkörnern ausfüllen. Der Kupferglanz umschließt stellenweise Reste von Kupferkies und Buntkupfererz, die von Kupferglanz verdrängt sind. Ursprünglich ist also durch Minerallösungen Kupferkies ausgeschieden, der das Bindemittel des Buntsandsteines verdrängt hat, dann aber selbst durch sulfatische Lösungen in Kupferglanz umgewandelt wurde. Zwei Analysen ergaben folgende Erzzusammensetzung (nach frdl. Mitteilung von Herrn Prof. *Quiring):*

	Durchschnittsprobe	Ausgesuchte Erzprobe
Cu	11,40%	20,65%
Co	1,55%	2,19%
Ni	1,00%	0,79%
Fe	2,70%	2,17%
As	3,26%	3,80%
Ag	—	0,006%
$CaCO_3$	—	0,115%
SiO_2	72,90%	58,653%
S	5,79%	—
Al	0,50%	—

Demnach besteht das Erz aus rund 60% Quarz, 27,5% Kupferglanz mit Covellin, 5% Kupferkies und Schwefelkies, 5% Speiskobalt und 2,5% Kobaltnickelkies (Linneit).

1937, als *Quiring* das Vorkommen besuchte, waren bereits 1000 t Erz mit 10,5% Cu geliefert und 5000 t mit 3—5½ Cu lagen auf der Halde.

B. Nichterze

1. Graphit

Die Grube Mechra ben Abu der Gesellschaft Grafitos de Africa (früher Konzession Mannesmann) baut östlich Tetuan eine kleine Graphitlagerstätte im Gneis ab. Der Graphit soll sehr gut und rein sein, so daß er kaum aufbereitet zu werden braucht. 1936 wurden 400 t Graphitgestein mit 45 bis 75 v. H. Graphit gewonnen.

2. Kochsalz

Meeressalinen liegen bei Terga, südöstlich von Tetuan, und weiter östlich bei Velez de la Gomera; das gewonnene Salz dient zum Einsalzen von Fischen. Der größte Teil des Salzbedarfs des Rif-Gebietes wird von der südöstlich Melilla gelegenen „Salzpfanne der Sanddünen" Sebkha bu Erg gedeckt, die nur durch eine 2 bis 4 m hohe Nehrung vom Meere getrennt ist. Das Meerwasser sickert durch diese Nehrung hindurch und führt so der Salzpfanne immer wieder von neuem Salzwasser zu, so daß sich die abgebaute Salzkruste stets erneuert. Zahlreiche Salzseen finden sich auch in der vom Muluya-Fluß, der selbst salzhaltiges Wasser führt, durchflossenen Trifa-Ebene.

3. Erdöl

Neuerdings (1940) hat man im Hinterland von Melilla, in der Gegend der Metalza bei Igumaten, Anzeichen für das Vorhandensein von Erdöl festgestellt; die Vorbereitungen für Tiefbohrungen sind im Gange.

Schrifttum

Die nutzbaren Lagerstätten in Spanisch-Marokko

Bétier, G., Les gisements de fer nord-africains. In: Les ressources minérales de la France d'outre-mer. Bd. 2 (Paris 1934).

Brumder, E., Beitrag zur Kenntnis der Eisenerzlagerstätten des nordöstlichen Rifs (Marokko). Z. Glückauf. Jhg. 50 (1914).

Dieckmann, W., Die geologischen Verhältnisse der Umgebung von Melilla unter besonderer Berücksichtigung der Eisenerzlagerstätten des Gebietes von Beni Bu Ifrur im marokkanischen Rif. Z. f. prakt. Geol. Bd. 20 (1912).

Geijer, P., Geological relations of the north african iron ores. Econ. Geol. Bd. 22 (1927).

Heim, A., The iron ores of Minas del Rif, Spanish Morocco. Econ. Geol. Bd. 29 (1934).

Quiring, H., Vorrömische und römische Bergwerke in Nordmarokko. Z. f. Berg-, Hütten- und Salinenwesen, Bd. 88 (1940), Heft 7.

Rundall, W. H., The mining industrie of Spanish Morocco. Min. Mag. Jhg. 37 (1927).

Springer, A., Die Salzversorgung der Eingeborenen Afrikas vor der neuzeitlichen europäischen Kolonisation. Diss. Jena 1918.

STICHWORTVERZEICHNIS

AFRIKA

Handbuch der praktischen Kolonialwissenschaften

VERZEICHNIS DER BÄNDE

Band I: **Vermessungswesen und Kartographie in Afrika**
Von Prof. Dr. Richard Finsterwalder, Technische Hochschule Hannover und Dr. Ernst Hueber, Berlin

Band II: **Geomorphologie Afrikas**
Von Prof. Dr. Erich Obst, Universität Breslau, Dr. Kurt Kayser, Berlin und Dr. Johannes F. Gellert, Universität Leipzig

Band III: **Geologischer Bau, nutzbare Lagerstätten und Bergwirtschaft Afrikas**
Von Dr. Werner Beetz, Berlin, Prof. Dr. Fritz Behrend, Berlin, Dr. Fritz-Erdmann Klingner, Berlin und Dozent Dr. Georg Knetsch, Universität Bonn. Unter der Schriftleitung von Prof. Dr. Fritz Behrend, Berlin. Teil 1: Nordafrika / Teil 2: Westafrika / Teil 3: Ostafrika / Teil 4: Mittel- und Südafrika

Band IV: **Die Böden Afrikas.** Von Dr. Johann Heinrich Hellmers, Berlin / **Bodenverwüstung in Afrika.** Von Prof. Dr. Erich Obst, Universität Breslau

Band V: **Meteorologie und Klimatologie von Afrika**
Von Oberregierungsrat Dr. Wilhelm Semmelhack, Deutsche Seewarte, Hamburg, Dr. Werner Koops, Berlin, Dr. Erich Höller, Hamburg und Dr. Wolfgang Niemeyer, Hamburg

Band VI: **Die Vegetation Afrikas**
Von Prof. Dr. Johannes Mildbraed, Botanischer Garten und Museum, Berlin-Dahlem, Prof. Dr. Ludwig Diels, Generaldirektor des Botanischen Gartens und Museums, Berlin-Dahlem und Dr. Georg K. Schulze-Menz, Botanischer Garten und Museum, Berlin-Dahlem

Band VII/1: **Die Wälder Afrikas, ihre Nutzung und Bewirtschaftung**
Von Prof. Dr. Franz Heske, Direktor des Reichsinstitutes für ausländische und koloniale Forstwirtschaft, Schloß Reinbek bei Hamburg

Band VII/2: **Jagd und Naturschutz in Afrika**
Von Dr. Graf Christoph Dönhoff, Referent im Reichsforstamt, Berlin und Forstmeister Karl Johannssen, Reichsinstitut für ausländische und koloniale Forstwirtschaft, Schloß Reinbek bei Hamburg

Band VIII: **Die landwirtschaftlichen Nutzpflanzen Afrikas.** Von Geheimem Regierungsrat Geo A. Schmidt, Kolonial-Wirtschaftliches Komitee, Berlin, Dr. August Marcus, Kolonial-Wirtschaftliches Komitee, Berlin, Dr. Waldemar Böckler, Berlin, Dr. Ulrich Berger-Landefeldt, Berlin und Dr. Walter Unteutsch, Berlin / **Krankheiten und tierische Schädlinge der Nutzpflanzen Afrikas.** Von Prof. Dr. Hermann Morstatt, Biologische Reichsanstalt für Land- und Forstwirtschaft, Berlin-Dahlem und Dr. Horst Klaus, Berlin-Dahlem

Band IX: **Tierseuchen und Herdenkrankheiten in Afrika**
Von Ministerialdirektor a. D., Geheimem Regierungsrat Prof. Dr. Dr. h. c. Robert v. Ostertag† und Dr. Gerhard Kulenkampf, Berlin

Band X/1: **Die Haustiere Afrikas, ihre Zucht und Haltung**
Von Prof. Dr. Adolf Staffe, Hochschule für Bodenkultur, Wien, unter Verwendung der Vorarbeiten von Prof. Dr. Arthur Golf†, Institut für Tierzucht und Milchwirtschaft an der Universität Leipzig, Dr. Hartwig Golf, Leipzig und Diplom-Landwirt Lothar Feinermann, Leipzig

Band X/2: **Biologie der afrikanischen Schelf-See**
Von Prof. Dr. Thilo Krumbach, Institut für Meereskunde, Berlin, Prof. Dr. Hermann Wattenberg, Institut für Meereskunde, Kiel, Prof. Dr. Otto Christian Schmidt, Botanischer Garten und Museum, Berlin-Dahlem, Dr. Felix Roch, Institut für Marine-Biologie, Rovigno, Prof. Dr. Helmut Hertling, Institut für Meereskunde, Berlin und Dr. Erich Fischer, Reichsamt für Fischerei, Berlin-Zehlendorf

Band XI/1: **Afrikanische Anthropologie**
Von Prof. Dr. Egon Freiherr von Eickstedt, Universität Breslau

Band XI/2: **Krankheitsgeschehen und Gesundheitswesen in Afrika.** Von Prof. Dr. Peter Mühlens, Direktor des Instituts für Schiffs- und Tropenkrankheiten in Hamburg, unter Mitarbeit von Dr. Karl Gert Lueken, Prof. Dr. Ernst Georg Nauck, Prof. Dr. Curt Sonnenschein und Dr. Wilhelm Weise, sämtlich in Hamburg / **Die Akklimatisation der Europäer in Afrika.** Von Prof. Dr. Julius Grober, Universität Jena

Band XII: **Die Verteilung der Europäer und Eingeborenen in Afrika**
Von Dozent Dr. Walter Iwan, Universität Berlin

Band XIII/1: **Völker, Sprachen und Kulturen Afrikas**
Von Prof. Dr. Diedrich Westermann, Universität Berlin, Dr. Ursula Feyer, Berlin, Dr. Erich Keller, Berlin und Dr. Heinz Sölken, Berlin

Band XIII/2: **Das Erziehungs- und Schulwesen in Afrika**
Von Prof. Dr. Herbert Theodor Becker, Hansische Universität, Hamburg

Band XIV: **Die Wasserwirtschaft in Afrika.** Von Prof. Dr. h. c. Adolf Ludin, Technische Hochschule, Berlin und Dr. Eugen Thoma, Berlin

Band XV/1: **Die Eisenbahnen im Rahmen des afrikanischen Gesamtverkehrs.** Von Reichsbahndirektionspräsident Dr. Karl Remy, Köln / **Das Straßenwesen in Afrika.** Von Prof. Dr. Karl Krüger, Technische Hochschule Berlin / **Der Luftverkehr in Afrika.** Von Ministerialdirigent Albert Mühlig-Hofmann, Reichsluftfahrtministerium, Berlin

Band XV/2: **Die Häfen West- und Südafrikas.** Von Otto Martens, Abteilungsdirektor bei den Deutschen Afrika-Linien, Hamburg / **Die Häfen Ost- und Nordafrikas.** Von Dr. Günther Jantzen, Afrika-Verein, Hamburg

Band XVI: **Post- und Fernmeldewesen in Afrika.** Unter Leitung von Staatssekretär Dipl.-Ing. Jacob Nagel und Ministerialdirektor Hans Rackow, bearbeitet von Präsident a. D. Paul Peglow†, Vizepräsident Karl Dau, Oberpostrat Dr. Emil Hundertmark und Amtsrat Hans Werner, sämtlich Reichspostministerium, Berlin / **Das Rundfunkwesen in Afrika.** Von Eduard Roderich Dietze, Berlin und Dr. Kurt Wagenführ, Berlin / **Das Zeitungswesen in Afrika.** Von Prof. Dr. Emil Dovifat, Institut für Zeitungswissenschaft an der Universität Berlin

Band XVII: **Wirtschaft und Wirtschaftspolitik in Afrika**
Von Dr. Kurt Weigelt, Direktor der Deutschen Bank, Berlin

Band XVIII: **Die afrikanische Arbeiterfrage.** Von Ministerialrat Dr. Oskar Karstedt, Reichsarbeitsministerium, Berlin und Dr. Peter v. Werder, Berlin / **Die Inderfrage in Afrika.** Von Ministerialrat Dr. Oskar Karstedt, Reichsarbeitsministerium, Berlin

Band XIX: **Landeskunde von Afrika.** Eine Synthese
Von Prof. Dr. Erich Obst, Universität Breslau

Verlagsanzeigen

FSC
www.fsc.org
MIX
Papier | Fördert
gute Waldnutzung
FSC® C083411

Kolibri 360 GmbH
Ferdinand-Jühlke-Straße 7
99095 Erfurt, Deutschland
produktsicherheit@kolibri360.de